基于AnyLogic的系统建模与仿真

何瑞春　赵敏　向万里　编著

U0230367

化学工业出版社
·北京·

内 容 提 要

《基于 AnyLogic 的系统建模与仿真》主要以 AnyLogic8 为平台，介绍了系统建模与仿真概述、AnyLogic 仿真软件简介、适用于 AnyLogic 的 Java 基础知识、基于离散事件建模、基于智能体建模、系统动力学建模、柔性制造供应链模型、产品配送模型、配送中心运营模型等内容。通过精心选择学习内容及循序渐进安排学习内容，详细介绍了 AnyLogic 软件基础及建模过程，旨在引导读者了解掌握 AnyLogic 建模基本方法。

《基于 AnyLogic 的系统建模与仿真》适用于物流管理、物流工程及其他工程类相关专业本科生和研究生使用，也可以作为系统建模相关工作人员的学习用书和参考用书。

图书在版编目（CIP）数据

基于 AnyLogic 的系统建模与仿真/何瑞春，赵敏，向万里编著. —北京：化学工业出版社，2020.7(2023.7 重印)
ISBN 978-7-122-36770-9

Ⅰ.①基… Ⅱ.①何…②赵…③向… Ⅲ.①计算机仿真-系统建模-应用软件 Ⅳ.①TP391.92

中国版本图书馆 CIP 数据核字（2020）第 078293 号

责任编辑：王淑燕　　装帧设计：李子姮
责任校对：王鹏飞

出版发行：化学工业出版社（北京市东城区青年湖南街 13 号　邮政编码 100011）
印　　装：涿州市般润文化传播有限公司
787mm×1092mm　1/16　印张 21½　字数 578 千字　2023 年 7 月北京第 1 版第 5 次印刷

购书咨询：010-64518888　　售后服务：010-64518899
网　　址：http://www.cip.com.cn
凡购买本书，如有缺损质量问题，本社销售中心负责调换。

定　价：79.00 元

版权所有　违者必究

前言

随着计算机技术的发展，以计算机为基础的各种方法得到了广泛的应用。仿真建模方法就是利用计算机，通过特定的建模语言及术语条件，模拟真实系统的一种方法。AnyLogic仿真软件作为支持多种方法建模的工具之一，具有超强的二次开发能力，适用于大型复杂系统的建模，能够创建可视化的动态模型，广泛应用于生产制造、物流与供应链、交通运输、经济学、医疗政策等众多领域，是诸多学界、业界建模者的首选。

本书的编写既涉及软件及建模语言基础知识，又详细介绍建模的过程步骤、方法，是适用于物流管理、物流工程及其他工程类相关专业的通识类教材。此教材也适用于其他系统建模初学者学习。

本书在内容选材上，尽量考虑知识点适用于日常学习、工作建模需要，而且结合帮助文档，培养学生查阅、自学更多知识点的习惯和能力。由于此书是黑白印刷，有些运行图显示效果欠佳，特附上彩色图二维码，读者可以扫描相应二维码获取。

本书由兰州交通大学何瑞春、赵敏和向万里编著。全书由何瑞春教授拟定编写大纲、目录，并编写了第7～9章，向万里编写第4章，赵敏编写第1～3章、第5、6章，最后由何瑞春教授统稿。硕士研究生李艳红、何国强、王璐璐、彭艳尼、张春晖、王安、武续续、刘金芳、王丽、杨亮等同学参与了资料收集和整理等方面的工作。

本书在编写过程中参阅了部分专家学者的专著、教材等相关资料，在参考文献中已列出，在此致以深深的谢意！

因编者水平有限，书中恐有不当及疏漏之处，恳请诸位专家、读者批评指正。

编著者

2020年1月12日

目录

第 1 章 系统建模与仿真概述

1.1 系统仿真的定义

1.1.1 系统

系统是由相互作用、相互依赖的若干部分结合而成的，具有特定功能的有机整体。而该有机整体又是它从属的更大系统的组成部分。系统是实体的集合，它们为实现某个逻辑目标而动作和相互作用，一个系统又可以由若干个子系统构成。无论是什么样的系统，从系统的定义中可以看出其共同拥有的特性，包括整体性、相关性、层次性、目的性、集合性、对环境的适应性等。

系统可以根据不同的分类方法分为不同种类型的系统。

① 根据系统变化与时间的关系，系统可分为离散系统和连续系统。

② 根据系统形成方式不同，系统可分为自然系统和人工系统。

③ 根据系统的物理特征，系统可分为工程系统和非工程系统。

④ 根据系统转换的复杂程度，系统可分为简单系统和复杂系统。

⑤ 根据系统的开放程度，系统可分为孤立系统、封闭系统和开放系统。

⑥ 根据系统运行性质不同，系统可分为静态系统和动态系统。

1.1.2 模型

模型是反映系统内部各要素之间的关系，反映系统某些方面的本质特征，以及系统内部要素与外界环境之间的关系，主要可以分为形象模型和抽象模型。对复杂系统的研究通常可以在实际系统上进行，也可以在系统的模型上进行。对重要的、有人身或设备安全的系统，不允许在实际系统上进行实验；对尚未建成真实系统的设计规划也无法在系统上进行。这些在实际系统上无法完成研究的，可通过建立现实系统的模型，对模型进行实验来达到研究系统的目的。我们把对系统模型进行实验研究的过程称为仿真。系统建模研究如图 1.1 所示。

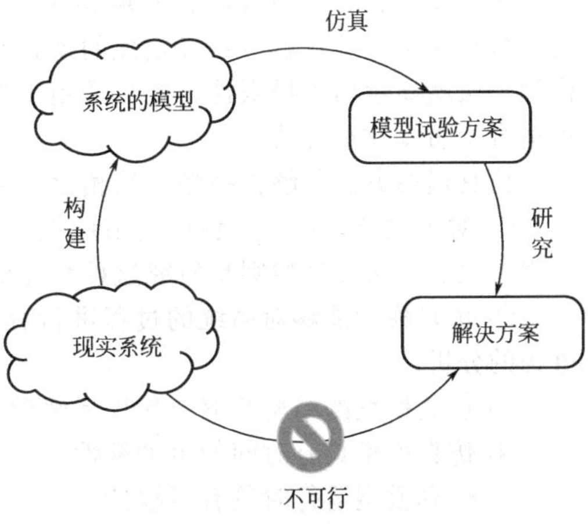

图 1.1 系统建模研究

1.1.3 仿真

（1）仿真的定义

1961年莫根塔勒（G. W. Morgenthaler）首次定义了仿真，即指在实际系统尚不存在的情况下，对于系统或活动本质的复现。1966年雷诺（T. H. Naylor）将仿真定义为："仿真是在数字计算机上进行试验的数字化技术，它包括数字与逻辑模型的某些模式，这些模型描述某一事件或经济系统（或者它们的某些部分）在若干周期内的特征。"1978年科恩（Korn）将仿真定义为用能代表所研究系统的模型做实验。1982年，斯普里耶（Spriet）将仿真定义为所有支持模型建立与模型分析的活动。1984年奥伦（Oren）将仿真定义为"仿真是一种基于模型的活动。"其他资料中对仿真的定义可以概括为：仿真就是一种实验过程，还是系统地收集和积累信息的过程；仿真就是模仿真实系统的过程等。

从各种对仿真的定义中可以看出，要进行仿真实验最关键的两个因素就是：系统、系统的模型。仿真就是对系统的模型进行实验的过程。

（2）系统仿真

系统仿真是建立在系统理论、控制理论、相似理论、数理统计、信息技术和计算机等理论基础之上，以计算机和其他专用物理效应设备为工具，利用系统模型对真实或者假想的系统进行试验，并借助于专家经验知识、统计数据和系统资料对试验结果进行分析研究，做出决策的一门综合性和实验性的学科。

根据不同的分类标准，系统仿真有以下几种分类。

① 根据所建模型的状态，系统仿真可以分为三种类型：物理仿真、数学仿真、物理-数学仿真（半实物仿真）。

② 根据被研究系统的特性，系统仿真可以分为：连续性系统仿真、离散事件仿真。

③ 根据仿真时钟与实际时钟的关系，系统仿真可以分为：实时仿真、非实时仿真。

1.2 系统仿真的特点

在研究的系统模型不太复杂的情况下，一般可以使用数学方法。如在Excel的某一列单元格中输入某模型的输入值，通过给定的公式计算出输出值，并将输出值显示在表格的另一列中。像这种把模型参数、初始条件、其他输入信息以及模拟时间和结果之间的一切相互关系以公式、方程式或者不等式表示的模型称为解析模型。

解析模型具有使用方便、简单的优点，但对于一些非线性的、变量之间没有直接联系的、含有大量参数且具有不确定性的动态变化系统，难以找到合适的计算公式。此时，解析模型方法就显示出了局限性，它只适用于变量间是静态关系的系统，对于具有动态性的系统更适合于仿真建模方法。

仿真建模方法与解析模型方法相比，具有以下的优点：

① 对于复杂系统具有良好的适应性，大多数具有随机因素的复杂系统无法用准确的数学模型表示，仿真模型则是研究这种系统最好的方法。

② 仿真模型能够对系统的过程进行分析并找到解决方案，而其他解析方式无法实现对过程的分析。

③ 仿真模型的结构能够自然地反映现实系统的结构。

④ 仿真模型具有时间的可伸缩性。

⑤ 仿真模型运行时具有可控性。

⑥ 仿真模型可实现动画功能。

1.3 仿真的主要步骤

系统仿真的过程的主要步骤如下：

① 问题定义。对研究的系统进行全面了解，详细描述主要问题，明确仿真的目标和系统涉及的范围。

② 制定目标。研究目标需要清楚、明确和切实可行。目标是系统仿真所有步骤的导向，目标是决定应该怎样做的前提和假设，应该收集哪些信息和数据，模型的建立和确认要考虑能否达到研究的目的。在确定目标时，应详细说明哪些性能测度能够判定目标是否实现，如单位时间搬运量、装卸机械利用率、平均队列长度等。

③ 描述系统。该阶段是将系统要素量化的关键步骤，如对一个物流配送系统而言，清楚明了地定义车辆等资源、流动要素（产品）、配送路径、流程安排、订单处理时间、配送车辆等资源、故障时间等要素非常重要。确认仿真模型的各个要素后，需要将现实系统做模型描述，并列出模型的假设条件。

④ 确定可替代方案。在仿真研究中，确定模型早期运行的可替代方案至关重要。当某种方案由于控制因素或数据处理因素而无法完成试验时，可采用备用的替代方案，这些替代方案之间必须相似，至少数据来源以及逻辑起点要一致。

⑤ 收集数据信息。数据信息收集的基本意义是提供模型参数输入的必要数据，或在验证模型阶段，将收集到的实际数据与模型的性能测度数据进行比较，判定所建模型的性能。数据和信息通常可以通过历史记录、参考文献、信息共享以及必要的归纳推理得到，数据和信息的收集直接决定着模型是否能更接近实际的运行。

⑥ 建立计算机模型。计算机模型的建立直接决定了系统仿真的结果，因此该阶段必须从软件工程的角度选择建模的方法，即选择“自顶向下”或是“自底向上”的系统建模方法。对于系统要素多但单个要素建模均较为简单时，宜采用“自顶向下”的建模方法；相反，宜采用“自底向上”的建模方法。一般情况下，建模过程呈阶段性，要不断运行和调试每一阶段的模型，验证该阶段模型是否能够正常工作。

⑦ 验证模型。模型的正确性一般通过实验来进行验证，模型验证的目的是确认模型的功能与设想的系统功能是否相吻合。较常用的方法是在仿真低速运行时，观看模型的推移情况，直观判断仿真系统的运行状况。还可以在模型运行过程中，通过动态图表来查看资源和流动要素的属性和状态，动态查看轨迹文件，从而达到验证模型的目的。

⑧ 确认模型。当前还没有能对模型结果做出百分之百确定的技术，因此有必要通过确认模型，人为判断模型的有效程度。模型有效性的判断方式有：如果模型存在现实系统，则比较模型与真实系统的性能测度是否匹配；如果没有现实系统，可以将该结果与相近的现实系统仿真运行结果进行比较；对于复杂系统某些特定部分，也可以利用系统专家的经验和直觉来验证。

⑨ 输出分析结果。确认模型的可信度后，可以利用报表、图形和表格对输出的结果进行分析，通过分析结果得出结论，根据仿真的目标来解释这些结果，并提出实施或者优化的方案。

1.4 仿真建模的三大方法

仿真建模方法就是通过特定的建模语言以及“术语和条件”将真实的系统映射到模型系统。目前，各类仿真软件支持三种建模方法：离散事件建模、系统动力学建模、基于智能体建模。

1.4.1 离散事件建模

通常，各种环境系统看似是“连续的”，也就是说我们观察到的大多数系统都是由连续变化组成，这种系统的变化状态可以表示为一个或者多个状态变量的连续变化。然而，在分析研究系统变化过程时，将这种变化从连续性中抽象出来，只考虑系统生命周期中的一些“重要时刻”或“重要事件”才有意义。相对于连续系统来说，离散系统是状态变量在某个“重要时刻”或由某个“重要事件”引起瞬间跃变的系统。这种跃变是因为各种流动的实体进入系统后，会在各环节上触发产生随机离散事件，并且在离散事件发生的时刻上，启动或终止某一具体的活动。例如，在排队系统中，排队人数的变化发生在顾客到达或离开的时刻，其中顾客可以被称为流动的实体，引起排队人数的瞬间变化为事件，发生事件的时刻为事件时间。流动的实体、随机离散事件及活动都是研究离散系统的重要对象，最能反映系统本质属性的对象是随机离散事件。因此，离散系统仿真建模又被称为离散事件仿真建模。

狭义上的离散事件建模是以流程建模为中心的建模，也就是将建模的系统视为一个流程图，对实体进行一系列的操作。

1961 年由 IBM 工程师杰弗里·戈登（Geoffrey Gordon）发明的 GPSS 软件，是公认的第一款离散事件建模软件。目前，市场上有许多软件如 Arena、ExtendSim、SimProcess、AutoMod、ProModel、Enterprise、Dynamics、FlexSim 等，都能实现离散事件模型的构建。

1.4.2 系统动力学建模

系统动力学是由麻省理工学院教授福瑞斯特（Jay Forrester）创立的，在 20 世纪 50 年代末成为一门独立完整的学科。系统动力学是一门分析研究信息反馈系统的学科，也是一门认识系统问题和解决系统问题的交叉性、综合性学科。

系统动力学模型是按照系统动力学理论建立起来的数学模型，并采用专用语言，借助数字计算机进行模拟分析研究，以处理行为随时间变化的复杂系统问题。

系统动力学广泛应用于城市、社会、生态系统等长期战略模型，并假设建模的对象高度聚合，以数量形式表示人、产品、事件和其他离散项。在系统动力学中，现实世界中的流程是用存量（如物质、知识、人员、金钱等）、这些存量之间的流量以及决定流量值的信息来表示。系统动力学从单个事件和智能体中抽象出来，采用集中策略的聚合视图。如果要采用系统动力学解决问题，必须将系统行为描述为许多反馈循环平衡或强化的相互作用，以及可能有的延迟结构。

SIMPLE 作为系统动力学发展初期的仿真编译系统，后发展成为 DYNAMO，仅提供建模语言和编译环境，因此未得到大规模广泛应用。目前，市场上存在的系统动力学仿真软件有 STELLA、iThink、Vensim、Powersim、DYSMAP 等。

1.4.3 基于智能体建模

相比于系统动力学建模和离散事件建模，基于智能体建模是一个比较新的方法。在 2000 年之前，基于智能体建模仅存于学术界上，直到 21 世纪初期，随着电子计算机 CPU 性能和存储技术的快速发展，传统的建模方法对深入认识系统表现出了一定的局限性，因此，一些仿真实践者才开始尝试应用该方法对系统进行研究。

基于智能体建模方法适用于不知道系统整体行为，无法确定其关键变量及其动态变化，无法确定其流程变化，但能够确定系统中单个对象行为方式的系统。系统的全局行为可以通过大量定义的单个对象（智能体）并发的独立行为表现出来。

智能体模型中，智能体可以用来表示不同的事物，如各种各样的人、车辆、地点、订单、产品、工厂、设备、想法等。智能体的行为通常通过状态图来定义，也可以通过执行特定事件的规则进行定义。基于智能体的模型一般为多方法模型，智能体内部可创建系统动力学中的存量、流量图或离散事件建模的流程图，外部环境的动态性通常也使用传统方法创建。

目前，还没有标准的智能体建模语言，模型主要借助于软件的可视化编辑器或脚本语言。市场上常用的智能体建模仿真软件有 Swarm、NetLogo、Repast、TNG Lab 等。

1.4.4 建模方法使用范围

不同建模方法适用于不同的抽象层级范围。系统动力学适合较高的抽象层级，一般用于战略性问题的建模，强调从各个对象抽象出集合（存量集、流量集）和反馈环；离散事件建模适用于中层和偏下层的抽象层级，是过程导向的建模方法，系统的动态被视为一系列基于实体的动作过程；基于智能体建模既适用于物理对象的细节等较低抽象层级的建模，又适用于企业和政府等较高抽象层级的建模，该方法可以从个体的角度加以描述系统，每个智能体彼此之间互动并且与环境互动。

在实际应用过程中，选用哪种仿真建模的方法取决于所研究的系统和建模的目的，以及建模的背景和易于实现的建模工具。有时，系统的不同部分适合采用不同的建模方法，因此，掌握多方法集成建模也至关重要。

思　考　题

1. 什么是系统仿真？系统仿真有哪些特点？
2. 系统仿真的主要步骤是什么？
3. 仿真建模有哪些方法？它的使用范围是什么？

第2章 AnyLogic仿真软件简介

随着计算机技术的迅速发展，系统建模和仿真技术在研究系统的过程中发挥着非常重要的作用，目前市场已发布的各种仿真软件有几十种，这些软件有不同的应用背景，各侧重于某一种建模方法，常用建模软件如表 2.1 所示。

表 2.1　常用建模软件

建模方法	建模软件
系统动力学建模	Vensim、STELLA、Powersim、iThink
离散事件建模	FlexSim、ExtendSim、ProModel、SAS Simulation Studio、Witness、AutoMod、Arena、eM-Plant、Extend
基于智能体建模	Swarm、NetLogo、Simio、Repast、TNG Lab

不同于其他的建模工具仅支持一种特定的建模方法，AnyLogic 同时支持离散事件建模、系统动力学建模、基于智能体建模等多种方法，并且支持在同一模型中使用多种建模方法。

2.1 AnyLogic 软件介绍

AnyLogic 是由 XJ Technologies 公司开发的通用仿真建模软件，进入中国已经十多年了，目前已被广泛应用于多个研究领域，适用于离散事件建模、系统动力学建模、基于智能体建模、混合系统的建模和仿真。广泛应用于物流与供应链、交通运输、生产制造、应急管理、医疗健康、军事国防、市场竞争、业务流程和服务系统、项目资产管理、运筹学研究等领域中。

AnyLogic 以最新的复杂系统设计方法论为基础，是第一个将 UML 语言引入模型仿真领域的工具，支持多种建模方法（多智能体、离散事件、系统动力学），可以快速构建被涉及系统的仿真模型（虚拟原型）和外围环境。不仅具有丰富的插件库（如流程建模库、行人库、道路交通库等），而且基于 Java 通用平台，具有超强的二次开发能力，能够开发更多模型和自定义库件。

AnyLogic 软件具有以下特点：

① 灵活的建模方法。AnyLogic 支持多种方法建模，支持在同一模型任意组合使用不同建模方法。

② 简易的建模语言。AnyLogic 几乎支持所有 Java 应用，能够利用丰富的 Java 资源，从而与更多的系统结合。

③ 丰富的建模库件。AnyLogic 提供了流程建模库、物料搬运库、行人库、轨道库、交通道路库、自定义库等多种库件，便于不同行业的模型创建分析。

④ 强大的实验框架。AnyLogic 强大的预设实验可以从不同的角度探索模型，蒙特卡洛

实验、敏感性分析实验及参数变化实验等可研究随机性和参数变化对模型的影响，仿真优化实验可得到模型的更优方案。

⑤ 可视化的动态仿真。AnyLogic 提供了大量的图形化对象，如汽车、员工、设备、建筑物等，可以将流程图转换为具有 3D 和 2D 图形的交互式影像，还可以将自定义的 3D 模型、图像、CAD 图形或形状文件导入到仿真模型中，可以更方便直观地查看模型。

⑥ 协作交互性。AnyLogic 可直接使用任何类型的存储数据，包括 Oracle、MS SQL、MySQL、PostgreSQL、MS Access、Excel 和 text 文件，可以使用内置数据库对模型进行配置和参数化。

⑦ 地理信息系统（GIS）集成。AnyLogic 提供了在仿真建模中使用 GIS 地图的独特功能，可用于供应链和物流网络或者其他需要位置、道路、路径、区域等信息的系统建模。能够通过谷歌地图搜索功能，定位城市、街道、道路、医院等，也可以将模型对象设置在地图上，对象可根据实际空间数据沿现有道路和路线移动。

2.2 AnyLogic 软件安装与激活

AnyLogic8 专业版的安装过程。AnyLogic8 提供 Personal Learing Edition、University Researcher、Professional 三个版本，可根据需要选择版本，本书以 Professional 版本为例。

（1）下载

从 www. AnyLogic. com 网站上下载适用于自己电脑系统版本的安装包。AnyLogic8 要求计算机配置 64 位操作系统。AnyLogic 下载界面如图 2.1 所示。

（2）安装

① 双击 AnyLogic 安装程序，启动安装，在安装界面中点击“I Agree”按钮，如图 2.2 所示。

图 2.1 AnyLogic 下载界面

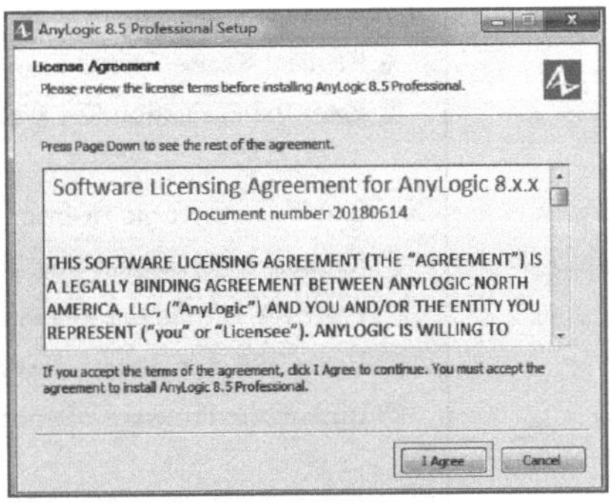

图 2.2 安装第 1 步

② 在弹出的对话框中选择“Install”默认安装，或者选择“Customize”自定义安装的位置、语言等，如图 2.3 所示。

③ 若选择“Customize”，在弹出自定义的界面中，可以选择所需要的安装语言，如“Chinese”，在“Install Folder”选择自定义的安装位置，然后点击“Install”按钮，如图 2.4 所示。

④ 等待安装完成后，点击“Close”按钮，关闭安装程序。

（3）激活

运行 AnyLogic，首次安装时，将会自动显示 AnyLogic 激活向导界面。

若安装时选择了默认安装，则激活向导界面显示为英文，若安装时自定义选择语言为

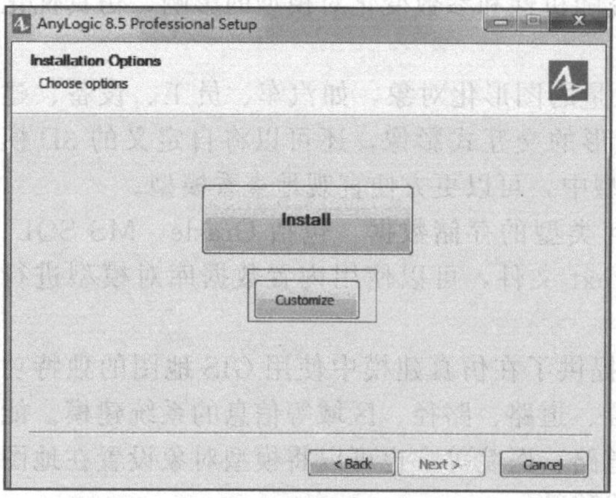

图 2.3 安装第 2 步

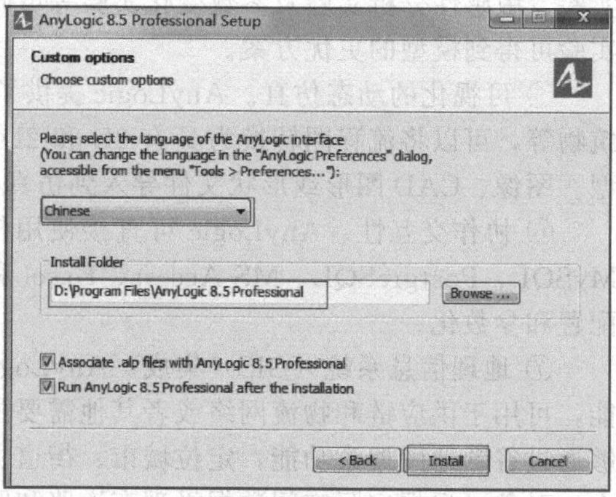

图 2.4 安装第 3 步

"Chinese" 显示中文界面，以下激活步骤以英文显示为例，括号中为中文界面的步骤显示字样。

① 在 AnyLogic Professional 激活向导的 "Activate AnyLogic（激活 AnyLogic）" 界面，选择 "Request a time-limited Evaluation Key. The key will be sent to you by e-mail.（请求有时间限制的评估密钥。密钥将通过电子邮件发送给您。）" 选项，然后点击 "Next（下一步）" 选项，如图 2.5 所示。

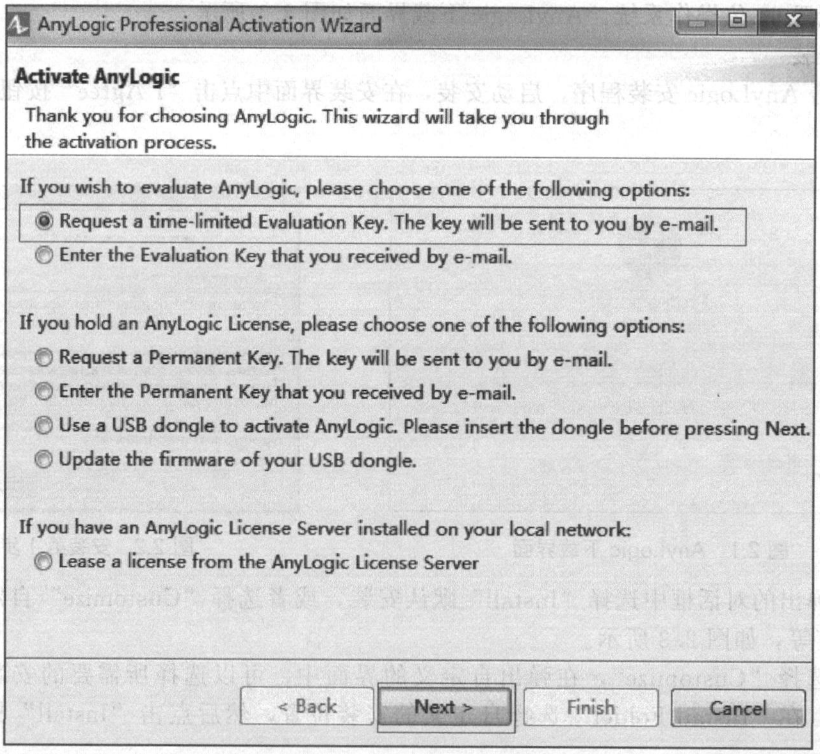

图 2.5 AnyLogic 激活向导界面

② 在 "AnyLogic License Request（AnyLogic 许可证请求）" 界面输入相应的信息，带 * 号的为必填选项。确保电子邮箱输入无误，能收到密钥邮件，然后点击 "Next（下一步）" 选项，图 2.6 所示。

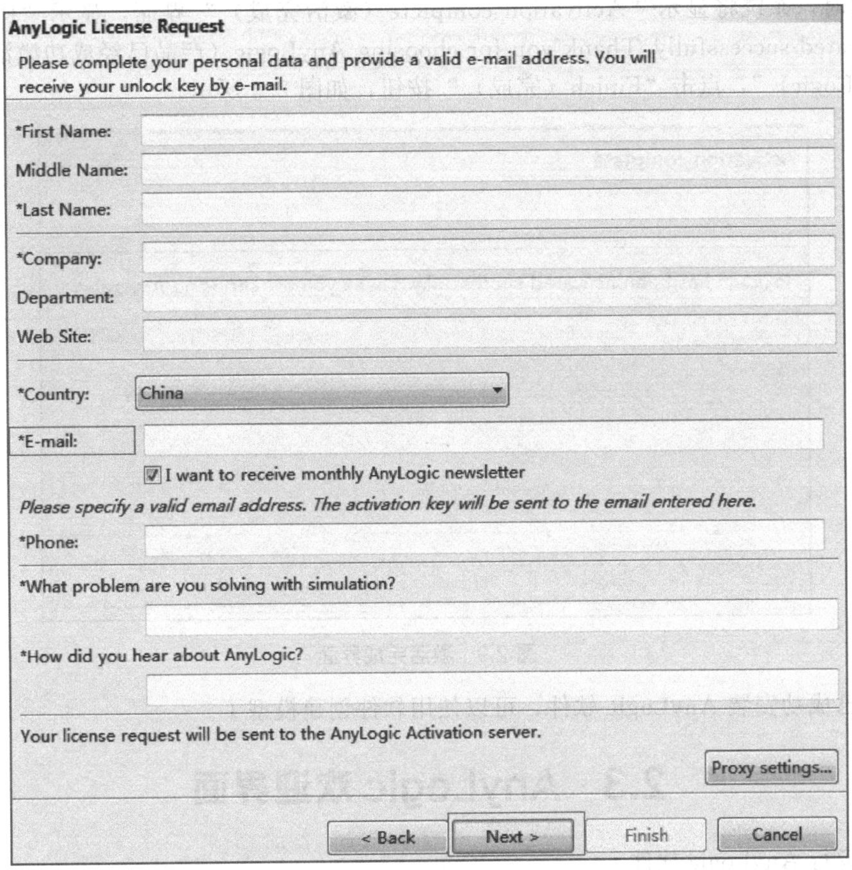
AnyLogic License Request
Please complete your personal data and provide a valid e-mail address. You will receive your unlock key by e-mail.
*First Name:
Middle Name:
*Last Name:
*Company:
Department:
Web Site:
*Country:
China
*E-mail:
I want to receive monthly AnyLogic newsletter
Please specify a valid email address. The activation key will be sent to the email entered here.
*Phone:
*What problem are you solving with simulation?
*How did you hear about AnyLogic?
Your license request will be sent to the AnyLogic Activation server.
Proxy settings...
< Back
Next >
Finish
Cancel

图 2.6 AnyLogic 许可证请求界面

③ 进入“Information（信息）”界面，显示“The key request has been sent（密钥请求已经发送）”，直接点击“Next（下一步）”，如图 2.7 所示。

④ 把邮件收到的密钥复制到“Enter the unlock key（输入解锁密钥）”界面中的“Please paste the key here（请在这里粘贴密钥）”文本编辑框中，点击 Next（下一步），如图 2.8 所示。

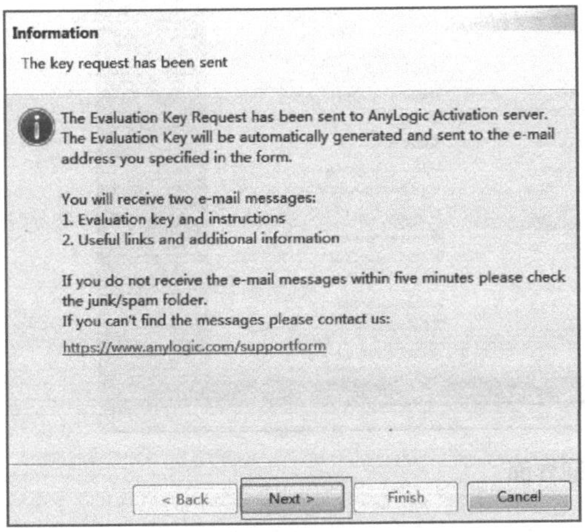
Information
The key request has been sent
The Evaluation Key Request has been sent to AnyLogic Activation server.
The Evaluation Key will be automatically generated and sent to the e-mail address you specified in the form.
You will receive two e-mail messages:
1. Evaluation key and instructions
2. Useful links and additional information
If you do not receive the e-mail messages within five minutes please check the junk/spam folder.
If you can't find the messages please contact us:
https://www.anylogic.com/supportform
< Back
Next >
Finish
Cancel

图 2.7 激活向导信息界面

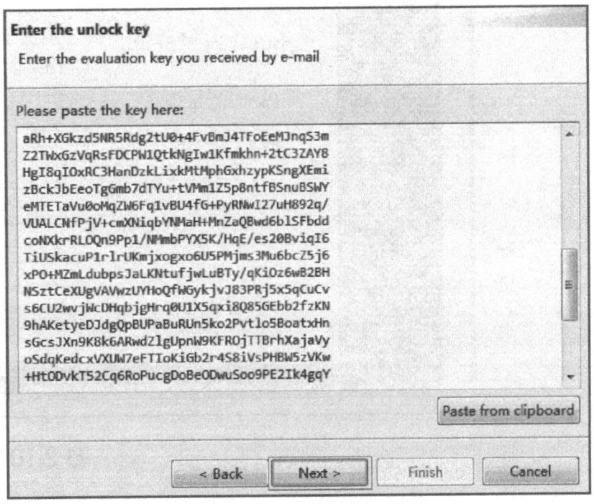
Enter the unlock key
Enter the evaluation key you received by e-mail
Please paste the key here:
Paste from clipboard
< Back
Next >
Finish
Cancel

图 2.8 输入密钥界面

⑤ 这时，系统将显示“Activation complete（激活完成）”界面，显示“Product has been activated successfully. Thank you for choosing AnyLogic（产品已经成功激活。感谢您选择 AnyLogic）”，点击“Finish（完成）”按钮，如图 2.9 所示。

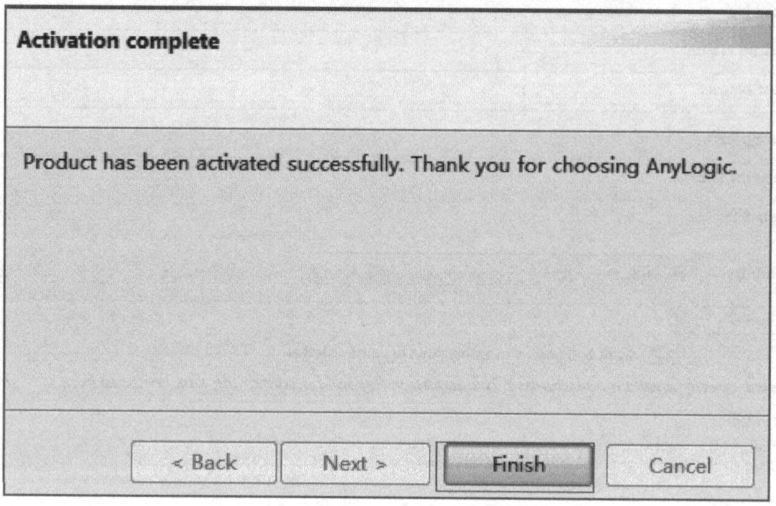

图 2.9　激活完成界面

此时已成功安装 AnyLogic 软件，可以使用软件创建模型了。

2.3　AnyLogic 欢迎界面

（1）运行 AnyLogic 软件

第一次打开 AnyLogic 之后，进入欢迎界面，如图 2.10 所示。

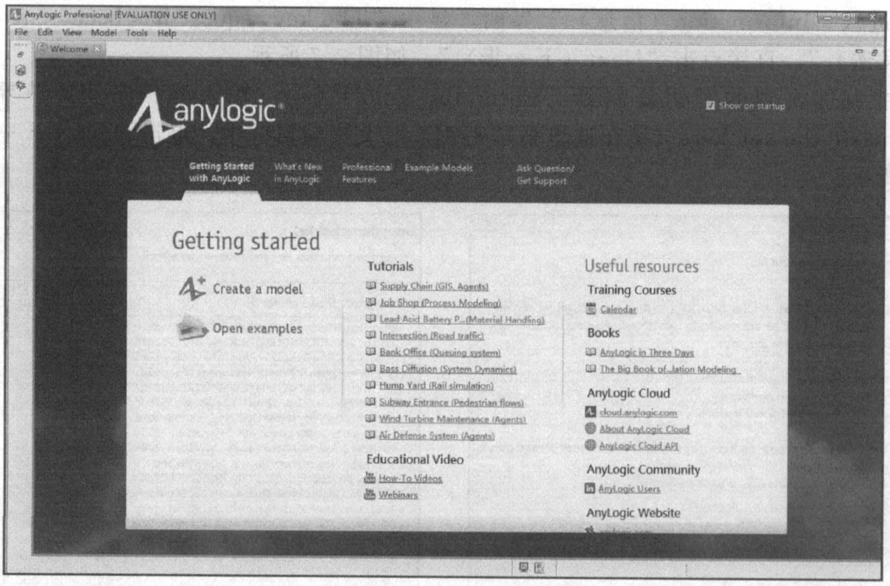

图 2.10　欢迎界面

（2）修改语言

① 如果系统默认语言为 English，需切换为中文时，在 AnyLogic 软件界面中，点击

“Tools”菜单，选择“Preferences”选项，进入“Preferences”界面，在该窗口的“General”界面中，“Language”下拉列表选项中选择“中文”，点击“OK”按钮，如图2.11所示。

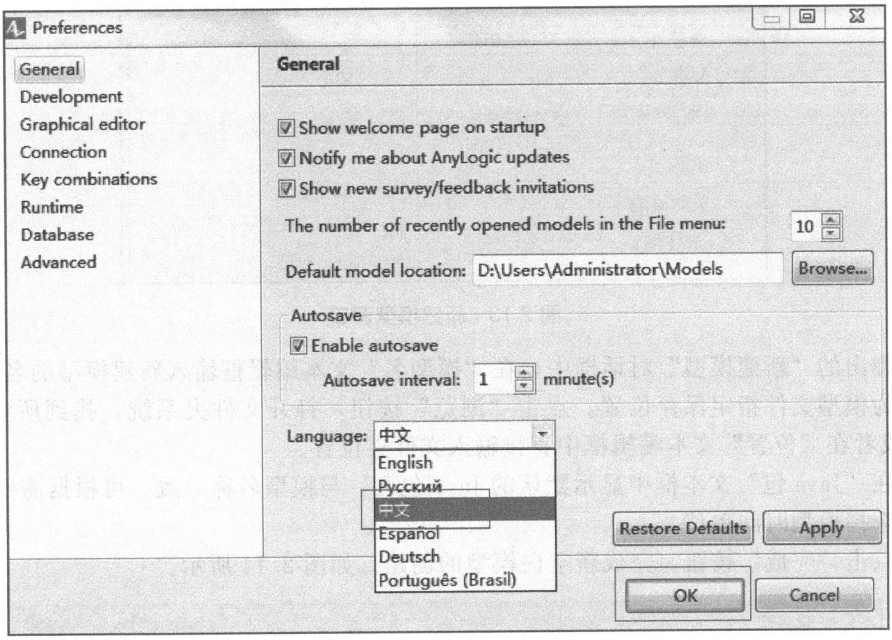

图 2.11　Preference 界面

② 此时，会弹出“Restart AnyLogic to apply changes?”界面，点击“Yes”按钮，如图2.12，重新启动AnyLogic软件，进入中文模式。

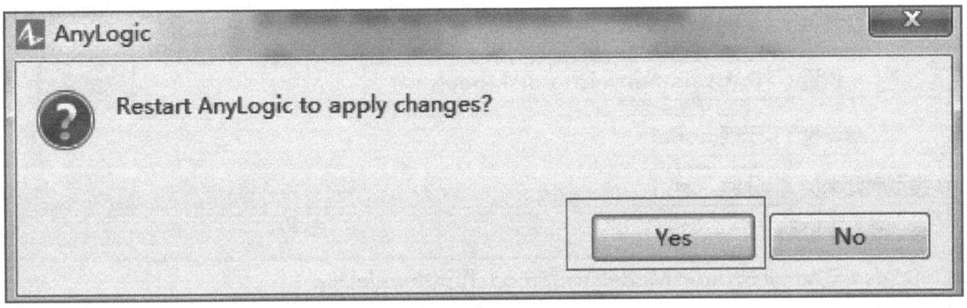

图 2.12　Restart 界面

在默认的情况下，每次启动AnyLogic时都会弹出欢迎界面，如果不需要这个界面，在欢迎界面取消勾选的“启动时展示”复选框，或者在“偏好”界面取消勾选的“启动时展示欢迎页”复选框。

2.4　AnyLogic 模型

2.4.1　创建新模型

① 在主菜单中选择“文件”栏中的“新建”选项，选择“模型”，或者按下快捷键“Ctrl+N”，或点击工具栏中的新建模型按钮，打开新建模型窗口。如图2.13所示。

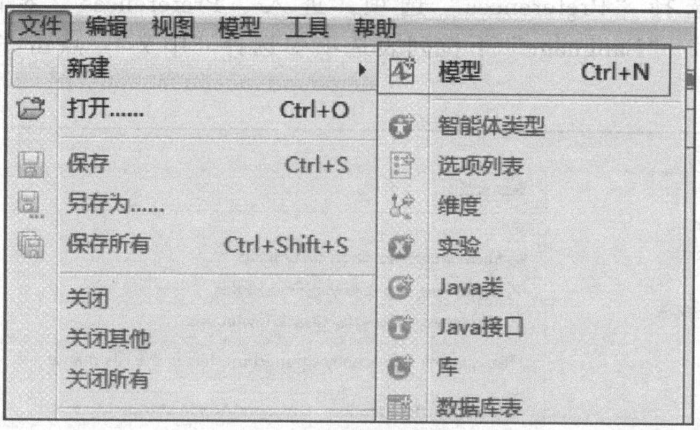

图 2.13　新建模型窗口

② 弹出的“新建模型”对话框中，在“模型名”文本编辑框输入新建模型的名称。

③ 为模型文件指定保存位置。点击“浏览”按钮，打开文件夹系统，找到所要保存的位置，或者在“位置”文本编辑框中直接输入文件夹位置。

④ 在“Java 包”文本框中显示默认的 Java 包名，与模型名称一致，可根据需要修改。

⑤ 选择模型时间单位。

⑥ 点击“完成”按钮，完成新空白模型的创建。如图 2.14 所示。

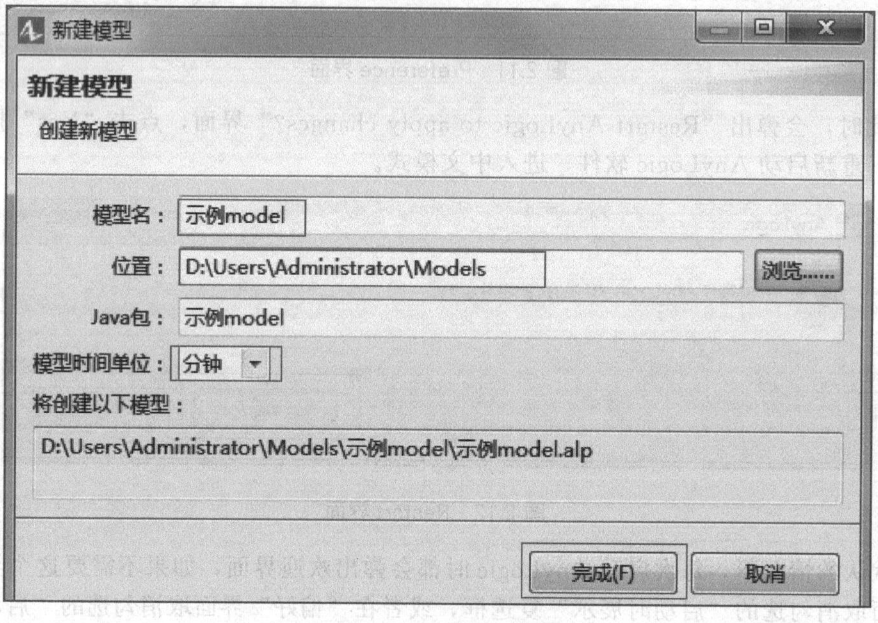

图 2.14　创建新空白模型

2.4.2 打开模型

（1）打开已经存在的模型过程如下

① 在主菜单中选择“文件”→“打开”，或按下快捷键“Ctrl＋O”，或点击工具栏中的打开按钮，将弹出存储模型的文件夹。如图 2.15 所示。

② 找到需要打开的模型文件，双击该文件，或选中该文件后点击“打开”按钮。如图 2.16 所示。

图 2.15 打开已经存在的模型

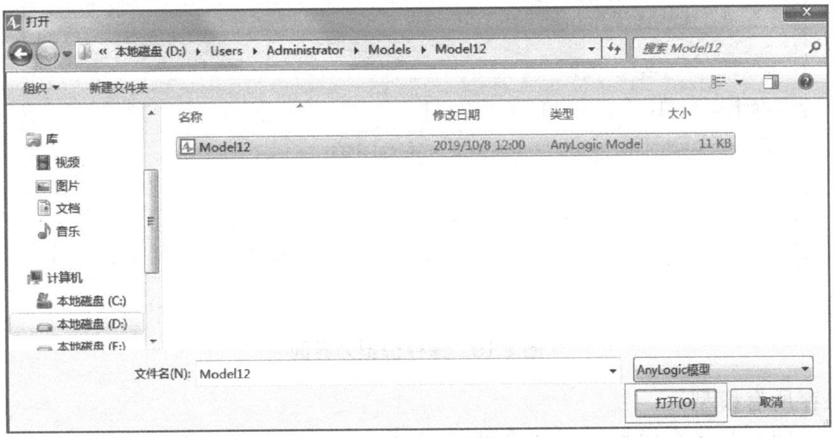

图 2.16 已保存的模型文件

(2) 打开最近打开的模型文件

在主菜单中选择“文件”→“最近打开的模型”，选择最近已打开过的模型文件，如图 2.17 所示。

图 2.17 最近打开过的模型文件

AnyLogic 允许同时打开多个模型，在工程视图中可查看当前打开的所有模型。

2.4.3 保存模型

(1) 直接保存当前模型

在主菜单中选择“文件”→“保存”，或点击工具栏中保存按钮，或按下快捷键“Ctrl+S”，还可以在工程树图中右击模型名称，在弹出的界面中选择“保存”选项。如图 2.18 所示。保存模型为界面如图 2.19 所示。

(2) 另存为当前模型

在主菜单中选择“文件”→“另存为”，或在工程树图中右击模型名称，在弹出的界面中选择“另存为”选项，弹出另存为对话框，输入模型名称和选择保存位置，点击“完成”按钮，完成模型的另存为操作。

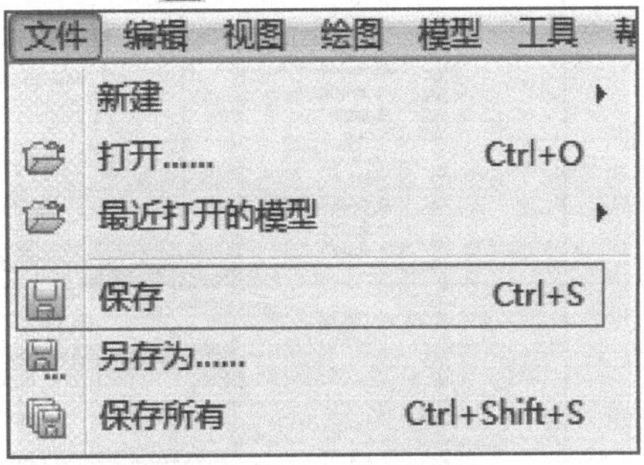

图 2.18 保存模型界面

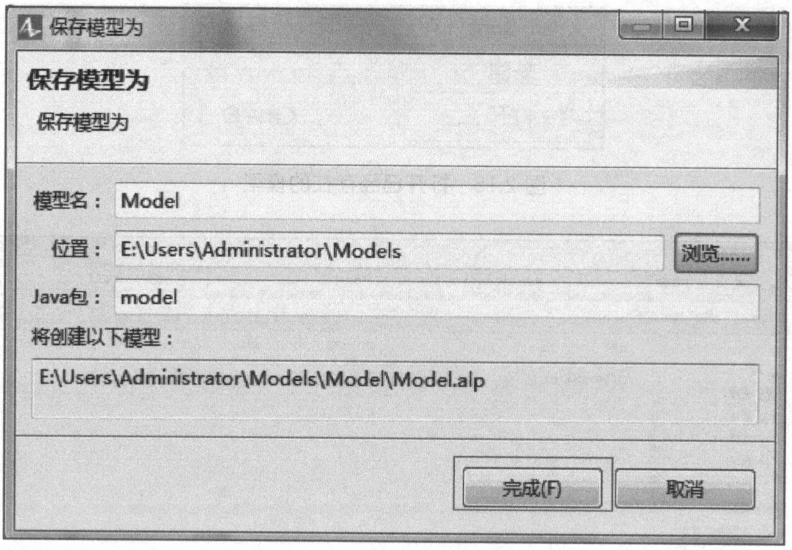

图 2.19　保存模型为界面

（3）保存所有模型

当工作空间打开多个模型，需要全部保存时，可以在主菜单中选择“文件”→“保存所有”，或点击工具栏中的保存所有按钮，或者使用快捷键“Ctrl＋Shift＋S”完成保存所有模型操作。

2.4.4 关闭模型

在主菜单中选择“文件”→“关闭”/“关闭其他”/“关闭所有”，或在工程树图中右击模型名称，在弹出的界面中根据需要选择“关闭”或“关闭其他”或“关闭所有”选项。

2.5 AnyLogic 的窗口界面

如图 2.20 所示，AnyLogic 窗口界面由菜单栏、工具栏、图形编辑器、工程视图、面板

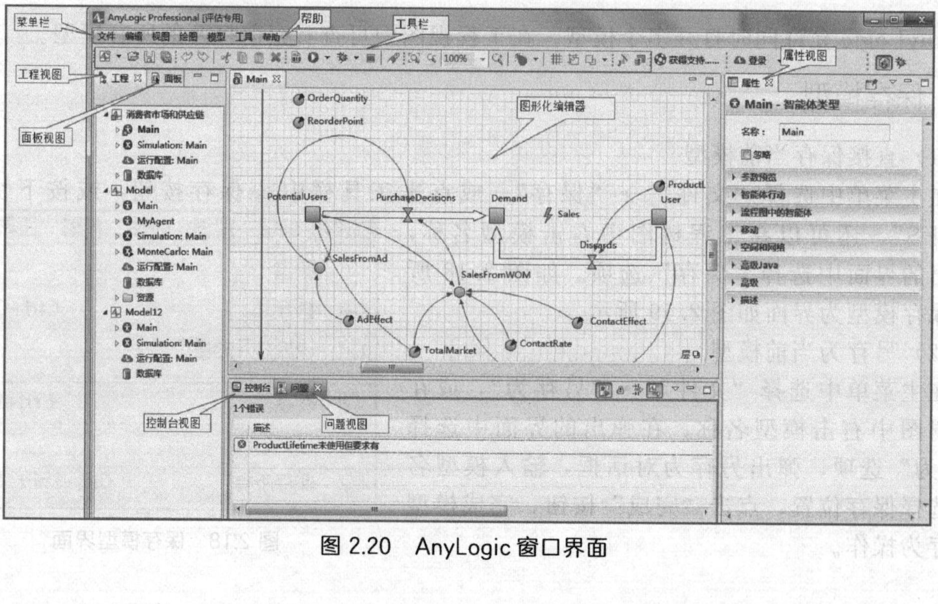

图 2.20　AnyLogic 窗口界面

视图、属性视图、问题视图、控制台视图等部分组成。视图是否显示在 AnyLogic 工作空间的窗口界面，可在“菜单栏”的“视图”列表中选择。

2.6 AnyLogic 的菜单栏

AnyLogic 的菜单栏包括文件、编辑、视图、绘图、模型、工具、帮助七项内容。

2.6.1 文件菜单

文件菜单中包含了新建、打开、保存、关闭、退出等 AnyLogic 的基本操作命令，其中导入操作可以从 Vensim 中导入模型，导出操作可以将所建模型导出到 AnyLogic 云或独立 Java 应用程序，如图 2.21 所示。

2.6.2 编辑菜单

编辑菜单中包含了撤消、重做、剪切、复制、粘贴、删除等常用命令，如图 2.22 所示。

图 2.21 文件菜单

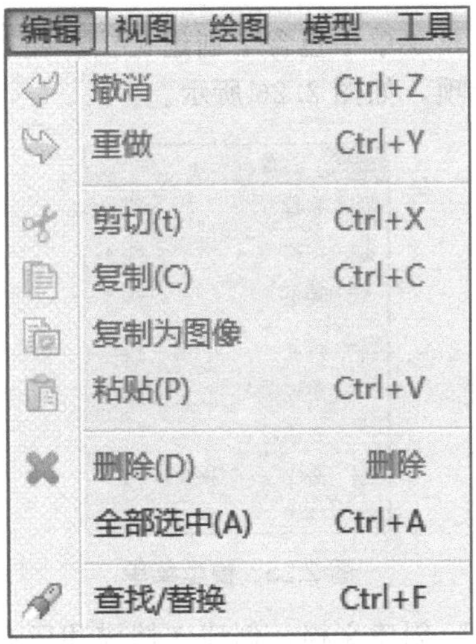

图 2.22 编辑菜单

2.6.3 视图菜单

视图菜单中包含了用于操作当前 AnyLogic 工作空间中已打开的视图的命令，主要包括工程、属性、面板、控制台、问题、搜索等视图，如图 2.23 所示，可以通过点击相关视图选项，选择在 AnyLogic 工作空间中是否显示该视图。

2.6.4 绘图菜单

绘图菜单中包含了对 AnyLogic 工作空间中图形编辑器的相关操作，包括次序、分组、缩放、网格、对齐、隐藏各功能选项。如图 2.24 所示。

2.6.5 模型菜单

模型菜单中包含了操作模型时需要用到的命令。主要包括构建、运行、调试、恢复、逐过程、逐语句、跳出、停止各功能选项，如图 2.25 所示。其中构建操作表示构建当前选中的模型，在建模过程中可以通过构建操作检查模型是否存在问题。

图 2.23 视图菜单

图 2.24 绘图菜单

2.6.6 工具菜单

工具菜单中包含了创建文档、检查快照兼容性、检查系统动力学单位、重置视图、偏好各功能项，如图 2.26 所示。

图 2.25 模型菜单

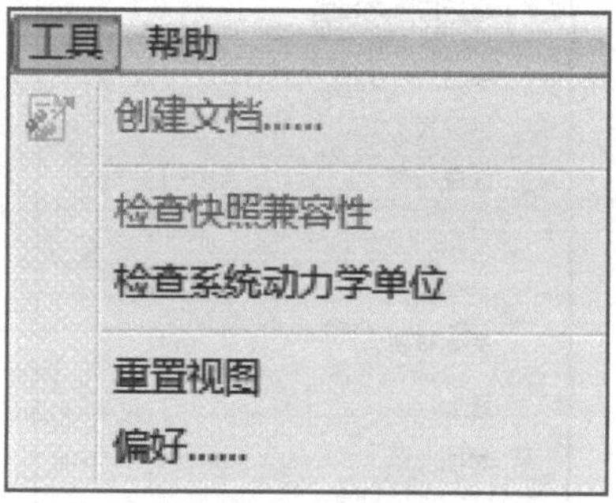

图 2.26 工具菜单

(1) 创建文档。创建文档描述所有的模型元素和它们的属性。

(2) 重置视图。重置当前视图到默认设置。

(3) 偏好。该界面包括常规、开发、图形编辑器、连接、组合键、运行时、数据库、高级 8 个功能选项，如图 2.27 所示。

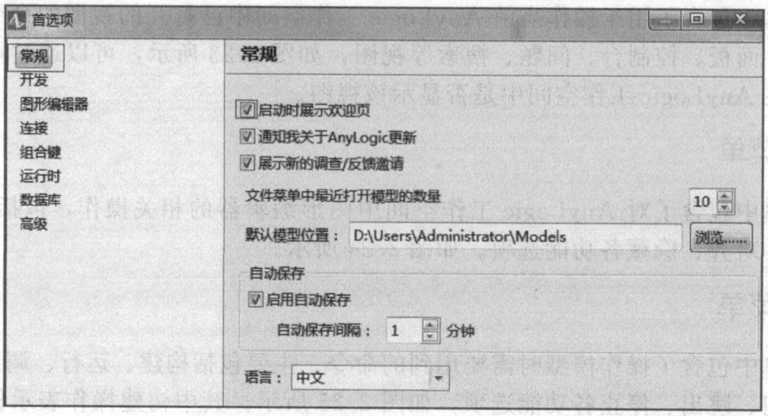

图 2.27 常规选项

① 在“常规”选项中勾选“启动时展示欢迎页”复选框时，将会在启动 AnyLogic 时打开欢迎界面。

② 在“常规”选项中的“默认模型位置”可指定模型默认的保存位置。

③ 在“常规”选项中的“语言”选项中，选择 AnyLogic 的语言版本。其他功能选项可根据需要修改使用。

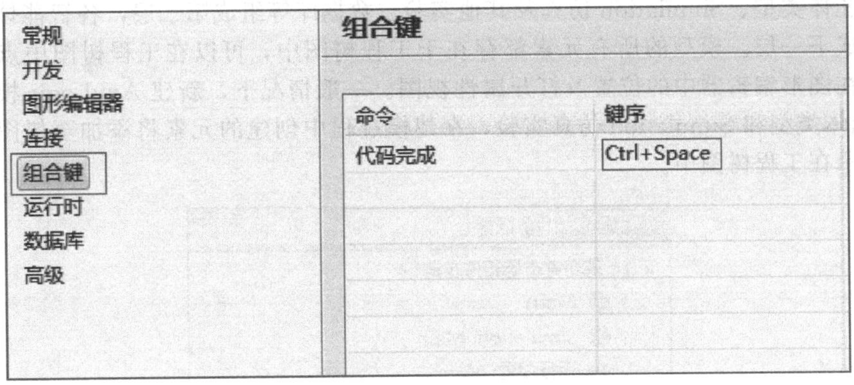

图 2.28 组合键选项

④ 可通过使用“组合键”选项中默认的“Ctrl＋Space”键使用代码提示功能，如图 2.28 所示。

2.6.7 帮助菜单

帮助菜单中主要包含了打开 AnyLogic 帮助命令、打开欢迎页面、打开软件自带示例模型、打开产品激活向导界面及关于 AnyLogic 版本介绍等操作命令，如图 2.29 所示。常用命令有以下几种：

① 欢迎。打开 AnyLogic 的欢迎界面。

② AnyLogic 帮助。打开 AnyLogic 的帮助窗口，使用帮助，可以浏览、查找、标注以及打印帮助文档，后面章节将进一步对帮助内容进行说明。

③ 示例模型。AnyLogic 软件自带一些案例模型，可以通过该选项打开示例模型窗口查看。

④ 检查更新。检查更新比当前更高的版本。

⑤ 激活产品。打开 AnyLogic 激活向导以激活产品。

⑥ 关于 AnyLogic。查看 AnyLogic 的有关信息。

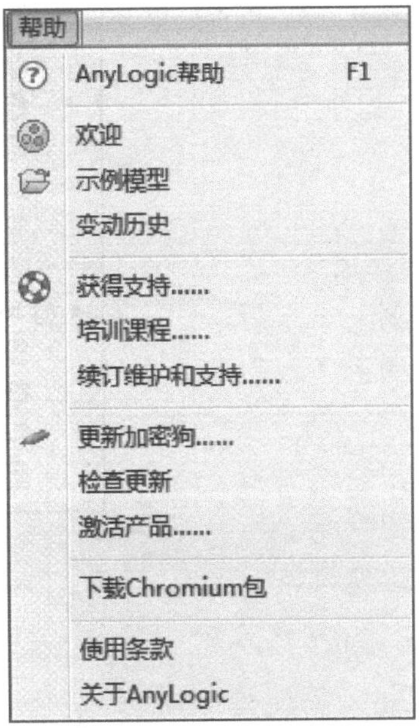

图 2.29 帮助菜单

2.7 AnyLogic 的工具栏

AnyLogic 的工具栏中包含了新建、打开、保存、撤消、重做、剪切、复制、调试、运行等可以快速执行的各种常用命令。其中：

① 撤消。撤消上一步执行的操作。

② 重做。重复上一步执行的操作。

③ 调试。对当前模型进行调试。

④ 运行。运行下拉列表选项中选中的模型。

2.8 工程视图

工程视图默认显示在AnyLogic窗口的最左面，可以查看、访问所有已打开的AnyLogic模型，如图2.30所示。AnyLogic模型是以树状形式显示在工程视图中，其中最顶层为模型本身，智能体类型、Simulation仿真及其他实验、数据库等组成第二层，各智能体类型的组成元素构成下一层。模型的所有元素都存在于工程树图中，可以在工程树图中点击某一元素，查看在图形编辑器中的位置及打开属性视图。一般情况下，新建AnyLogic模型仅包含Main智能体类型和Simulation仿真实验，在建模过程中创建的元素将添加至树图相应的分支中，显示在工程树图中。

图2.30 工程视图

2.9 面板视图

面板视图是为了方便建立模型而设立，包括AnyLogic提供的各种建模库、模型分析元素、模型动画显示元素及其他所需各种元素，如图2.31所示。建模过程中需要面板中的元素时，只需选中拖入图形编辑器视图中即可。面板视图中各元素详细介绍可参照AnyLogic帮助文档。

2.9.1 库

库是针对某些特定的应用领域或建模任务创建的活动对象的集合，库本身就是一个模型，它被编译和打包为一个Java包。

(1) 流程建模库

流程建模库是AnyLogic创建离散事件模型或面向过程模型的标准对象库。使用流程建

图 2.31 面板视图

模库建模，是利用智能体、资源及各个流程来模拟现实系统的过程，模型的流程是利用流程建模库提供的各种功能模块创建的流程图来定义。AnyLogic 流程建模库中常用模块功能描述如表 2.2 所示。

表 2.2 AnyLogic 流程建模库中常用模块功能描述

模块名称	图标	描述
Source		生成智能体，通常是流程图的起点
Sink		处理进入的智能体。通常是一个流程图的终点，该模块从流程图中彻底移除智能体。如不需移除智能体，使用 Exit 模块代替
Delay		将智能体延迟指定的时间
Queue		按指定顺序存储智能体，等待下一个模块接受该智能体。顺序可以是先进先出(默认)、先进后出、基于优先级
Select Output	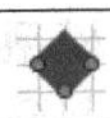	根据(概率或确定)条件将进入的智能体转发到两个出口其中的一个
Select Output5	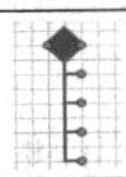	根据(概率或确定)条件将进入的智能体转发到五个出口其中的一个

续表

模块名称	图标	描述
Hold		临时阻止智能体流到流程图之后的分支
Match		将两个来自不同输入端的智能体进行匹配,并将它们同时输出,输出智能体对
Split		为进入的智能体创建一个或者几个其他智能体(复制),并通过输出端口输出。该模块在流程图中花费0时间
Combine		等待两个智能体到达两个进入端口将它们生成一个新智能体
Assembler		将来自不同源(5个或者更少)特定数量的智能体组装成新的单个智能体
Move To		将智能体移动到新的位置,目的地可以是节点、吸引子、GIS点、指定智能体、获取的资源、指定坐标点等
Convery		模拟传送带,智能体以一定的速度沿着路径移动,保留之间的最小空间
Resource Pool		定义资源单元组,资源是智能体执行某些任务需要的对象(如人员、车辆、设备等),可以是静态、移动或者可携带的,使用Seize、Release、Assembler、Service模块获取和释放资源
Seize		从给定的资源池Resource Pool获取一定数量的资源单元
Release		释放之前通过Seize模块获取的资源单元
Service		获取给定数量的资源单元,延迟智能体,并释放获取的资源单元。相当于Seize、Delay、Release序列
Exit		将进入的智能体从流程图中输出,让用户指定如何处理它们
Enter		将(已经存在的)智能体插入到流程图的特定点上

(2) 物料搬运库

物料搬运库主要是用来简化复杂的制造系统及相关操作，可用于设计生产、存储设施及管理工厂内部物料流程的详细模型。使用物料搬运库创建的数字工厂模型可以对生产、运输和库存策略进行控制和优化，减少车间可能出现的错误和物料流的延迟。利用物料搬运库建模可以分析评估车间布局、生产线设计、人员分配、设备资源等，通过仿真建模提高车间生产能力。

(3) 行人库

AnyLogic提供的行人库是专门用来模拟“物理”环境中的行人流动，能够真实地反映行人周围的如建筑物、街道等环境，收集行人密度的统计数据，用于确定服务点的服务负载容量，估计行人在一个特定区域中的停留时间，以及检测行人周围环境发生的变化和可能产生的问题。利用行人库建模能成功模拟行人在连续环境中的移动、人与人之间的互动以及对不同的环境（如墙壁、电梯等）作出的反应。

(4) 轨道库

AnyLogic提供的轨道库可以使用户能够高效地建模、仿真并可视化任意复杂度和任意规模的铁路调车场作业过程。用户通过使用轨道库可以方便地将铁路调车场模型和相关的运输、装卸、资源分配、维护、商业流程等离散事件或者基于智能体的模型结合起来。轨道库在规划和重新设计铁路网络、分析现有网络参数和分配资源时，也能起到非常重要的作用。

(5) 道路交通库

道路交通库允许用户创建、仿真可视化车辆交通模型。该库提供了非常有效的智能体车辆移动的建模对象，能够广泛适用于高速公路交通、道路交通、制造区域内部运输、停车场或者是包含车辆、道路和车道的任何建模系统。道路交通库可以使车辆移动模型与卡车、起重机、轮船、火车、客流、制造或商业流程等模型结合起来。

该库包括空间标记和模块两部分。空间标记主要是用于绘制如道路、十字路口、公交车站、停车场等路网设施，而模块主要是车辆移动相关建模的对象。

（6）流体库

流体库主要用于对流体、大宗货物和散装货物的存储和运输行为的建模，一般不单独建模。主要包括空间标记和模块两部分。

2.9.2 系统动力学

AnyLogic系统动力学面板中包含了各种系统动力学符号，如存量、流量、动态变量、表函数、链接等，如图2.32所示。在创建系统动力学模型时，利用该面板中的各种元素在图形编辑器中绘制系统动力学流图。

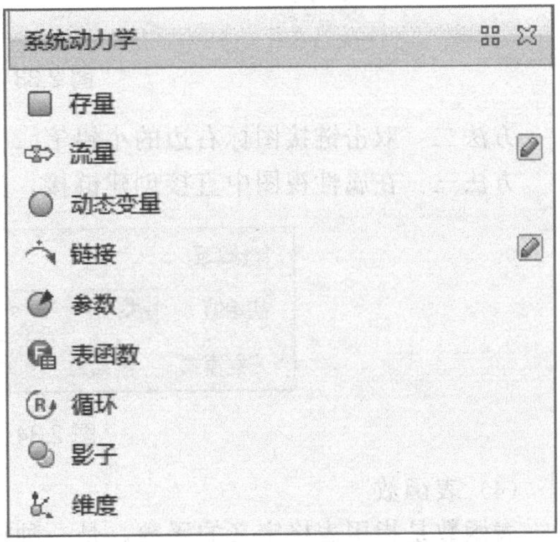

图 2.32 系统动力学符号

（1）存量、流量

存量和流量元素是系统动力学存量、流量图的基本要素。

① 存量，又被称为状态变量，也就是系统的某个指标值，它的值随着时间的推进不断地变化；流量，又被称为速率，它能引起存量值的变化。存量值的计算公式可以表示为：

$$存量值=输入流-输出流$$

其中，输入流使得存量的值增加，而输出流使得存量值减小。

② 存量的创建。

在“系统动力学”面板视图中选中“存量”图标，拖动至图形编辑器中需要放置的位置，打开存量的属性视图，修改存量的名称、初始值等属性。

③ 流量的创建。

方法一：在“系统动力学”面板中选择“流量”图标，拖动至图形编辑器中两存量之间，使得流量的首尾两个小圆圈正好处于两端存量上，若连接成功，小圆圈显示为绿色。

方法二：在图形编辑器中，先双击流出的存量图标，然后点击流入的存量图标，绘制流量。

方法三：在“系统动力学”面板中双击流量图标右边的小铅笔，激活绘图模式，先点击流出的存量，然后点击流入的存量完成绘制。

再在属性视图中修改流量的名称、初始值等相关属性。

（2）动态变量和参数

动态变量是介于存量和流量之间的变量，它的值随着时间的推进不断变化。

参数是静态值，与时间变化无关，常用于描述某一对象的静态属性。

参数和动态变量的创建如下：

在“系统动力学”面板视图中选中“参数”或“动态变量”图标，拖动至图形编辑器中需要放置的位置，打开属性视图，修改名称、类型、初始值等属性。

（3）链接

链接是系统动力学的一个专用符号元素，用于定义存量与流量、存量与参数、存量与动态变量、流量与参数等系统动力学元素之间的依赖关系。

链接的创建方法。

方法一：在“系统动力学”面板中选中“链接”图标，拖动至图形编辑器中有依赖关系的元素之间，并且确保链接的箭头首尾部与两端元素连接成功。如图 2.33 所示。

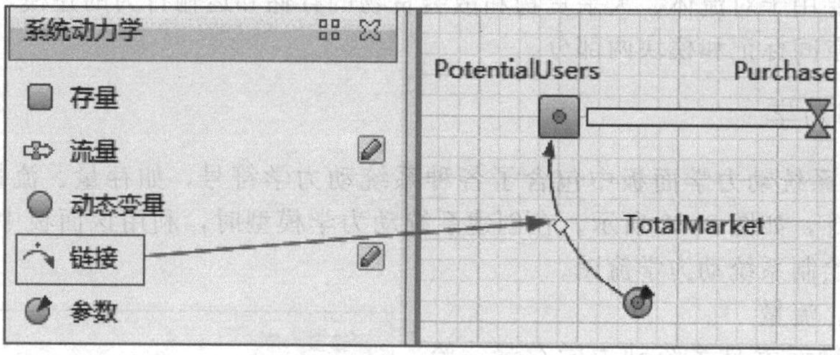

图 2.33　创建链接 1

方法二：双击链接图标右边的小铅笔，激活绘图模式，绘制链接。

方法三：在属性视图中直接创建链接，如图 2.34 所示。

图 2.34　创建链接 2

（4）表函数

表函数是指用表格定义的函数，是一种特殊类型的函数。表函数适用于复杂的非线性关系，或将离散数据转换为连续的形式。AnyLogic 根据给出的 X、Y 坐标系中的数值对及选定的插值方法创建表函数，与一般函数类似，在建模过程中可以调用带有参数值的表函数，返回该参数对应的值（可能是插值）。当函数调用的实参值超过表函数的参数范围时，可根据选定的处理办法处理该情况。

i. 表函数的创建。

在“系统动力学”面板视图中选中“表函数”图标，拖动至图形编辑器中需要放置的位置。

ii. 表函数的属性定义，如图 2.35 所示。

① 在“名称”文本编辑框中输入表函数的名称。

② 在“表数据”栏定义表函数的数据项。

方法一：在现有的 AnyLogic 数据库中直接加载表数据，勾选“从数据库加载”复选框，在“表”下拉列表中选择需要的数据库表。可根据需要，定义“选择条件”，选择“参数列”及“Value 列”。

方法二：在其他应用程序或文件中复制表格数据，点击“从剪切板粘贴”按钮图标，将数据粘贴至“表数据”中。

方法三：手动输入数据值，在“参数”列中输入参数值，在对应的“值”列中输入函数值。

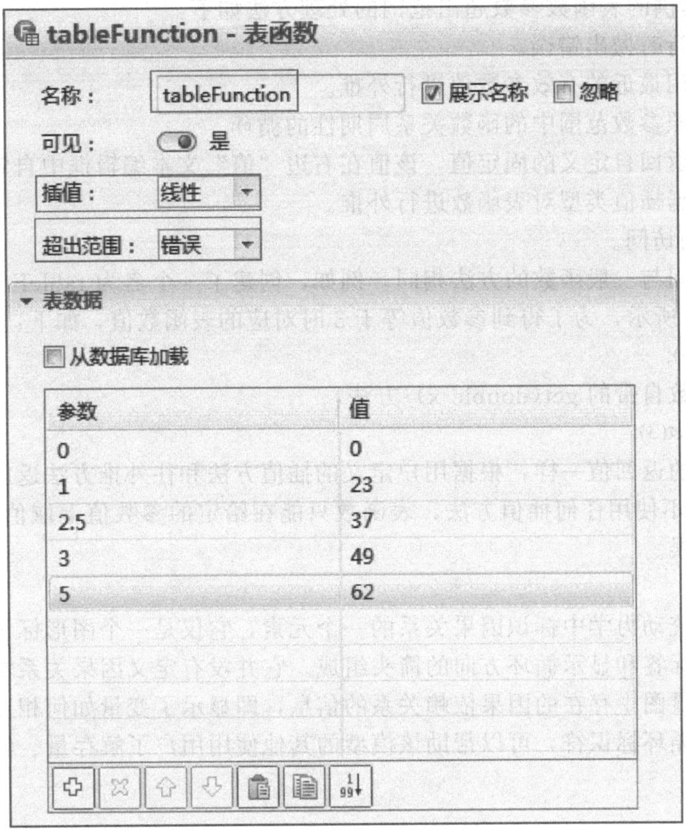

图 2.35　表函数属性设置

可以点击“删除”按钮图标删除不需要的数据项。

③ 从“插值”下拉列表中选择表函数的插值方法，如图 2.36 所示。

AnyLogic 提供的表函数插值方法如下：

无——无插值。

阶梯——阶梯插值。两个参数点之间的函数值为常数，并且与较小的那个参数点的函数值相等。

线性——线性插值。使用直线段将两个参考点连接起来。

样条线——四阶样条插值。使用四阶多项式将参数点连接起来。样条函数在每个参数点上的零阶、一阶、二阶偏导数都连续，并且在最后一个点上的二阶偏导数等于 0。

近似——近似插值。根据各参数点均方根误差最小多项式顺序得到函数值。

④ 从“超出范围”下拉列表中选择参数超出范围时的处理方法，如图 2.37 所示。

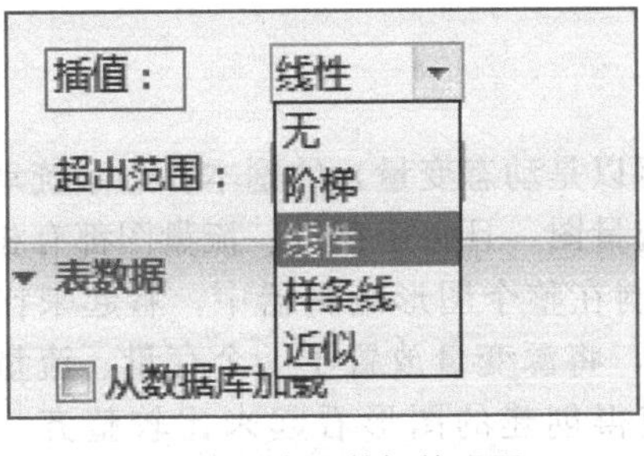

图 2.36　表函数插值设置

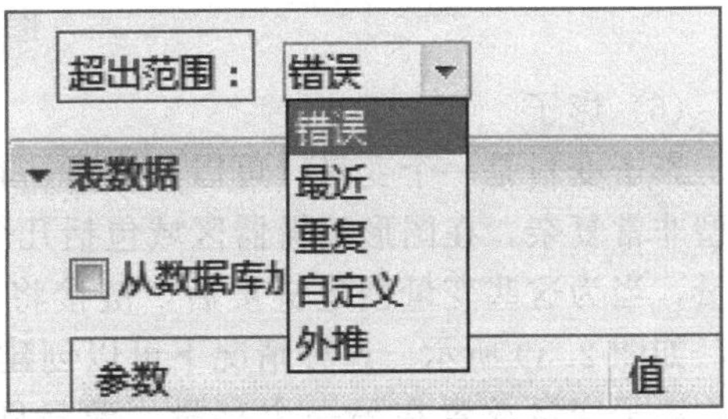

图 2.37　表函数超出范围设置

AnyLogic 提供的表函数参数超出范围的处理方法如下：

错误——运行时抛出错误。

最近——使用最近的有效参数值进行外推。

重复——按照参数范围中的函数关系周期性的循环。

自定义——返回自定义的固定值，该值在右边“值”文本编辑框中自定义。

外推——根据插值类型对表函数进行外推。

iii. 表函数的访问。

表函数的访问与一般函数的方法相同，例如，创建了一个名为 tableFunction 的表函数，表数据如图 2.35 所示，为了得到参数值等于 3 时对应的表函数值，如下：

```
tableFunction(3);
```

或使用表函数自带的 get(double x) 方法，

```
tableFunction.get(3);
```

这两种方法的返回值一样，根据用户定义的插值方法和往外推方法返回参数 3 对应的表函数值 49。如果不使用任何插值方法，表函数只能在给定的参数值上取值，否则 AnyLogic 将会抛出一个错误。

（5）循环

循环是在系统动力学中标识因果关系的一个元素，它仅是一个图形标识符，由一个带有循环含义说明的标签和显示循环方向的箭头组成。它并没有定义因果关系本身，而是只显示了关于存量、流量图中存在的因果依赖关系的信息，即显示了变量如何相互影响。在系统动力学模型中使用循环标识符，可以帮助该模型的其他使用用户了解存量、流量图中存在的因果依赖关系。

循环的创建。

在“系统动力学”面板中选中“循环”图标 Ⓑ 拖到图形编辑器中，在属性视图中设置循环的方向（顺时针、逆时针）、类型（B 表示平衡、R 表示加强），设置显示描述该循环含义的简短文本。定义循环后的显示可以如图 2.38 所示。

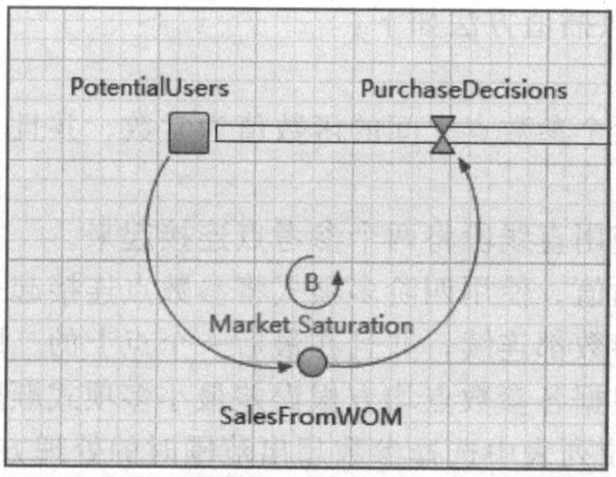

图 2.38　循环

（6）影子

影子变量是一个变量（可以是流量、存量，也可以是动态变量）的副本。当系统动力学模型非常复杂，在图形编辑器区域包括几个存量、流量图，且每个存量、流量图都有相关的变量，当为这些变量创建链接后，链接将可能被绘制在整个图形编辑器中，看起来比较杂乱，如图 2.39 所示。这种情况下可以创建影子变量，将源变量放置于一个存量、流量图附近，影子变量放置在另一个存量、流量图附近，使得创建的图形看起来比较整齐。如图 2.40 所示。

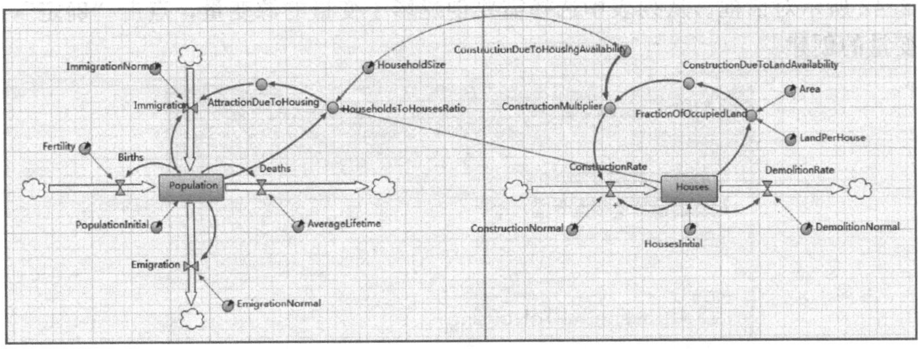

图 2.39　创建影子变量前

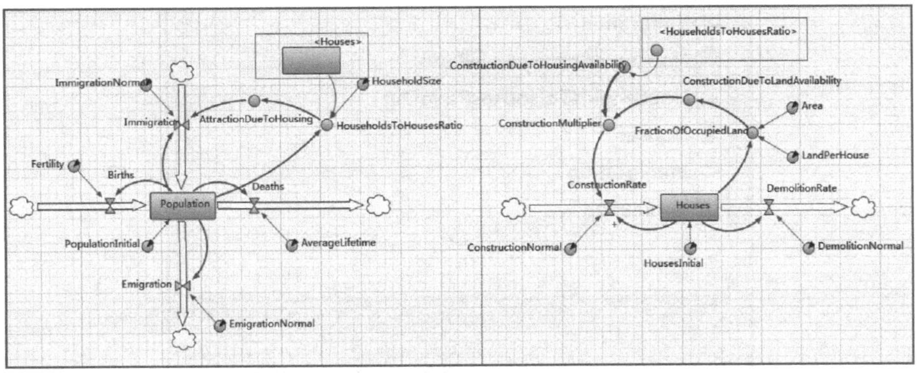

图 2.40　创建影子变量后

当所建模型是包含若干智能体类型的不同层次结构时，在不同智能体类型中都包含流量、存量图，需要将不同类型存量、流量图共用的变量显示在对象接口处，并将该变量添加到智能体类型的图标上，此时，可以创建影子变量，如图 2.41 所示。

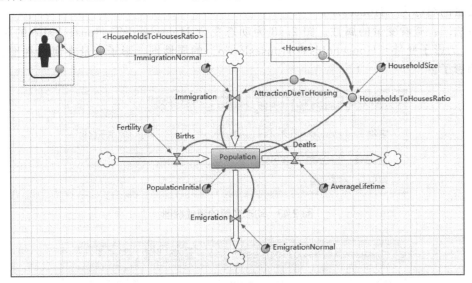

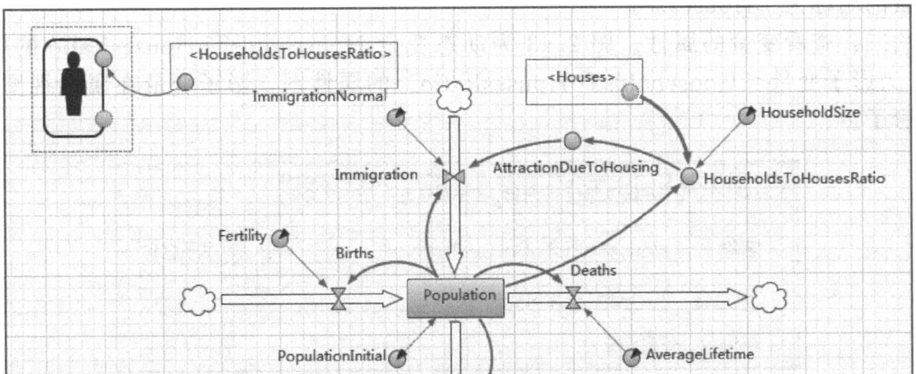

图 2.41　创建影子变量 1

影子变量的创建。

在“系统动力学”面板中选中“影子”图标，拖至图形编辑器中需要放置的位置，将弹出如图 2.42 所示对话框。从列表中选择需要创建影子变量的源变量，点击“确定”，即可完成影子变量的创建。

图 2.42　创建影子变量 2

如何区分源变量和影子变量？

方法一：影子变量系统默认名称带“＜＞”，如创建名称为 Houses 存量的影子变量，影子变量的名称为＜Houses＞。

方法二：查看变量的属性。图 2.43 为动态变量 HouseholdsToHousesRatio 的属性图，图 2.44 为影子变量＜HouseholdsToHousesRatio＞的属性图，影子变量在属性视图括号内注明为影子。

图 2.43　动态变量的属性截图

图 2.44　影子变量的属性截图

（7）维度

维度用来定义系统动力学数组变量，包括枚举、范围和子维度三种类型。

i. 维度的三种类型。

① 枚举。枚举是用已命名的数据项组成的列表，允许使用数据项名称作为数组元素直接引用。

例如，创建智能体类型人，定义性别数组变量时，可以使用枚举的方式，其数据项包括 Male、Female。

② 范围。范围是允许用数组元素的取值范围定义数组，必须使用索引码访问数组元素。

③ 子维度。子维度允许定义一个维度的子范围，常用于需在模型多个位置引用的情况。在定义子维度时，必须确定某元素的上限和下限。

ii. 维度的创建。

在“系统动力学”面板中，选中“维度”图标拖动至图形编辑器中，在弹出的对话框中输入名称，在“定义为”中选择要创建的维度类型，并指定元素，如图 2.45 所示。

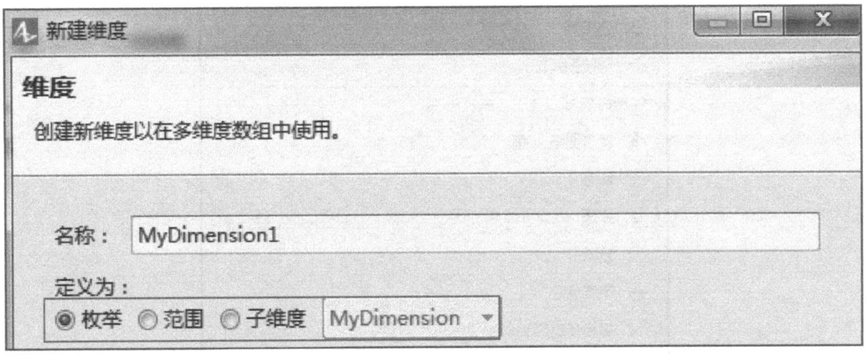

图 2.45 创建维度

2.9.3 智能体

智能体（Agent）是 AnyLogic 软件中一个主要的构建模块，是模型设计的一个可以有行为、记忆、定时、联系人等的单元。在智能体中可以定义变量、事件、状态、流程图等，也可以嵌入其他智能体，可以根据不同的智能体定义相应的智能体类型。智能体模块的使用主要有创建智能体类型和定义智能体行为等，智能体面板包括智能体、智能体组件、状态图三部分，如图 2.46 所示。

（1）创建智能体

在 AnyLogic 建模过程中定义智能体，具体的步骤如下：

① 打开“智能体”面板，选择智能体图标，将其拖动至图形编辑器中某一位置，此时弹出“新建智能体”向导对话框。

② 在“第 1 步．选择您想创建什么”对话框中，选择适合建模需求的选项，如果模型需要多个同类型的智能体，选择创建智能体群，本书以创建智能体群为例说明智能体创建的步骤，选择“智能体群”，点击“下一步”，弹出下一步向导对话框，如图 2.47 所示。

③ 在“第 2 步．创建新智能体类型”对话框中，“新类型名”文本编辑框中输入类型名称，此时，“智能体群名”文本编辑框中自动为类型名称的复数形式，默认“我正在‘从头’创建智能体类型”选项，点击“下一步”，弹出下一步向导对话框，如图 2.48 所示。

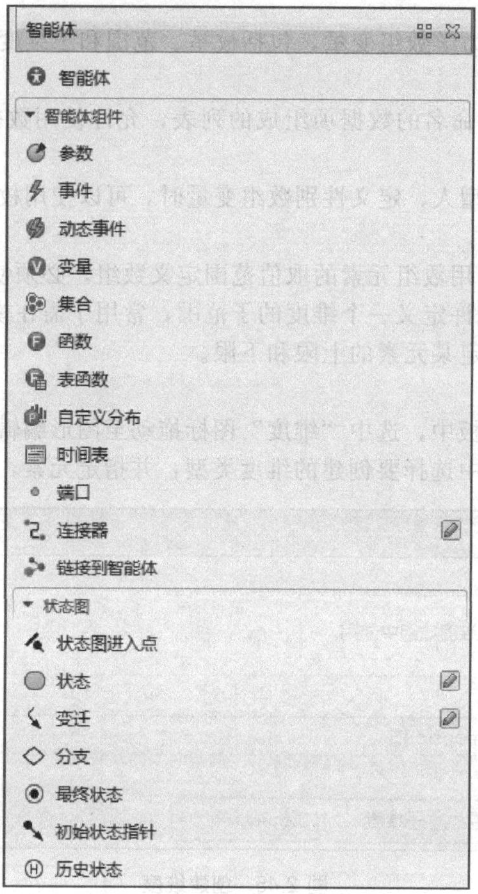

图 2.46　智能体面板视图

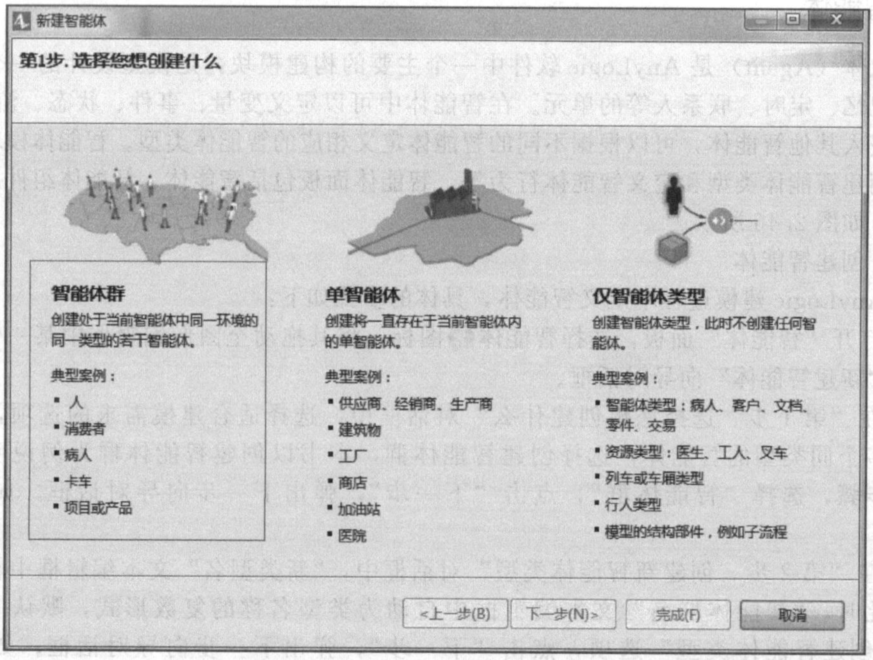

图 2.47　第 1 步．选择您想创建什么

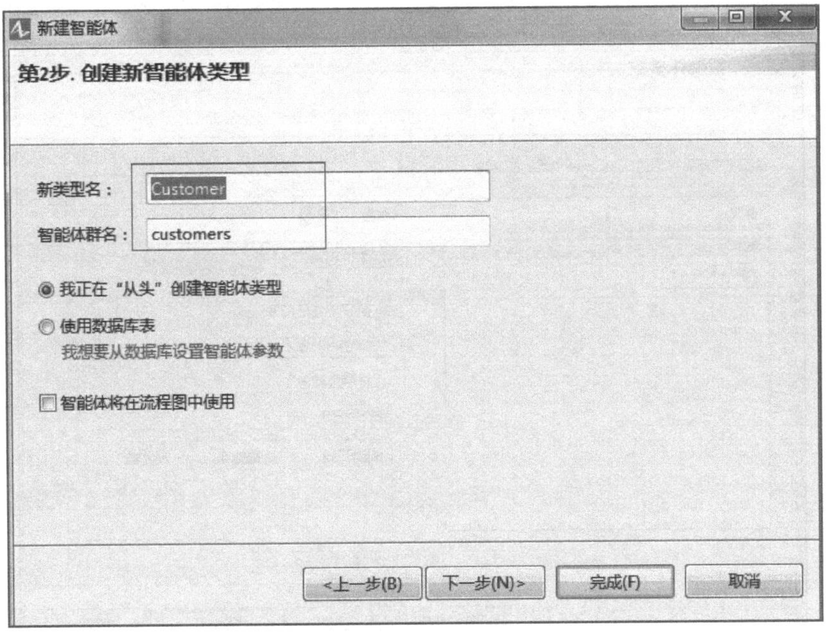

图 2.48 第 2 步．创建新智能体类型

④ 在“第 3 步．智能体动画”对话框中，根据模型需要选择三维或二维智能体的动画图形，AnyLogic 提供多种智能体类型动画图形，下拉滑块选择。点击“下一步”按钮，弹出下一步向导对话框，如图 2.49 所示。

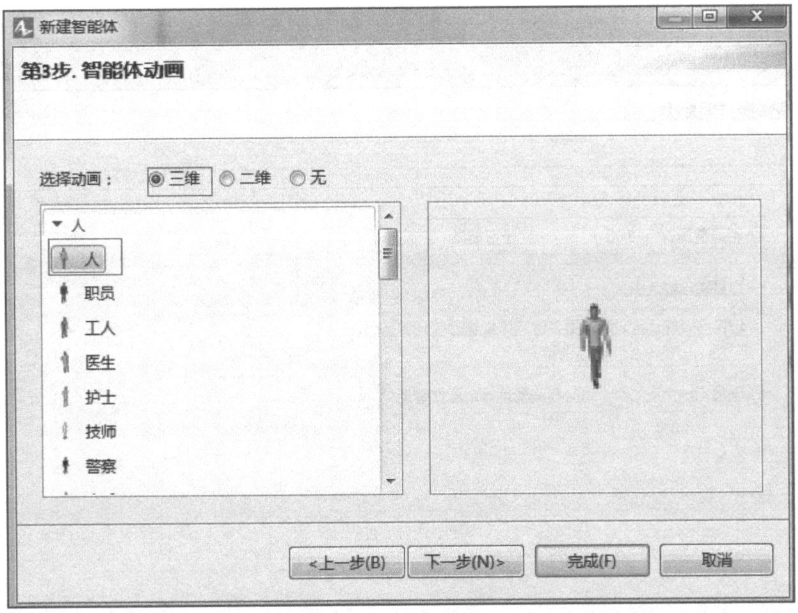

图 2.49 第 3 步．智能体动画

⑤ 在“第 4 步．智能体参数”对话框中，可以根据建模需要确定是否创建参数。如果需要创建，在界面左部的“参数”列表中，单击“＜添加新……＞”项，在界面右部修改参数的名称、类型，添加指定值或随机表达式，然后点击“下一步”按钮。如果不需要创建参数，则直接点击“下一步”按钮，弹出下一步向导对话框，如图 2.50 所示。

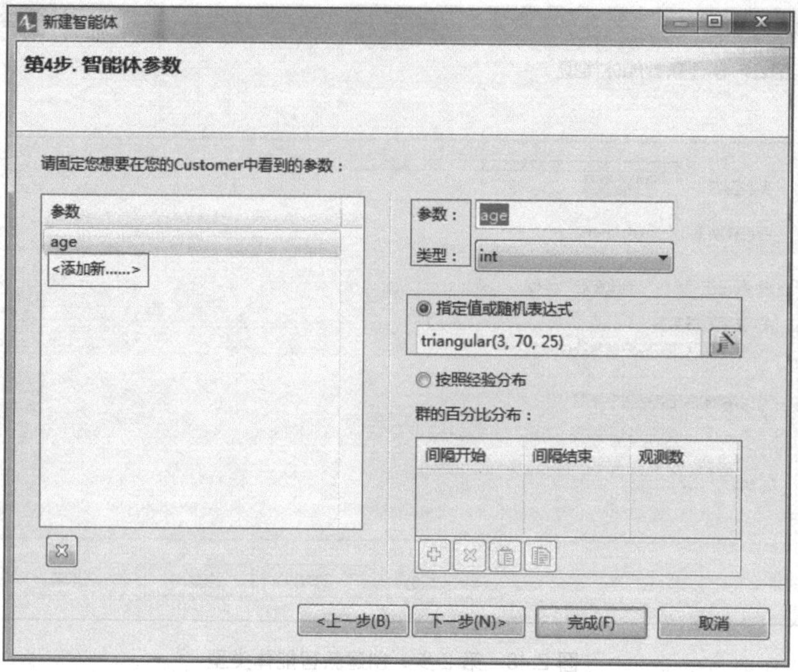

图 2.50　第 4 步．智能体参数

⑥ 在“第 5 步．群大小”对话框中，在“创建群具有”右边文本编辑框中输入智能体群的大小，也可以选择“创建初始为空的群，我会在模型运行时添加智能体”，如图 2.51 所示。

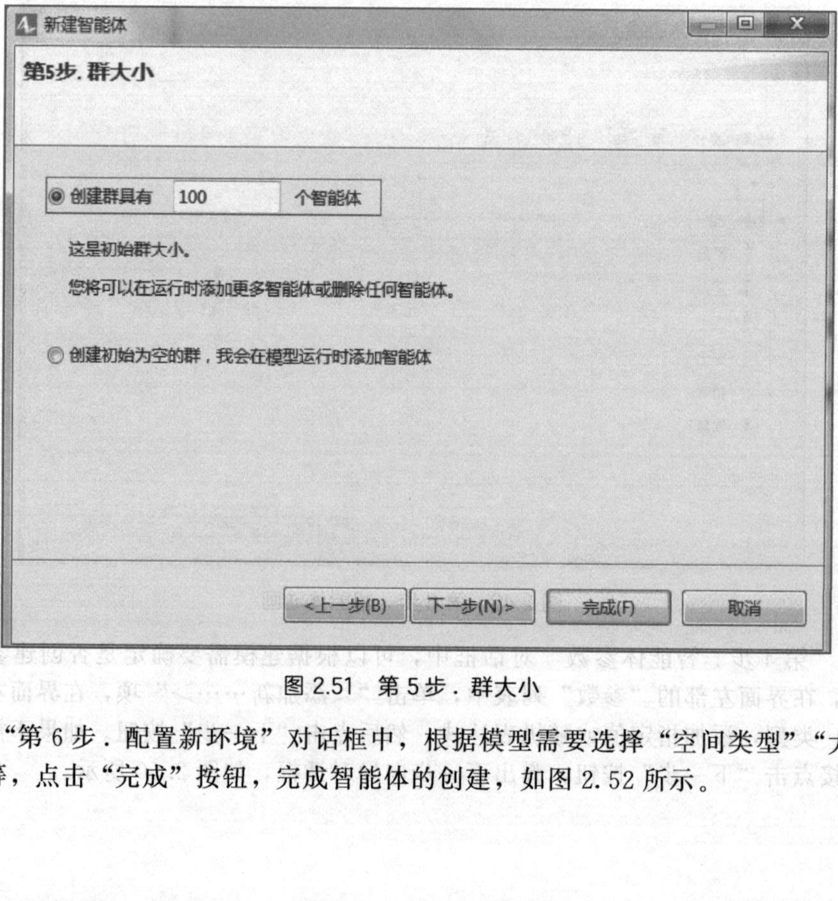

图 2.51　第 5 步．群大小

⑦ 在“第 6 步．配置新环境”对话框中，根据模型需要选择“空间类型”“大小”“网络类型”等，点击“完成”按钮，完成智能体的创建，如图 2.52 所示。

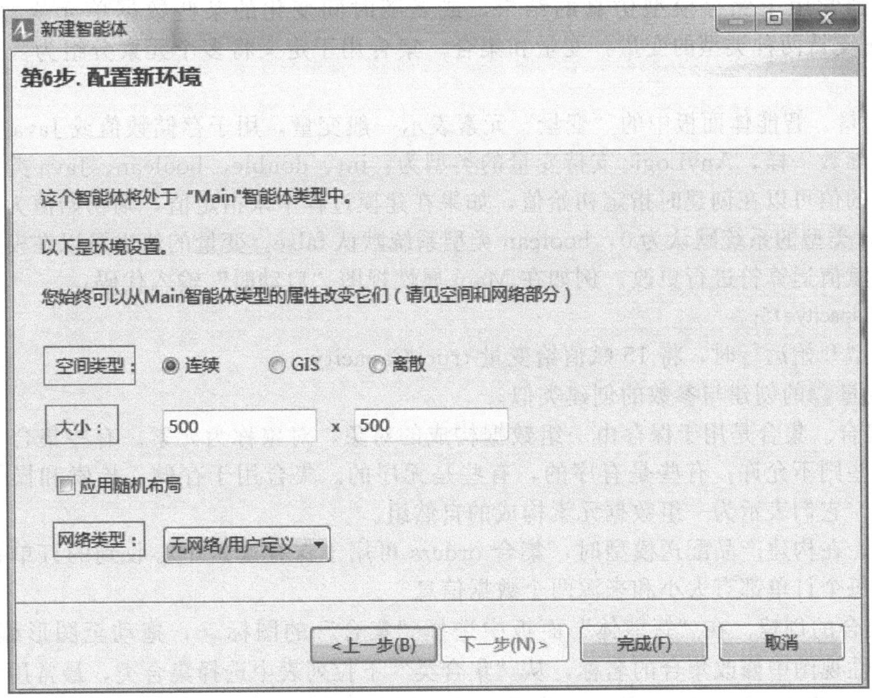

图 2.52 第 6 步．配置新环境

在建模过程中，如果只需创建智能体类型时，还可以使用以下方式：在菜单栏选中“文件”→“新建”，选择“智能体类型”。或者在工程视图中右击模型的名称，点击“新建”，选择“智能体类型”。

（2）智能体组件

i. 参数和变量、集合。

① 参数。参数通常用于描述某一对象的静态属性，一个智能体类型中一般包含多个参数，参数在仿真中一般表示常数，仅在需要改变模型行为时才更改参数值。在模型运行过程中，所有参数都是可见的，可根据需要改变参数值来对模型进行调整。

AnyLogic 不仅支持简单类型的参数，即 int、double 及 boolean，而且支持各种 Java 类定义的参数，例如用 String 类型的参数表示字符串。还可以把参数定义成模型中任意自定义的类型，例如定义一个 Customer 类的参数 from。

② 参数的创建。在“智能体”面板视图中选择“参数”图标，拖动至图形编辑器中合适的位置，在参数属性视图中修改参数的名称，选择类型，填入默认值等。如图 2.53 所示，定义一个名为 size，类型为 double，默认值为 3.0 的参数。

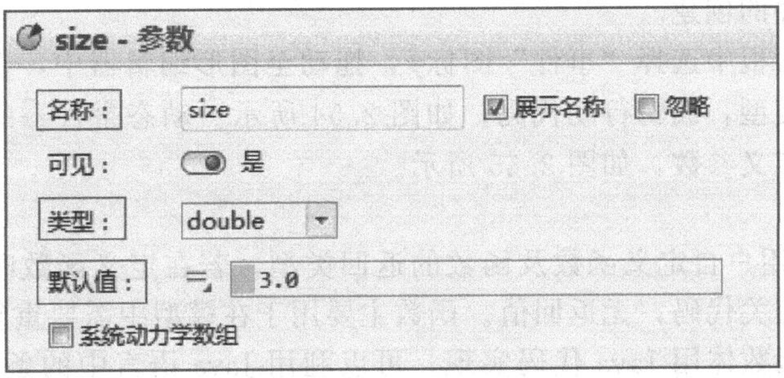

图 2.53 size 参数

变量通常用于保存模型仿真的结果，或是随时间变化的某些数据单元或对象属性。AnyLogic 支持两种类型的变量：变量和集合。集合用于定义将多个元素分组为一个单元的数据对象。

③ 变量。智能体面板中的“变量”元素表示一般变量，用于存储数值或 Java 类的简单变量。与参数一样，AnyLogic 支持变量的类型为：int、double、boolean、Java 类定义的参数。变量的值可以在创建时指定初始值，如果在建模过程中未指定值，则初始值为系统默认值，如 int 类型的系统默认为 0，boolean 类型系统默认 false。变量的值也可以在模型运行过程中使用赋值运算符进行更改。例如在 Main 属性视图“启动时”输入代码：

```
truckCapacity=15;
```

在模型开始运行时，将 15 赋值给变量 truckCapacity。

④ 变量的创建与参数的创建类似。

⑤ 集合。集合是用于保存由一组数据构成的对象，对象称为元素。有些集合允许重复元素，有些则不允许；有些是有序的，有些是无序的。集合用于存储、检索和操作聚合数据。通常，它们表示为一组数据元素构成的自然组。

例如，在构建产品配送模型时，集合 orders 可用于保存配送中心收到的订单智能体类型信息，每个订单都有大小和来源两个数据信息。

⑥ 集合的创建。在“智能体”面板中选择“集合”的图标，拖动至图形编辑器中，在集合属性视图中修改集合的名称，从“集合类”下拉列表中选择集合类，最常用的集合类是 ArrayList 和 LinkedList，从“元素类”下拉列表中选择元素类。

ii. 事件和动态事件。

事件是在模型中执行某种操作最简单的一个方法，常用于模型的延迟和超时。在状态图中利用定时变迁也可以实现，但使用事件元素更加方便有效。

事件有三种触发类型：到时触发、条件触发、速率触发。

① 到时触发。适用于当时间到所设定的时间（时刻）时执行某种操作的情况，到时触发类型的模式有三种：发生一次、循环、用户控制，建模过程中根据具体需要选择。

② 条件触发。适用于当条件为真时执行某个操作的情况，需在条件文本编辑框中设定条件表达式。

③ 速率触发。适用于独立事件流（泊松流）的建模中，经常用来设定智能体的到达，例如在银行排队系统中可以用于控制顾客的到达。

动态事件一般用于同时执行任意数量的并行且独立的事件，或是在动态事件的某种行动取决于特定信息时使用。动态事件与事件不同的是，它在执行操作后会自行删除，另外是它可以使用特定数据初始化每个事件。如果需要再次执行动态事件，调用 AnyLogic 为动态事件提供的自动生成函数即可：

```
create_dynamic_event_name（timeout, timeUnits, parameter1, parameter2, …）
```

事件和动态事件的创建。

在“智能体”面板中选择“事件”图标，拖动至图形编辑器中，在事件属性视图中修改名称，选择触发类型，编辑行动代码，如图 2.54 所示。动态事件的创建方式与事件一样，动态事件可以定义参数，如图 2.55 所示。

iii. 函数。

AnyLogic 允许用户自定义函数及函数的返回类型，若在定义函数时选择只有行动，则调用函数时只执行相关代码，无返回值。函数主要用于在模型中需要重复使用某些相同功能的情况下。函数的函数体用 Java 代码实现，可以利用 Java 语言中的条件语句、循环语句、分支语句及相关操作符等。

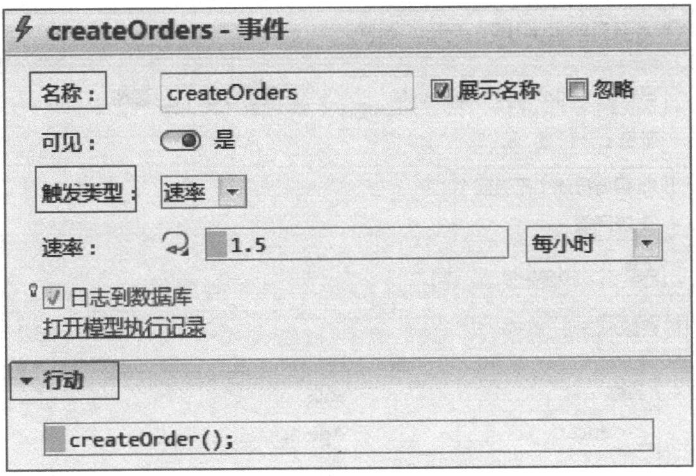

图 2.54　事件

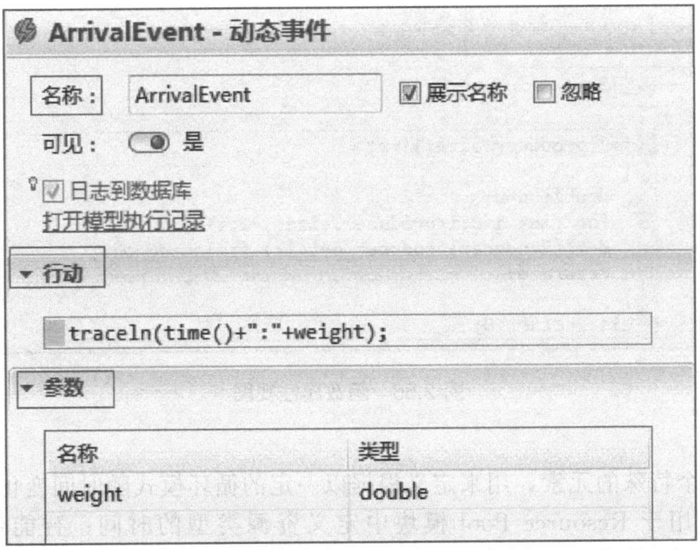

图 2.55　动态事件

函数的创建。

① 在“智能体”面板中选中“函数”图标，拖动至图形编辑器中。在函数的属性视图中，如图 2.56 所示，在“名称”文本编辑框中修改函数的名称。

② 如果函数只需完成一系列操作，不需要返回任何结果，在函数属性视图中选择“只有行动（无返回）”选项，反之，如果需要函数返回某些计算结果，则选择“返回值”选项，并在下面“类型”下拉列表中选择返回的结果类型（int、double、boolean 等）。

③ 在“函数体”文本编辑框中输入函数的表达式，如果函数定义为有返回值，则最后一行为 return 语句。

④ 参数的定义是为了在调用函数时通过这些参数传递数据，完成函数的计算。

在属性视图中的“参数”栏表格中，“名称”列输入参数名称，“类型”列选择类型或直接输入。表格中的每一行对应函数的一个参数。

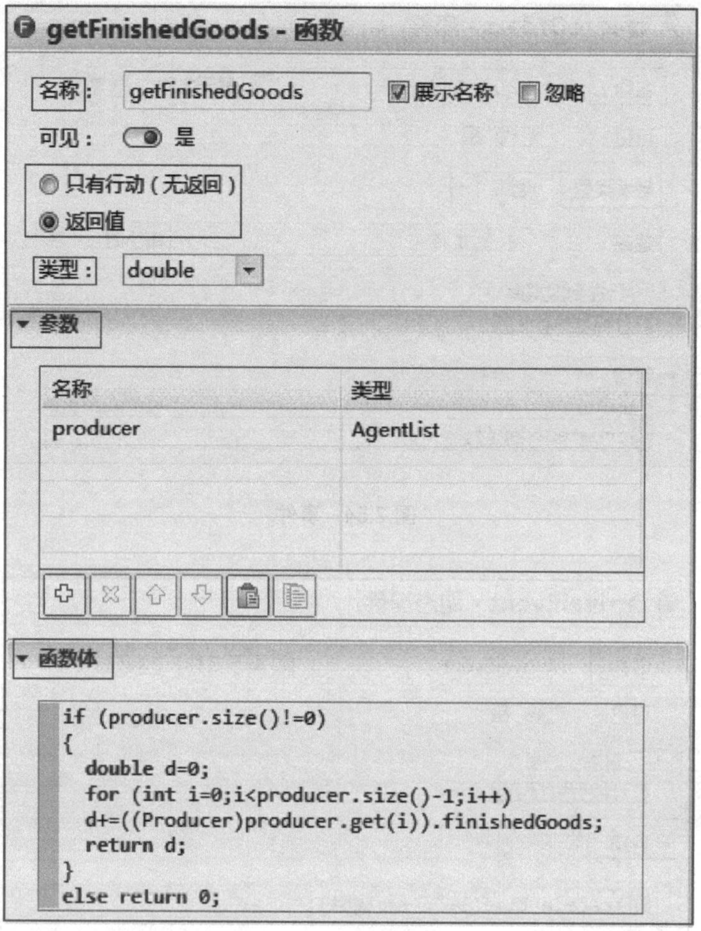

图 2.56　函数属性视图

iv. 时间表。

时间表是一个特殊的元素，用来定义根据以一定的循环模式随时间变化的数据。时间表在建模过程中常用于 Resource Pool 模块中定义资源类型的时间；智能体生成时间，或 Source 模块中智能体到达的时间模式；行人生成时间，或行人在 Ped Source 模块中的到达时间模式（例如，每天）。

时间表的数据可被定义为“间隔（开始，结束）”和“时刻”两种模式。间隔（开始，结束）数据模式定义随时间不断变化的数据（通常根据某些循环模式），使用这种模式定义的时间表在任何时间都有对应的数据值。一般用于定义工人轮班的工作时间，或行人、智能体到达率的周期性模式。时刻数据模式定义系统一些关键时刻点，以及在该时刻点上对应的数据值，如列车到达的时间表，在到达时刻点上，将会有一定数量的行人出现在火车站系统中。

时间表的类型包括以下：

① 可/否（boolean 类型）——用于为 Resource Pool 模块定义资源可用性的时间模式。

② 整型——用于定义在某时刻轮班的人数或行人、智能体进入系统的数量。

③ 实型——用于定义行人、智能体的到达率，一般情况下，在定义到达率时使用速率类型。

④ 速率——用于定义行人、智能体到达率的时间模式（创建的 Source、Ped Source 模

块选择使用到达时间表的情况)，需要选择时间单位（如每秒、每分、每年等)。

时间表的创建。

在“智能体”面板中拖动“时间表”图标到图形编辑器中，在属性视图中可以设置时间表的相关属性。如图 2.57 所示。

在“名称”文本编辑框中修改时间表的名称，“类型”选项中选择类型。

在“时间表定义”选项栏选择“间隔（开始，结束）”或“时刻”模式，“持续类型”选项中根据模型需要选择“星期”“天/星期”“自定义（无日历映射）”。

此外，还可以在时间表属性视图中“行动”栏的文本编辑框中键入 Java 代码，将操作与时间表的关键时刻关联起来。

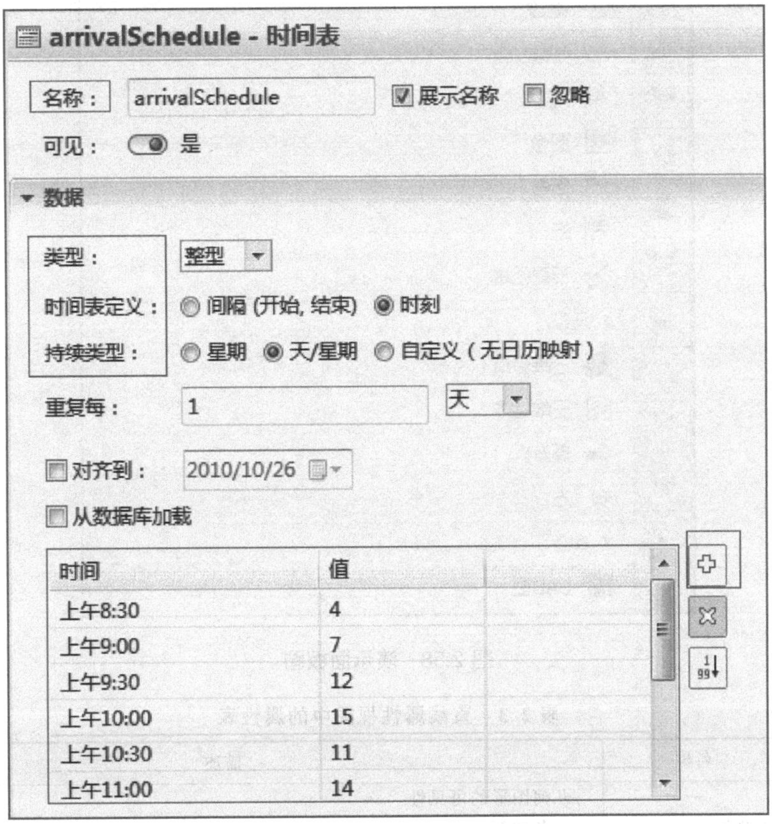

图 2.57 时间表属性图

2.9.4 演示

AnyLogic 允许在创建模型时为对象结构绘制 2D、3D 的演示界面，演示面板中的各对象元素主要是绘制显示效果所需要的建模元素，包括基本的图形（如椭圆、直线、矩形等)、三维和专业三部分，如图 2.58 所示。

演示面板中图形的创建，可以选中图标拖动到图形编辑器的指定位置，或双击图形右边的小铅笔图标，激活绘图模式，在图形编辑器中点击鼠标，放置起始点，在另一位置点击鼠标，放置终止点。

（1）直线

直线属性视图中的常用属性如表 2.3 所示。

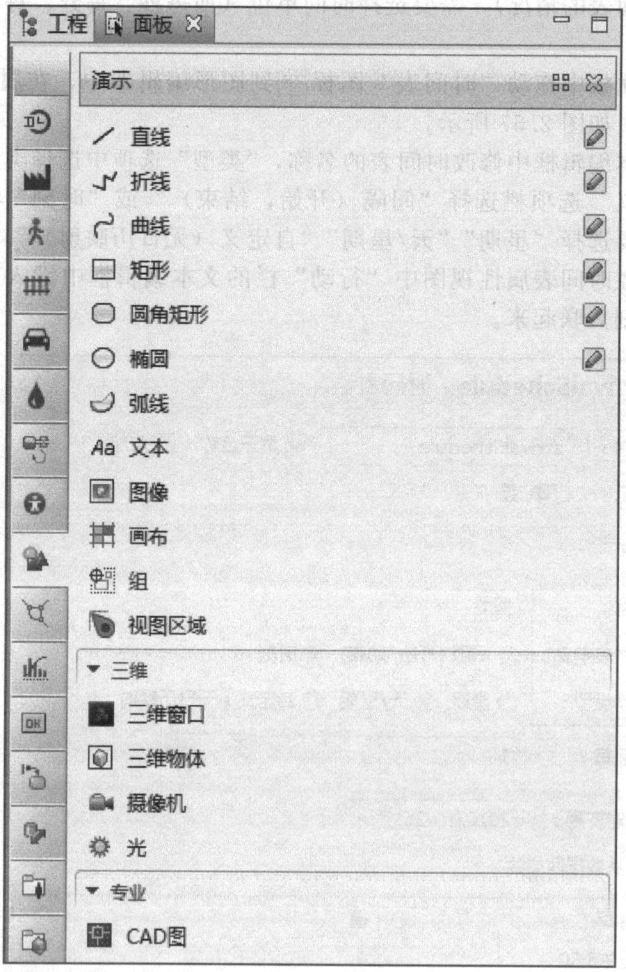

图 2.58 演示面板图

表 2.3 直线属性视图中的属性表

属性选项名	名称	描述
可见	—	几何图形的可见性
外观	线颜色	线条的颜色
	线宽	线条的宽度
	线样式	线条的样式，包括实线、点画线、虚线三种类型
位置和大小	层	直线所属的层级别。AnyLogic 可以创建多层模型（如建筑物层），选择哪个层级，直线将显示哪个层级中
	X、Y、Z	起始点的 X 轴、Y 轴、Z 轴坐标
	dX、dY、dZ	终止点相对于起始点在 X、Y、Z 方向的偏移
	Z-高度	线条在 Z 轴上的高度值
	X、Y、Z 比例	线条在 X、Y、Z 方向上的缩放因子
	旋转，弧度	旋转的角度（单位为弧度）
高级	展示在	选择直线显示的维度
	重复	该线条的复制因数，可以指定线条的创建数量。如果该属性为空，则只创建一条直线
	点击时	在仿真过程中，用户点击了线条后所要执行的代码
	展示名称	选择后将在模型图形编辑器中显示线名称

(2) 折线

使用折线可以绘制三角形、四边形、多边形等任意形状的演示图形，可以显示在 2D 或 3D 演示界面中，折线上所有的转折点都是可以控制的。折线的部分属性与直线类似，可参照表 2.3 直线的属性表中相关说明，特殊属性如表 2.4 所示。

表 2.4 折线的特殊属性表

属性选项名	名称	描述
闭合	—	选中后，AnyLogic 将用线条将折线的起始点和终止点连接起来
外观	填充颜色	折线的填充颜色，如果不指定默认为无色
点	—	可以查看和调整折线点的坐标。此处的坐标为相对坐标，折线的第一个点坐标为(0,0,0)，无法修改
	点数	动态计算折线点数的表达式
	dX[indexPt] dY[indexPt] dZ[indexPt]	编号为 indexPt 的转折点相对于折线起始点在 X、Y、Z 方向上的偏移。indexPt 表示当前转折点的编号，该编号是从 0 开始的

(3) 曲线

曲线默认只显示在二维空间中，没有 Z 轴的相关属性，其余属性与折线的类似，可参照表 2.3 和表 2.4 部分说明，曲线的“设置控制点”属性用于选择“自动”或“手动”设置控制点。手动表示已打开“使用指导线编辑”模式，提供更广泛方便的曲线编辑方式，能够绘制出任何复杂度和形式的曲线。

(4) 矩形

矩形属性视图中常用属性如表 2.5 所示。

表 2.5 矩形属性视图中的属性表

属性选项名	名称	描述
可见	—	矩形的可见性，如果表达式为真，则矩形可见，否则不可见
外观	填充颜色	矩形的填充颜色，如果不指定默认为无色
	线颜色	矩形边框线的颜色
	线宽	矩形边框线的宽度
	线样式	矩形边框线的样式，包括实线、点画线、虚线三种类型
位置和大小	层	矩形所属的层级别
	X、Y、Z	矩形左上角的 X 轴、Y 轴、Z 轴坐标
	高度、宽度	矩形的高度和宽度(单位为像素)
	Z-高度	在 Z 轴上的高度值
	X、Y、Z 比例	矩形在 X、Y、Z 方向上的缩放因子
	旋转，弧度	旋转的角度(单位为弧度)
高级	展示在	选择矩形图形显示的维度
	重复	该矩形的复制因数，可以指定矩形的创建数量
	点击时	在仿真过程中，用户点击了矩形后所要执行的代码
	展示名称	选择后将在图形编辑器中显示矩形的名称

(5) 圆角矩形

圆角矩形默认只显示在二维空间，没有 *Z* 轴的相关属性，其余属性与矩形的类似，可参照表 2.5 部分说明，圆角矩形的“转角半径”表示圆角矩形角的半径（单位为像素）。

(6) 椭圆

椭圆除表 2.6 中“位置和大小”选项中的部分属性外，其他属性与矩形的类似，可参照表 2.5 部分说明。

表 2.6 椭圆属性视图中的部分属性

属性选项名	名称	描述
位置和大小	类型	可选择创建的图形为圆圈或椭圆
	X、Y、Z	椭圆/圆圈中心的 X、Y、Z 轴坐标
	X 半径、Y 半径	椭圆/圆圈在 X 轴方向、Y 轴方向上的半径
	Z-高度	在 Z 轴上的高度值
	X、Y、Z 比例	椭圆/圆圈在 X、Y、Z 方向上的缩放因子
	旋转，弧度	旋转的角度(单位为弧度)

（7）弧线

弧线属性与椭圆属性类似，可参照表 2.5 和表 2.6 部分说明。弧线“起始角度”属性表示弧线的起始点和弧的原点之间的相对位置（顺时针方向的角度），“角度”表示弧线的终点与弧线的起始点之间的相对位置（顺时针方向的度数）。

（8）文本

在建模过程中可以在几何图形中添加一些注释或描述的文本，可以显示在 2D 或 3D 演示界面中，文本部分属性如表 2.7 所示。

表 2.7 文本部分属性

属性选项名	名称	描述
可见	—	文本的可见性，如果表达式为真，则文本可见，否则不可见
文本	—	在文本编辑框中输入需要显示的文本内容
外观	颜色	文本框中文字的颜色，默认为黑色
	对齐	文本框中文字的对齐方式，包括左对齐、居中对齐、右对齐三种方式
	字体	文本框中文字的字体，在右边的文本编辑框中还可以设置文字的大小
	—	选择文本的风格“斜体”“加粗”

（9）图像

图像元素允许添加任何格式（如 .png、.jpg、.gif、.bmp 等）的图像文件到 AnyLogic 图形编辑器中，可以显示在 2D 或 3D 演示界面中。可以使用 AnyLogic 标准粘贴命令从剪贴板添加图像，也可以使用以下方式创建图像。

① 在“演示”面板图中选中“图像”图标拖至图形编辑器中，在弹出的文件选择对话框中添加需要的图像。或者打开属性视图，点击“添加图像”按钮，在弹出的文件选择对话框中添加图像，如图 2.59 所示。

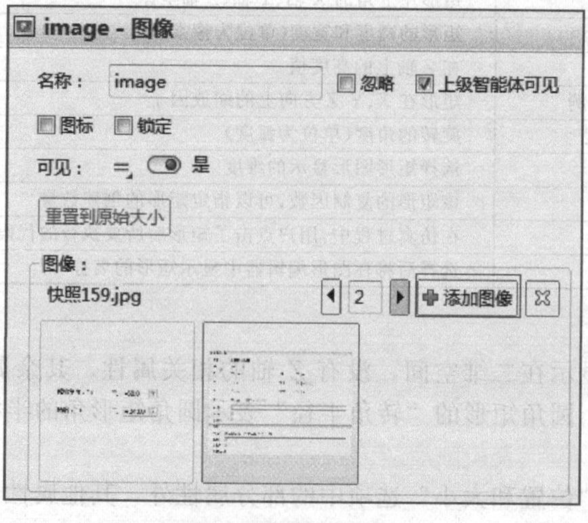

图 2.59 添加图像

可以添加多个图像，所有添加到模型中的图像文件将会被拷贝到模型所在的文件夹下。

② 在“图像”属性中可以查看所有添加的图像文件，如需删除点击删除按钮即可。“重置到原始大小”选项用于恢复添加的图像到原始尺寸。在“位置和大小”以及“高级”选项中可设置图像的其他属性。

（10）画布

画布表示的是一个矩形区域，可以通过编码绘制，在画布上绘制的形状可以是静态图形，也可是动态图形，使用画布可以将空间分为不同的区域，画布仅显示在二维空间中。

（11）组

组用于对模型中的几何图形进行分组。可以通过控制组对组成员整体进行旋转、移动、调整大小等。通过对组的动态属性（X、Y、Z 旋转等）的设置，可以移动一组图形并使其围绕某个中心旋转。AnyLogic 可以创建 3D 图形组，同一组图形的显示维度必须一致。

i. 创建组。

① 新创建组时，选中几何图形，右击鼠标，在弹出的菜单中选择“分组”→“创建组”。

② 添加至已有的某个组中，选中几何图形，右击鼠标，在弹出的菜单中选择“分组”→“添加到现有组”，选择需要添加的组名。

ii. 删除组中图形。

选中需要删除的图形，右击鼠标，在弹出的菜单中选择“分组”→“从组中移除”。

iii. 用户可以在仿真建模过程中创建任意数量的组，对于每一个组，AnyLogic 将会创建一个继承自 Group 类的类，该类的名字与组的名字相同，例如，对于名为 textures 的组，生成的类为 textures。

（12）视图区域

在 AnyLogic 中，整个建模过程都是在图形编辑器中完成的，这个特性使得用户在模型运行时能在同一窗口中查看所有的元素，如动画图形、模块、状态图等。但在大型的、非常复杂的模型中，通常包括大量的建模元素，不可能把所有元素全部放在模型运行时显示的区域内。

因此，AnyLogic 提供了一个特殊的元素——视图区域。视图区域用于在建模过程中标记一些特定的区域。在模型运行时，使用特殊的导航工具切换不同区域，能够快速地导航到标记区域，查看相关元素。例如，在建模过程中，将动画图形和统计数据图表分别放在不同的两个区域，模型运行时通过切换两个区域查看动画图形和数据统计图表。

视图区域的创建。

在“演示”面板中选中“视图区域”图标，拖至图形编辑器中。此时，在图形编辑器中出现带图标的橙色矩形边框，图标在矩形边框的左上角。矩形边框中的区域则是模型运行时切换到此视图区域时能显示的实际大小。

在默认情况下，新添加的视图区域与 frame（帧）大小一致，如果需要修改大小，可以在图形编辑器中点击区域图标，选中边框四边上的小方块拖动鼠标调整大小。也可以在视图区域的属性视图中，在“位置和大小”栏中修改 X、Y、宽度、高度文本编辑框中的值，修改区域大小。

（13）三维窗口及摄像机

i. 三维窗口。

三维窗口定义了模型在运行时显示 3D 动画的区域。在同一个模型中可以创建多个三维窗口，不同的三维窗口各显示 3D 动画图形的一个特定部分（类似于在一个显示屏中显示很多不同摄像头拍摄的不同画面）。

三维窗口的创建。

① 在“演示”面板中选中“三维窗口”图标，拖至图形编辑器中。此时，图形编辑器中将会有一块灰色矩形区域。可以在属性视图中，修改三维窗口的名称、调整位置和大小等。也可以通过拖动三维窗口边上的小方块调整三维窗口的大小。

② 如果需要在模型运行时以特定的观察角度查看三维动画图形，则需要为该三维窗口定义一个摄像机确定显示部位。此功能必须先创建摄像机对象，然后在三维窗口属性视图中，在“摄像机”右边下拉列表中选择已创建的摄像机名称。若未指定摄像机，则以系统默认的角度显示三维动画图形，如图 2.60 所示。可根据建模需要勾选“跟随摄像机”复选框和选择“导航类型”。

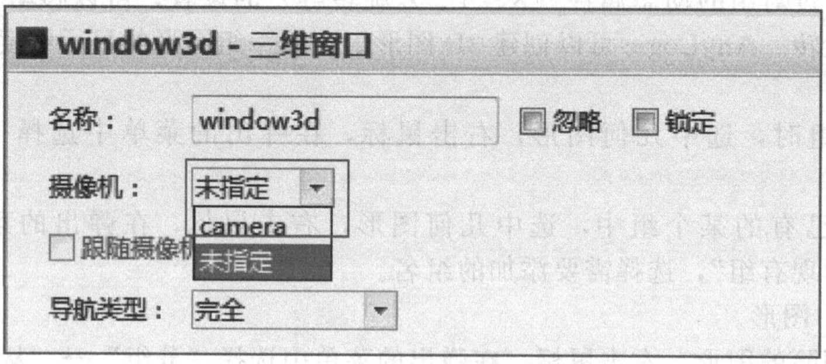

图 2.60　摄像机选择

③ 属性视图中，在“场景”栏中可修改三维窗口的网格颜色和背景颜色。

ii. 摄像机。

摄像机用于定义模型运行时在三维窗口中能够显示的动画部分。

摄像机的创建。

在“演示”面板性中选中“摄像机”图标拖动至图形编辑器中，可以在属性视图中，修改摄像机的名称，修改“X 旋转”“Z 旋转”的值调整摄像机的角度（也可以通过点击选中图形编辑器中摄像机的图标，再拖动图标的箭头至指定的角度），如图 2.61 所示。在“位置”栏中通过修改“X”“Y”“Z”的值改变摄像机的位置。

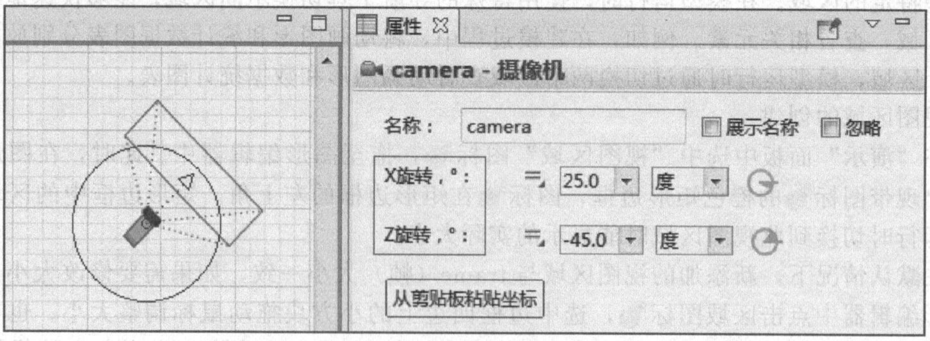

图 2.61　调整摄像机方向

（14）CAD 图

CAD 图用于将 CAD 图形（DXF 格式）导入模型中。一般在基于网络的建模和行人动力学建模中常用 CAD 图导入图片。

CAD 图的创建。

① 在“演示”面板中选中“CAD 图”的图标拖动至图形编辑器中。

② 在属性视图中，点击“浏览”按钮打开文件对话框，选择要添加的文件，点击“打开”，添加后将会在“文件”文本编辑框中显示文件的名称。如图 2.62 所示。

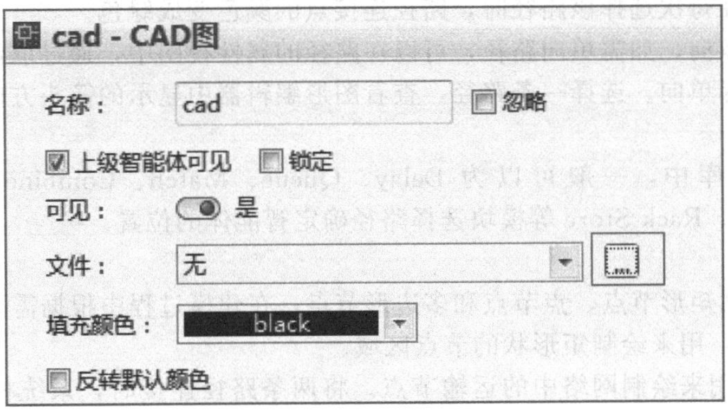

图 2.62 添加 CAD 图形文件

③ 在“文件读取日志”栏中查看 CAD 图形文件的读取信息。在“图层”栏表格中自定义模型运行时可见的图层。

2.9.5 空间标记

空间标记面板中的对象元素用于在建模时模拟真实物理空间的位置，主要包括网络、GIS、物料搬运库、行人、轨道、路、流体几个部分，其中网络部分包括路径、节点、吸引子及托盘货架图形。

(1) 路径和节点

路径和节点是空间标记元素，定义智能体在空间中的位置。节点是智能体驻留或执行一个操作的位置，而路径是智能体在节点之间运动的路线。

节点可以和路径连接，共同构成一个网络，AnyLogic 还会自动为未连接到任何节点的单个路径创建一个单独的网络。智能体可以利用该网络在其源节点和目的节点之间沿着最短路径移动。在同一网络中，不同智能体可以以各自不同的速度在路径上移动，移动速度也可以动态变化。如图 2.63 所示。

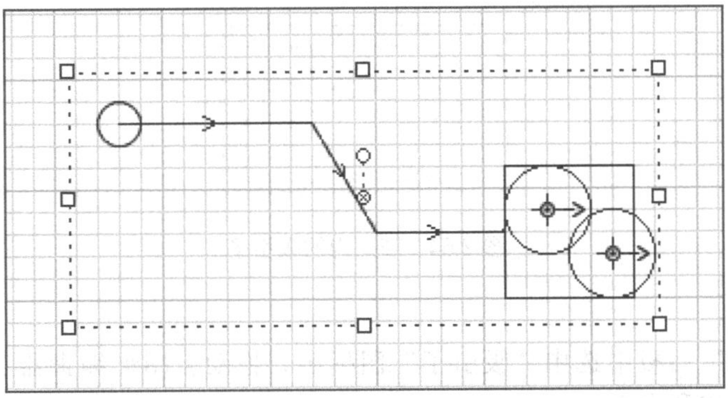

图 2.63 路径、节点网络

i. 路径。

路径的绘制。

在“空间标记”面板中选中“路径”图标拖动至图形编辑器中，点击路径上的小方块调整路径。或双击“路径”元素右边的小铅笔图标，激活绘图模式，在图形编辑器中路径的起始点单击鼠标，需要拐弯处再次单击，在路径终点处双击鼠标，完成路径绘制。

如果路径需要连接到其他空间标记，则在绘制路径的最后，单击其他空间标记的边框，若连接成功，则在每次选择该路径时，路径连接点的颜色变成绿色。

路径默认为双向，如需单向路径，可以在路径的属性视图中，通过取消勾选“双向”属性的复选框来选择单向。选择一条路径，查看图形编辑器中显示的箭头方向，可查看路径的方向。

在流程建模库中，一般可以为 Delay、Queue、Match、Combine、Seize、Service、Conveyor、Batch、Rack Store 等模块选择路径确定智能体的位置。

ii. 节点。

节点元素包括矩形节点、点节点和多边形节点，在建模过程中根据需要选择。

① 矩形节点：用来绘制矩形状的节点区域。

② 点节点：用来绘制网络中的运输节点。将两条路径连接时，系统将自动在连接处创建一个点节点。

③ 多边形节点：用来绘制一个复杂形状的节点区域。

在流程建模库中，一般可以为 Delay、Queue、Match、Combine、Resource Pool、Seize、Service、Batch、Rack Store 等模块选择节点作为智能体的位置。

也可为 Source、Split、Assembler、Seize、Service、Enter、Move To、Batch、Resource Send To、Rack Pick 等选择一个节点作为移动的目的地。如果要在矩形和多边形节点中定义特定的等待点，需要添加“吸引子”元素。

节点的绘制与路径的绘制方法相似，在属性视图中可修改相关属性值。

(2) 吸引子（图 2.64）

吸引子可设置在矩形节点、多边形节点之内表示智能体确切的位置。

i. 若节点定义了智能体移动的目的地，吸引子则会定义智能体在节点内部的确切目标点。如在流程建模库中 Move To、Rack Pick、Resource Send To、Seize、Service 等模块可以用吸引子定义智能体或资源移动到目的地的确切位置。

ii. 若节点定义了等待位置，吸引子则会定义智能体在节点内部等待的确切点。例如在 Delay、Queue 模块可以用吸引子定义智能体等待的位置。

iii. 吸引子还定义了智能体在节点内部等待的动画方向。

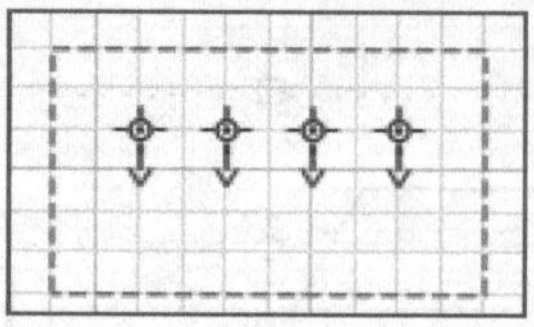

图 2.64 节点内的吸引子

吸引子的创建。

在“空间标记”面板中选中“吸引子”图标，拖动至图形编辑器节点的区域内，可以修改吸引子的方向和大小。

或者，在特定的向导中批量添加多个吸引子。具体方法步骤如下：

① 点击需要添加吸引子的节点，打开属性视图，点击“吸引子”按钮，如图 2.65 所示。

② 在弹出的对话框中，“吸引子数”文本编辑框中输入值，点击“确定”完成吸引子的创建，可以根据需要勾选“删除所有现有的吸引子”复选框，如图 2.66 所示。

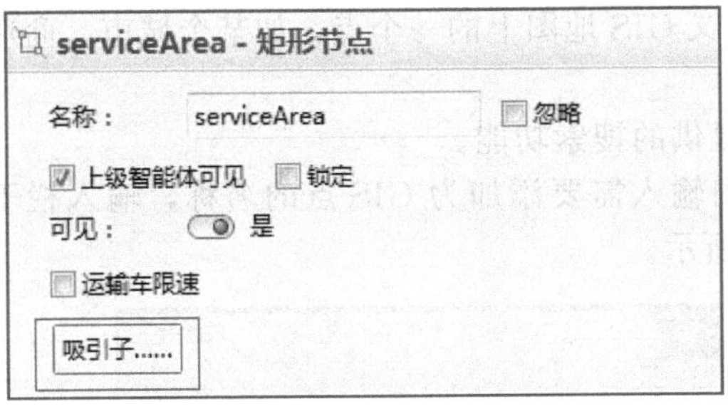

图 2.65 添加吸引子 1

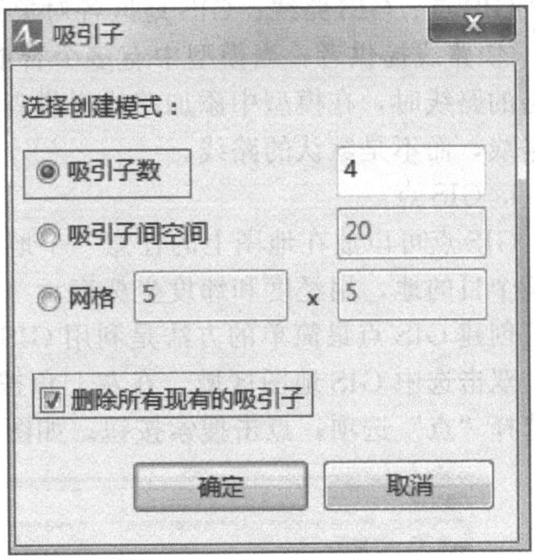

图 2.66 添加吸引子 2

(3) 托盘货架

托盘货架主要用于仓库中定义存储货架。可根据需要定义货架的类型、高度、层数等属性。

(4) GIS

AnyLogic 软件一个特点就是可以导入 GIS 地图，在实际的地图位置上进行模型仿真。

GIS 地图的导入（此步骤需要联网，否则无法加载地图信息）。

在“空间标记”面板中选中“GIS 地图”图标，拖动至图形编辑器中，双击选中 GIS 地图区域（此时，图形编辑器中其他区域显示为灰色），通过拖动鼠标找到建模需要的地图区域，滚动鼠标滚轮可缩放显示比例，如图 2.67 所示。

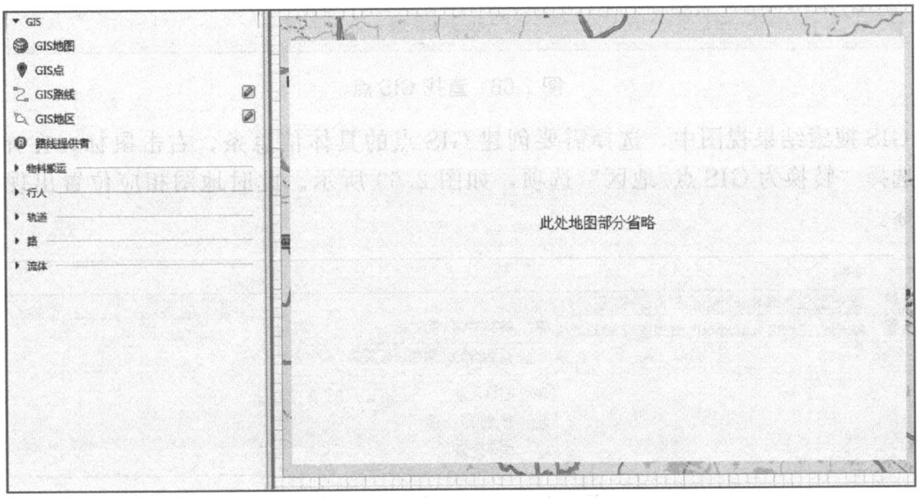

图 2.67 创建 GIS 地图

可以将 GIS 标记添加至导入的 GIS 地图中，用来确定其在 GIS 地图上的位置。

① GIS 点：用来标记 GIS 地图上城市、商店、学校等任何需要的地方。

② GIS 路线：用来在 GIS 地图上绘制各种路线，比如铁路、公路、街道等各种路线都可以用 GIS 路线来标记。

③ GIS 地区：用来定义 GIS 地图上的多边区域。

GIS 点、GIS 路线、GIS 地区各对象元素也可以连接在一起，共同组成一个网络。

④ 路线提供者：当模型中有多个智能体（如人、汽车、火车、自行车）需要使用不同类型的路线时，在模型中添加路线提供者对象元素，使得不同智能体能够选择使用不同类型的路线，而不是默认的路线。

i. GIS 点。

GIS 点可以放在地图上的任意一个地方，定义 GIS 地图上的一个点，如某个城市、商店或某个目的地，用经度和纬度坐标表示（度数）。

创建 GIS 点最简单的方法是利用 GIS 地图提供的搜索功能。

双击选中 GIS 地图区域，在左上角搜索栏内输入需要添加为 GIS 点的名称，输入栏下面选择“点”选项，点击搜索按钮。如图 2.68 所示。

图 2.68　查找 GIS 点

在 GIS 搜索结果视图中，选择需要创建 GIS 点的具体信息条，右击鼠标，在弹出的对话框中选择“转换为 GIS 点/地区”选项，如图 2.69 所示。此时地图相应位置出现 GIS 点标记图标。

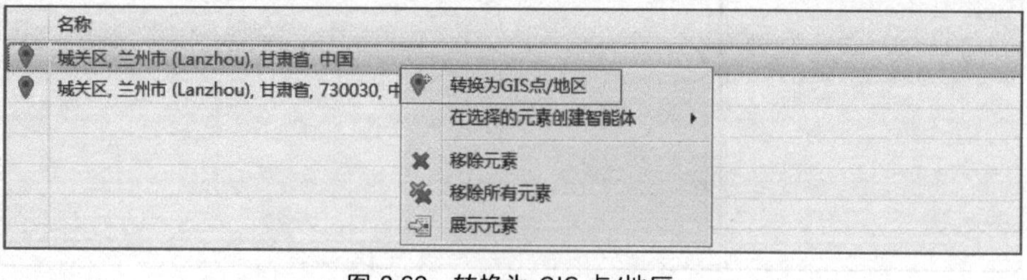

图 2.69　转换为 GIS 点/地区

创建 GIS 点的另一个方法则是从“空间标记”面板中选中“GIS 点”图标，拖动至 GIS 地图中的某一位置。点击 GIS 点，打开属性视图，可更改点的位置、外观等属性。

ii. GIS 路线。

GIS 路线可以在地图上绘制如公路、铁路、河流等各种类型的路线，路线的每个点都以经度和纬度坐标（度数）定义。

添加两点之间的路线。

方法一：

在 GIS 地图选中路线开始的点，右击鼠标在弹出的对话框中选择“从这里的路线”，在路线结束点，以同样的方式选择“到这里的路线”，GIS 地图根据在“路线”栏中设置的“路线方法”“路类型”等条件搜索路线，搜索完成后路线将显示在地图上。如图 2.70 所示。

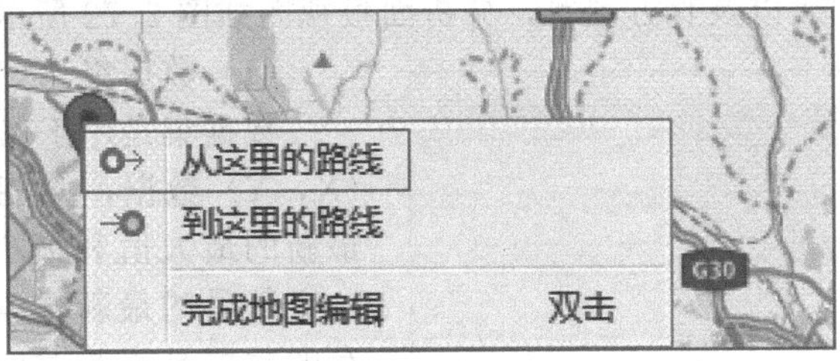

图 2.70 两点之间的路线

GIS 地图中对“路线”的设置不同，搜索的路线也不同，如果选择了直线路，则路线显示两点间的直线路径。

方法二：

手动绘制路线。双击“空间标记”面板中“GIS 路线”右边小铅笔图标，激活绘图模式，在地图上逐点绘制路线，单击路线起始点的位置，然后单击路线下一个点的位置，最后双击终点位置完成路线的绘制。

iii. GIS 地区。

GIS 地区可以标记地图上的一些封闭区域，区域的每个点都以经度纬度坐标（度数）定义。

创建 GIS 地区最简单的方法是利用 GIS 地图提供的搜索功能。在左上角搜索栏输入地区名称，输入栏下面选择“地区”选项，点击搜索按钮。在 GIS 搜索结果视图中，选择需要的信息条，右击鼠标，在弹出的对话框中选择“转换为 GIS 点/地区”选项，转换成 GIS 地区或 GIS 多地区，转换后的区域将显示名称和标题信息。使用搜索栏可以创建多个 GIS 地区。如图 2.71 所示。

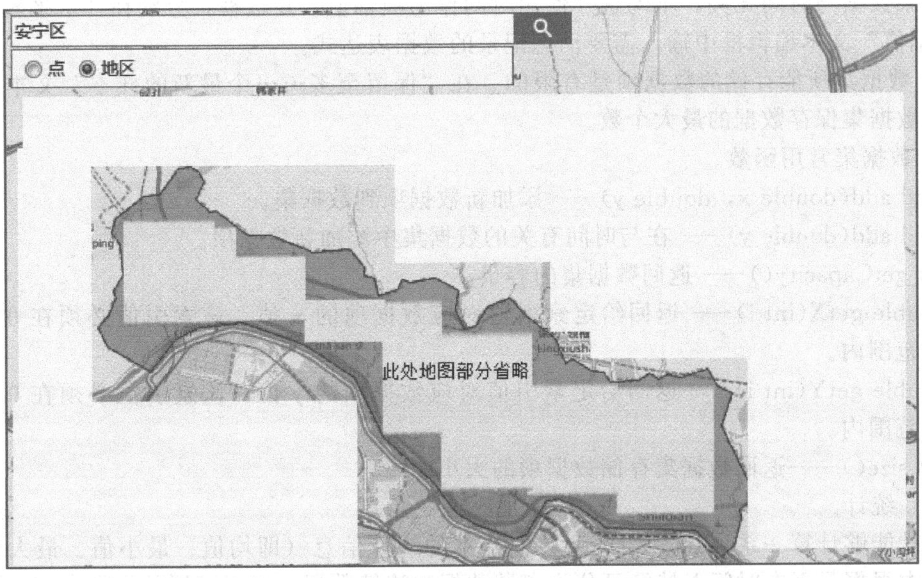

图 2.71 创建 GIS 地区

此外，也可以通过手动绘制模式，绘制方法与 GIS 路线绘制一样。

2.9.6 分析

分析面板中是收集、分析及查看输出数据的相关元素，包括数据分析、一些简单的图表、包含历史信息的图表以及直方图等，分析面板视图如图 2.72 所示。

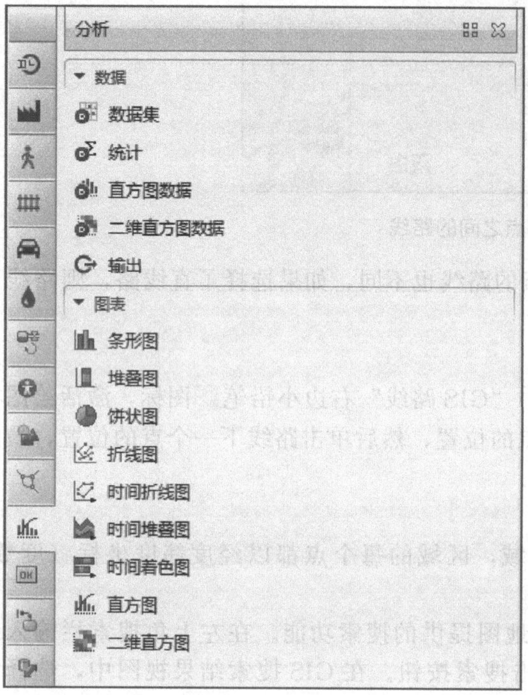

图 2.72 分析面板视图

(1) 数据集

数据集是用于保存 double 类型的二维（X，Y）数据，并能够保存每个维度数据最新的最大值和最小值，数据集只能保存一定数量的最新样本数据。数据集根据保存的数据是否与时间有关，分为与时间有关的数据集和与状态有关的数据集。与时间有关的数据集，使用时间轴作为横轴值，如排队系统中队列的长度。与状态有关的数据集，其横轴值与纵轴值有一定的依赖关系，这组数据与时间无关。在模型运行时，可以查看数据集中的数据，并可以复制至剪切板，粘贴至其他应用程序中。

i. 数据集的创建。

① 在“分析”面板中选择“数据集”图标，拖动至图形编辑器中。

② 打开数据集属性视图。如果数据集保存的数据与时间有关，勾选“使用时间作为横轴值”复选框，并在“垂直轴值”文本编辑框中输入需要动态记录的数据表达式。

如果数据与时间无关，不勾选“使用时间作为横轴值”复选框，分别在“水平轴值”和“垂直轴值”文本编辑框中输入需要动态记录的数据表达式。

③ 数据集所能存储的数据项是有限的。在“保留至多……个最新的样本”文本编辑框中输入数据集保存数据的最大个数。

ii. 数据集常用函数。

void add(double x，double y)——添加新数据项到数据集。

void add(double y)——在与时间有关的数据集中添加新数据项。

int getCapacity()——返回数据集的容量。

double getX(int i)——返回给定索引值对应数据项的 x 值，该索引值必须在 0 到 size()-1 的范围内。

double getY(int i)——返回给定索引值对应数据项的 y 值，该索引值必须在 0 到 size()-1 的范围内。

int size()——返回数据集存储数据项的大小。

(2) 统计

统计能够计算一系列 double 类型数据样本的统计信息（即均值、最小值、最大值等），数据样本根据是否在时间上持续可分为离散数据和连续数据，对于不同的数据类型，统计对象的处理方式不同。在模型运行时，可以查看收集到的统计信息，并可以复制至剪切板，粘贴至其他应用程序中。

i. 连续数据。

数据样本在时间上是持续的，即在任何时间点上都存在数据值，但仅在离散的时间点上发生变化。统计在添加样本值的同时也添加了时间值，数据样本均值为时间加权值。

ii. 离散数据。

数据样本在时间上是不持续的。它们存在于孤立的、离散的时间点上。数据样本均值为样本值之和除以样本数。

iii. 统计对象的创建。

① 在“分析”面板中选中“统计”图标，拖动至图形编辑器中。

② 在属性视图中根据需要选择“离散（样本没有时间持续）”或者“连续（样本有时间持续）”处理方式，并在“值”的文本编辑框中输入统计表达式。

iv. 使用统计元素的 API 处理收集的数据信息时，不同统计类型的函数不同，连续统计需调用 StatisticsContinuous 类的可编程接口，离散统计则调用 StatisticsDiscrete 类的可编程接口。

① 连续统计的常用函数。

void add(double value，double time)——添加新的数据样本至统计中。

int count()——返回统计已添加的样本数。

double max()——返回样本最大值，若未添加任何样本值，则返回无穷小。

double min()——返回样本最小值，若未添加任何样本值，则返回无穷大。

double mean()——返回上次更新时统计样本的平均值；若未添加任何样本值，则返回 0。

double mean(double time)——返回给定时间（假设以最后一个样本值加入为时间节点）的统计样本的平均值，若未添加任何样本，则返回 0。

double variance()——返回上次更新时统计样本的方差，若未添加任何样本，则返回 0。

double variance(double time)——返回给定时间（假设以最后一个样本值加入为时间节点）的统计样本的方差，若未添加任何样本，则返回 0。

② 离散统计的常用函数。

void add(double value)——添加样本值至统计中。

int count()——返回统计已添加的样本数。

double max()——返回样本最大值，若未添加任何样本值，则返回无穷小。

double min()——返回样本最小值，若未添加任何样本值，则返回无穷大。

double mean()——返回统计样本的平均值，若未添加任何样本值，则返回 0。

double sum()——返回统计已添加所有样本的和，若未添加任何样本值，则返回 0。

double variance()——返回统计样本的方差，若添加的样本少于 2 个，则返回 0。

(3) 直方图数据

直方图数据一般用于对添加的数据值进行标准的统计学分析（计算均值、方差、均方差、均值的置信空间等）；构建 PDF（概率分布函数或者概率密度函数）；根据用户给定的区间及该公差的置信度计算 CDF（累积分布函数）。

收集到的数据信息可以通过直方图元素以图形的方式显示出来。

i. 直方图数据的创建。

① 在“分析”面板中选择“直方图数据”图标，拖动至图形编辑器中。

② 打开属性视图，在“值”右边文本编辑框中输入收集统计数据的表达式。

③ 如果需要计算 CDF（累积分布函数），勾选“计算累积分布函数”的复选框。

④ 如果需要计算百分比，勾选“计算百分位数”的复选框，并在“低”和“高”文本编辑框中指定置信度的上限和下限。

⑤ 定义直方图间隔。在“值范围”选项栏中选择“自动检测”或“固定”选项。“自动检测”表示用户不需要预先定义数据范围，直方图数据将对添加的实际数据自动调整区间的大小，用户只需指定“间隔数”和“初始间隔大小”即可。而“固定”选项表示用户需指定区间个数和数据值变化范围，需在“最大”和“最小”文本编辑框中输入区间范围的上、下限。

⑥ 根据需要在“数据更新”栏中选择“自动更新数据”或“不自动更新数据”。

ii. 直方图数据的常用函数。

void add(double val)——添加样本数据至直方图数据中。

int count()——返回直方图数据中的样本数。

double max()——返回样本最大值，若未添加任何样本值，则返回无穷小。

double mean()——返回直方图数据样本的平均值。

double meanConfidence()——返回直方图数据的平均置信区间。

double min()——返回样本最小值，若未添加任何样本值，则返回无穷大。

double getPDF(int index)——返回给定区间的 PDF（概率分布函数）。

double getMaxPDF()——返回所有区间的最大 PDF 值。

double getCDF(int index)——返回给定区间的 CDF（累积分布函数）。

double getPercentHigh()——返回计算百分位数的高百分比（1 为 100%）。

double getPercentLow()——返回计算百分位数的低百分比（1 为 100%）。

（4）二维直方图数据

二维直方图数据用于收集直方图的一组数据信息（PDF、CDF 等），每个直方图都有确定范围的基本值（x 值）和一系列数据值（y 值），当要将一组数据（x，y）添加到二维直方图数据时，先根据 x 值找到该数据项的直方图，再将对应的 y 值添加到二维直方图数据中，PDF 和 CDF 是针对二维直方图数据中的每个直方图对象单独计算的。另外，二维直方图还可以计算包络线（即每个直方图中包含给定百分比数据项的区域）。二维直方图数据对于一组随机数据集进行分析比较适用。

二维直方图数据的创建与直方图数据的创建类似。

二维直方图数据常用函数。

void add(DataSet dataset)——将给定数据集的全部数据添加至二维直方图数据中。

void add(double xval，double yval)——添加样本数据至二维直方图数据中。

int count(int xindex)——返回使用 xindex 添加到二维直方图数据中的样本数量。

double getxMax()——返回 x 最大值。

double getxMin()——返回 x 最小值。

double getyMax()——返回 y（数据）最大值。

double getyMin()——返回 y（数据）最小值。

（5）条形图

条形图将若干数据项显示为一端对齐的条形，其大小与数据的值成正比。如图 2.73 所示。

i. 创建条形图。

在“分析”面板中选中“条形图”图标，拖动至图形编辑器中。

ii. 调整条形图的外观。

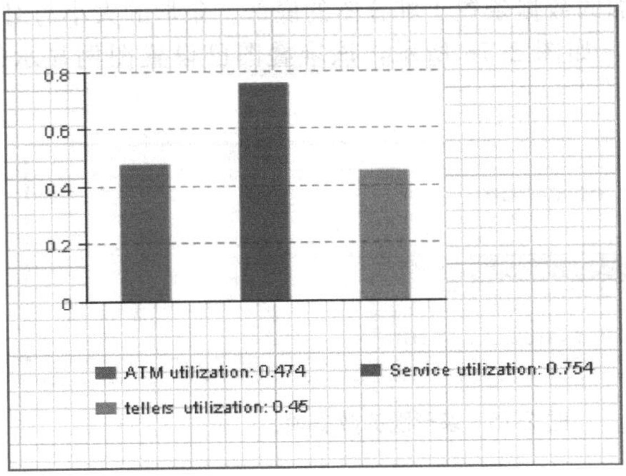

彩色条形图
扫描下面
二维码显示

图 2.73 条形图

打开条形图属性视图，在“外观”栏中，“柱条方向”右边选择需要条形图延伸的方向（向上、右、下、左），“柱条相对宽度”滑块可以调整条形显示的宽度，这里的百分数是定义的条形图中条形占整个条形图区域的比例。

在“图例”栏中，可以根据需要修改图例在条形图中显示的位置（位于条形图区域之下、左、右、上），也可修改图例文本的颜色、高度等其他属性，如图 2.74 所示。

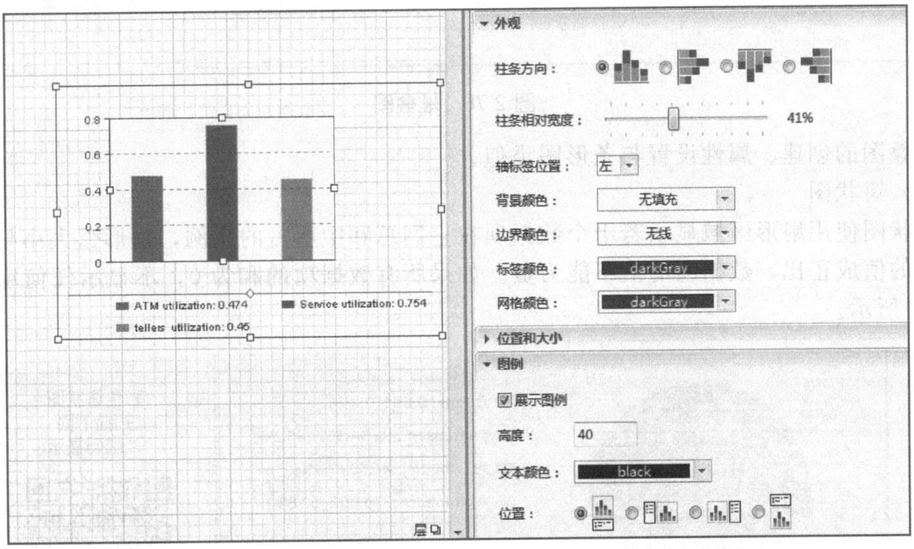

图 2.74 条形图的外观设置

iii. 向条形图中添加数据项。

在属性视图的“数据”栏中，点击添加⊕按钮，将会出现新数据项的属性定义区域，“标题”文本编辑框中输入数据项的名称，该名称将作为条形图的图例显示。

“值”文本编辑框中输入用于计算数据项值的表达式。

点击“颜色”下拉列表，可以为该数据项选择条形图中显示的颜色。如图 2.75 所示。

iv. 删除条形图中的数据项。

在“数据”栏中，点击需要删除的数据项，点击☒按钮。

(6) 堆叠图

堆叠图用于显示若干个数据项在它们总和中所占的比例，一个数据项条形堆叠在另一个数据项条形的顶部，第一个添加的数据条置于堆叠图的底部。条形的大小与对应数据项的值成正比，数据项的值不能为负，如图 2.76 所示，该堆叠图已设置图例显示位于图形区域左侧。

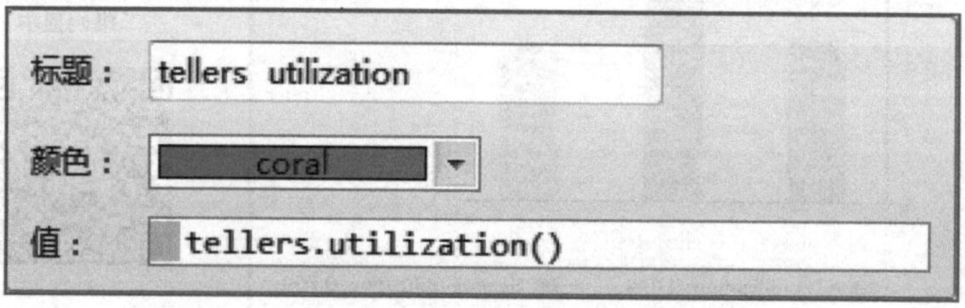

图 2.75　条形图的数据项

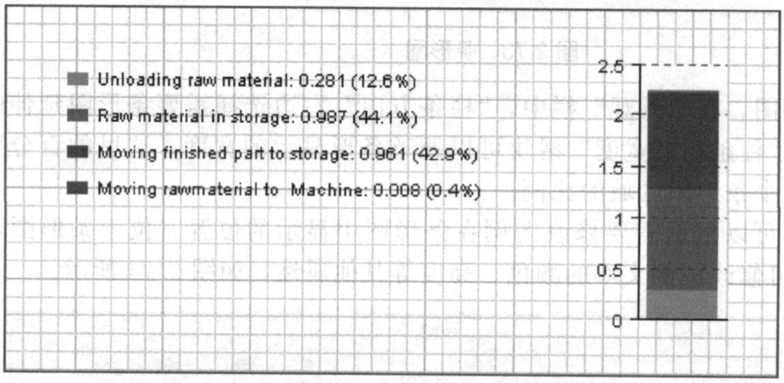

彩色堆叠图
扫描下面
二维码显示

图 2.76　堆叠图

堆叠图的创建、属性设置与条形图类似。

(7) 饼状图

饼状图使用扇形区域显示若干个数据项在它们总和中所占的比例，扇形弧大小与其对应数据项的值成正比，数据项的值不能为负。如果所有数据项的和为 0，不显示任何扇形。如图 2.77 所示。

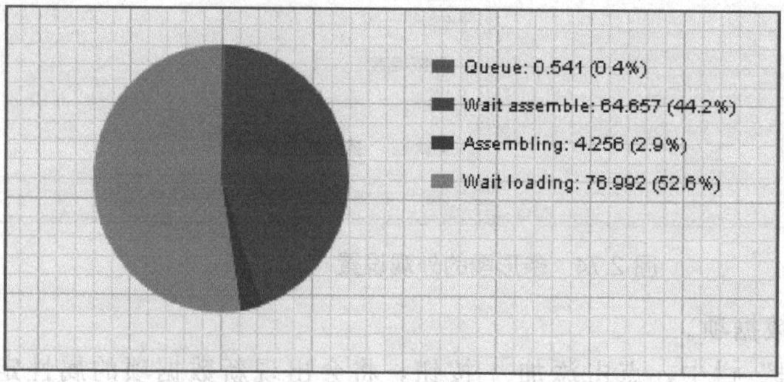

彩色饼状图
扫描下面
二维码显示

图 2.77　饼状图

饼状图的创建、属性设置与条形图类似。

(8) 折线图

折线图显示的每个数据集都包含一组数据对＜x，y＞，可显示多个数据集，在折线图中每个数据集中 x 值都对应一个 y 值。折线图有不同的显示形式：只显示离散的点或用直线把相邻的点连接起来，在建模过程中可根据需要在折线图“外观”属性栏设置，如图 2.78、图 2.79 所示。

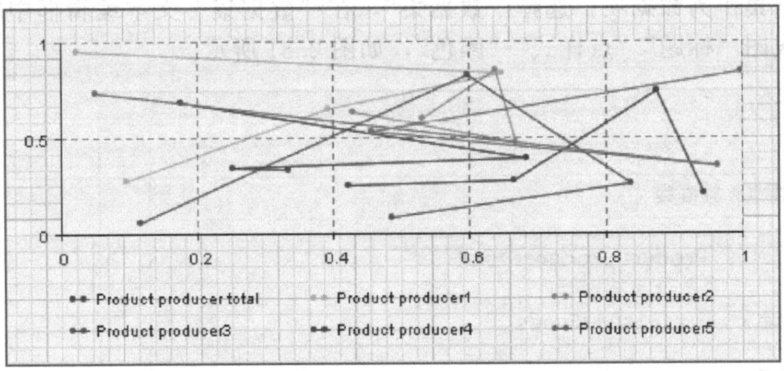

彩色折线图(点连接)扫描下面二维码显示

图 2.78 折线图（点连接）

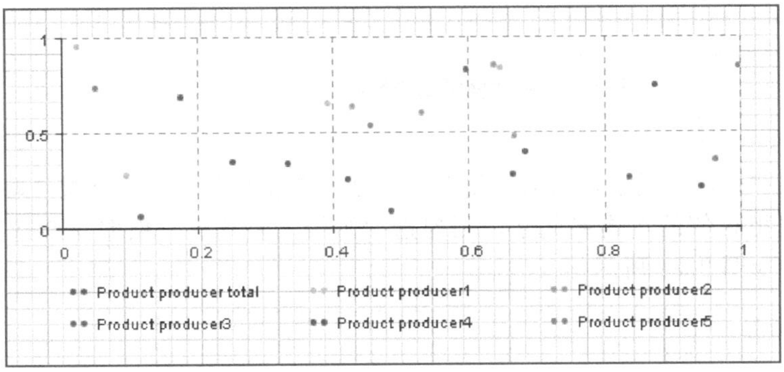

彩色折线图(点离散)扫描下面二维码显示

图 2.79 折线图（点离散）

折线图的创建、外观设置与其他图表类似。

i. 折线图添加数据项。

① 打开折线图的属性视图，在“数据”栏中，点击添加数据图标，出现新数据项的属性定义区域。

② 如果折线图以值作为数据，选择“值”，在“X 轴值”和“Y 轴值”文本编辑框中输入数据表达式，如图 2.80 所示，修改“标题”文本框中数据项的名称，选择“点样式”和“颜色”。

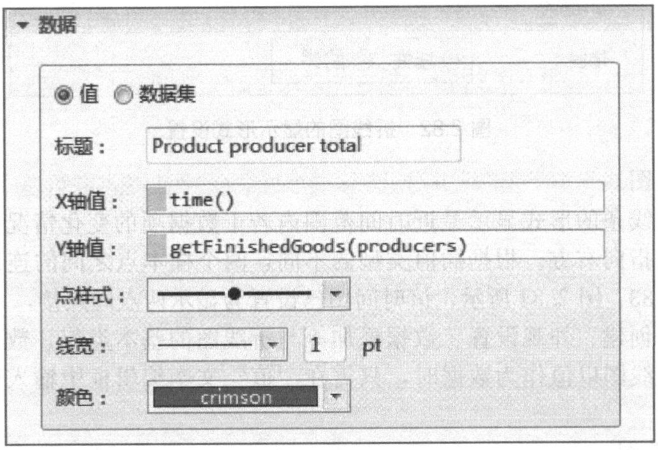

图 2.80 折线图值数据

如果折线图以数据集作为数据项，选择“数据集”，在“数据集”文本编辑框中输入数据集的名称，修改折线图“标题”“点样式”“颜色”，如图 2.81 所示。

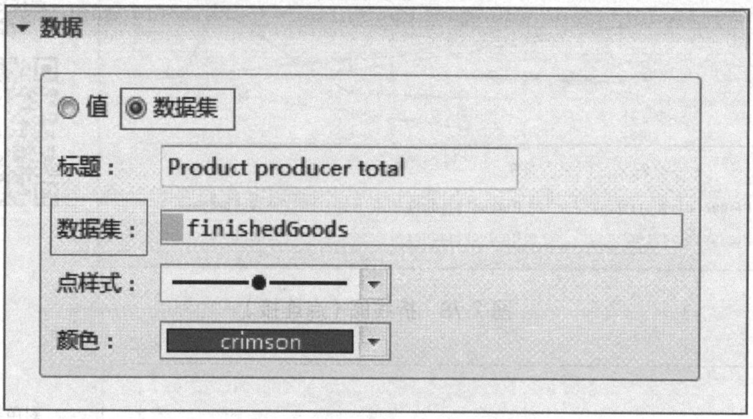

图 2.81　折线图数据集数据

ii. 折线图的显示形式设置。

打开属性视图，在“外观”栏中，如果折线图只需显示离散的点，则不勾选“画线”复选框，如果需要用直线把相邻的点连接起来，则勾选“画线”复选框。根据需要选择“线性”或“阶梯”显示。如图 2.82 所示。

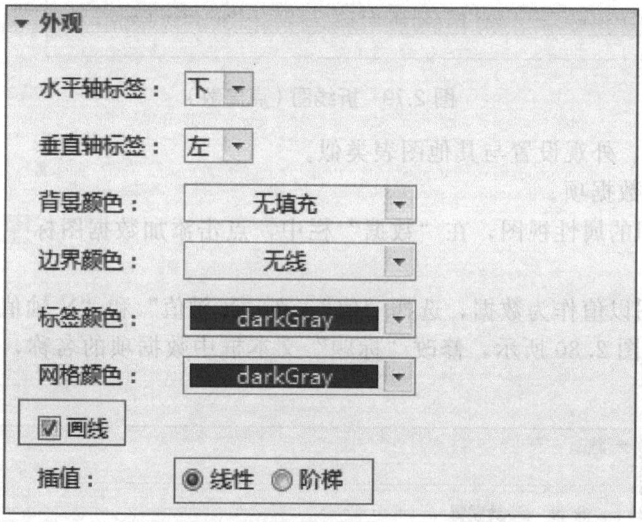

图 2.82　折线图的显示形式设置

(9) 时间折线图

时间折线图以线条的形式显示最近时间范围内若干数据项的变化情况。时间折线图的 X 轴表示时间，方向指向右方。根据插值类型的不同，两个样本点之间的连线可能显示为线性或阶梯形。如图 2.83、图 2.84 所示，该时间图已设置为显示两点间连接，不填充线下区域。

时间折线图的创建、外观设置、数据添加等与折线图的基本类似，数据添加不同于折线图的是：当时间折线图以值作为数据时，只需在“值”文本编辑框中输入数据表达式作为 Y 轴的数据。

(10) 时间堆叠图

时间堆叠图用于显示若干数据最近一段时间内在它们总和中所占的比例，所有数据项堆叠在一起。第一个添加的数据项置于堆叠图的底部，不能添加负值。时间堆叠图的 X 轴表示时间，方向指向右方，如图 2.85 所示。

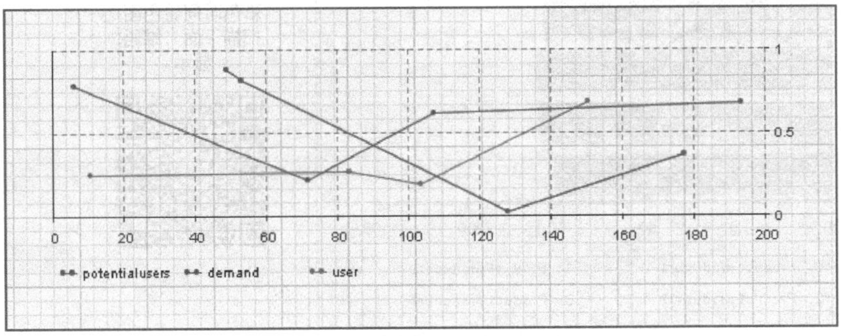

彩色时间折线图(线性显示)扫描下面二维码显示

图 2.83 时间折线图（线性显示）

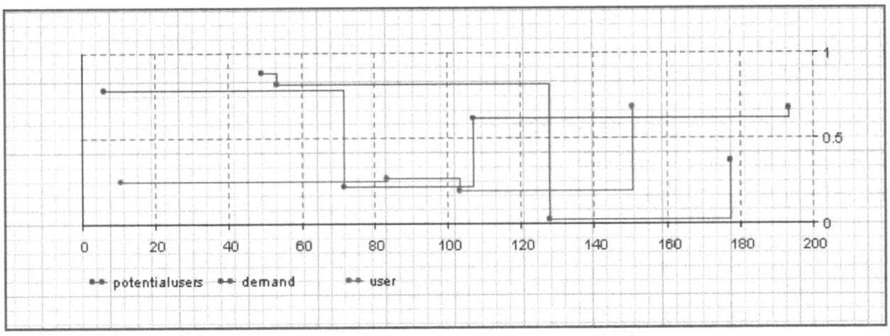

彩色时间折线图(阶梯显示)扫描下面二维码显示

图 2.84 时间折线图（阶梯显示）

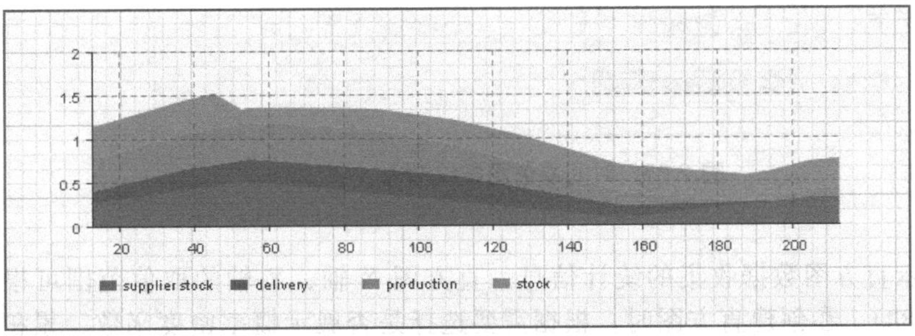

彩色时间堆叠图扫描下面二维码显示

图 2.85 时间堆叠图

时间堆叠图的创建、外观设置、数据添加与其他图表的基本类似。

（11）时间着色图

时间着色图以不同颜色的水平条纹显示一系列数据在最近时间范围内的变化趋势。时间着色图的 X 轴表示时间，方向指向右侧，在指定的时间窗口显示数据。模型启动时，计算数据项定义的布尔表达式的值，然后顺序检查条件，若首个条件为真，则条纹颜色显示此条件定义的颜色，否则继续判断下一个条件，若不满足任何条件，显示默认颜色。该图表一般用于显示某个对象的状态（离散）随时间的变化情况，如工作人员的工作状态（忙/闲）、货车的状态（装车、运输、卸车、空闲），如图 2.86 所示。

时间着色图的创建、外观设置、数据添加等与其他图表类似。

指定条纹的填充颜色。

打开属性视图，在“颜色映射”栏，点击图标，添加判断条件，选择该条件下的填充颜色。如果选择“无填充”，则相应的区域不被填充。如图 2.87 所示。

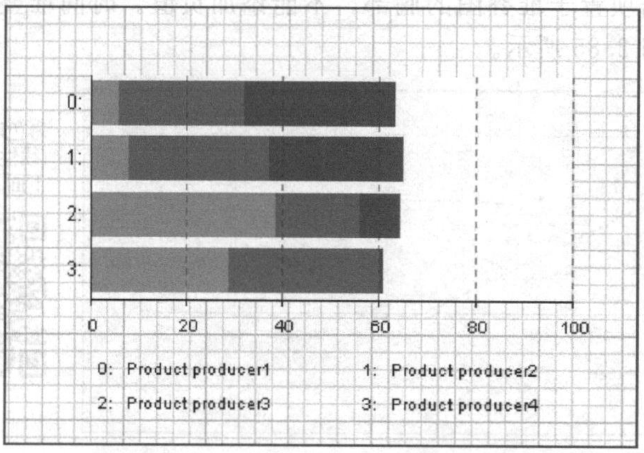

彩色时间着色图
扫描下面二维码
显示

图 2.86　时间着色图

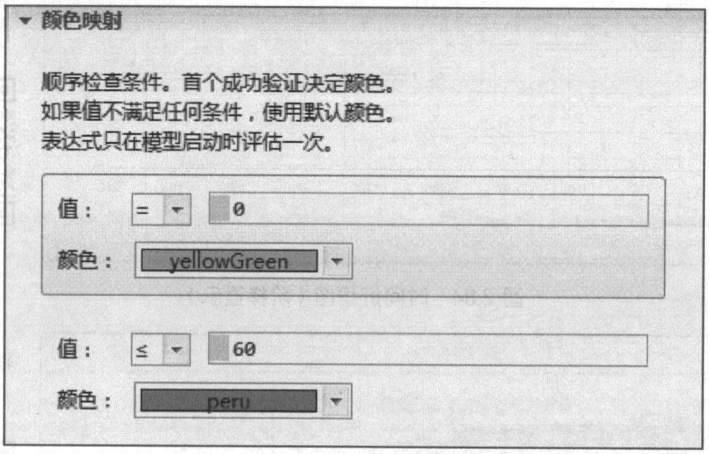

图 2.87　时间着色图条纹颜色

（12）直方图

直方图用于显示直方图数据收集的统计信息。直方图 X 轴、Y 轴的取值范围可根据数据自动调整（图 2.88）。在创建直方图时，根据需要选择是否展示概率密度函数、累积分布函数及均值。

PDF（概率密度函数）在直方图中以竖条的形式显示，每个竖条表示一个特定的区间，竖条高度与该区间数据样本的密度（或数量）成正比。

CDF（累积密度函数）在直方图中用一条折线显示。

均值在直方图中用一条竖线表示，与 X 轴的交点等于均值。

若直方图数据计算了百分位数，并且指定了置信度的上限和下限，则用设定的颜色突出显示置信度的下限和上限条形。

直方图的创建、外观设置、数据添加与其他图表类似。

如果需要展示 PDF（概率密度函数），在属性视图中，勾选“展示概率密度函数”复选框，并在“数据”栏中“概率密度函数颜色”下拉列表中选择需要的颜色。

如果需要展示 CDF（累积分布函数），在属性视图中，勾选“展示累积分布函数”复选框，在“数据”栏中“累积分布函数颜色”下拉列表中选择需要的颜色。

如果需要展示均值，在属性视图中，勾选“展示均值”复选框，在“数据”栏中“均值颜色”下拉列表中选择需要的颜色。

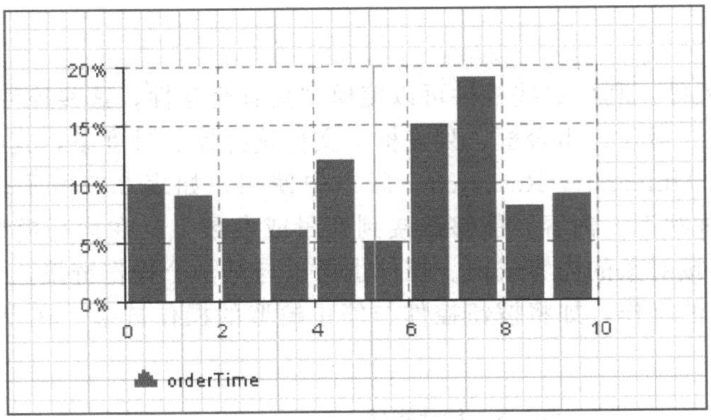

彩色直方图扫描
下面二维码显示

图 2.88 直方图

如果直方图数据计算了百分位数，“低百分位数颜色”“高百分位数颜色”下拉列表中选定突出显示置信度下限和上限条形的颜色。如图 2.89 所示。

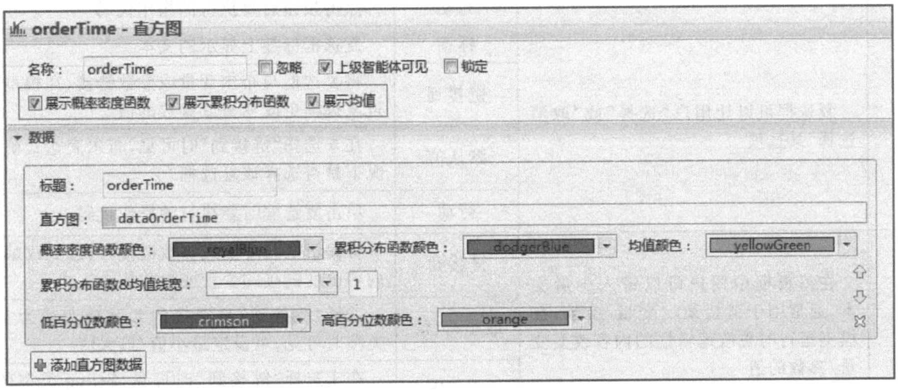

图 2.89 PDF、CDF、均值显示设置

(13) 二维直方图

二维直方图能够显示二维直方图数据集，每个直方图被绘制为许多有色矩形点，用于反映概率密度函数值或包络线对应的（X，Y）。二维直方图 X 轴、Y 轴的取值范围可根据直方图数据的取值自动调整，如图 2.90 所示。

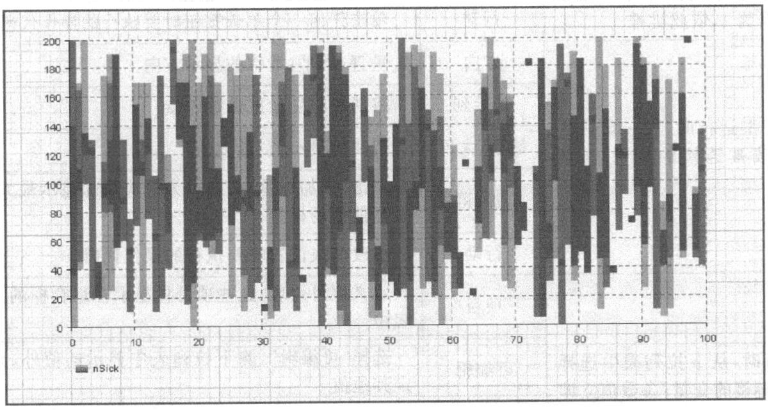

彩色二维直方
图扫描下面
二维码显示

图 2.90 二维直方图

二维直方图的创建、外观设置、数据添加等与其他图表类似。

2.9.7 控件

AnyLogic 提供了一些控件，利用这些控件可以使模型具有交互性，这些控件包括按钮、复选框、编辑框、单选按钮、滑块、组合框、列表框、文件选择器、进度条，其中后面三种控件只能在 Professional 和 University Researcher 版本中使用，如表 2.8 所示。有些控件（如滑块、按钮等）具有某种状态、内容，能够链接到变量或参数上，在运行模型时通过改变控件状态，可以改变被链接对象的内容或值。控件也可以与某一个操作链接，当模型运行时通过控件可以执行被链接的操作，如将按钮控件与停止模型的操作链接，在点击按钮时，停止模型运行。

表 2.8 控件描述

控件	描述	主要属性	描述
按钮	用于链接自定义的操作代码，当点击“按钮”时，执行该代码	标签	按钮标签上显示的文本
		启用	指定布尔表达式来确定按钮是启用还是禁用
		行动	点击按钮后要执行的操作代码
复选框	复选框可以让用户“选择”或“取消选择”某选项	标签	复选框标签上显示的文本
		链接到	将复选框与布尔变量或参数链接，在模型运行时通过复选框更改变量或参数的值
		默认值	在未选择“链接到”时可见，布尔表达式确定默认情况下是否选择该复选框
		行动	单击复选框时要执行的操作代码
编辑框	在编辑框中用户可以键入少量文本，通常用于链接某一变量/参数，在模型运行时更改编辑框的内容改变变量/参数的值	链接到	将编辑框与变量或参数链接，通过更改编辑框中的内容改变链接的变量或参数值
		最小/大值	选择“链接到”且链接的参数或变量为 int、double 类型时可见，可设定最小值/最大值
		默认值	在未选择“链接到”时可见，String 类型的表达式，编辑框的默认内容
单选按钮	单选按钮是一组按钮，一次只能选择一个。与不可编辑的组合框类似，一般用于选项数量不多，且需要同时显示所有选项的情况。可链接到 int 类型的变量/参数，在按钮组中选择某一选项按钮时，则变量的值为该按钮的索引，单选按钮表的第一个按钮索引为 0，第二个为 1，依此类推	方向	垂直/水平：单选按钮的排列方式
		项目	定义一组按钮，并显示按钮标签名称
		链接到	将单选按钮与变量或参数链接
		默认值	在未选择“链接到”时可见，返回默认选项下的整数索引值
		行动	单击任何一个单选按钮时要执行的操作代码
滑块	滑块用于模型运行时，在一定的区间范围内修改被链接的变量/参数的值	方向	垂直/水平：滑块的显示方向
		链接到	将滑块与变量或参数链接
		最小/大值	滑块的最小值/最大值
		添加标签	单击“添加标签”按钮可为滑块添加显示最大、最小及当前值的标签
		行动	更改滑块位置时要执行的操作代码
组合框	在模型运行时，从下拉列表中选择一个值时，被链接的变量/参数值立即变为该值	项目	定义项目列表，这些项目将显示在组合框的下拉列表中
		可编辑	选择“可编辑”，除下拉列表中显示的值外，允许指定其他值
		链接到	将组合框与变量或参数链接
		行动	当用户选择组合框的另一个项目时要执行的操作代码

续表

控件	描述	主要属性	描述
列表框	列表框显示选项列表，并允许选择一个或多个选项，可以链接到字符串类型的变量/参数	多项选择	未选择“链接到”时可用，允许用户同时选择多个项目
		项目	定义列表框中显示项目的列表
		链接到	将列表框与变量、参数链接
文件选择器	用于显示打开或保存文件	类型	上传/下载：将文件上传至模型文件夹（并可从文件中读取数据）或允许用户选择下载文件
		标题	对话框的标题
		文件过滤器/文件	若选择“上传”则显示“文件过滤器”，允许上传指定的文件类型 若选择“下载”，则显示“文件”要下载的文件全名
进度条	进度条用于显示处理某一任务的进度，用长条显示，并用文本显示百分比。当任务长度未知时，可以将进度条置于不确定模型，等待处理的过程显示“活动正在进行”	方向	垂直/水平：进度条显示方向
		展示进度字符串	在进度条中显示标签，通常显示当前进度值
		最小/大值	进度条的最小/大值
		进度值	表示进度值的 double 类型表达式
		确定	进度条确定或不确定模型选择的布尔表达式

2.9.8 状态图

AnyLogic 状态图用一种可视化的建模工具来定义各种对象的事件驱动或时间驱动行为。

状态图主要由状态和变迁组成，变迁可以由用户定义的条件（到时、速率、消息、条件等）触发，变迁的执行将会导致状态的更改，激活一系列新的变迁。状态图中的状态是可以分层的，即某一状态中可以包含其他状态和变迁。

状态图在图形编辑器中是以如图 2.91 所示“状态图”面板中的各元素定义的（“智能体”面板中“状态图”部分与此处一致）。

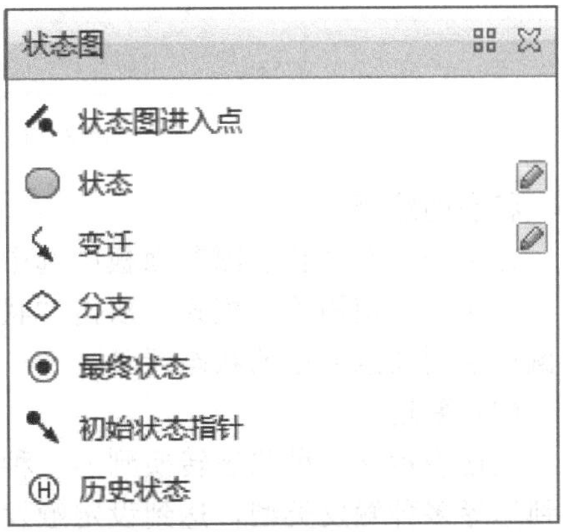

图 2.91 状态图对象

（1）状态图进入点

状态图进入点表示一个状态图的初始状态，为每个状态图定义的入口点。一个智能体可能包含若干个独立的状态图，每个状态图描述特定的过程，在这种情况下，AnyLogic 一般通过分析状态图入口点来确定不同的状态图变化过程。

状态图进入点的绘制。

i. 使用状态图进入点开始绘制状态图。

在“状态图”面板中选中“状态图进入点”图标，拖动至图形编辑器中。

ii. 如果图形编辑器中已存在状态图的初始状态，绘制状态图进入点时，应将“状态图进入点”的箭头端点连接至初始状态图标上。

状态图进入点未连接到任何状态图标时，显示为红色。如图 2.92 所示。

（2）状态

状态表示对某一条件、事件会有特定反应的位置，可以是单一的，也可以是复合的（包含其他的状态），包括单一状态的行动和它所复合状态的行动之和，如图 2.93 所示。

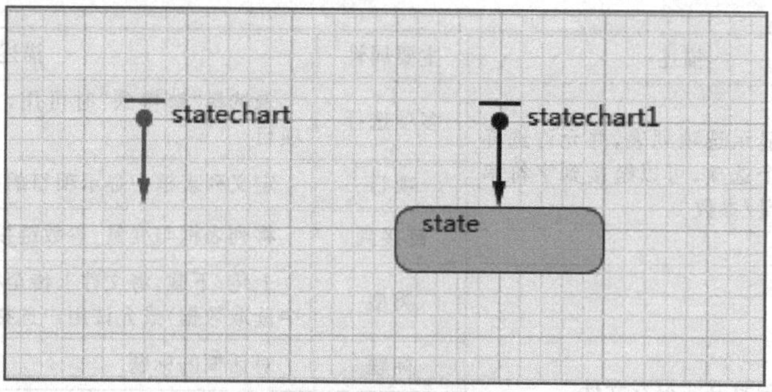

图 2.92　绘制状态图进入点

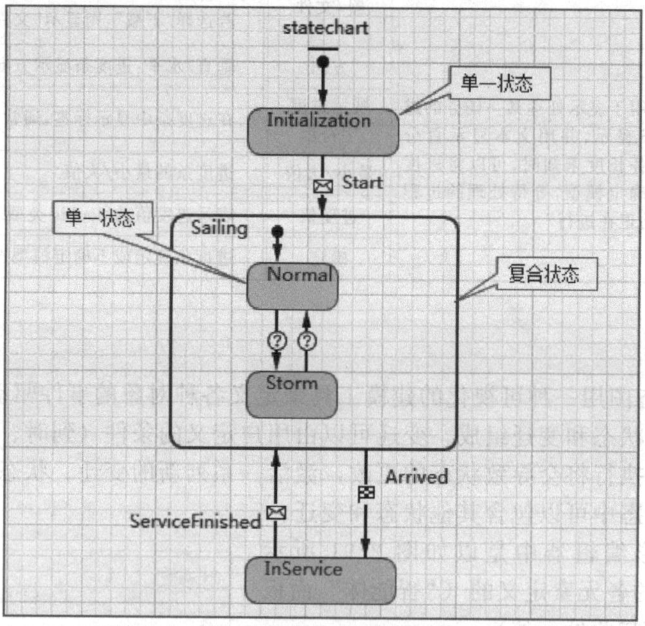

图 2.93　单一状态和复合状态元素

状态的绘制。

方法一：在“状态图”面板中选中“状态”图标拖动至图形编辑器中。

方法二：使用绘图模式，双击“状态图”面板的“状态”图标，激活绘图模式，通过拖动鼠标绘制任意大小的状态元素。

（3）变迁

变迁表示从一种状态转换到另一种状态的过程。变迁有到时、速率、条件、消息、智能体到达等多种触发类型，达到设定触发类型的条件时，状态图将从一种状态转换到另一种状态，并且执行指定的行为操作。

变迁的起点在发生变迁的源状态边缘上，终点在目标状态的边缘上。但有一种特殊的变迁称为内部变迁，是位于一个状态内部的循环变迁，内部变迁的始点和终点均位于同一状态的边缘。由于内部变迁不会离开闭合的状态，在此状态外部的状态图中不起作用。该变迁发生时不会执行状态的进入行动或离开行动，且不会离开此状态中的当前简单状态。如图 2.94 所示。

i. 变迁元素的绘制。

方法一：在“状态图”面板中选中“变迁”图标拖动至图形编辑器中的状态图中，将变迁的起始点置于某一状态图标边缘上，然后将变迁的终点拖动至另一个状态图标的边缘上。

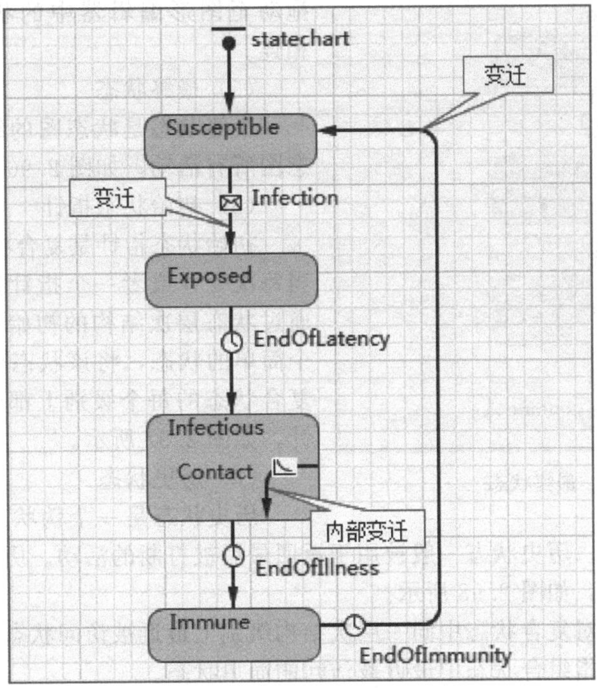

图 2.94 变迁与内部变迁

方法二：使用绘图模式，双击“状态图”面板中的“变迁”图标，激活绘图模式，在源状态对象图标的边缘上单击鼠标放置变迁的起始位置，然后在变迁的转折点单击，最后通过双击放置变迁的终点。

ii. 变迁的触发类型。

变迁的触发类型很多，在变迁的属性视图中，点击“触发于”下拉列表可以指定变迁的触发类型。变迁的触发类型包括到时、速率、条件、消息、智能体到达，不同触发类型的主要用途及发生时刻描述可参照 AnyLogic 帮助文档中的内容。

（4）分支

使用分支可以创建一个具有多目标状态的变迁，或者将几个变迁合并在一起执行的变迁。如图 2.95 所示。

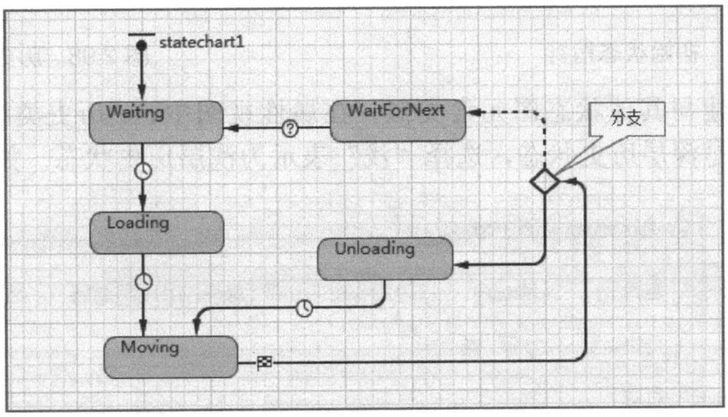

图 2.95 分支

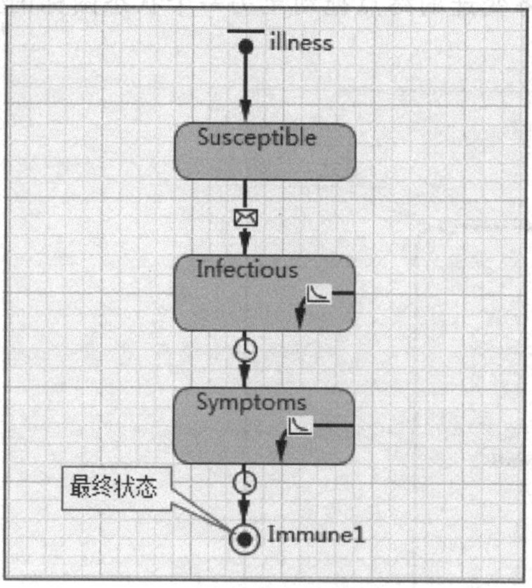

图 2.96　最终状态

分支的绘制。

在“状态图”面板中选中“分支”图标◇拖动至图形编辑器中的状态图中，再与变迁相连。

（5）最终状态

最终状态是状态图的终止点，用于终止状态图所有活动，如图 2.96 所示。

（6）初始状态指针

初始状态指针是复合状态内部的初始状态。当每次变迁或者一个指针指向复合状态时，则通过状态层次结构的初始状态指针向下找到一个简单的状态，将该状态变为当前状态。每个复合状态的每个级别上都应有一个初始状态指针，如图 2.97 所示。

（7）历史状态

历史状态是一个伪状态，是复合状态中最近被访问状态的引用。历史状态一般被用于返回最后被打断的活动。历史状态包含浅层历史状态和深层历史状态，如图 2.98 所示。

浅层历史状态是对复合状态中同一层次结构级别上最近被访问状态的引用。

深层历史状态是指组合状态中最近被访问的简单状态。

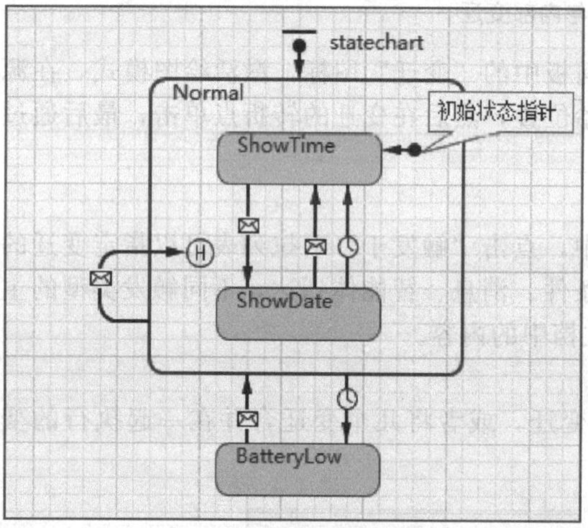

图 2.97　初始状态指针

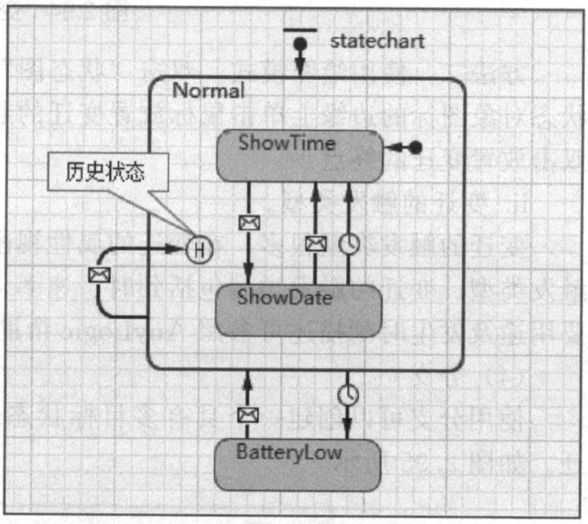

图 2.98　历史状态

历史状态的创建与其他状态图元素类似，在属性视图中，“历史类型”右边选择“深”表示历史状态对象是深层历史状态，选择“浅”表示为浅层历史状态。如图 2.99 所示。

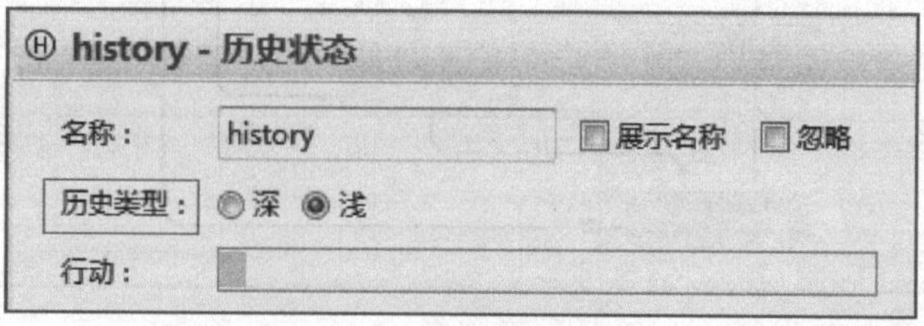

图 2.99　历史状态类型

2.9.9 连接

连接面板主要包含了一些用于连接数据库的工具。从 AnyLogic7.2 版本开始引入了更加强大的内置数据库，因此一般建议使用内置数据库。

2.9.10 图片和三维物体

AnyLogic 图片和三维物体面板中提供了一些常用的模型图片和三维物体图像，在建模过程中可以直接从面板中选择需要的图片、三维物体图像，使建模过程更加简洁方便。

2.10 属性视图

属性视图用于显示当前选中模型元素的相关属性，并在该界面中可修改元素属性的内容。在图形编辑器或“工程”视图中选中并单击某个对象元素时，属性视图中将显示该对象元素相应的属性。属性视图由若干个区域栏构成，单击任意一个区域栏的标题，可将该区域栏展开或关闭。所选对象元素的名称和类型显示在属性视图的顶部。属性视图界面的内容和数量因选中元素的不同而不同，如 Main-智能体类型的属性视图如图 2.100 所示。

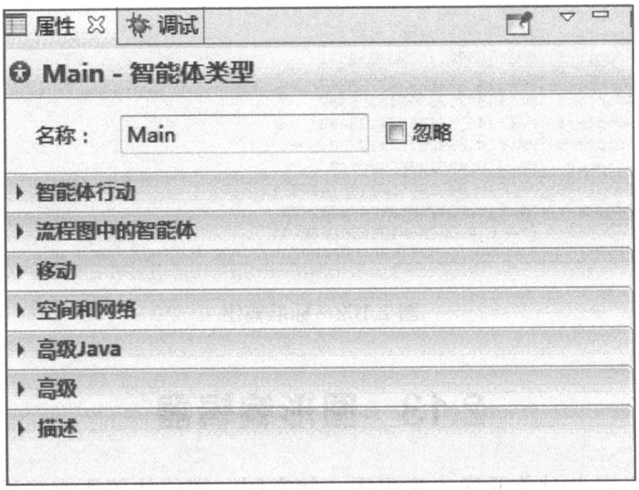

图 2.100 Main-智能体类型的属性视图

2.11 问题视图

AnyLogic 的问题视图用于显示在建模过程中检查发现的关于类型、参数、图表等的语法问题，问题视图中在“描述”及“位置”列中显示每一项错误的描述及其所在的位置，如图 2.101 所示。

双击问题视图中错误描述列的内容，可以查看图形编辑器中出现错误的元素图标位置及其属性视图中的位置。

右击问题视图中错误描述列的内容，弹出一个对话框，在该对话框中可选择复制（复制该问题的描述和位置信息文本）、在 Java 源代码中展示及在属性中展示。如果选择在属性中展示，可以快速定位到出现问题对象属性视图中的位置。

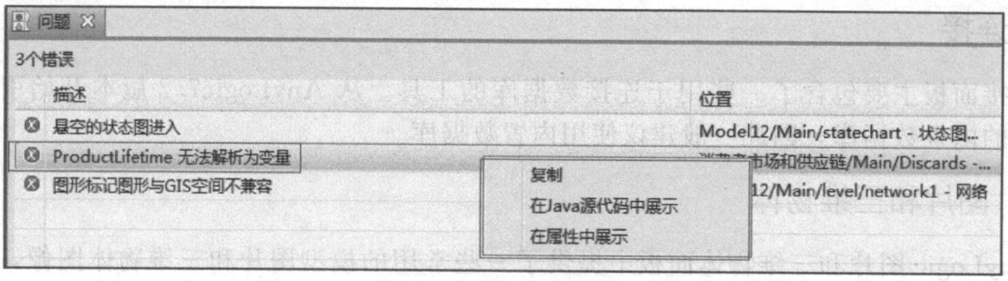

图 2.101 问题视图

2.12 控制台视图

控制台视图一般位于 AnyLogic 窗口的底部，用于显示模型运行的输出结果。能够用不同颜色显示标准输出、标准错误、标准输入三种不同的类型文本。如图 2. 102 所示，用黑色显示标准输出。

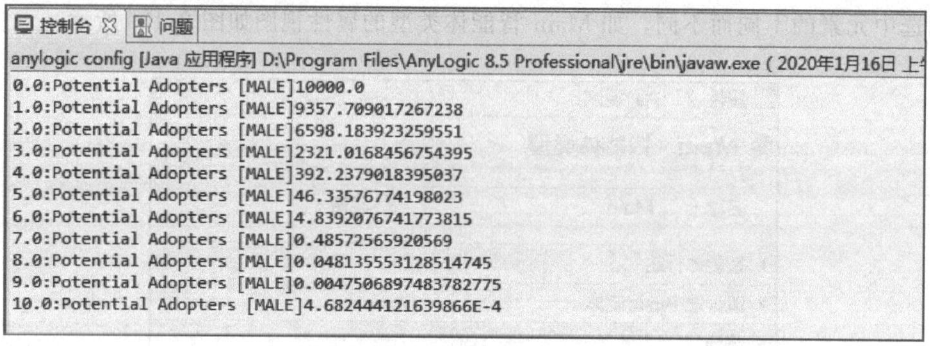

图 2.102 标准输出

2.13 图形编辑器

图形编辑器用于定义对象元素、流程图、状态图、智能体等所有建模需要的元素及其之间的关系，每个智能体类都有自己对应的图形编辑器。如图 2. 103 所示，为某模型 Main 类的图形编辑器及定义的相关对象元素。

图形编辑器主要用于：

① 定义智能体的接口。

② 定义演示图形等元素，并建立其属性与智能体之间的联系，在模型运行时用图形显示智能体的图形或图标。

③ 用于定义智能体的相关行为。如流程图、状态图、事件、系统动力学存量、流量图等。

④ 用于定义嵌入对象及它们之间的相互关系。

⑤ 定义控件等元素，使模型具有交互性。

在图形编辑器中，可以选中任何定义的元素图标，打开元素属性视图，完成复制、移动、删除等操作。

图形编辑器没有边界，具有坐标系，默认的情况下，打开图形编辑器后坐标原点位于左上角，X 轴指向右方，Y 轴指向下方、Z 轴指向用户方向。可以用鼠标，或利用工具栏中缩放工具移动、缩放图形编辑器显示。

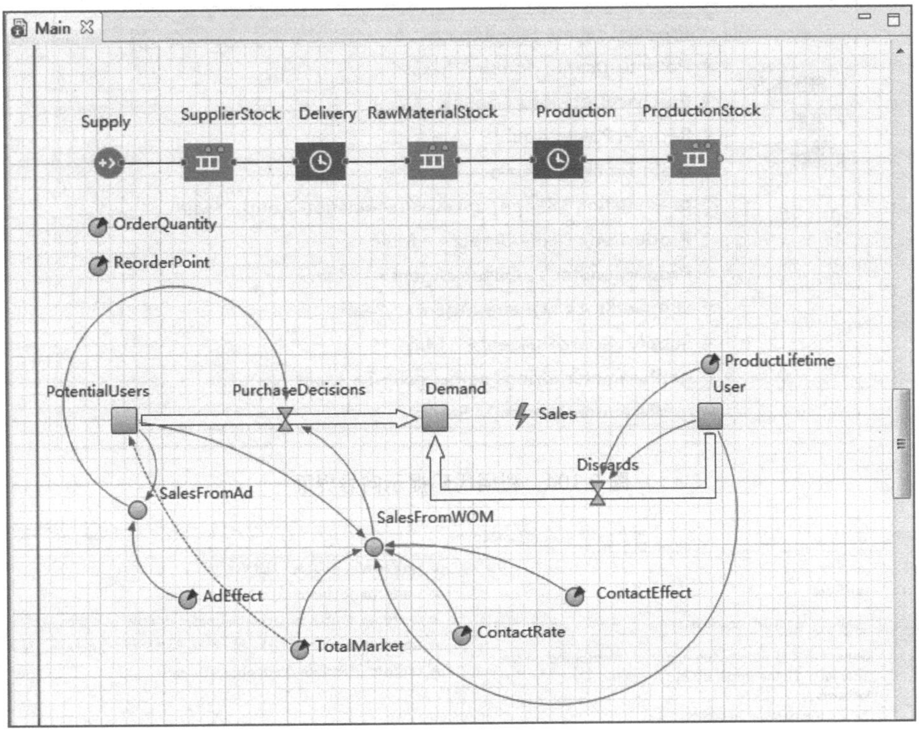

图 2.103 Main 图形编辑器

图形编辑器中有一蓝色的、一个顶点在原点位置的矩形框，表示模型的帧，帧用于定义模型窗口大小及运行时窗口中显示的区域。在所有智能体类型及实验之间可共享。

图形编辑器默认情况下显示网格，支持在创建对象元素时捕捉到网格，便于元素图标的排列和对齐。在图形编辑器缩放比例为 100%时，每个网格单元的大小为 10 *10 像素，在移动或调整元素图标时，位置坐标、宽度、高度等只能以 10 的整数倍变化。

2.14 AnyLogic 代码提示功能

AnyLogic 支持代码提示功能，在输入函数、变量、参数时使用代码提示功能组合键，在出现的对话框下拉列表中选择需要输入的名称即可完成自动插入名称到代码编辑框中。代码提示功能大大地减轻了建模过程中代码输入的工作量及降低了代码的错误率。

(1) 使用代码提供功能输入名称的步骤

① 在代码输入编辑框中，输入函数、变量、参数名称的首字母。

② 同时按下代码提示功能组合键“Ctrl+Space”(AnyLogic 默认快捷键)，弹出的对话框中将列出模型中所有以该字母为首的函数、变量、参数，如图 2.104 所示。

③ 拖动滑块，找到所需名称。也可以继续输入名称的第二、第三、……个字母，直至所需名称出现在列表的最顶部。

④ 单击名称可查看该名称对应对象的描述。不同函数有不同的参数设置，需要双击或使用回车键打开显示该名称下所有函数列表的对话框。如图 2.105 所示。最后双击该名称，插入名称代码。

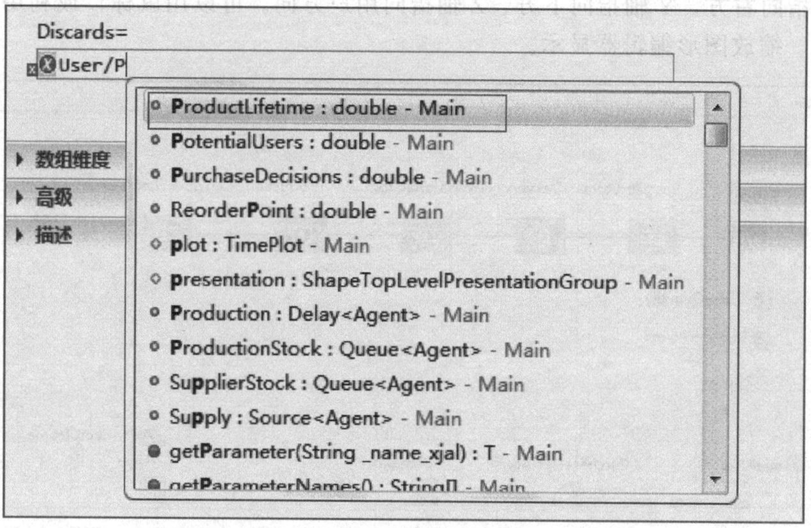

图 2.104　利用代码提示向导界面

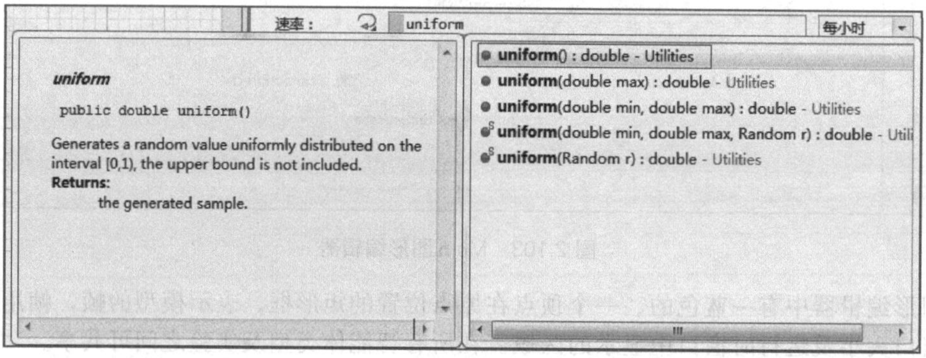

图 2.105　函数列表

（2）修改代码提示功能组合键

AnyLogic 默认组合键“Ctrl＋Space”与 Windows 系统默认的输入法快捷键冲突，在 AnyLogic 中无法正常使用组合键，如果要使用代码提示功能可以改变 Windows 系统的输入法快捷键，或修改 AnyLogic 组合键的默认键序。AnyLogic 默认组合键修改步骤如下。

① 在 AnyLogic 的菜单栏，点击“工具”→“偏好”，在弹出的对话框中点击“组合键”。

② 在组合键列表中点击“键序”列的“Ctrl＋Space”，置于可编辑状态。如图 2.106 所示。

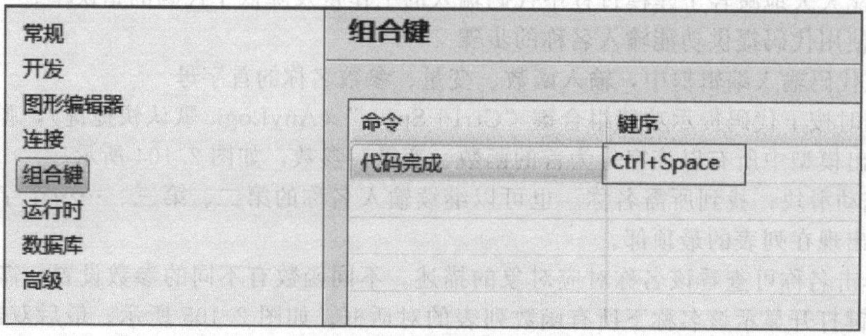

图 2.106　组合键修改 1

③ 键入要修改的键序组合（同时按键盘上的按键）。

④ 点击“应用”按钮，再点击“确定”，完成组合键的修改。如图 2.107 所示。

修改完成后在插入函数、变量或参数时，可以使用修改后的组合键，使用代码提示功能。如果要恢复默认设置组合键，在组合键界面点击“恢复默认值”即可。

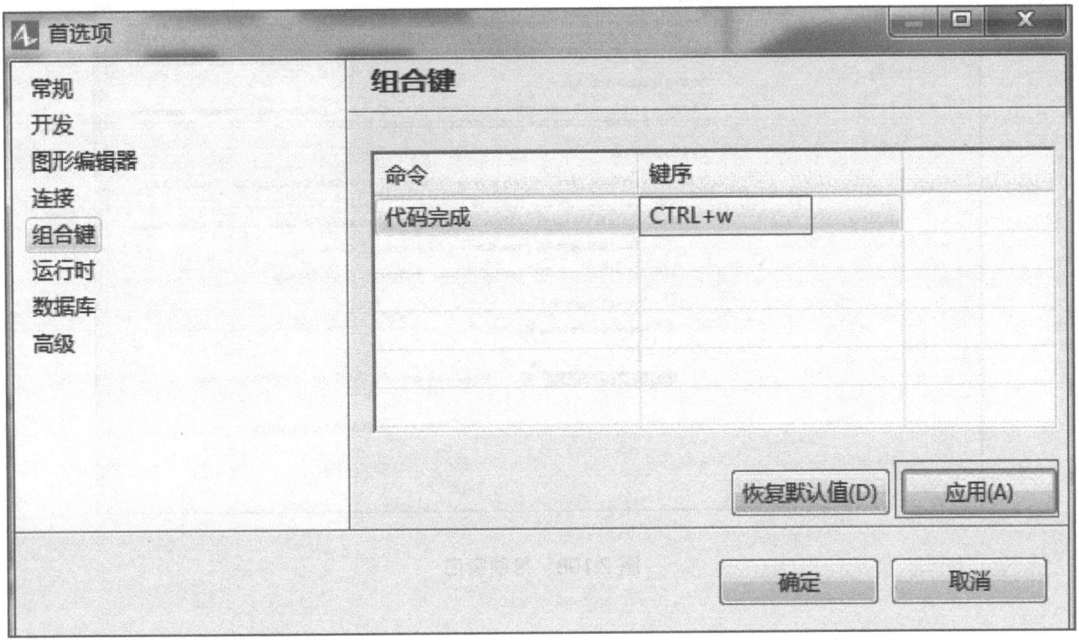

图 2.107 组合键修改 2

2.15 帮助功能

使用 AnyLogic 帮助系统，可以浏览、搜索、标注以及打印帮助文档。帮助文档中包括 AnyLogic 版本及使用 AnyLogic 建模内容的详细介绍。帮助系统还提供了文本检索功能，可以通过输入关键词查找所需内容。

使用帮助系统时，可以在菜单栏中，点击“帮助”→“AnyLogic 帮助”打开帮助窗口界面，或直接键入“F1”，也可打开帮助窗口界面。如图 2.108 所示。

帮助窗口主页界面由两部分组成：左侧为导航部分，右侧为主题部分。在左侧导航底部有四个页面：内容、索引、搜索结果及书签。内容界面列出了帮助系统提供的所有信息，包括 AnyLogic 帮助、库参考指南、Java 高级建模等，点击该页面的任一信息，在主题部分将会显示该信息的详细内容。索引页面显示按字母顺序排列的所有函数、建模元素等，可以在文本编辑框中输入检索词，也可以根据字母检索列表中的内容。搜索结果页面显示在使用检索功能时列出的检索结果。书签页面列出所有曾经使用了“给文档添加书签”按钮标注过的主题。

主题面板中显示当前选中主题的详细内容，或是打开帮助窗口后主页界面显示的内容。

AnyLogic 帮助窗口中还提供了包括搜索、返回、前进、在目录中显示、给文档添加书签、打印页面、最大化与恢复等工具。

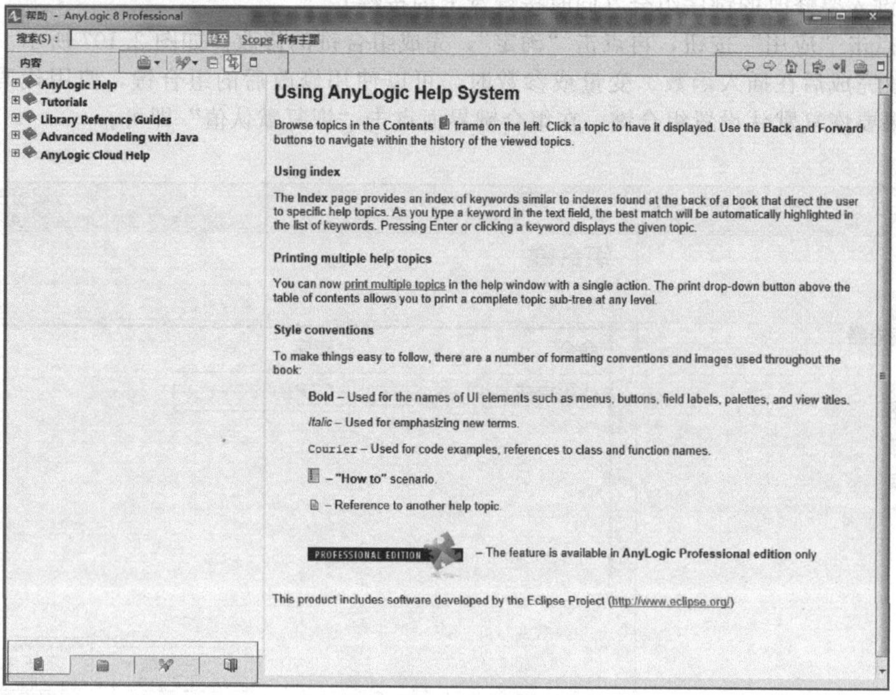

图 2.108 帮助窗口

2.16 快捷键

AnyLogic 提供了许多键盘和鼠标快捷键，而且支持标准的 Windows 快捷键，常用快捷键如表 2.9 所示。

表 2.9 常用快捷键

操作方式	应用	快捷键	描述
键盘	程序命令	Alt+F4	退出 AnyLogic
		F1	打开 AnyLogic 帮助
	仿真命令	F7	构建所有模型
		F5	启动刚刚创建/打开的模型
	编辑命令	Ctrl+X	剪切当前选中的对象元素
		Ctrl+C	复制当前选中的对象元素
		Ctrl+V	粘贴剪切板中的内容
		Del	删除当前选中的对象元素
		Ctrl+Z	撤消上一步操作
		Ctrl+Y	重复执行上一步操作
		Ctrl+F	查找与替换
	模型命令	Ctrl+N	创建新模型
		Ctrl+O	打开现有模型
		Ctrl+S	保存当前选中的模型
		Ctrl+Shift+S	保存所有打开的模型
	图形编辑器命令	Ctrl+A	选中图形编辑器中所有对象元素
		F2	重命名当前选中的元素
		Ctrl+0	将图形编辑器缩放至 100%

续表

操作方式	应用	快捷键	描述
鼠标	图形编辑器	右击+拖动	平移元素图形
		Ctrl+滚动	放大或缩小
		Alt+单击	选中组内单个对象元素
		Ctrl+拖动	创建当前选中元素的副本
		Shift+拖动	水平/垂直移动当前选中元素,垂直/水平中心对齐
	3D 场景	Alt+拖动	旋转 3D 场景

思 考 题

1. AnyLogic 与其他仿真软件相比有什么优势？其特点是什么？

2. 下载并完成 AnyLogic 软件的安装。AnyLogic 软件的窗口界面一般由哪些部分组成，各部分的主要功能是什么？

3. AnyLogic 软件有哪些建模库件？各库件的使用范围是什么？

4. 在 AnyLogic 建模过程中，如何使用代码提示功能？

5. 试新建智能体人口模型，大小为 300，定义表示性别（boolean 类型）、年龄（int 类型）的参数，年龄服从 1～80 的随机分布，并保存当前模型。

第 3 章 适用于AnyLogic的Java基础知识

在仿真建模时，如果只将 AnyLogic 提供的图标元素组合连接在一起便可完成，这样的都是非常简单、理想化的模型。实际模型往往会比较复杂，有可能需要使用概率分布函数、计算包含不同对象属性的表达式和测试条件、用户自定义数据结构并设计相应的算法，而这些操作不可能仅使用图标元素实现，只能在一定的文本编辑框中通过代码来完成，任何的仿真建模工具都包含文本脚本语言。

AnyLogic 仿真软件使用 Java 语言作为脚本语言，一方面是因为 Java 作为一门高级语言，不需要考虑内存的分配、对象和引用的区别等，易于学习。另一方面，Java 作为一门以类为基础的面向对象的语言，功能强大。Java 可以定义任意复杂度的数据结构，可以开发设计各种算法，可以使用各种包，Java 的这些特点使得在 AnyLogic 建模过程中广泛使用 Java 编程。

使用 AnyLogic 开发的模型可以被完全转换成 Java 代码，与 AnyLogic 仿真引擎（由 Java 编写）链接，并且可以选择使用 Java 优化器，将其转变为完全独立的 Java 应用程序，这使得 AnyLogic 模型可以跨平台使用，即可以在任何支持 Java 的环境中运行。

在利用 AnyLogic 仿真建模时，Java 类结构主干由 AnyLogic 系统自动生成。在典型的模型中，Java 代码存在于模型中图形化对象元素的属性部分内容中，可能是表达式、函数调用或几个语句组成的代码。因此，在使用 AnyLogic 建模时，需要熟悉基本数据类型、Java 语法的基础知识，掌握 AnyLogic 各对象元素编写调用 Java 代码的方式。

本章初步介绍 AnyLogic 中的 Java 语言，提供在建模过程中需要掌握的操作数据和模型对象的 Java 基础知识，不是 Java 语言的完整描述。

3.1 Java 语言基础

3.1.1 基本数据类型

基本数据类型是程序设计语言中定义的不可再分的数据类型。Java 语言的基本数据类型包括字节型、短整型、整型、长整型、单精度浮点型、双精度浮点型、字符串型、布尔型八种。在 AnyLogic 建模过程中，通常使用的类型有：int、double、boolean、String 四种，如表 3.1 所示。

表 3.1 基本数据类型

类型名称	描述	举例
int	整型	10　1000　−10　0
double	双精度浮点型	601.13　12.0　0.144　−22.7

续表

类型名称	描述	举例
boolean	布尔型	true false
String	字符串型	"AnyLogic" "MyModel"

int 表示一个整数，如 127、10、0、－10 等。double 表示双精度浮点数，如 601.13、－132.45、0.22、0.35、1.2e－6 等，在 AnyLogic 中时间、日期、速率、角度、坐标、长度、面积等类型都是双精度浮点型。boolean 只有 true 和 false 两种值，常用于条件语句中。String 表示字符串型，如"AnyLogic""Message""Rate＝"等，String 表示一个基本类，在 Java 语言中，对带字符串的操作常使用 String 类型。

3.1.2 常量

常量一般用于存储在程序运行过程中数值保持不变的量，包括数值常量、布尔型常量、字符串型常量等，在 AnyLogic 建模时常量常以参数元素定义。

（1）数值常量

数值常量包括整型常量和浮点型常量。整型常量表示整数的数值常量，可以用来给整型变量赋值；浮点型常量是表示可以含有小数部分的数值常量。Java 一般通过输入数字的方式判断是浮点型还是整型，任何带小数点"."的数都被视为是浮点数，即使没有小数部分或只包含零。

（2）布尔型常量

Java 中的布尔常量只有 true 和 false 两个值，与 C 或 C＋＋不同的是，true 和 false 不能转换成任何其他数据类型，即不能将 false 等于 0，也不能将非 0 等于 true。

（3）字符串型常量

String 常量是用双引号括起来的由多个字符组成的序列（可以是 0 个）。如"AnyLogic""assemble""Send a message. \ n"。字符串中可以包含转义字符，如"\ n""\ t"等，可放在字符串中的任意位置。空字符串（不包含字符的字符串）表示为" "。

3.1.3 变量

变量是程序运行过程中可以改变的量。根据变量的声明位置，变量可以是局部变量或类变量。局部变量是指仅在执行特定函数、语句块时才存在的辅助临时变量，类变量是指存在于类的任何对象中，且其生存期与对象生存期相同的变量。

（1）局部变量

AnyLogic 中局部变量一般声明在循环语句或函数体的 Java 代码中。在代码段执行开始时创建并初始化，在执行结束时消失。变量的声明由变量类型、变量名称和初始化表达式组成。Java 并不要求定义变量的同时必须初始化，但 Java 编译器要求所有变量在使用前必须初始化，否则变量使用默认值。

局部变量的声明是一个语句，以分号结束。例如：

int typeNum＝6；//定义一个 int 类型的变量 typeNum，并初始化为 6。

double capacity＝12；//定义了一个 double 类型的变量 capacity，并初始化为 12。

int i；//定义了一个未初始化的整型变量 i。

String msg＝isOrder?" Ordering"：" Not Oredering"；//定义了一个 String 类型的变量 msg，并初始化为表达式"isOrder?" Ordering"：" Not Oredering" "的结果。

可以在输入的 AnyLogic 字段中声明和使用局部变量，如在智能体类的启动代码、事件或变迁的行动代码、状态的进入、离开的行动代码、流程图中对象的进入和离开代码等中都能定义和使用局部变量。

例如在配送中心运营模型中，在模块延迟结束时的行动代码中，如图 3.1 所示，定义的变量 truck，在模型执行此部分的代码时存在。

延迟结束时:

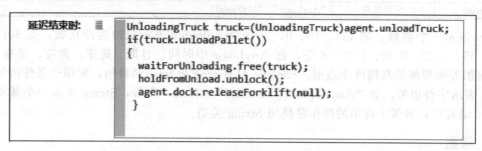

```
UnloadingTruck truck=(UnloadingTruck)agent.unloadTruck;
if(truck.unloadPallet())
{
  waitForUnloading.free(truck);
  holdFromUnload.unblock();
  agent.dock.releaseForklift(null);
}
```

图 3.1　模块延迟结束时的行动代码

（2）类变量

智能体类的 Java 变量是智能体的“内存”或“状态”的一部分。在 AnyLogic 建模时可以直接使用图形化的方式声明变量，也可以编辑代码声明。

AnyLogic 中智能体类变量的定义过程如下：

① 从面板上选中“变量”图标拖动至图形编辑器。

② 直接在图形编辑器中或属性视图中定义变量的名称。

③ 在变量属性视图的“高级”栏中选择变量访问类型。通常变量在模型中默认为公开。公开访问类型表示可以从其他模型访问该变量，私有访问类型表示仅限制在此智能体内被访问。

④ 在属性视图中选择变量的类型。如果类型不是基本类型，则选择“其他”，输入类型的名称。

⑤ 输入变量的初始值。如果不指定初始值，布尔型默认为 false，数值变量默认为 0，包括 String 在内的所有其他类默认为 null。

图 3.2 中定义了一个 double 类型的变量，初始值为 10000，访问类型为公开。图中图形化声明类变量的过程相当于代码：

public double rawMaterialStock＝10000；

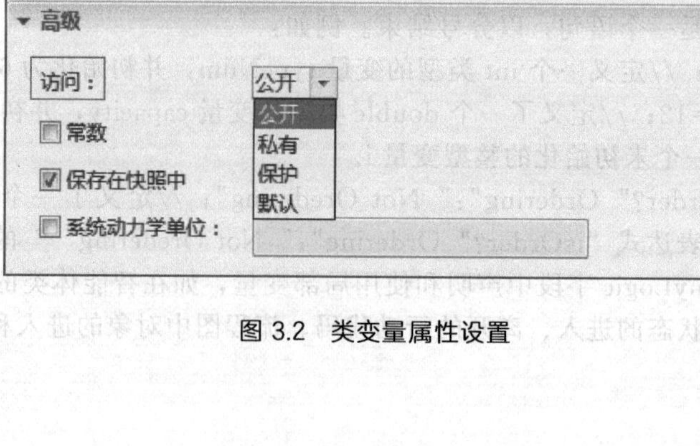

图 3.2　类变量属性设置

在 AnyLogic 建模时，可以在智能体类属性视图的“高级 Java”栏，“附加类代码”文本编辑框中编写，如图 3.3 所示：

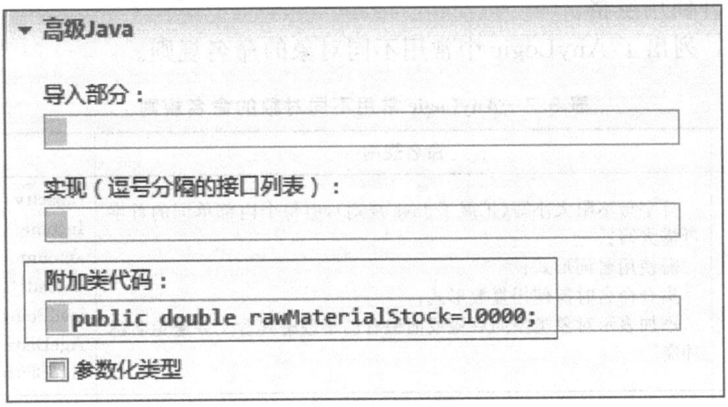

图 3.3　类变量的代码定义

变量的图形化声明能够可视化地将其与相关函数或对象组合在一起，还可以在运行时通过单击，查看或更改变量值。

3.1.4　关键字及命名规则

(1) 关键字

在 AnyLogic 中，常用的部分 Java 关键字如表 3.2 所示，详细的 Java 语言关键字可参阅有关 Java 语言介绍的书籍。

表 3.2　常用的部分 Java 关键字

常用的部分 Java 关键字				
boolean	break	case	class	continue
do	double	else	extends	false
for	if	instanceof	int	new
null	return	switch	true	void
while				

(2) 命名规则

在使用 AnyLogic 建模过程中，模型对象的命名很重要，一个简单明了的命名系统能够节省建模时间，避免混淆。了解掌握 Java 语言的命名规则，不仅是在编写 Java 嵌入代码时使用，还建议在 AnyLogic 整个建模过程中都保持 Java 的命名规则。

① 对象的名称应表明其使用的意图。

对象的命名最好能使非建模者从名称中理解对象的作用，并且在需要某个特定作用的对象时，能够容易猜出它的名称。如，创建一个表示人均收入的变量，可以命名为 income。

② 可以以字母组合进行命名，混合使用大小写，每个单词的首字母大写，一般不使用下划线。

不建议使用简单的无意义的命名，如“i”“a”“a11”“state1”等，单字符变量一般用于临时的“一次性”变量，如数组、集合的下标等。应尽量避免使用单词缩略词和首字母缩写形式，除非该缩略形式比较常见，如 NPV，ROI，ARPU 等。在表达式或代码中需要输入对象名称时，可以使用 AnyLogic 代码提示向导功能。

③ 保持统一的命名体系。

对模型中对象名称进行标准化规定，保证名称结构一致，对于大型建模项目很有必要。

Java 是一种区分大小写的编程语言，如 Anylogic 和 AnyLogic 是不同的名称，而且在 Java 名称中不允许使用空格。

在表 3.3 中，列出了 AnyLogic 中常用不同对象的命名规则。

表 3.3　AnyLogic 常用不同对象的命名规则

对象	命名规则	举例
Java 变量、智能体参数、集合、表函数、统计	首字母不限大小写(扩展了 Java 规则),但每个内部单词的首字母需大写； 需使用名词形式； 集合命名时需使用复数形式； 添加表示对象类型的后缀或前缀有助于理解其含义并避免名称冲突	capacity Income amount unloadUsedForklifts loadPoints AgeDistribution AgeDistributionTable
函数	首字母必须小写,每个内部单词的首字母大写； 需使用动词形式； 如果函数返回对象的某个属性,其名称应以单词“get”开头;返回布尔类型应以“is”开头;如果函数需改变对象的属性,应以“set”开头； 其他命名函数,如 AnyLogic 系统函数 time()、date()、size()	checkLoadAnyMoving findType palletsToAssemble setColor getCollection isVisible getText isStateActive
函数参数、代码中的局部变量	尽量使用单个小写字母,如果包含多个单词,每个内部单词的首字母应该大写； 常用临时整型变量:i、j、k、m 和 n	sum total i
Java 常量	全部大写,并使用下划线“_”分隔	TIME_UNIT_MONTH
智能体类、自定义 Java 类、动态事件	首字母必须大写,每个内部单词的首字母也必须大写； 一般都是名词形式,但除了在流程建模库对象中表示行为的情况下可以使用动词	Person Forklift Consumer Arrival
智能体群,包括各建模库中的对象	首字母必须是小写,每个内部单词的首字母大写； 智能体群使用复数形式	orders forklifts people
库存、流量、动态变量	名称中不允许使用空格,建议使用大小写混合形式,每个单词的首字母大写。单词间可以使用下划线“_”分隔,但不建议使用	FactoryStock Production BirthRate
事件、状态图、状态、变迁	首字母不限大小写,每个内部单词的首字母大写	waitAtQueue purchaseBehavior discard

3.2 类

3.2.1 类的定义

类是面向对象编程中最重要的概念。类是对某一类事物的描述，是抽象的、概念上的定义；对象是实际该类事物中存在的具体个体，也称为实例。一般来说，类是由数据成员和函数成员封装而成的，其中数据成员表示类的属性，函数成员表示类的行为。在 Java 语言中，将函数称为方法。例如，用 Java 语言描述圆柱体，保存圆柱体的底半径和高，计算圆柱体的底面积和体积。每一个圆柱体都有底和高两个属性，圆柱体底面积和体积的计算可以通过定义函数来实现。圆柱体类可以由底和高两个数据成员、计算底面积和体积的函数成员封装而成。

通过以下例子，来理解类的应用。例如，计算圆柱体的底面积和体积，可以定义表示底面半径和高这两个变量，并通过底面积和体积公式计算。但如果需要计算的圆柱体比较多，就很容易引起混乱。因此可以定义一个 Cylinder 类，将表示圆柱体底面半径和高的变量与计算底面积和体积的方法封装在一起，这样就比较简洁。

```
class Cylinder
{
    double r;//定义半径变量r
    double h;//定义高变量h
    double pi=3.14;//定义数据pi并赋初值
  //构造函数
    Cylinder (double radius,double height)
    {
     r=radius;
     h=height;
    }
    //计算圆柱体的底面积
    double area( )
    {
      return pi*r*r;
    }
    //计算圆柱体的体积
    double volume( )
    {
      return area( )*h;
    }
}
```

在 Cylinder 类中，double 类型的 r、h 是该类的数据成员，方法 area()和 volume()为该类的函数成员。可以定义 Cylinder 类的实例对象，并调用 area()、volume()方法计算实例对象的面积和体积，例如，在如下代码中：

```
Cylinder c1=new Cylinder(3,5);
double a=c1.area( );
double vol=c1.volume( );
```

定义的 c1 是 Cylinder 类的一个实例对象，其中 new Cylinder(3,5)表示用 new 关键字实例化一个对象，调用对象的构造函数。

3.2.2 继承：子类和父类

类的继承是面向对象程序设计的重要特点，通过继承可以实现代码的复用，被继承的类称为父类，由继承得到的类称为子类，子类继承父类的所有特性，并可以扩充自己的特征。一个父类可以同时拥有多个子类，但一个子类只能有一个直接父类。Java 语言中类的继承是通过 extends 关键字来实现的。

例如，定义一个圆柱体状的物品类，除了对应的半径 r、高 h 外，还有圆柱体的名称等信息，可以直接继承 Cylinder 类，Java 代码如下：

```
class MyCylinder extends Cylinder
{
  String name;
  //Cylinder类的构造方法
  Cylinder(String n,double radius,double height)
  {
    super(radius,height);//调用父类的构造方法
    name=n;
  }
}
```

MyCylinder 类是 Cylinder 类的子类，Cylinder 类是 MyCylinder 类的父类，MyCylinder 类继承了 Cylinder 的所有特性并且新添加了 name 属性。计算体积最大的圆柱体物品的代码如下：

```
int v=0;
MyCylinder maxCylinder=null;
for(MyCylinder mcy：MyCylinders)
{
  if (mcy.volume()>v)
  {
    v=mcy.volume();
    maxCylinder=mcy;
  }
}
```

mcy 是 MyCylinder 类的对象，在调用 Cylinder 类的 volume()方法时，可以被视为 Cylinder的对象，这是因为子类的对象始终可以被视为其父类的对象。

3.2.3 AnyLogic模型中的类和对象

AnyLogic 的大部分元素都是 Java 类的实例对象，需要了解如何使用 Java 对特定对象元素执行操作时，可以在 AnyLogic API 参考中找到相应的 Java 类，并查看其方法和使用范围。表 3.4 中列出了 AnyLogic 中常见的类。

表 3.4 AnyLogic 中常见的类

模型中的元素	Java 类名
智能体	基本类：Agent
存量、流量、动态变量	如果声明为数组时，HyperArray 类
事件	事件的类取决于触发器的类：EventTimeout、EventRate、EventCondition，继承于基本类：Event
集合	常用的集合类：ArrayList、LinkedList
表函数	TableFunction
时间表	Schedule
端口	基本类：Port
链接到智能体	LinkToAgent 接口
状态图	Statechart
变迁	取决于触发类型的类：TransitionTimeout、TransitionRate、TransitionCondition、TransitionMessage，继承于基本类：Transition
演示图形，如矩形、折线、文本、视图等	继承于基本类：Shape 如，ShapeRectangle、ShapePolyLine、ShapeText、ViewArea 等

续表

模型中的元素	Java 类名
空间标记，如路径、矩形节点、GIS 地图等	Path、RectangleNode、ShapeGISMap 等
分析数据，如数据集、统计、直方图数据等	DataSet、StatisticsDiscrete、StatisticsContinuous、HistogramData 等
分析图表，如条形图、折线、直方图等	BarChart、Plot、Histogram 等
控件，如按钮、滑块、编辑框等	ShapeButton、ShapeSlider、ShapeTextField 等，继承于基本类 ShapeControl（Shape 的子类）
连接，如文本文件、Excel 文件、查询等	TextFile、ExcelFile、Query 等
图片	ShapeGroup
三维物体	Shape3DObject
实验，如仿真、优化、校准、参数变化、蒙特卡洛、敏感性分析、比较等	ExperimentSimulation、ExperimentOptimization、ExperimentParamVariation、ExperimentCompareRuns 等，继承于基本类：Experiment

3.3 函数

函数就是为了实现某种功能而定义的一种方法，在面向对象编程语言中，如 Java，任何函数都是类的方法。函数可以分为系统函数和用户自定义函数，系统函数是指由编译系统提供的不需要自己定义，直接可以使用的函数；而用户自定义函数是为解决专门问题而自己定义的函数形式。根据函数在调用时是否需要给出参数，把函数分为有参函数和无参函数。

函数调用的方法是调用函数名，并且在函数名后紧跟的括号内填入参数值。函数调用的一般格式为：

函数名（[实参表列]）;

例如，在 AnyLogic 中，调用离散均匀分布函数的方式：

```
uniform_discr(1,6);
```

函数调用可以没有参数，但是函数名后面的括号不能省略。

例如，调用自定义确定配送的函数方式如下：

```
startDistribute( );
```

函数可以有返回值，也可以不返回任何值。函数的返回值是通过 return 语句实现的，返回类型为定义时指定的类型。例如，

```
int max(double x,double y);
```

max() 函数有返回值，返回 int 类型。

关键字 void 定义的函数，函数调用时只执行函数定义的语句，无返回值。

在 AnyLogic 建模中，函数返回值的定义如图 3.4 所示。

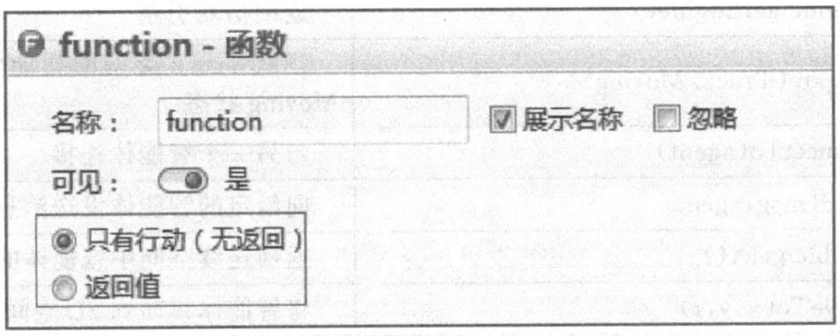

图 3.4 函数返回值的定义

3.3.1 系统标准函数

在 AnyLogic 中编写的大多数代码都是 Agent 的子类（AnyLogic 的基本类）。AnyLogic 系统函数和常用的 Java 标准函数可以直接使用，不需要考虑它们属于哪个包或类，并且可以在没有任何前缀的情况下调用这些函数，表 3.5 中列出了部分示例函数，其他函数可参阅 AnyLogic 帮助文档。

表 3.5 部分系统标准函数

函数类型	函数	描述
数学函数	double random()	返回一个随机数，随机数范围为[0.0,1.0)
	double min(a,b)或 max(a,b)	返回 a,b 的最小值/最大值
	double abs(a)	返回 a 的绝对值
	double log(a)	返回 a 的自然对数
	double pow(a,b)	返回 a 的 b 次幂
	double sqrt(a)	返回 a 的平方根
时间函数	double time()	返回模型当前时间(以模型时间单位为单位)
	int getHour()	返回模型时间单位对应的上午/下午的时间
	Date date()	返回当前模型日期(Date 是标准 Java 类)
	Date to Date(year,month,day,hourofDay,minute,second)	返回默认时间区域的日期，包括年月日等
概率分布函数	double exponential(lambda)	返回指数分布的随机数
	int binomial(p,n)	返回二项式分布的随机数
	double normal()	返回正态分布的随机数
	int poisson(lambda)	返回泊松分布的随机数
	double triangular(min,max,mode)	返回三角分布的随机数
	double uniform(min,max)	返回均匀分布的随机数
模型日志输出及格式	traceln(Object o)	在模型日志的末尾输出一个带有行分隔符的字符串表示形式
	trace(Object o)	将对象的字符串表示形式输出到标准输出流
	String format(value)	将一个值格式化为字符串
模型执行控制	boolean finishSimulation()	使仿真在完成当前事件后终止模型运行
	error(Stringmsg)	标记错误，使用给定消息 msg 终止模型运行
模型结构和执行环境中的指引函数	Agent getOwner()	返回上一级的智能体(如果存在的情况)
	int getIndex()	如果是可复制的智能体群返回列表中这个智能体的索引
	Experiment<?>getExperiment()	返回控制模型执行的实验
	IExperimentHost getExperimentHost()	返回模型 GUI(图形化用户界面)
	Engine getEngine()	返回仿真引擎
智能体类有关函数	inState(Truck. Moving)	判断 Truck 类型的智能体当前是否处于状态图的 Moving 状态
	connectTo(agent)	与另一个智能体连接
	send(msg,agent)	向给定的智能体发送消息
	double getX()	返回连续空间中智能体的 X 轴坐标
	moveTo(x,y,z)	将智能体移动到 3D 空间中的点(x,y,z)

AnyLogic 提供的系统标准函数，在使用代码提示向导功能时，可以通过双击函数名查

看具体功能提示。

3.3.2 模型元素函数

AnyLogic 模型中的所有元素（如事件、状态图、表函数、图形形状、控件、库对象等）都有映射的 Java 对象，并向用户公开 Java API（应用程序编程接口）。在调用特定模型元素的函数时，需要先写出对象元素名称后加一点“.”，再调用函数。调用的形式如下：

<元素名>.<函数调用>

例如：rectangle.setFillColor(green);

表 3.6 中列出部分模型元素函数，其他函数列表可参阅 AnyLogic 帮助文档。

表 3.6　部分模型元素函数

模型	函数	描述
Source 模块	source. inject()	在设定的时间产生单个智能体
Delay 模块	delay. size()	返回当前被延迟的智能体数
Queue 模块	queue. size()	返回队列当前的智能体数
	queue. get(int index)	返回指定 index 位置的智能体
Hold 模块	hold. setBlocked(true)	将对象 hold 置于阻塞(blocked)状态
Resource Pool	resourcePool. utilization()	返回资源池的利用率
	resourcePool. idle()	返回当前空闲资源单元的数量
	resourcePool. busy()	返回正在工作的资源数
Service 模块	service. queueSize()	返回嵌入队列的智能体数
	service. utilization()	返回该模块的平均利用率
Enter 模块	enter. take(agent)	插入给定智能体到流程图中
事件 Event	event. reset()	重置事件
	event. restart(15 * minute())	设置事件在 15 分钟后发生
演示图形，如矩形、椭圆等	rectangle. setFillColor(color)	填充为 color 颜色
	oval. setVisible(v)	设置演示图形的可见性，v 为 boolean 类型
分析数据，如数据集、分析、直方图数据等	void add()	添加数据对象
	dataSet. getCapacity()	返回数据集的容量
	statistics. mean()	返回统计的平均值
	HistogramData. count()	返回样本数
状态图	statechart. receiveMessage("msg!")	向状态图发送消息
	statechart. isStateActive(state)	检测状态 state 当前在状态图中是否处于活动状态
	statechart. inState(state)	当智能体处于给定状态时返回真
状态	state. inState(agent)	当指定智能体的当前状态处于活动状态时，返回真
视图区域	viewArea. navigateTo()	显示由 viewArea 标记的区域

3.3.3 自定义函数

AnyLogic 允许用户在智能体、实验中自定义 Java 类的函数。对于智能体和实验中的函数可以在图形编辑器中定义，具体的定义过程可以参照第 2 章面板视图中关于元素内容的部分。

定义函数的另一种方式是在智能体类型、实验属性视图的“高级 Java”栏中，“附加类代码”文本编辑框编写完整的 Java 代码，如图 3.5 所示。

使用图形编辑器和使用附加类代码定义函数的效果是一样的，但一般建议使用面板中的函数对象元素在图形编辑器中定义，因为这种方式更直观，并且能更快捷地访问函数的代码。

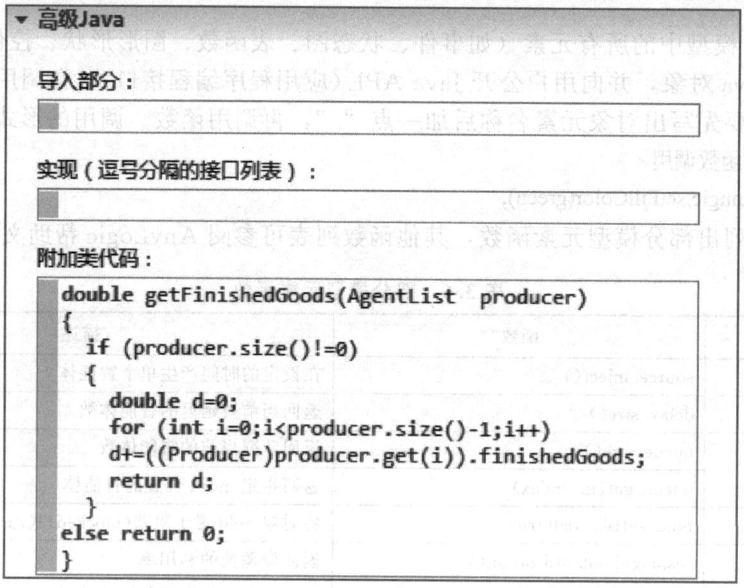

图 3.5　在附加类代码中定义函数

3.4　运算符与表达式

利用Java语言编程时，必须对问题中涉及的数据进行处理。问题中的各种公式在程序中称为表达式。表达式是由变量、常量、运算符和函数（方法）调用组成，执行指定的计算，并返回某个确定的值。一般都是通过运算符和表达式来操作数据和对象。

3.4.1　运算符

运算符表示各种运算的符号，参与运算的数据称为操作数。按运算符的功能划分，可以分为以下几类。

算术运算符：+、-、*、/、%、++、--;

关系运算符：＞、＜、＞=、＜=、==、!=;

布尔逻辑运算符：!、&&、‖;

位运算符：＞＞、＜＜、＞＞＞、&、|、^、~;

赋值运算符：=，及扩展赋值运算符，如+=、-=、*=、/=等；

条件运算符：?:;

其他：包括分量运算符 .、下标运算符 []、实例运算符 instanceof、内存分配运算符 new、强制类型转换运算符（类型）、方法调用运算符（）等。

3.4.2　算术运算

Java语言的算术运算符分为一元和二元算术运算符。

（1）一元算术运算符

一元算术运算符是只有一个操作数参加的运算，由一个操作数和一元算术运算符构成一个算术表达式。一元算术运算符共有四种，如表 3.7 所示。

表 3.7 一元算术运算符

运算符	表达式	名称及功能
+	+a	一元加，取正值
-	-a	一元减，取负值
++	++a,a++	增量，加 1
--	--a,a--	减量，减 1

一元加和一元减运算符表示某个操作数的符号，结果取正值或负值。增量运算符对操作数加 1，如果对浮点数进行增量操作则加 1.0。减量运算符对操作数减 1，如果对浮点数进行减量操作则减 1.0。

例如，++a、a++的结果为 a=a+1。

--a 与 a--的结果均为 a=a-1。

增量运算符、减量运算符可放在操作数之前（如++a、--a），也可放在操作数之后（如 a++、a--）。

(2) 二元算术运算符

二元算术运算符应有两个操作数，由两个操作数加一个二元算术运算符可以构成一个二元算术表达式。二元算术运算符如表 3.8 所示。

表 3.8 二元算术运算符

运算符	表达式	名称及功能
+	a+b	加
-	a-b	减
*	a * b	乘
/	a/b	除
%	a%b	模数除(求余)

二元运算符乘法和除法比加法和减法的优先级高。二元运算从左到右执行具有同等优先级的操作，括号可控制操作执行的顺序。例如

a+b * c=a+(b * c)

a/b-c=(a/b)-c

可以使用圆括号显式定义操作的顺序，这样就不必记住哪个运算符的优先级更高。

二元算术运算符适用于所有数值型数据类型，包括整型和浮点型。除法运算符的结果与操作数的类型有关，除数和被除数都为整型数时，结果为整型数；若其中至少有一个为浮点数，则结果为浮点数类型。

例如，5/2=2、3/4=0，除数和被除数都为整数，结果为整型数。

但，5/2.0=2.5、3.0/4=0.75，结果为浮点数。

如果 k 和 n 是 int 类型的变量，k/n 是整数除法。如果要得到表达式的浮点数结果，就必须对整数变量或表达式强制转换成浮点数类型，转换的方式是在变量名或表达式前面加圆括号，并在其中写入要转换的类型名称，例如要得到表达式 k/n 的 double 类型结果，可以写为（double）k/n。

3.4.3 关系运算符

关系运算符用来比较两个操作数之间的关系，由两个操作数和关系运算符构成一个关系表达式。关系运算符的操作结果是布尔类型，即如果运算符对应的关系成立，则关系表达式结果为 true，否则为 false。关系运算符都是二元运算符，共有 6 种，如表 3.9 所示。

表 3.9　关系运算符

运算符	表达式	功能及结果
＞	a＞b	比较 a 是否大于 b，a 大于 b 时返回 true
＜	a＜b	比较 a 是否小于 b，a 小于 b 时返回 true
＞＝	a＞＝b	比较 a 是否大于等于 b，a 大于等于 b 时返回 true
＜＝	a＜＝b	比较 a 是否小于等于 b，a 小于等于 b 时返回 true
＝＝	a＝＝b	比较 a 是否等于 b，a 等于 b 时返回 true
！＝	a！＝b	a 和 b 不相等性，a 不等于 b 时返回 true

关系表达式的操作结果是严格的布尔类型，即只可能是 true 或 false。Java 语言中不允许出现像 C 或 C＋＋语言中用 0 和 1 来代替 false 和 true 的情况。关系运算符通常与布尔逻辑运算符联合使用。对于相等比较运算符“＝＝”，不仅可以用于基本类型数据之间的比较，还可以用于复合数据类型的数据之间的比较。例如：

基本类型的数据之间的比较：

```
int i=10, j=15;
traceln (i==j);
```

复合数据类型的数据之间的比较：

```
String s1=new String ("how are you");
Sting s2=new String ("how are you");
traceln (s1==s2);
```

基本类型数据的“＝＝”运算比较容易得出结果，但对于复合数据类型数据的“＝＝”运算，要看其比较目标的两个操作数是否是同一个对象，上述例子中，s1＝＝s2 比较的是 s1 和 s2 是否是同一对象，虽然 s1 和 s2 的值都是" how are you"，但它们却是不同的对象，因此“＝＝”运算的结果为 false。如果要比较两个对象（如两个字符串）的值是否相同，则可以调用函数 equals()。

例如，要检测字符串 msg 是否等于“StartDistribute!”，应该用以下形式：

msg.equals("StartDistribute !")。

注意，不能将等于运算符“＝＝”与赋值运算符“＝”混淆。

3.4.4 逻辑运算符

逻辑运算符用来连接关系表达式，对关系表达式的值进行逻辑运算，由关系表达式加逻辑运算符构成逻辑运算表达式。逻辑运算符共有 3 种，即逻辑与（&&）、逻辑或（‖）和逻辑非（!），其操作结果都是布尔型，如表 3.10 所示。

表 3.10　逻辑运算符

关系表达式 1 的值(a)	关系表达式 2 的值(b)	a&&b	a||b	! a
false	false	false	false	true
false	true	false	true	true
true	false	false	true	false
true	true	true	true	false

3.4.5 字符串运算符

Java 中的字符串可以使用“＋”运算符连接起来。例如：

" Any" +" Logic" 的结果是" AnyLogic"。

使用字符串运算符时，可以对非字符串对象转换为字符串形式，能够将不同类型的字符串组合在一起。例如，在 AnyLogic 建模时，文本对象属性视图的“文本”编辑框中内添加如图 3.6 所示表达式。

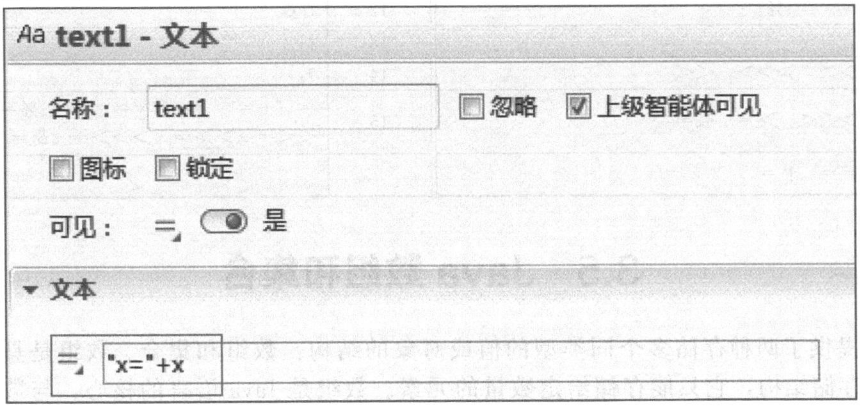

图 3.6　文本表达式

模型运行时，文本对象将以文本的形式显示 x 的当前值，例如：x=13.5。也可以在表达式中使用空字符串：" " +x 将 x 转换为字符串型。

3.4.6 条件运算符

条件运算符是三元运算符，用“?”和“:”表示。三元条件表达式的一般形式为：

<表达式1>? <表达式2>:<表达式3>;

其中“表达式 1”应该是关系或逻辑表达式，其计算结果为布尔类型。如果“表达式 1”结果为 true，则“表达式 2”的计算结果为整个条件表达式的结果；如果为 false，则“表达式 3”的计算结果为整个条件表达式的结果。例如，

```
int a=3,b=4,max;
max=a>b?a:b;
```

max 为 a 与 b 之间的最大值，如果表达式 a>b 结果为 true，则 max=a，如果 a<b，即 a>b 表达式结果为 false，则 max=b，此例中 max 值为 4。

条件运算符可以应用于不同类型的值：数值、布尔值、字符串及各种 Java 类。

例如，orders.isEmpty( )?0:orders.getFirst( ).amount;

上述表达式表示如果 orders 集合为空时，则条件运算表达式结果为 0，否则，条件运算表达式结果为 orders 集合中第一个订单的数量。

3.4.7 Java运算符的优先级顺序

表达式是由常量、变量、对象、函数调用和操作符组成的式子，执行指定的计算并返回某个值。最简单的表达式是一个常量或变量，表达式的值就是该常量或变量的值。表达式的值还可以用作其他运算的操作数，当表达式中含有两个或者两个以上运算符时，就被称为复杂表达式。在对一个复杂表达式进行运算时，要按运算符的优先顺序从高到低进行，同级运算符则按照在表达式中出现的位置从左到右进行。括号可以改变运算符的运算顺序。如表 3.11 列出了 Java 中所有运算符（包括基本数据类型和复合数据类型）的优先顺序。

表 3.11　Java 运算符的优先顺序

优先次序	运算符	优先次序	运算符
1	. [] ()	9	&
2	++ -- ! ~ instanceof	10	^
3	new(type)	11	|
4	* / %	12	&&
5	+ -	13	||
6	>> >>> <<	14	?:
7	> < >= <=	15	= += -= *= /= %= <<= >>= >>>= &= ^= |=
8	== !=		

3.5　Java 数组和集合

Java 提供了两种存储多个同类型的值或对象的结构：数组和集合。数组是具有固定大小的线性存储结构，它只能存储给定数量的元素。数组是 Java 语言的核心，与数组相关的 Java 语法比较简单、直观，例如，数组 array 的第 n 个元素表示为 array[n-1]。而集合相对于数组来说更为复杂和灵活。集合的大小是可变的，可以向集合中添加任意数量的元素。集合也可以自动处理任何位置元素，其内部存储结构有很多种，线性、列表、树状等，根据实际应用过程中的具体问题，定义集合类型。集合是 Java 类，如 ArrayList 类型的集合 orders 的第 n 个元素可以通过 orders. get(n)得到，对于 LinkedList 类型的集合 trucks，移除第一个元素可以通过 trucks. removeFirst()实现。

数组的下标是从 0 开始的，而不是从 1 开始，如数组包含 5 个元素，下标的取值范围是 0～4。

3.5.1　数组

(1) 一维数组

数组是具有固定大小的线性存储的集合。数组中每个元素具有相同的数据类型，并统一用数组名和下标来唯一地确定其元素，下标用[]封装。

使用 Java 数组，首先需要声明数组，其次需要分配空间，最后创建数组元素并赋值。

数组的声明形式为：

数据类型[ ] <数组名>;

例如，int[ ] intArray;

其中，“数据类型”是声明数组元素的数据类型，可以是 Java 语言的任意数据类型。

声明的数组，系统并未分配内存，如果要访问数组中的某一元素，必须先对数组进行内存分配，称为数组的初始化。通过 new 运算符初始化数组，可以指定数组长度，也可以不指定动态产生数组长度，一般形式为：

<数组名>=new 数据类型[个数];　//分配内存

也可以在同一语句完成数组的声明和初始化，格式为：

数据类型[ ] <数组名>=new 数据类型[个数];

例如：

int [ ] intArray = new int [20];　//创建了一个包含20个整数的数组

String [ ] stringArray=new String[3];　//创建一个元素个数为3的字符串类型的数组

数组用 new 运算符分配内存空间的同时，数组的每个元素都会自动赋值为默认值，整数为 0，实数为 0.0，boolean 型为 false 等。

数组的类型由元素类型后跟方括号组成，如 int[]、double[]、String[]、Agent []。数组的大小不是类型的一部分。

在 AnyLogic 中创建数组的方式：

① 从面板视图中选择“变量”或“参数”图标，拖动至图形编辑器中。

② 在属性视图中修改名称，在“类型”下拉列表中选择“其他”，在右边文本编辑框中输入数组类型，并在“初始值”文本编辑框中对数组进行初始化。如图 3.7 所示，创建一个包含 100 个整数的数组 intArray，类型为 int[]，并用 new int[100]初始化数组。

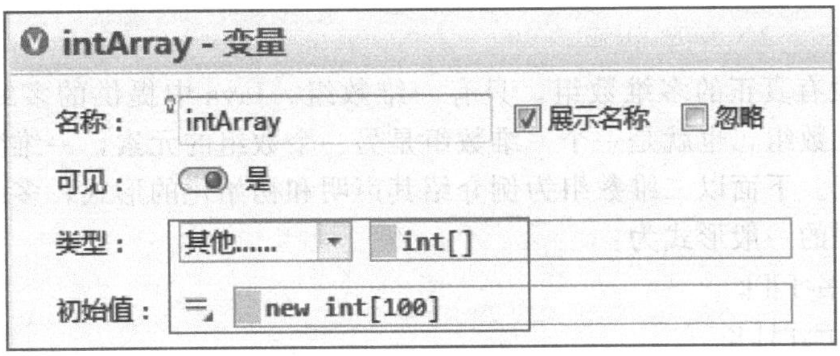

图 3.7 创建数组

在创建数组参数时，注意区分数组和系统动力学数组。如果在参数属性视图中勾选“系统动力学数组”复选框，会将参数类型设置为系统动力学 HyperArray 数组，而不是创建 Java 数组，如图 3.8 所示。

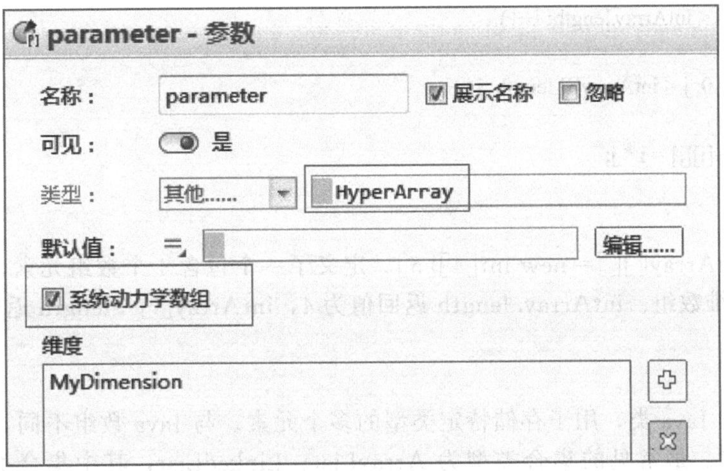

图 3.8 HyperArray 数组

Java 还提供另一种使用 new 运算符创建数组的方式，可以给定数组的初始值，数组的大小由大括号中的表达式数量确定。例如，

int [ ] intArray = new int [ ] {3, 4, -15, 0, max {x, 50}};

对于数组元素个数较少，初始化数组可以使用枚举的方法。例如，

int [ ] intArray={2, 3, 5, 7, 11, 13};

数组大小的获取：

<数组名>. length;

例如，intArray.length;

访问数组的元素格式为：

<数组名> [index]

其中 index 为下标，从整数 0 开始，直到数组长度减 1。

例如，数组 intArray 的第 i 个元素表示为：intArray[i]。

可以通过 for 循环进行下标迭代实现对数组元素的相关操作。例如，下面循环代码可实现数组每个元素加 1。

```
for (int i = 0; i < intArray.length; i++)
{
  intArray[i]++;
}
```

（2）多维数组

Java 语言中没有真正的多维数组，只有一维数组。Java 中提供的多维数组实际上是数组元素也是数组的数组，也就是一个一维数组是另一个数组的元素，一维数组的多次嵌套定义构成了多维数组。下面以二维数组为例介绍其声明和初始化的形式，多维数组类似。

二维数组声明的一般形式为：

数据类型<数组名>[ ][ ];

例如，int intArray[ ] [ ];

与一维数组相同，在定义时对数组元素并没有分配内存空间，要对它初始化后，才能访问它的元素。二维数组的初始化与一维数组一样，可使用 new 运算符进行初始化，也可以直接用确定的初始值来初始化数组。

例如，创建一个二维数组，并初始化，代码如下：

```
int[ ][ ] intArray = new int[4][5];
for (int i = 0; i < intArray.length; i++)
{
   for (int j = 0; j < intArray[i].length; j++)
   {
     intArray[i][j] = i * j;
   }
}
```

利用 int intArray[][]=new int[4][5]，定义了一个包含 4 个数组元素，每个元素包含 5 个 int 值的二维数组。intArray. length 返回值为 4，intArray[i] . length 返回值为 5。

3.5.2 集合

集合是一种 Java 类，用于存储特定类型的多个元素。与 Java 数组不同，集合可以存储任意数量的元素。最常见的集合类型为 ArrayList、LinkedList，其中集合类型 ArrayList，可视为大小可变的数组。

例如，创建一个元素为 Order 类的 ArrayList 集合（初始为空），代码如下：

```
ArrayList <Order> orders = new ArrayList <Order> ( );
```

集合的类型包括尖括号中的元素类型，如上面语句创建的集合类型为 ArrayList<Order>，常见的标准函数如下（完整的 API 请参阅帮助文档中 Java class Reference）：

int size()——返回集合列表中元素的数量。

boolean isEmpty()——判断集合列表是否为空。

Order get(int index)——返回集合列表中 index 位置的元素（Order 为元素类型）。

boolean add(Order o)——将指定的元素追加到集合列表的末尾（Order 为元素类型）。

Order remove(int index)——删除集合列表中指定位置的元素（Order 为元素类型）。

boolean contains(Order o)——如果该集合列表包含给定的元素，则返回 true（Order 为元素类型）。

void clear()——删除列表中的所有元素。

集合的所有类型都支持对元素进行迭代，迭代最简单的方法是利用 for 循环。例如，假设订单智能体类 Order 中有一表示订购数量的变量 amount，利用 for 循环将订单集合 orders 中所有数量大于 300 的订单对象输出到模型日志中。

```
for ( Order o:orders )
{
  if ( o.amount>300 )
  traceln (o);
}
```

集合类型 LinkedList 主要用于模拟堆栈或队列结构，即顺序存储，其中元素限定仅在一端或两端插入和删除操作。

例如，对于供应链上生产商根据消费者订单先后顺序负责配送产品的模型中，假设订单智能体类型 Order 中有一变量 amount 表示订购产品的数量，以下代码用于创建一个元素为 Order 类的 LinkedList 集合（初始为空），保存生产商待处理的订单。

```
LinkedList <Order>orders= new LinkedList <Order> ( ) ;
```

LinkedList 支持集合所有通用函数，如 size()或 isEmpty()，还提供了一些特定的函数：

Order getFirst()——返回集合列表中的第一个元素（Order 为元素类型）。

Order getLast()——返回集合列表中的最后一个元素（Order 为元素类型）。

addFirst(Order o)——在集合列表的开头插入给定元素（Order 为元素类型）。

addLast(Order o)——在集合列表的末尾插入给定元素（Order 为元素类型）。

Order removeFirst()——移除并返回集合列表中的第一个元素（Order 为元素类型）。

Order removeLast()——移除并返回集合列表中的最后一个元素（Order 为元素类型）。

在 AnyLogic 中，集合一般以图形化的方式定义在智能体类或实验中。

① 在面板视图中选中“集合”图标拖动至图形编辑器中。

② 在属性视图中修改名称，在“集合类”下拉列表中选择集合的类型，在“元素类”下拉列表选择元素的类型，如图 3.9 所示。在模型运行过程中，可以通过单击集合的图标来查看集合内容。

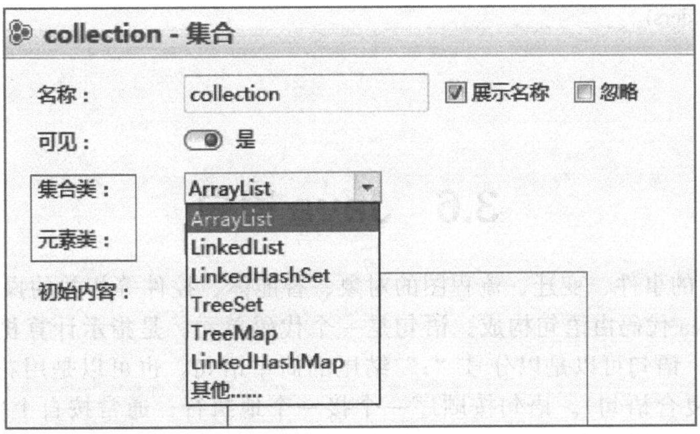

图 3.9　集合定义

不同类型的集合对不同的操作（求集合大小、添加元素、删除给定元素等）具有不同的时间复杂度。为了确保模型运行时的效率最高，在定义集合时可以根据运算效率选择集合的类型。

3.5.3 智能体群集合

在 AnyLogic 中创建智能体群时，会自动创建一种特殊类型的集合来存储单个智能体，有以下两种类型：

AgentArrayList——如果智能体数基本为常数或需要经常通过索引访问单个对象时，则选择此集合类型。

AgentLinkedHashSet——如果需要集中增加新的智能体，并删除现有智能体，则选择此集合类型。

在 AnyLogic 中智能体集合的设置：打开智能体群的属性视图，在“高级”栏，“优化”项中选择“通过索引访问（ArrayList）”或者“添加/移除操作（LinkedHashSet）”。如图 3.10 所示。

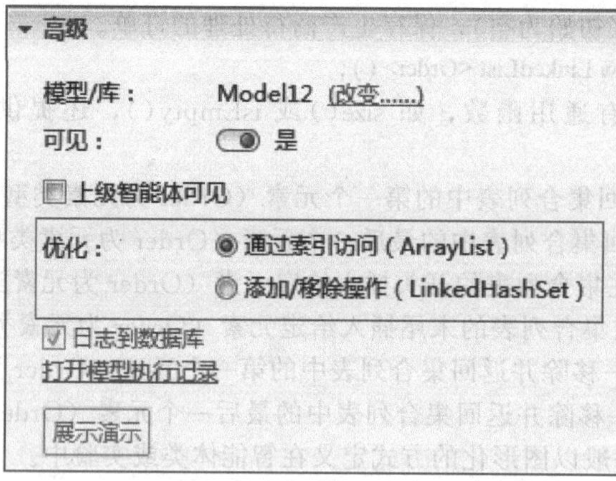

图 3.10 智能体集合

两个集合类型都支持 size()、isEmpty()、get(int index)、contains(Object o)等函数以及迭代循环，如果无特别要求使用索引迭代循环，那么最好使用以下所示的 for 循环形式：

```
for(Order o：orders)
{
   ...
}
```

3.6 Java 语句

AnyLogic 中的事件、变迁、流程图的对象、智能体、控件等相关的操作都是用 Java 代码编写的，而 Java 代码由语句构成。语句是一个代码单元，是指示计算机完成某种特定运算及操作的指令，语句可以是以分号“;”结尾的简单语句，也可以是用花括号 {} 括起来的代码段（或称复合语句）。语句按顺序一个接一个地执行，通常按自上向下的顺序执行。例如，用以下语句声明一个变量 type，用服从均匀分布的一个随机数为其赋值，并将该值写入模型日志中。

```
int type;
type=uniform_discr (1,6 );
traceln ("type="+type);
```

一般来说，程序是按照代码出现的先后次序顺序执行的，但是通过流程控制语句可以改变代码执行的顺序。所有程序的流程都可以由 3 种基本控制结构实现，它们是顺序结构、循环结构以及选择结构。

（1）顺序结构

顺序结构是指程序自上而下逐行执行语句，即一条语句执行完后继续执行下一条语句，一直到程序的末尾。其流程图如图 3.11 所示。

（2）选择结构

选择结构是根据条件的成立与否，在两种以上的多条执行路径中选择一条执行的控制结构。其流程图如图 3.12 所示。选择结构包括 if、if... else 及 switch 语句。

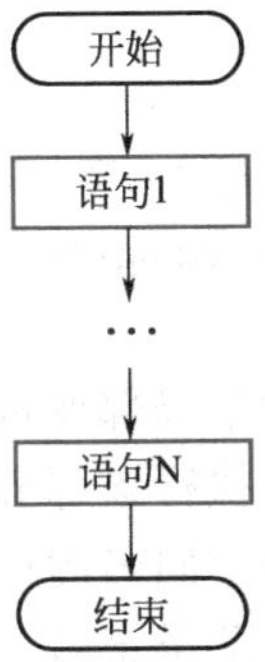

图 3.11　顺序结构的基本流程

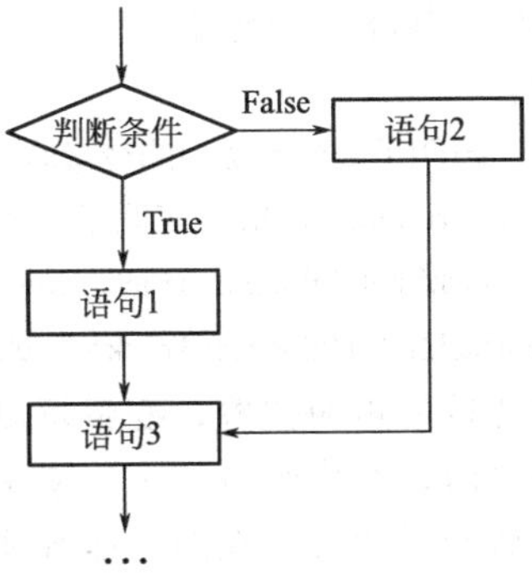

图 3.12　选择结构的基本流程

（3）循环结构

循环结构是根据判断条件的成立与否，决定反复执行某段程序的次数，被反复执行的程序段落就称为循环体，循环结构的流程图如图 3.13 所示。循环结构包括 while、do…while 及 for 语句。

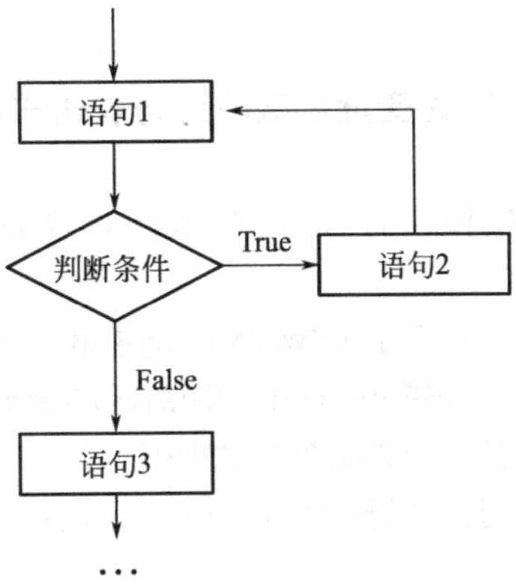

图 3.13　循环结构的基本流程

Java 中的每个语句必须以分号结尾，但对于由花括号 {...} 括起来的代码段除外。

常用的 Java 语句类型有以下几种：

① 变量声明。如，String name。

② 函数调用。如，traceln("Time:"+time())。

③ 赋值。如，type=main.findType(typeID)。

④ 选择语句。如，if(...)else{...}、switch(...){case...:case...;...}。

⑤ 循环语句。如，for(){…}、while(…){…}、do{…}while(…)及 break 和 continue。

⑥ 返回语句。return 语句。

⑦ 代码段。{…}。

3.6.1 变量声明

变量声明在前面 3.1.3 变量一节中已经介绍了，变量声明一般有以下所示两种语法形式：

<类型> <变量名>;

或

<类型> <变量名> = <初值>;

例如：

```
int x; //声明了一个int类型的变量x。
Producer producer=null; //声明了一个Producer类的变量producer，并赋初值为空。
LinkedHashSet<UnloadingTruck> truckToFree = new LinkedHashSet<UnloadingTruck>( ); //声明
LinkedHashSet<UnloadingTruck>类型的集合 truckToFree。
```

根据变量的声明位置，变量可以分为局部变量或类变量，对于局部变量的声明必须在第一次使用之前。在代码段｛…｝或函数体中声明的局部变量仅在执行该部分时存在，执行退出该模块后变量消失。在同一函数体或代码段｛…｝中不能有两个同名的局部变量。在同一模型中，如果某个函数体或代码段｛…｝中的局部变量与上层类变量重名，在执行此代码段或函数体时，默认为局部变量，所以，在模型运行到这一部分时，类变量不能被使用。在实际建模过程中，建议避免类变量和局部变量重名。

3.6.2 函数调用

函数调用语句在 3.3 函数一节中已介绍，此节不再重复介绍。

3.6.3 赋值语句

Java 中利用赋值运算符“=”为变量赋值的语句表达式如下：

<变量名> = <表达式>;

注意的是，“=”表示赋值操作，而“==”表示相等关系，使用时两者不能混淆。

例如，

```
truck = loadWaitMoving.get(0);    //将集合loadWaitMoving中第一个对象赋值给truck。
distance = sqrt( dx*dx + dy*dy );    //根据dx和dy计算距离，并将结果赋值给distance。
k = uniform_discr( 0, 10 );    //0到10之间的随机整数赋值给k。
```

使用扩展赋值运算符的赋值也可以作为语句执行。例如，

```
i++; //将i增加1
```

3.6.4 if…else语句

“if…else”语句是最基本的控制流语句，如果条件的计算结果为 true，则执行一段代码，如果条件的计算结果为 false，则执行另一段代码。if…else 语句包括 if 语句和 if-else 语句两种，两种的声明形式如下：

（1）if 语句形式：

```
if（条件）
语句；//或{代码块};
```

表示只要条件为真，就执行语句或代码块。否则跳过语句或代码块而执行下面的语句。

（2）if-else 语句形式：

```
if（条件）
语句 1；//或{代码块1};
else
语句 2；//或{代码块2};
```

表示当条件为真时，执行语句 1 或代码块 1，然后跳过 else 和语句 2（或代码块 2）执行下面的语句；当条件为假时，跳过语句 1 或代码块 1 执行 else 后面的语句 2 或代码块 2，然后继续执行下面的语句。

注意：else 子句不能单独作为语句使用，必须和 if 子句配对使用。

例如，

```
if (spaceAvailable >= order.size)
  best = dock;
```

例如，当前资源的 inUse 变量为假，或托盘使用叉车为空时，返回 false，否则托盘使用叉车资源为当前资源。代码如下所示：

```
if (!unit.inUse || pallet.seizedForklift == null)
     return false;
 else
     return pallet.seizedForklift == unit;
```

一般 if 或 else 后面跟着的语句或代码块要用花括号括起来，如以下程序所示：

```
if (message instanceof Order)
{
  orderQueue.add ((Order)message);
  finishedGoodOrdered +=((Order)message).amount;
}
else
{
  rawMaterialInventory+=rawMaterialOnOrder;
  onOrder=false;
}
```

3.6.5 switch语句

switch 语句可根据表达式的值从多个分支中，选择一条分支执行。通常，switch 语句的形式为：

```
switch（表达式）
{
  case 常量表达式1：语句1;
  break;
  case 常量表达式2：语句2;
  break;
     ⋮
  case 常量表达式n：语句n;
```

```
    break;
    [default：默认语句n+1；]
}
```

表达式的返回值依次与每个 case 子句中的常量表达式比较。如遇到匹配的值，则执行该 case 子句后的语句序列。

case 子句中的常量表达式值必须为常量，且所有 case 子句中的值应该不同，不能重复。当表达式的值与任一 case 子句中的值都不匹配时，程序执行 default 后面的语句；如果表达式的值与任一 case 子句的值都不匹配且没有 default 子句，则直接跳出 switch 语句。

break 语句用于在执行完一个 case 分支后，使程序跳出 switch 语句，即终止 switch 语句的执行。如果没有 break 语句，当程序执行完匹配的 case 语句后，还会继续执行后面的 case 语句。

case 分支语句中包含多条语句时，可以不用花括号｛｝括起来。

3.6.6 for循环

Java 语言中的循环结构是由循环语句实现的，for 循环语句一般用于明确知道要执行循环次数的情况下，是 Java 三个循环语句中功能较强，使用较广泛的一个。

① 常用的 for 循环语句的形式如下：

```
for（表达式1;条件表达式;表达式2）
{
    循环体;
}
```

其中，"表达式 1"是用作初始化的表达式，完成初始化循环变量和其他变量。"条件表达式"的返回值为逻辑型，用来判断循环是否继续；"表达式 2"是循环后的操作表达式，用来修改循环变量，改变循环条件。三个表达式之间用分号"；"隔开。

初始化只在循环的开始执行一次，如果"条件表达式"结果一开始就为 false，则立即跳出循环执行下一条语句。如果"条件表达式"为 true，则执行循环体，循环体执行结束后返回"表达式 2"，计算并修改循环条件。"表达式 2"可以是一个赋值语句、方法调用，也可以省略。

例如，利用 for 循环实现 1—10 的累加，代码如下：

```
for (int i=1；i<=10; i++)
{
    sum+=i;
}
```

AnyLogic 的流程建模库中许多对象也可以用 for 循环遍历，例如，以下代码用于从头到尾遍历队列中所有智能体，并删除没有获取到任何单位资源的智能体。

```
for ( int i=queue.size( )-1; i>=0; i-- )
{
    Person p = queue.get(i);
    if ( p.resourceUnits( ).isEmpty( ) )
    {
    queue.remove(a);
    break;
    }
}
```

在这个循环中，i 在每次迭代后递减 1，如果找到满足条件的智能体，则删除智能体并停止循环，break 语句用于立即退出循环。如果没有找到满足条件的智能体，当 i 递减到－1 时，循环结束。

② 另一种 for 循环语句形式如下：

```
for (元素类型 名称:集合名)
{
  循环体;
}
```

for 循环的这种形式主要用于遍历数组和集合。如果需要对集合的每个元素进行操作时，建议使用这个循环，因为它更紧凑、更易于阅读，并且适用于所有集合类型。

例如，遍历智能体群 orders，代码如下：

```
for (Order order : orders)
{
    cap = cap + order.size;
}
```

例如，在配送中心模型中，遍历 palletRacks 货架系统，代码如下：

```
for (PalletRack pR : palletRacks)
{
    int n = pR.capacity( ) - pR.size( ) - pR.reserved( );
    if (n > reserve) return pR;
    else reserve -= n;
}
```

例如，在 AnyLogic 供应链模型中，遍历 orderFrom 集合中所有的供应商智能体信息，根据条件选择最佳供应商。代码如下：

```
Supplier bestSupplier = orderFrom.get(0);      //定义最优供应商变量
for (Supplier sup : orderFrom )
{
if(((sup.rawMaterial-orderSize)/sup.capacity)>((bestSupplier.rawMaterial-orderSize)/
    bestSupplier.capacity))
  {
    bestSupplier = sup;            // 新的最优供应商
    }
}
```

如果循环主体只包含一条语句，可以删除大括号｛…｝。

3.6.7 while循环

while 循环常用于当某个条件的计算结果为 true 时，重复执行某些代码。while 循环最常用的形式是：

```
while (条件表达式)
{
  循环体;
}
```

其中，“条件表达式”是布尔类型，如果“条件表达式”为真，则执行循环体，否则终止循环。循环体可以是单独的一条语句，也可以是复合语句。每执行一次，“条件表达式”将重新计算其值，判别循环是否终止。

例如，利用 while 循环实现 1—10 的累加。

```
while ( i<=10)
{
  sum+=i;
  i++;
}
```

例如，

```
while (cumsum <= index)
{
    type++;
    cumsum += capacities[type];
}
```

这种循环在每次迭代之前判断 while 循环的条件表达式，如果初始值为 false，则不会执行任何操作。在一些情况下，要求至少执行一次循环操作，也可能多次。这时，使用 while 语句不太适合，可以使用 do…while 循环语句。do…while 循环最常用的形式是：

```
do
{
  循环体;
}while (条件表达式);
```

do…while 循环结构是先执行循环体，然后判别循环条件表达式。若判别条件为 true，则返回执行循环体的语句或代码块，直到条件表达式为 false 才终止。

do…while 循环和 while 循环的区别在于 do…while 循环先执行循环体再判断条件表达式，所以循环体至少执行一次。

例如，利用 do…while 循环实现 1—10 的累加。

```
do
{
  sum += i;
  i++;
}while (i<=10);
```

例如，在大小为 1000×1000 的地图上，某一城市边界用一条封闭的折线 citybounds 标出，需要在城市内找到一个随机点。只要折线的形式是任意的，可以使用蒙特卡洛方法：在整个地图区域内生成随机点，直到这个点恰好在城市内部。利用 do...while 循环实现代码如下：

```
double x;
double y;
do {
    x = uniform( 0, 1000 );
    y = uniform( 0, 1000 );
}while( ! citybounds.contains( x, y ) );    //如果该点不在区域内，再执行一次
```

3.6.8 break和continue语句

（1）break 语句

break 语句常常用在 switch 语句中，使程序的流程从 switch 语句的分支跳出，从后面的第一条语句开始执行。

还可以用 break 语句退出循环，并从紧跟该循环结构的第一条语句处开始执行。如以下例子中 break 语句用于退出 for 循环。

```
for (PalletRack pR : palletRacks)
{
    for (int i = 0; i < pR.size(); i++) {
        Pallet cp = (Pallet) pR.getByIndex(i);
        if (!cp.reserved)
        {
            p = cp;
            break;
        }
    }
    if (p != null)
        break;
}
```

break 语句的另外一个作用是，为程序提供一个“标签化中断”的语句，可以让程序退出多重嵌套循环，即 break 语句只会跳出当前层的循环。

例如，以下代码中 break 用于跳出内层循环。

```
for (int i=1; i<=10; i++)
{
  for (int j=1; j<=3; j++)
  {
    if ((i+j) % 3==0)
    traceln (i+","+j);
    break;
  }
}
```

break 语句只能用于循环语句和 switch 语句内，不能单独使用或用于其他语句中。

（2）continue 语句

continue 语句用于跳过循环体中下面尚未执行的语句，回到循环体的开始，继续下一轮的循环。在 while 或 do…while 循环中，continue 语句会使流程直接跳转至条件表达式，判断是否继续循环；在 for 循环语句中，continue 语句会跳转至表达式 2，先执行迭代语句，计算并修改循环变量后再判断循环条件。

例如，

```
for (int i=1;i<=n;i++)
{
  if (n%i==0)
  continue;  //n%i!=0时，i不是n的因子，跳过打印语句回到循环起始
  traceln(i+ " , " );
}
```

例如，

```
for (Dock dock : loadDocks)
{
  if ( dock.orders.size( ) == 0 )
    continue;
  if ( dock.isOccupied )
    continue;
  int ordersCapacity = 0;
```

```
for ( Order order : dock.orders )
{
  if (order.size > truckCapacity )
    continue;
    ordersCapacity += order.size;
  }
}
```

continue 语句和 break 语句的区别是：continue 语句只结束本次循环，而不是终止整个循环的执行。而 break 语句则是结束整个循环过程，不再判断执行循环的条件是否成立。

3.6.9 return语句

return 语句从当前函数中退出，返回调用该函数的语句处，从紧跟该语句的下一条语句继续程序的执行。根据是否返回值，return 语句有如下两种形式：

```
return 表达式;
return ;
```

return 语句一般用于函数体的最后，否则会产生编译错误，除非用在 if…else 语句中。

例如，定义确定等待时间的函数，代码如下所示：

```
double waitingTime(Order order)
{
 if ( order.amount <= products )
    return 0;
 else
    return (order.amount - products )/productionRate;
}
```

如果 return 语句位于一个或多个嵌套循环语句或 if 语句中，它的作用是终止循环并退出该循环。如果函数没有返回值，则在执行完函数最后一条语句后，直接退出该函数。

例如，

```
void addFriend( Person p )  //无返回值
{
  if( friends.contains( p ) )
    return;   //从函数中间显式返回
  friends.add( p );
}  //否则函数执行完最后一个语句后直接退出，不需要返回
```

思 考 题

1. AnyLogic 建模中，常用的数据类型有哪几种？
2. 在 AnyLogic 建模过程中，如何自定义一个函数？
3. AnyLogic 中常见的集合类型及对应的标准函数有哪些？
4. 在 AnyLogic 中如何创建数组？

第 4 章 基于离散事件建模

4.1 基于离散事件建模概述

狭义上的离散事件建模是以流程为中心的建模，也就是将建模的系统表示为一个流程图，对客户、部件、文件、车辆、任务、工程、想法等智能体进行一系列的操作。其操作从流程的开始到结束，包括智能体的延迟、资源的使用、队列的等待、流程分支的选择、分离等。每个离散事件建模都由开始事件到结束事件组成，其间任何两个离散事件之间都不能替换。

随着基于智能体建模方法的出现，离散事件建模的概念发生了一定的变化，大多数基于智能体的模型与离散事件有关，其区别在于基于智能体的建模可能没有流程、实体、资源等对象。因此，流程建模一般用来描述某一实体使用资源并排队等待的简单建模，而离散事件用来描述现实事件在离散时刻点上瞬时变化的概念。

本章中所建立的离散事件模型是狭义的以流程为中心的建模，主要使用 AnyLogic 软件的流程建模库。在此，离散事件模型可被图形化地描述为一个流程图，其中各个模块表示各种操作。流程图通常以 Source 模块开始，Source 模块的作用是产生智能体并将其放置到流程中，智能体经过各种流程最终进入 Sink 模块，并从模型流程图中消失。基于流程建模库的模型可以与系统动力学、基于智能体建模的对象元素或者其他 AnyLogic 对象元素（如事件、状态图）之间相互操作。

AnyLogic 提供的用于离散事件建模的流程建模库，包含可用于复杂离散事件系统快速建模的模块。适用于服务系统（如银行、机场、超市等）排队系统的建模、车间生产流程的建模、物流和供应链系统的建模、成本核算的业务流程建模等。

典型的离散事件模型（基于流程建模库所建的模型）一般有以下输出内容：

① 资源的利用率。

② 智能体在全部或部分系统中的停留时间。

③ 等待时间。

④ 队列长度。

⑤ 系统吞吐量。

⑥ 系统瓶颈。

4.2 银行排队系统模型简介

运用 AnyLogic 对银行排队系统建模是使用流程建模库的最典型案例之一，本节内容是对银行排队案例假设条件的描述。

假设某一银行有一台 ATM 机，有五个柜台业务服务窗口，其中两个窗口办理理财业务，三个窗口办理其他普通业务。

ⅰ. 其他已知条件如下：

① 顾客到达银行的到达率服从 0.5 的指数分布。

② 进入银行后，有 50%的顾客直接去 ATM，剩余 50%的顾客需要在柜台办理业务，其中 30%的人需要咨询理财业务，70%的顾客办理普通业务。

③ ATM 机前排队最多为 10 人，理财窗口排队队列最多为 5 人，一般业务柜台排队最多为 20 人。

④ ATM 机服务时间服从三角分布，最短 1min，最长 4min，最常见 2min。

⑤ 理财柜台服务时间服从三角分布，最短 8min，最长 20min，最常见 15min。

⑥ 一般柜台服务时间服从三角分布，最短 3min，最长 15min，最常见 6min。

⑦ 20%的顾客使用 ATM 机后，需继续到柜台办理业务。

⑧ 银行共 5 名柜台员工，所有等待办理业务的人共用一条队列。

⑨ 所有人业务办理结束后，离开银行。

ⅱ. 通过仿真建模，需要得到以下数据：

① 柜台员工的利用率。

② ATM 机的利用率。

③ ATM 机及柜台前面的平均排队长度。

④ 顾客在银行里面花费的时间。

4.3 创建银行排队模型

4.3.1 创建新模型

创建一个新模型。

① 点击“文件”→“新建”→“模型”，在弹出的对话框中输入模型名“银行排队模型”，选择存储位置，在“模型时间单位”右边的下拉列表中选择模型时间单位为“分钟”，点击“完成”，完成新模型的创建。如图 4.1 所示。

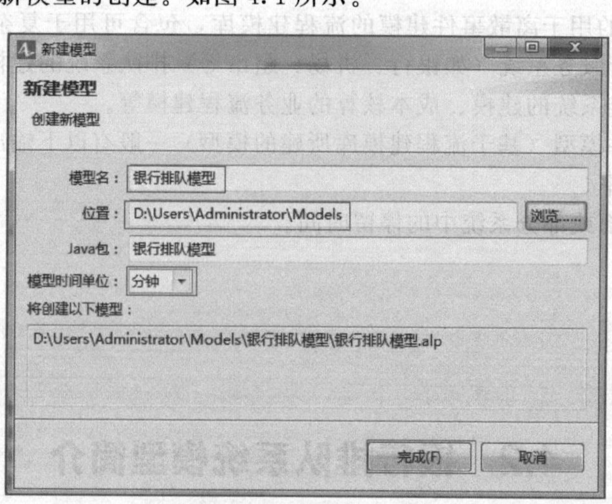

图 4.1 创建银行模型

② 设置模型仿真时间单位的另一种方法。

点击“工程”视图中“银行排队模型”，如图 4.2 左边所示，打开属性视图，在“模型时间单位”右边的下拉列表中选择模型的时间为“分钟”，如图 4.2 右边所示。

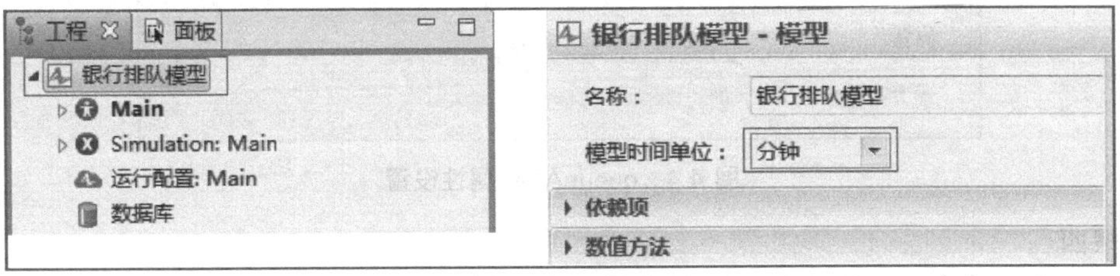

图 4.2 模型时间修改

4.3.2 创建ATM机服务流程

步骤一：

单击“面板”，再单击“流程建模库”，打开流程建模库。

步骤二：

用 Source 模块表示流程图的开始。

① 在“流程建模库”面板中选择“Source”图标拖动至 Main 图形编辑器中。

② 单击 Main 图形编辑器中的“source”元素，打开属性视图，修改名称为“sourceCustomer”，在“定义到达通过”右边的下拉列表中选择“速率”，“到达速率”右边文本编辑框中输入“exponential(0.5)”，选择时间单位为“每分钟”，如图 4.3 所示。

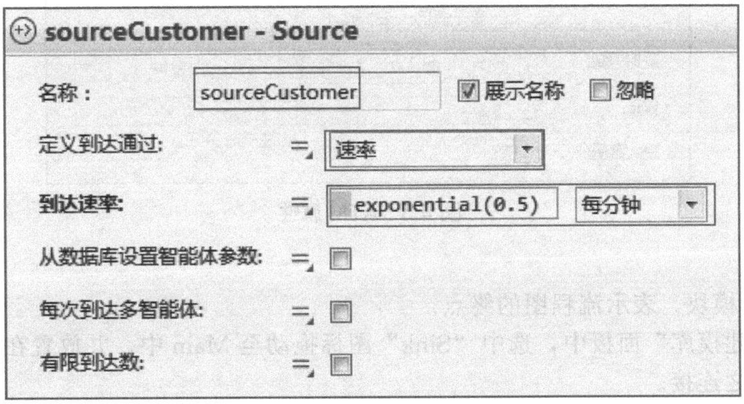

图 4.3 sourceCustomer 属性设置

指数分布函数 exponential()是标准的 AnyLogic 随机数生成器。AnyLogic 还提供其他随机数分布，如正态分布函数normal()、泊松分布函数poisson()、三角分布函数 triangular()、均匀分布函数 uniform()等。

步骤三：

用 Queue 模块表示顾客到达银行后的排队队列。

① 从“流程建模库”面板中选中“Queue”图标拖动至 Main 中，并将其放置在“sourceCustomer”模块的右边，AnyLogic 会自动将上一个模块 sourceCustomer 的右端口连接到下一个模块 queue 的左端口，连接成功后端点处显示为绿色。

② 打开 queue 的属性视图，修改名称为“queueATM”，设置“容量”大小为 10，即该队列最多容纳 10 人（若勾选“最大容量”复选框，则表示该队列的容量无限制），如图 4.4 所示。

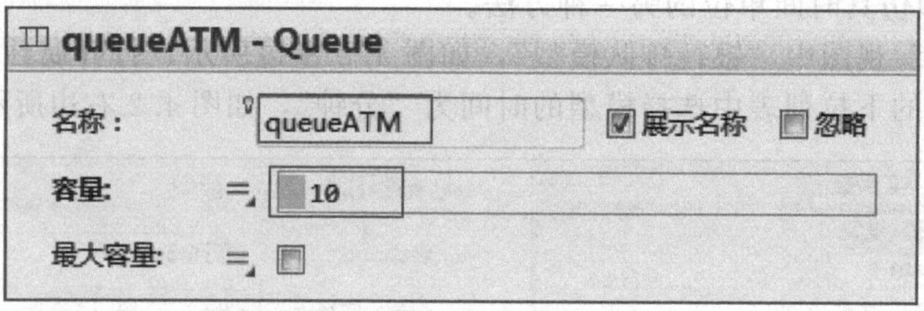

图 4.4　queueATM 属性设置

步骤四：

添加 Delay 模块，表示 ATM 机提供服务的过程。

① 在“流程建模库”面板中，选中“Delay”图标拖动至 Main 中，放置在“queueATM”模块的右边，并确保与之连接。

② 打开 Delay 属性，修改名称为“ATM”，选择类型为“指定的时间”，“延迟时间”右边的文本框中输入“triangular(1，4，2)”，单位选择“分钟”[Delay 元素的延迟时间默认服从 triangular()分布]，“容量”为 1（即只有一台 ATM 机）。

其中三角分布函数 triangular(1，4，2)表示每个人使用 ATM 的时间随机为 1 到 4 分钟，即最短 1min，最长 4min，最常见 2min，如图 4.5 所示。

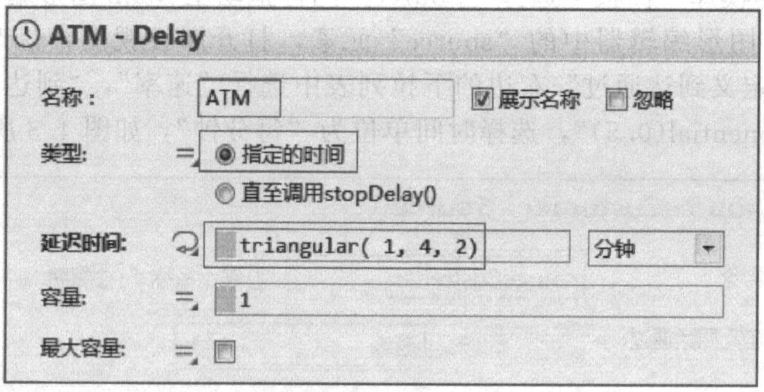

图 4.5　ATM 属性

步骤五：

添加 Sink 模块，表示流程图的终点。

在“流程建模库”面板中，选中“Sink”图标拖动至 Main 中，并放置在“ATM”模块右边，确保与之连接。

此时，所建流程图如图 4.6 所示。

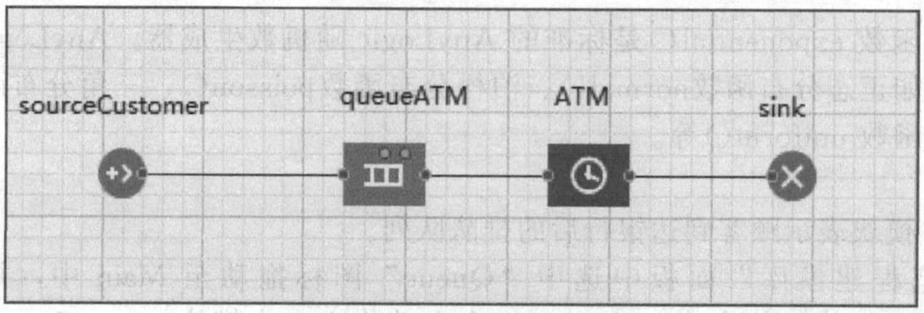

图 4.6　ATM 排队服务流程图

步骤六：

① 在 AnyLogic 工具栏中，单击“构建模型”按钮，或者直接键入快捷键 F7，进行模

型调试，检查是否存在错误。

② 在工具栏中，点击“运行”按钮，运行模型，观察模型运行动态。在运行时，单击模块元素，可查看该模块的具体信息。

4.3.3 添加柜台服务流程

根据已知条件，需要加入银行内部柜台的业务流程，包括柜台、员工资源、顾客排队等待服务等信息。顾客到达银行后，50%的顾客直接去ATM，50%的顾客需要在柜台办理业务。其中30%的人需要咨询理财业务，其余70%的顾客办理其他普通业务。

步骤一：

用 Select Output 模块对进入银行系统的顾客按比例分配至两个出口之一。其中一个出口表示去ATM机排队服务的顾客，另一个出口表示去办理柜台业务的顾客。

① 删除“sourceCustomer”和“queueATM”模块之间的连接线（单击连接线，按“Delete”键或单击右键，选择删除）。

② 在“流程建模库”面板中，选择“Select Output”图标拖动至Main图形编辑器中“sourceCustomer”和“queueATM”模块之间，重新连接“sourceCustomer”和“selectOutput”模块、“selectOutput”和“queueATM”模块（双击起始点，在需要拐弯的地方单击，在终点处双击），如图4.7所示。

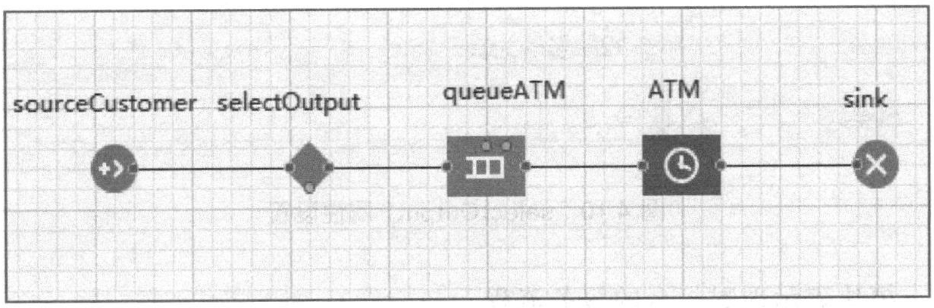

图 4.7 添加 selectOutput 模块

③ 单击“selectOutput”模块，打开属性视图，“选择真输出”右边选择“以指定概率[0..1]”选项，“概率”右边文本编辑框中输入0.5，表示进入流程图的智能体按0.5的概率分配至ATM机服务队列出口，如图4.8所示。

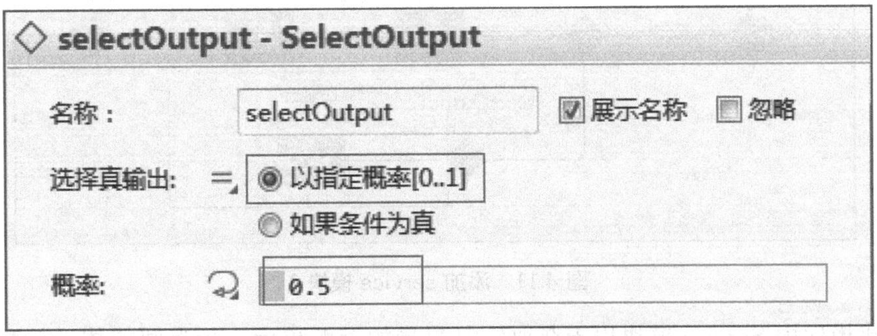

图 4.8 selectOutput 属性设置

步骤二：

用 Select Output 模块对柜台业务的顾客分配至理财业务柜台及其他普通业务柜台。

① 在“流程建模库”面板中，选择“Select Output”图标拖动至Main图形编辑器中的“selectOutput”模块右下方，并与之下端口连接，如图4.9所示。

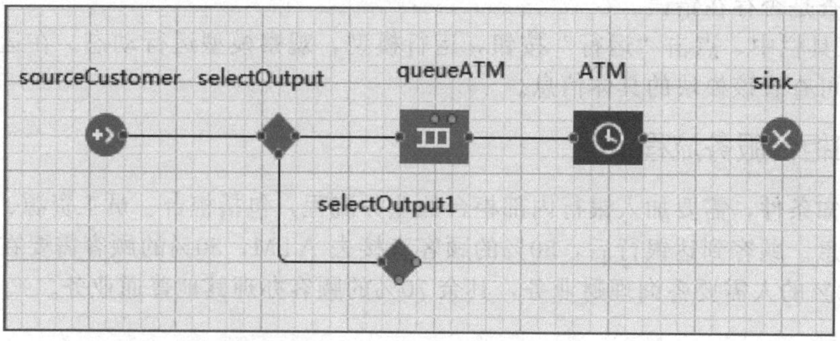

图 4.9　添加 selectOutput1 模块

② 在属性视图中，选择“以指定概率[0..1]”，“概率”右边文本编辑框中输入 0.3，表示进入流程图的智能体按 0.3 的概率分配至理财柜台窗口，如图 4.10 所示。

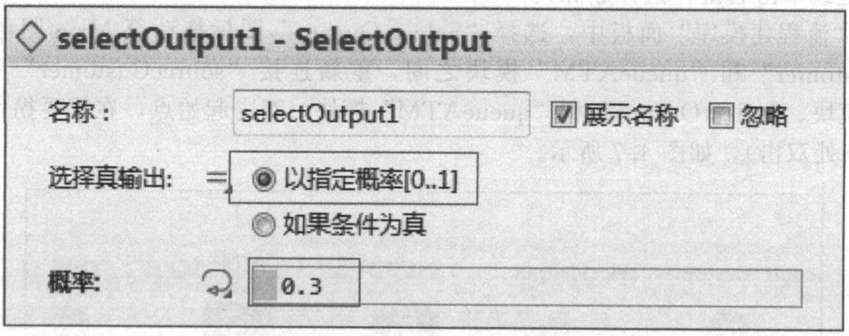

图 4.10　selectOutput1 属性设置

步骤三：

用 Service 模块表示理财柜台的服务流程。

① 打开“流程建模库”，拖动“Service”图标至 Main 中如图 4.11 所示的位置，并与“selectOutput1”模块右端出口连接，表示理财柜台服务的过程。

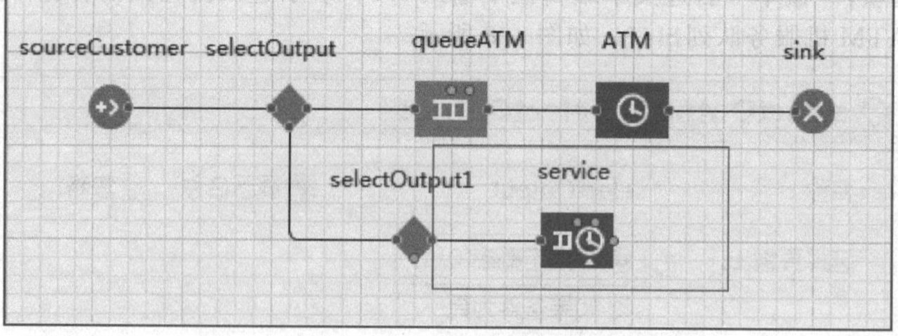

图 4.11　添加 service 模块 1

流程建模库中 Service 模块用于获取给定数量的资源单元，延迟智能体，并释放获取的资源单元。相当于 Seize、Delay、Release 序列，在流程图中的智能体除了在获取和释放之间执行延迟外不需要再做其他任何事时使用，当智能体完成延迟时，它会恰好释放在延迟前获取的那些资源。

② 打开属性视图，修改名称为“serviceFinancial”，修改“队列容量”为 5，即该队列最多容纳 5 人，延迟时间为“triangular(8，20，15)”，单位“分钟”，其中 triangular(8,

20，15)表示每个理财柜台办理业务的时间服从三角分布，最短 8 分钟，最长 20 分钟，最常见 15 分钟，如图 4.12 所示。

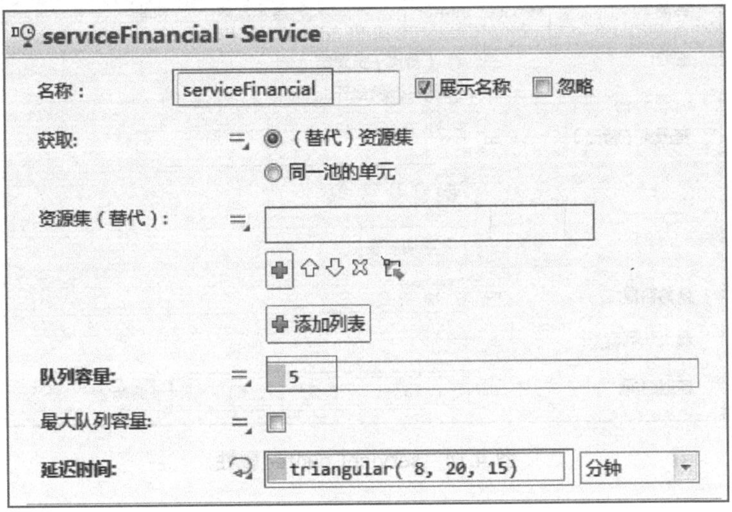

图 4.12 serviceFinancial 属性

步骤四：

用 Service 模块表示普通柜台服务流程。

① 打开“流程建模库”，拖动“Service”图标到 Main 中如图 4.13 所示的位置，并与“selectOutput1”模块下端出口连接，表示一般柜台服务的过程。

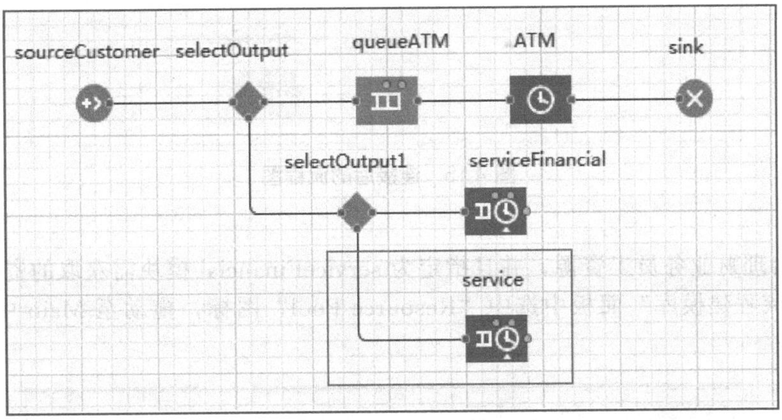

图 4.13 添加 service 模块 2

② 打开属性视图，修改名称为“serviceCounter”，修改“队列容量”为 20，即该队列最多容纳 20 人，延迟时间为“triangular(3，15，6)”，单位“分钟”，其中 triangular(3，15，6)表示每个一般柜台办理业务的时间服从三角分布，最短 3 分钟，最长 15 分钟，最常见 6 分钟，如图 4.14 所示。

步骤五：

连接“serviceFinancial”和“sink”模块及“serviceCounter”和“sink”模块。通过双击“serviceFinancial”及“serviceCounter”右边的端口绘制连接线的起始点，在需要拐弯处单击，最后在 sink 端口处双击，结束连接线的绘制，完成连接后，模型的流程图如图 4.15 所示。

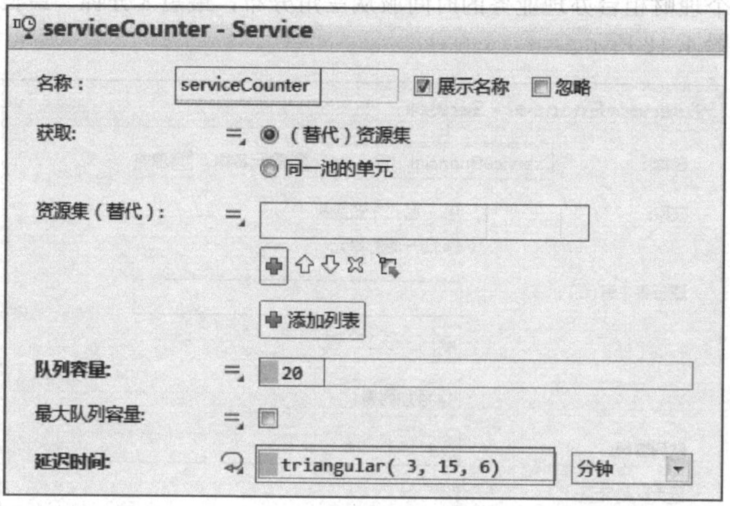

图 4.14　serviceCounter 属性

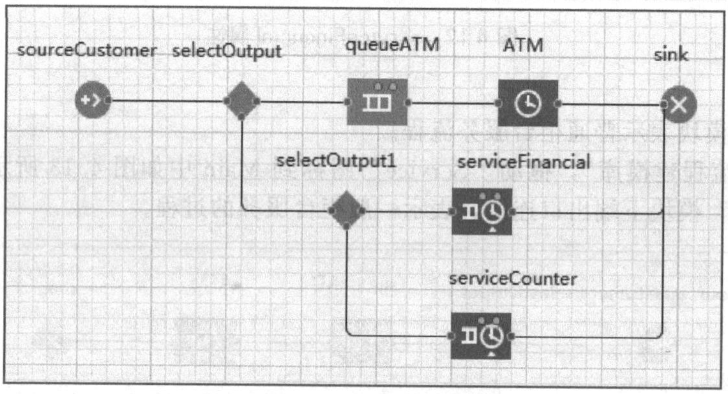

图 4.15　连接后的流程图

步骤六：

添加柜台理财业务员工资源，并且指定为 serviceFinancial 模块需获取的资源。

① 在“流程建模库”面板中选中“Resource Pool”图标，拖动至 Main 中，如图 4.16 所示。

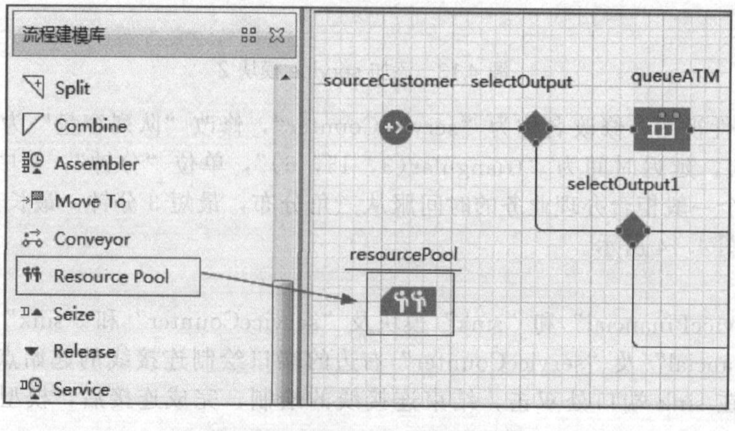

图 4.16　创建“resourcePool”

② 打开“resourcePool”属性视图，修改名称为“FinancialTellers”，“容量”为 2，即银行理财柜台共有 2 名员工。如图 4.17 所示。

图 4.17 FinancialTellers 属性

③ 为 serviceFinancial 指定获取的资源，点击流程图中的“serviceFinancial”模块，打开属性视图，在“获取”选项中选择“同一池的单元”，“资源池”下拉列表中选择“FinancialTellers”，如图 4.18 所示。

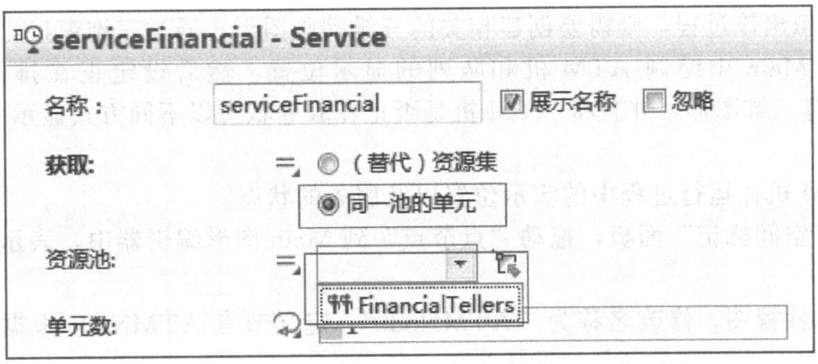

图 4.18 serviceFinancial 指定获取资源

步骤七：

添加柜台普通业务员工资源，并且指定为 serviceCounter 模块需获取的资源。

① 在“流程建模库”面板中选中“Resource Pool”图标，拖动至 Main 中。

② 打开属性视图，修改名称为“CounterTellers”，“容量”为 3，即银行普通柜台共有 3 名员工，如图 4.19 所示。

图 4.19 CounterTellers 属性

③ 为 serviceCounter 指定获取的资源，点击流程图中的“serviceCounter”模块，打开属性视图，在“获取”选项中，选择“同一池的单元”，在“资源池”下拉列表中选择“CounterTellers”，如图 4.20 所示。

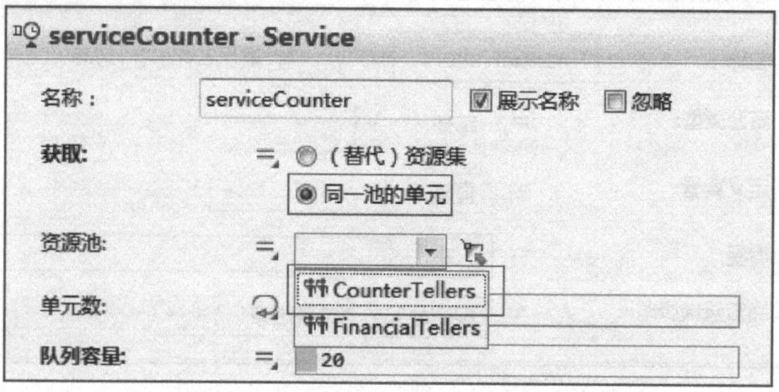

图 4.20 serviceCounter 指定获取资源

4.3.4 建立模型ATM机服务动画

在 4.3.2 小节中，利用流程建模库已经创建了银行 ATM 机的排队、服务流程图，如果想要形象地模拟出该过程，则需要创建相关的三维动画图形，通过三维窗口，直观显示该过程。下面将在 Main 中绘制 ATM 机和队列的显示位置，然后设定正在排队和正在使用 ATM 机的顾客三维图形，并且将 ATM 机是否正在服务状态以不同方式显示。

步骤一：

设置 ATM 机在运行过程中的演示位置以及服务的状态。

① 打开“空间标记”面板，拖动“点节点”到 Main 图形编辑器中，表示 ATM 在空间中的位置。

② 打开属性视图，修改名称为“ATMNode”，定义节点 ATMNode 根据 ATM 机是否正在服务动态显示为不同的颜色（默认为单一颜色）。

点击“颜色”右边的动态值切换图标，切换至动态值输入图标形式，在右边文本编辑框中输入代码：ATM. size()>0? red：green，如图 4.21 所示。

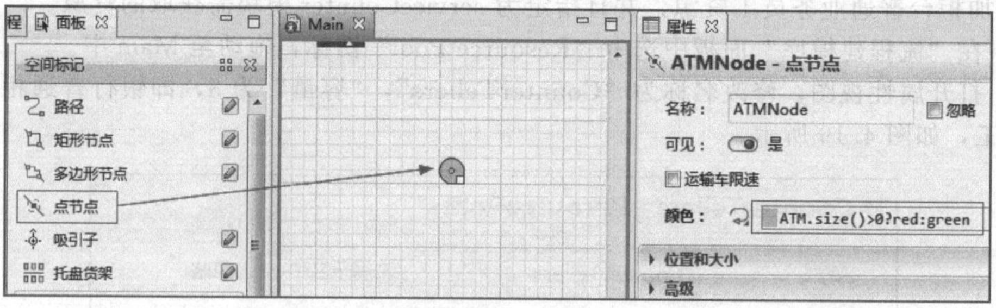

图 4.21 点节点

节点是智能体驻留或执行一个操作的位置。ATM. size()函数返回 ATM 正在服务的人数。条件运算符 ATM. size( )>0? red：green 表示当 ATM 机服务人数大于 0 时，显示红色，空闲时显示绿色。

③ 将上一步创建的节点位置设置为流程图中 ATM 运行时的动画图形显示位置。

点击流程图中“ATM”模块图标，打开属性视图，将“智能体位置”设置为节点 ATMNode。此设置可以任选以下三种方法之一。

方法一：直接点击打开“智能体位置”右边的下拉列表，单击选择“ATMNode”节点，如图4.22所示。

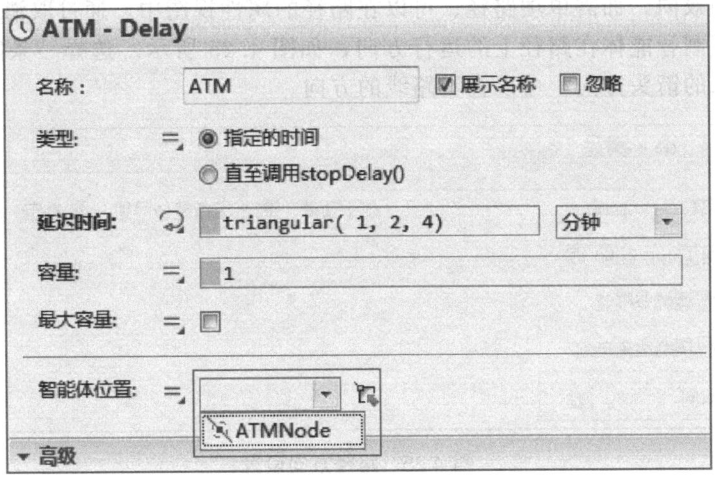

图4.22 ATM位置设置方法1

方法二：点击“智能体位置”最右边的图标，此时Main中只有空间标记元素处于可选状态，然后选择ATMNode节点，如图4.23所示。

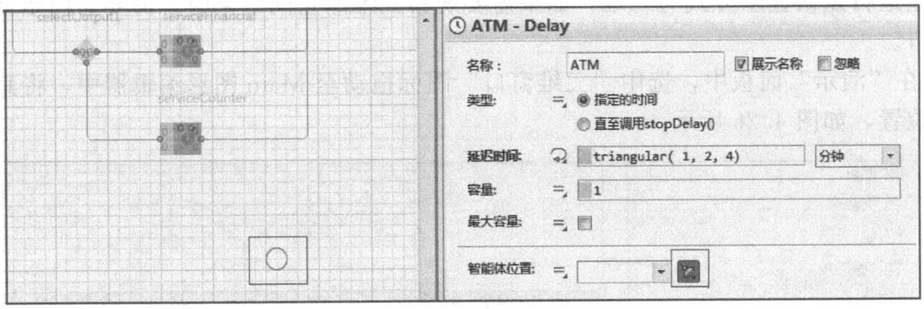

图4.23 ATM位置设置方法2

方法三：直接输入节点名称ATMNode。

步骤二：

绘制一条路径，表示在ATM机前面排队的队列位置。

① 在“空间标记”面板中，双击“路径”元素右边的小铅笔图标，激活绘图模式。

② 在Main中路径的起始点单击鼠标，需要拐弯处再次单击，在路径终点处双击鼠标，完成路径绘制。如图4.24所示。

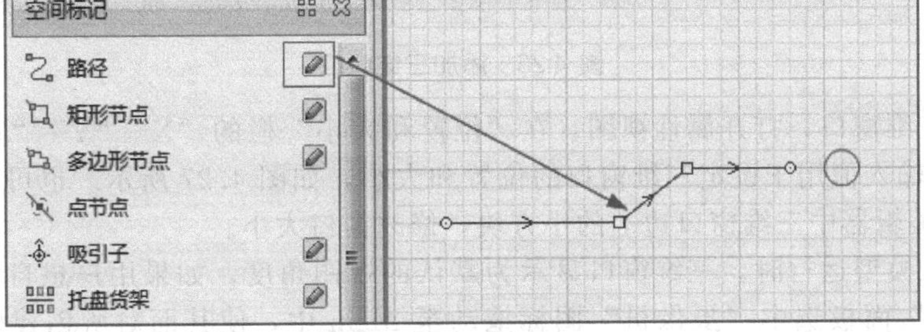

图4.24 绘制排队路径

如果路径需要连接到其他空间标记，则在绘制路径的最后，单击其他空间标记的边框，若连接成功，则在每次选择该路径时，路径连接点的颜色将显示为绿色。

路径默认为双向，如需单项路径，可以在路径的属性视图中，通过取消勾选“双向”属性的复选框，限制智能体在路径上的运行方向，如图 4.25 所示。选择一条路径，查看其图形编辑器中显示的箭头方向，可以查看路线的方向。

图 4.25　路径方向设置

③ 设置 ATM 机前面的队列在运行过程中的演示位置，即设置 queueATM 模块的“智能体位置”为刚创建的路径 path，设置方法与 ATM 模块选择节点 ATMNode 一样。

步骤三：

模型运行默认显示方式为二维，如果需要观察三维的空间效果时，需要为模型创建三维显示窗口。

① 在“演示”面板中，选中“三维窗口”图标拖动至 Main 图形编辑器中，将其放置在适合的位置，如图 4.26 所示。

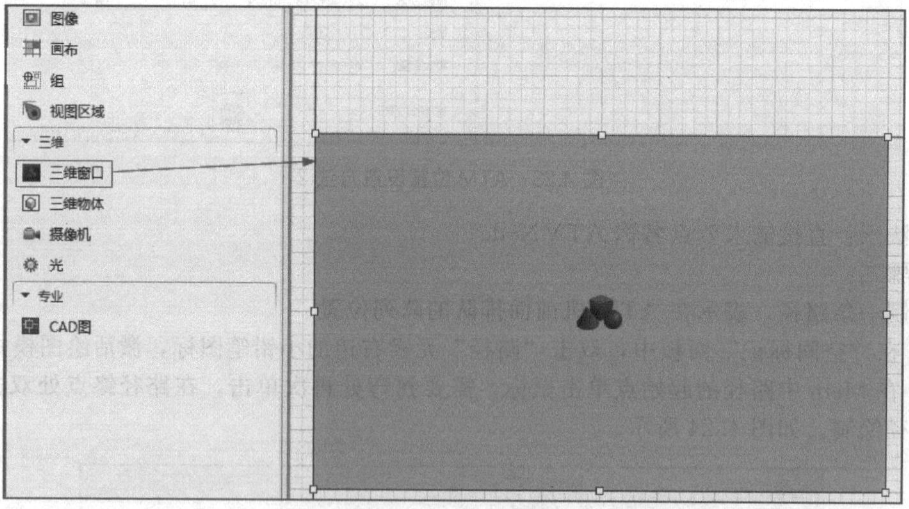

图 4.26　添加三维窗口

② 点击三维窗口，打开属性视图，在“位置和大小”栏的“X”“Y”“宽度”“高度”文本编辑框中输入值用于设定三维窗口的位置和大小，如图 4.27 所示。也可以通过直接拖动 Main 图形编辑器中三维窗口边上的小方块，修改窗口大小。

③ 此时，模型运行时，三维窗口显示为默认的视图角度，如果用户想自定义显示的角度，在“演示”面板选中“摄像机”图标拖动至 Main 中，使其面对所创建的队列路径和 ATM 节点位置，如图 4.28 所示。

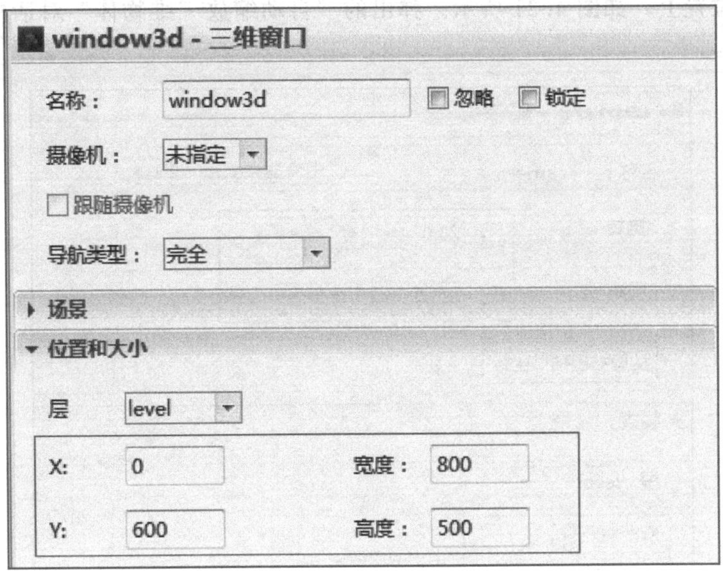

图 4.27　三维窗口大小

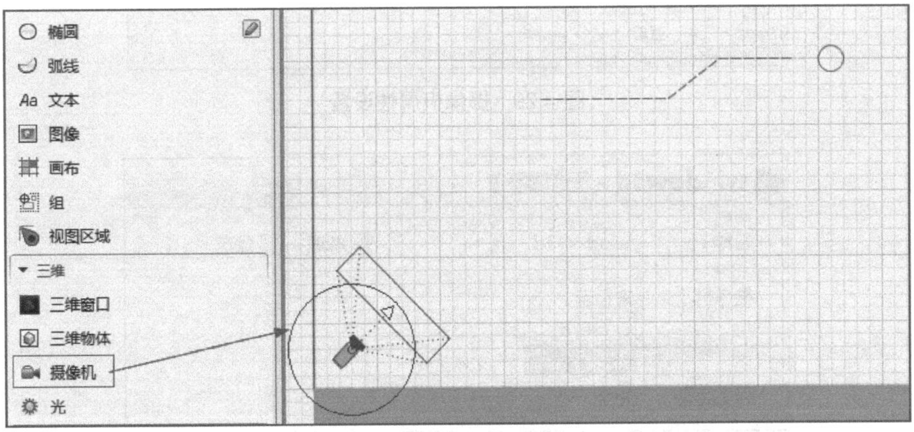

图 4.28　创建摄像机

“摄像机”对象能够为用户自定义显示在三维窗口的视图角度，用户可以为同一个三维场景创建若干个摄像机对象，用于显示不同的区域或不同的视角。若使用不止一个摄像机对象，可实现在运行期间对三维观察视图之间的任意切换。

如果不创建或者不指定摄像机时，三维窗口使用默认的视图。

摄像机的位置和显示角度可以在属性视图“X 旋转”“Z 旋转”“X”“Y”“Z”属性中设置，如图 4.29 所示。

④ 在模型运行时，如果需要使用摄像机定义的视图角度观察三维场景，打开三维窗口的属性视图，在“摄像机”右边的下拉列表中选择创建的摄像机名称“camera”，如图 4.30 所示。

步骤四：

为模型中添加相应的三维显示物体图形。

① 为 ATM 设置三维物体图像。

打开“三维物体”面板，在“超市”栏中选择“自动柜员机”，拖动至 Main 中的节点

"ATMNode"位置上，如图 4.31 所示。弹出的"自动缩放三维物体"对话框中选择"是"，如图 4.32 所示。

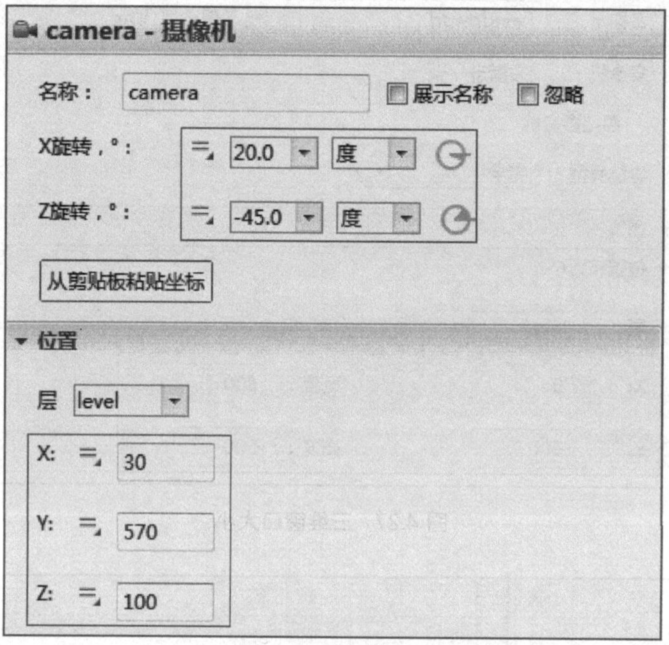

图 4.29　摄像机属性设置

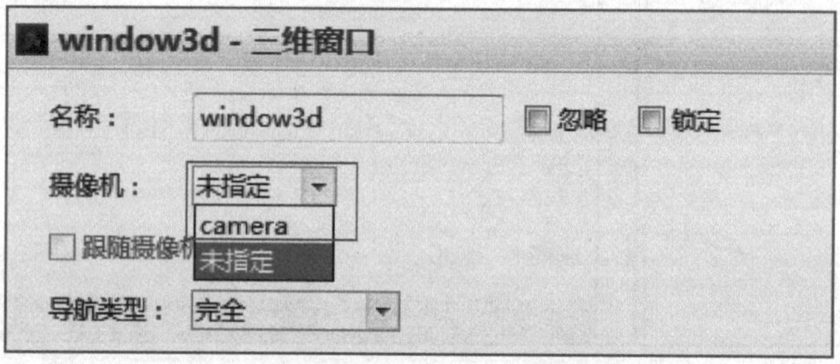

图 4.30　设置三维窗口的视图显示

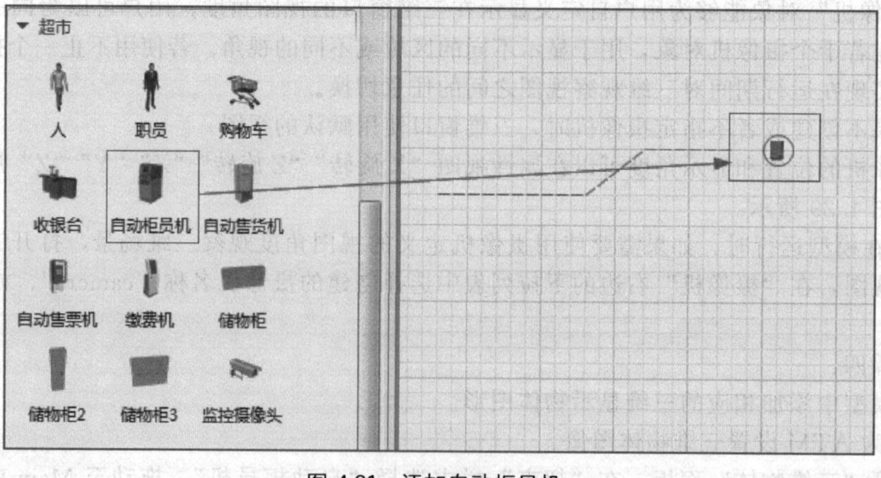

图 4.31　添加自动柜员机

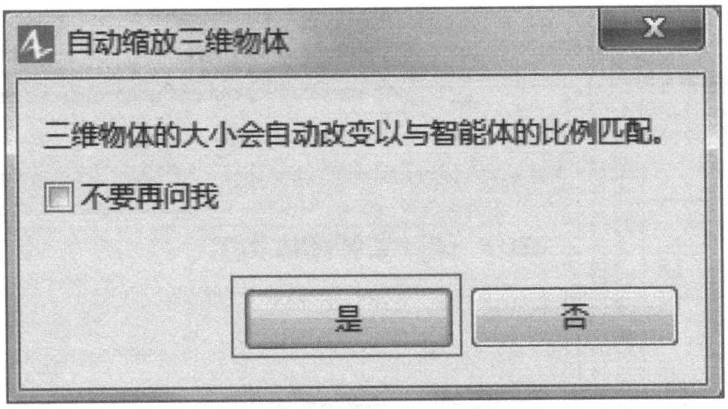

图 4.32 自动缩放三维物体

② 点击工具栏“运行”按钮，运行模型，可看到三维动画视图中 ATM 机朝向前面。此时，在 ATM 机的属性视图中，“Z 旋转”的度数为“-90.0”，如图 4.33 所示，要使得 ATM 机朝向排队路径方向，在 ATM 机属性视图中修改“Z 旋转”的旋转度数，如图 4.34 所示。

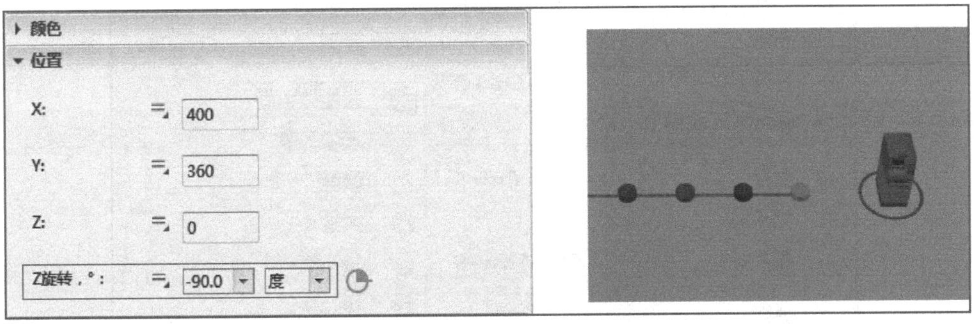

图 4.33 ATM 机朝向前面

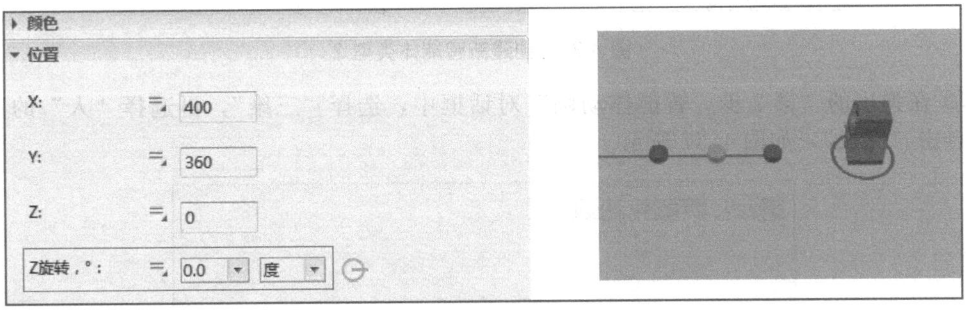

图 4.34 修改后 ATM 机的方向

步骤五：

在模型运行中可以看到，模型的动画中用小圆柱体表示顾客，为了修正这个问题，需要为顾客加入 3D 动画，创建一个智能体类型表示顾客，并自定义顾客的三维动画图形。

方法一：

① 打开“流程建模库”，将“智能体类型”拖动至 Main 中，然后在弹出的对话框中修改“新类型名”为“Customer”，点击“下一步”按钮，如图 4.35 所示。

智能体类型也可以在菜单栏中点击“文件”，选择“新建”，点击“智能体类型”来创建，如图 4.36 所示。

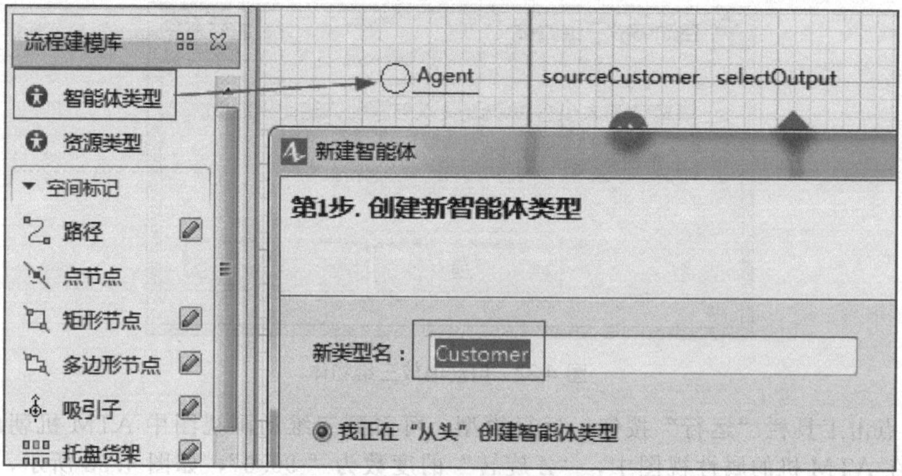

图 4.35　创建新智能体类型 1

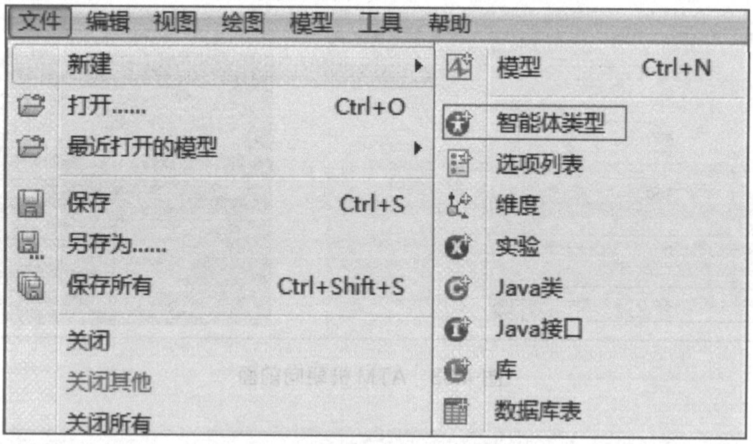

图 4.36　创建新智能体类型 2

② 在弹出的“第 2 步．智能体动画”对话框中，选择“三维”，再选择“人”的图标，然后点击“完成”，如图 4.37 所示。

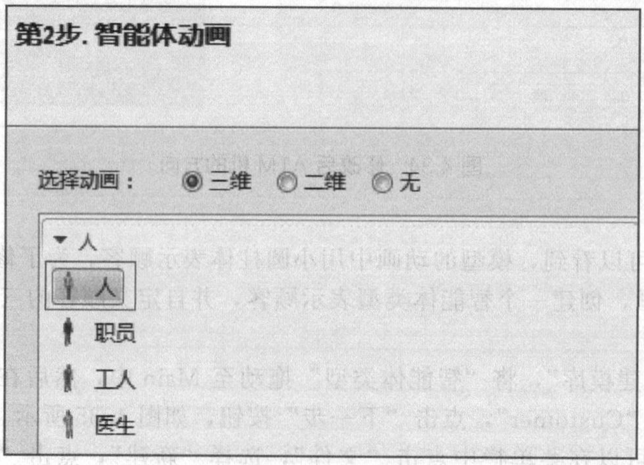

图 4.37　智能体动画

③ 在 Main 中点击“sourceCustomer”模块，打开属性视图，在“智能体”栏中的“新智能体”下拉列表中选择刚创建的智能体类型“Customer”，如图 4.38 所示。

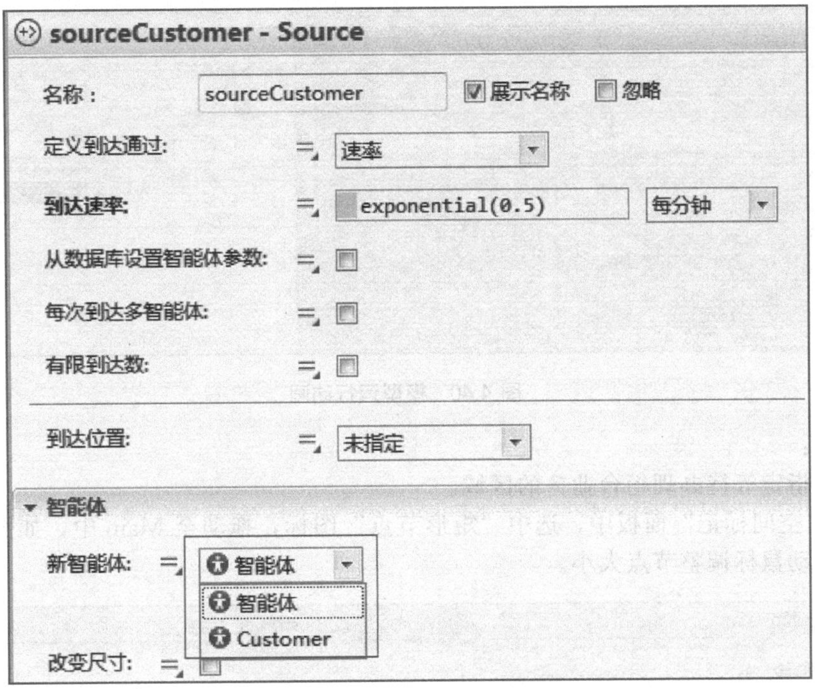

图 4.38　选择 sourceCustomer 智能体类型

方法二：

直接在 Main 中点击 sourceCustomer 模块，打开属性视图，在“智能体”栏中点击“创建自定义类型”，如图 4.39 所示。在弹出的对话框中，修改名称为“Customer”，并选择三维动画“人”，完成智能体类型的创建，此种方法建立 Customer 智能体类型后，sourceCustomer 属性中的智能体会默认为“Customer”，不需再修改 sourceCustomer 的属性，在此，这种方法更简单方便。

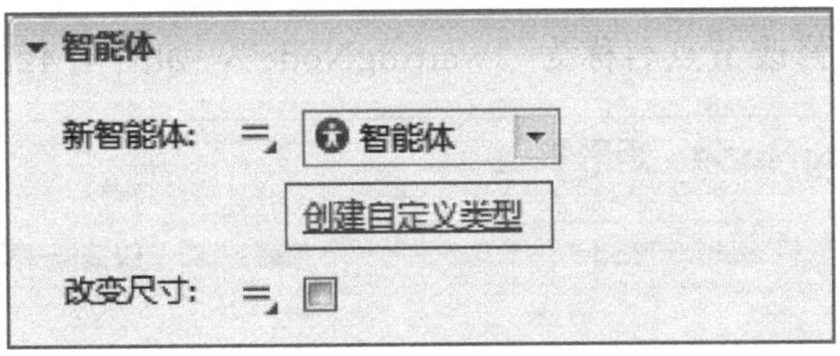

图 4.39　创建智能体类型

步骤六：

运行模型，通过图 4.40 所示框中选择“window 3d”视图，直接导航到模型三维视图区域，建立 ATM 机服务和顾客排队动画后的模型运行结果如图 4.40 左边区域所示。

4.3.5　添加柜台员工动画

在 4.3.3 节的内容中，通过 SelectOutput 模块将顾客分流至柜台办理理财或其他普通业务，并创建了表示理财柜台员工和普通柜台员工的资源。为了查看柜台办理业务的流程，下面将在 Main 中绘制顾客等待办理柜台业务的区域，以及柜台员工的工作区域，并添加柜员和柜员办公桌的 3d 的动画图形。

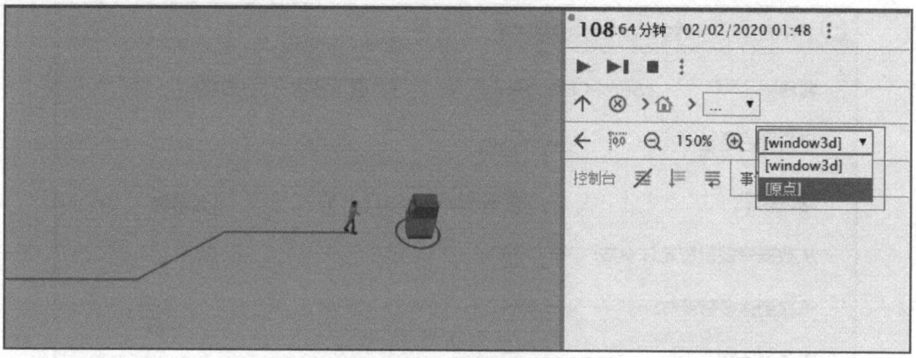

图 4.40 模型运行动画

步骤一：

为顾客指定等待办理柜台业务的区域。

① 在“空间标记”面板中，选中“矩形节点”图标，拖动至 Main 中，如图 4.41 所示位置，可拖动鼠标调整节点大小。

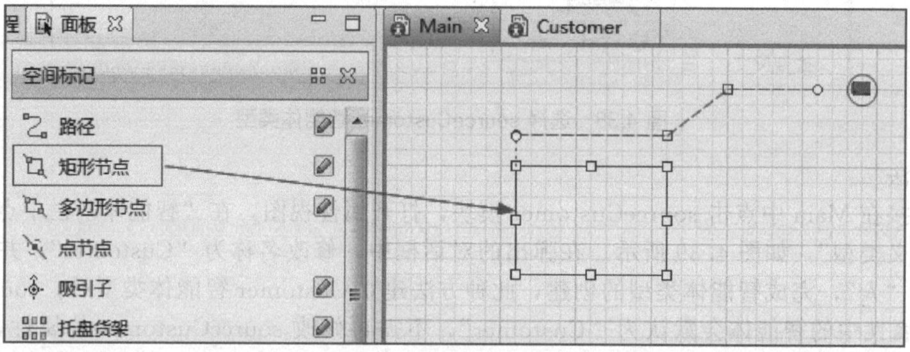

图 4.41 创建矩形节点

② 打开属性视图，修改节点名称为“waitingNode”，如图 4.42 所示。

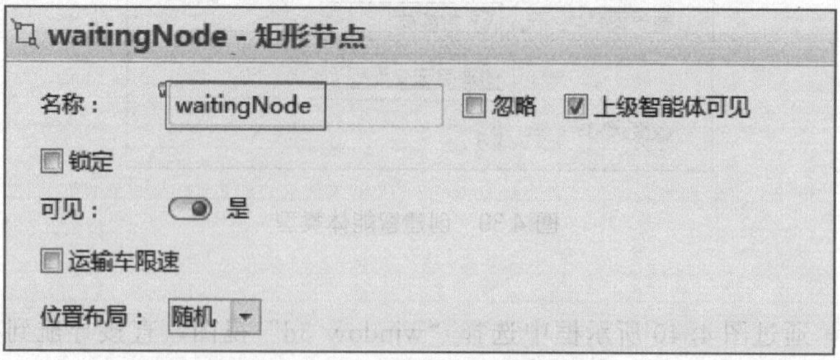

图 4.42 waitingNode 属性视图

步骤二：

绘制顾客在柜台办理普通业务时所处的位置，并指定被服务的确切位置。

① 在“空间标记”面板中选中“矩形节点”，拖动至 Main 中“waitingNode”区域的右

边，并在属性视图中修改矩形节点的名称为“serviceNode”。

② 为保证顾客在被服务时能位于矩形节点指定的位置上，需要在“serviceNode”矩形节点中添加若干“吸引子”。

打开“空间标记”面板，选中“吸引子”拖动至 Main 中的“serviceNode”区域内，如图 4.43 所示，在本模型中，共有 3 名普通柜员可以同时服务，因此能够同时被服务的顾客也是 3 名，需要添加 3 个吸引子，指定被服务的 3 名顾客的位置。

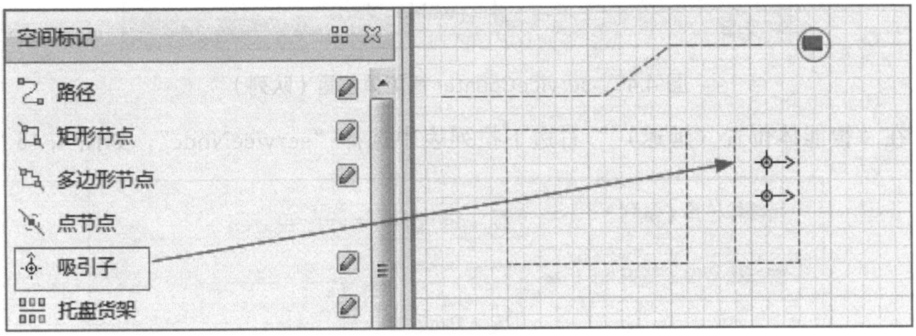

图 4.43 创建吸引子

若吸引子形成一个常规的结构，可以使用特定的向导在同一时间添加若干吸引子，该向导提供了若干不同的吸引子创建模式及“删除所有现有的吸引子”选项，用户通过在矩形节点“serviceNode”的属性视图中，点击“吸引子…”按钮打开该向导，然后在“吸引子数”文本编辑框中输入 3，点击“确定”完成吸引子的创建。如图 4.44 所示。

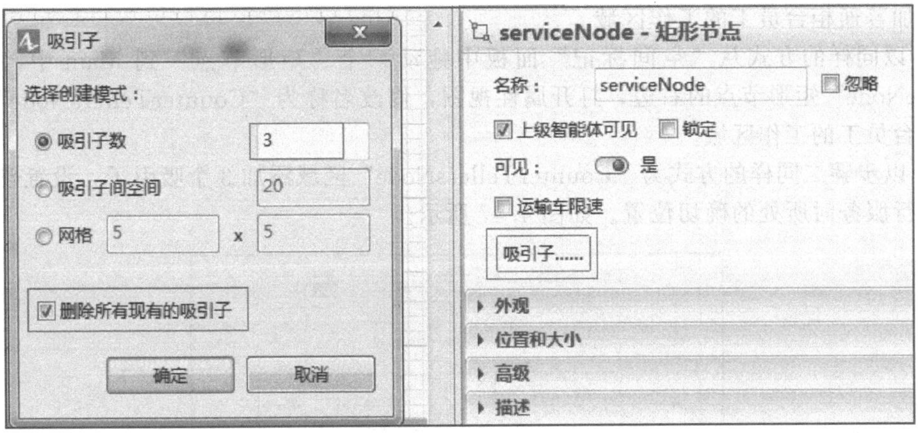

图 4.44 吸引子向导

吸引子可以控制智能体在节点内的位置。

① 若节点定义了智能体移动的目的地，吸引子则会定义智能体在节点内部的确切目标点。

② 若节点定义了等待位置，吸引子则会定义智能体在节点内部等待的确切点。

③ 吸引子还定义了智能体在节点内部等待的动画方向。

步骤三：

关联“serviceCounter”和“waitingNode”“serviceNode”，即为“serviceCounter”模块指定顾客办理普通业务时排队的队列和被服务延迟的空间显示位置。

① 在 Main 中单击“serviceCounter”模块，打开属性视图，在“智能体位置（队列）”

右边下拉列表中选择“waitingNode”，如图 4.45 所示。

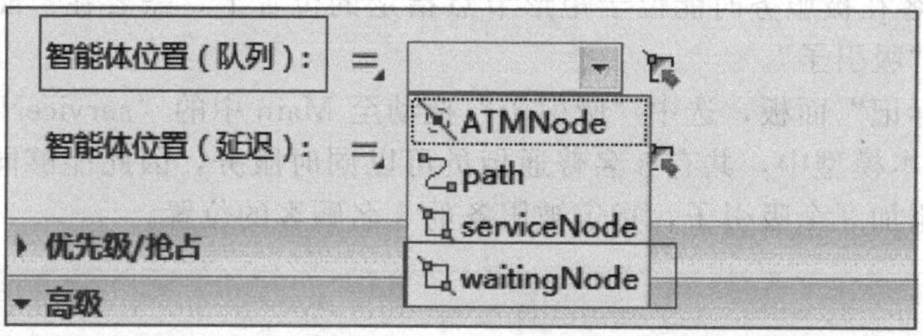

图 4.45　serviceCounter 智能体位置（队列）

② 在“智能体位置（延迟）”右边下拉列表中选择“serviceNode”，如图 4.46 所示。

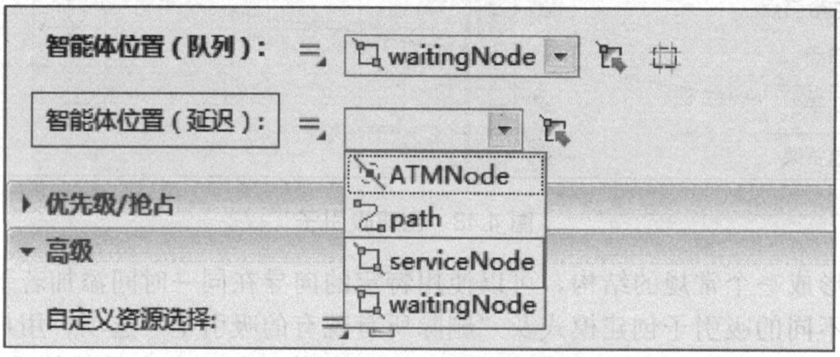

图 4.46　serviceCounter 智能体位置（延迟）

步骤四：

添加普通柜台员工的工作区域。

① 以同样的方式从“空间标记”面板中拖动一个“矩形节点”到 Main 中，放置在“serviceNodc”矩形节点的右边，打开属性视图，修改名称为“CounterTellersNode”，表示普通柜台员工的工作区域。

② 以步骤二同样的方式为“CounterTellersNode”区域添加 3 个吸引子，设置普通柜台员工进行服务时所处的确切位置。如图 4.47 所示。

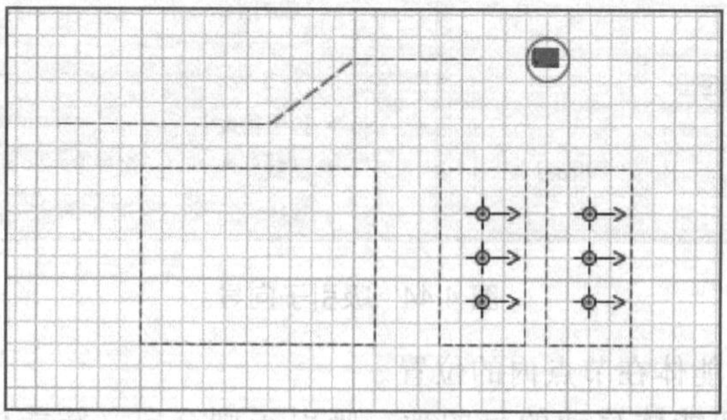

图 4.47　添加 CounterTellersNode 区域

③ 吸引子表示智能体在节点内部等待的动画方向，因为柜员在进行服务时需面向顾客，所以需要将吸引子箭头方向旋转至面向“serviceNode”区域。

对“CounterTellersNode”节点中的 3 个吸引子，按住“Ctrl”键后依次点击吸引子图标进行全选，然后在属性视图的“位置和大小”栏中，“方向”下拉列表中选择“+180.0”，表示旋转 180 度。如图 4.48 所示。

修改后的吸引子方向如图 4.49 所示。

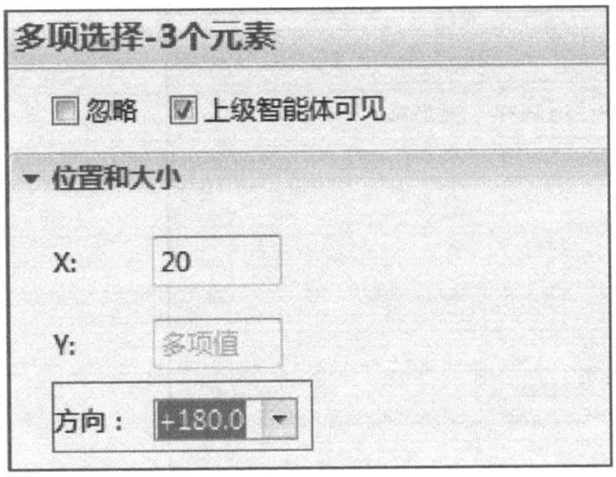

图 4.48　修改吸引子的方向

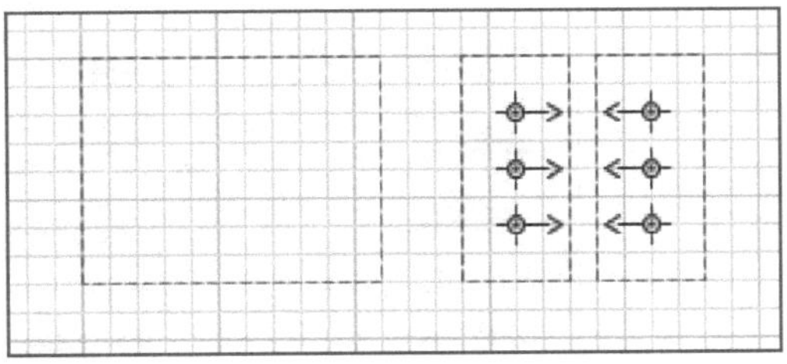

图 4.49　修改后的吸引子方向

步骤五：

关联“CounterTellersNode”和“CounterTellers”资源，表示普通柜台员工在空间中的显示位置为 CounterTellersNode 区域。

点击资源池“CounterTellers”，打开属性视图，在“归属地位置（节点）”位置处，点击图标✚，在下拉列表中选择“CounterTellersNode”，如图 4.50 所示。

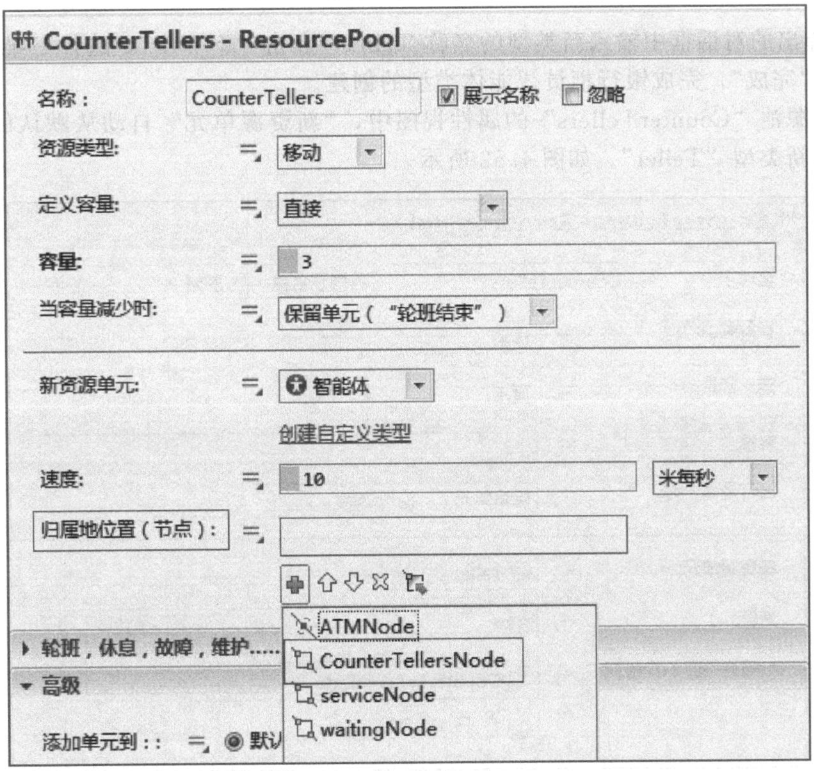

图 4.50　CounterTellers 位置

步骤六：

定义银行普通柜员智能体类型，并添加三维动画图形。

① 点击“CounterTellers”资源，打开属性视图，点击“创建自定义类型”，如图 4.51 所示。

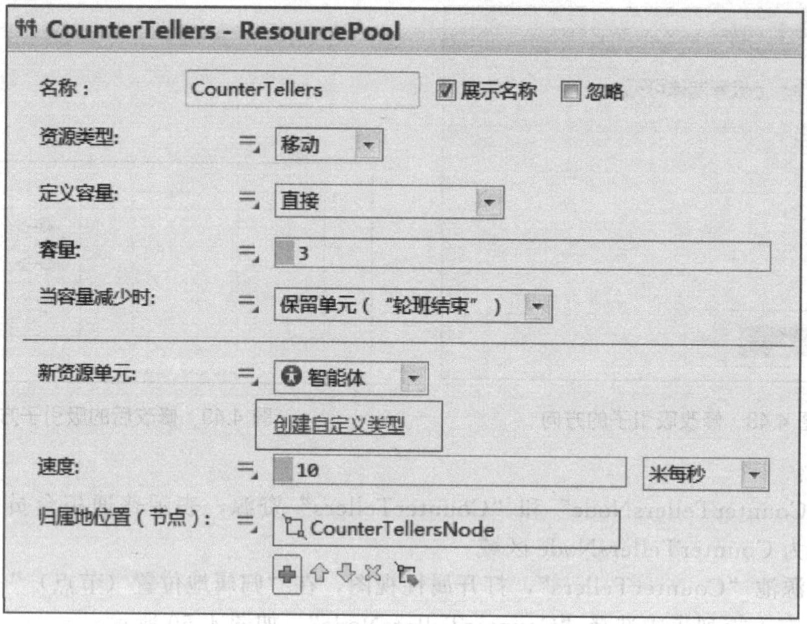

图 4.51　创建普通柜台员工智能体类型

② 在弹出的对话框中输入新类型的名称 Teller，点击“下一步”，选择三维图片中“职员”，点击“完成”，完成银行柜员智能体类型的创建。

此时资源池“CounterTellers”的属性视图中，“新资源单元”自动从默认的“智能体”变为创建的新类型“Teller”。如图 4.52 所示。

图 4.52　CounterTellers 资源单元

也可以通过打开“流程建模库”，拖动“资源类型”到 Main 中，在弹出的对话框中输入名称“Teller”，选择三维“职员”图片，点击“完成”，定义资源的新类型。此种方法，要求在资源新类型创建完成后，关联资源类型 Teller 和资源 CounterTellers。具体操作是，点击资源池 CounterTellers，在属性视图的“新资源单元”的下拉列表中选择新建的类型

Teller。

步骤七：

在 CounterTellersNode 添加三维物体，表示普通柜台员工工作的服务台。

① 打开“三维物体”面板，在“办公室”栏中选中“桌子”图标拖动至“CounterTellersNode”区域中，如图 4.53 所示。

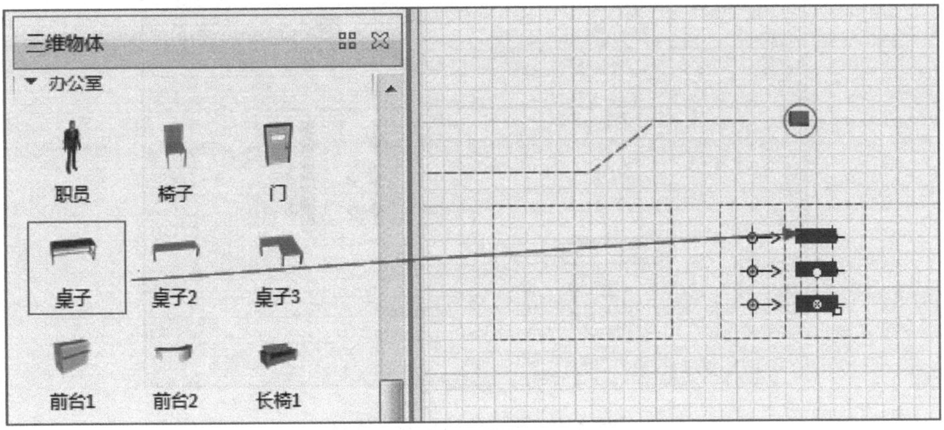

图 4.53　三维物体桌子

② 按住“Ctrl”键后依次点击“桌子”物体图形，全选添加的桌子三维物体，在属性视图中的“位置”栏中，将“Z 旋转”度数修改为 90.0 度，如图 4.54 所示。

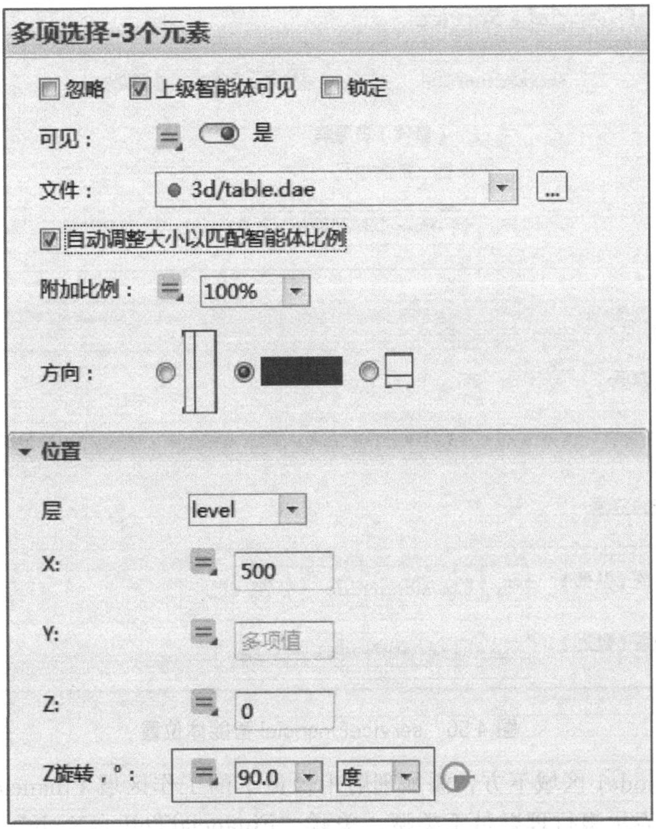

图 4.54　桌子方向设置

步骤八：

① 以同样的方式添加表示顾客在咨询办理理财业务时所处的位置矩形节点 serviceNode1，并添加表示确切位置的吸引子，调整吸引子至合适的方向。如图 4.55 所示。

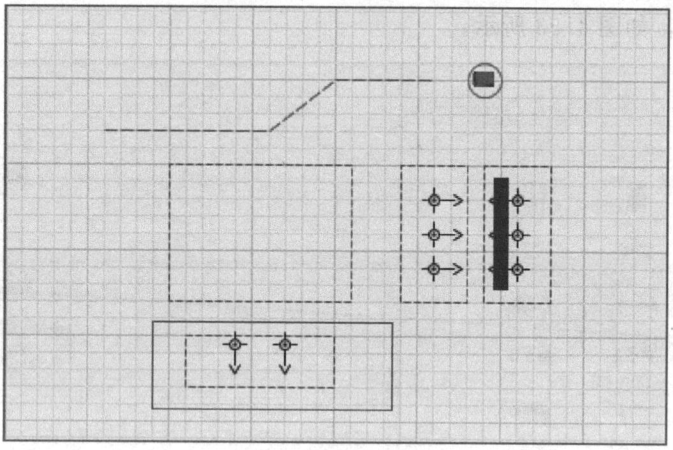

图 4.55　serviceNode1 位置

② 关联“serviceFinancial”和“waitingNode”“serviceNode1”，即为“serviceFinancial”模块指定顾客办理理财业务时排队的队列和被服务延迟的空间显示位置，如图 4.56 所示。

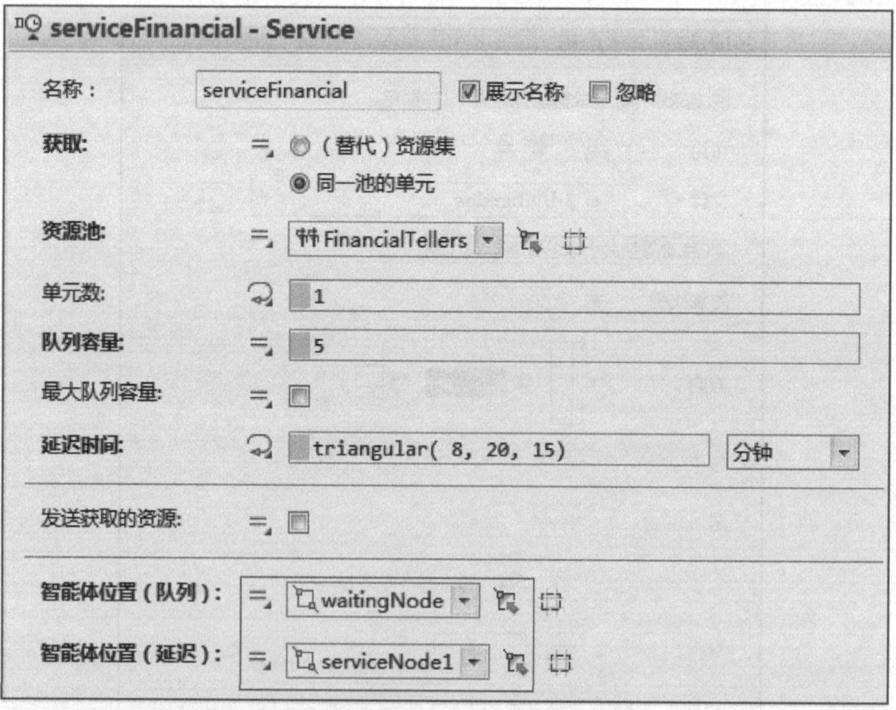

图 4.56　serviceFinancial 智能体位置

③ 在 serviceNode1 区域下方，添加理财柜台员工的工作区域 FinancialTellersNode，用 Teller 智能体类型表示银行理财员工类型，关联“FinancialTellersNode”与资源池“FinancialTellers”，表示理财柜台员工在空间中的显示位置。如图 4.57 所示。

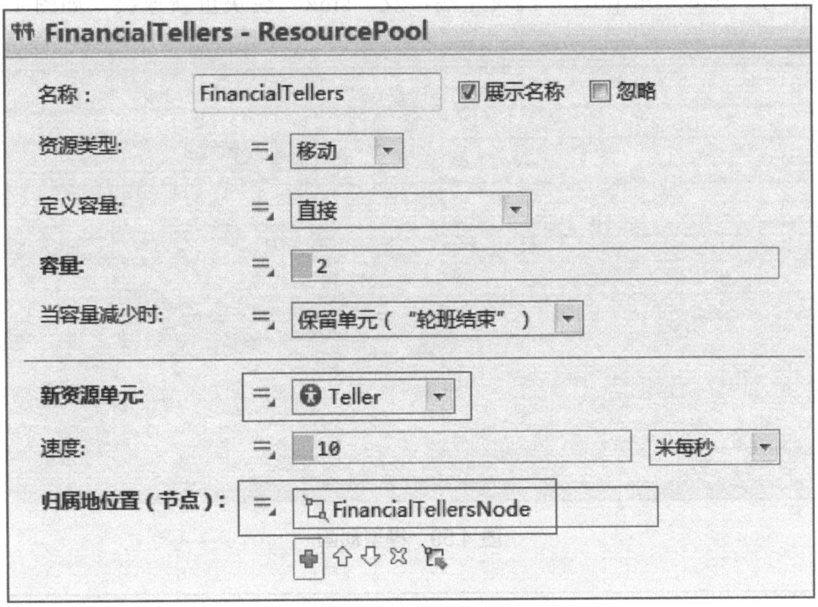

图 4.57 FinancialTellers 资源类型及位置

④ 定义理财柜台的服务台三维图形，如图 4.58 所示。

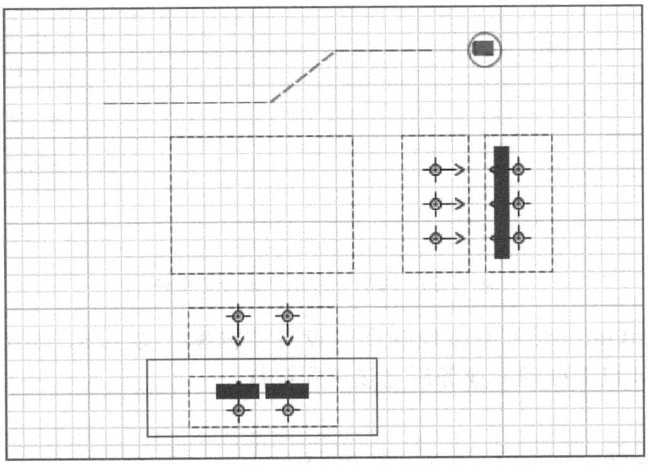

图 4.58 理财服务柜台设置

步骤九：

再次运行该模型，选择“window 3d”视图，查看银行模型运行动画，运行结果如图 4.59 所示。

4.3.6 添加完成ATM机业务的顾客流程

从 ATM 机完成业务的顾客有 20%的继续去柜台办理业务，其余 80%离开，柜台业务办理结束后，离开银行。

① 调整流程图中“selectOutput1”“serviceFinancial”“serviceCounter”及“sink”模块的位置，在流程建模库中选中“Select Output”图标拖动至流程图“ATM”与“sink”

模块之间，并与“selectOutput1”模块左端口及“sink”模块重新连接，如图 4.60 所示。

图 4.59　模型动画

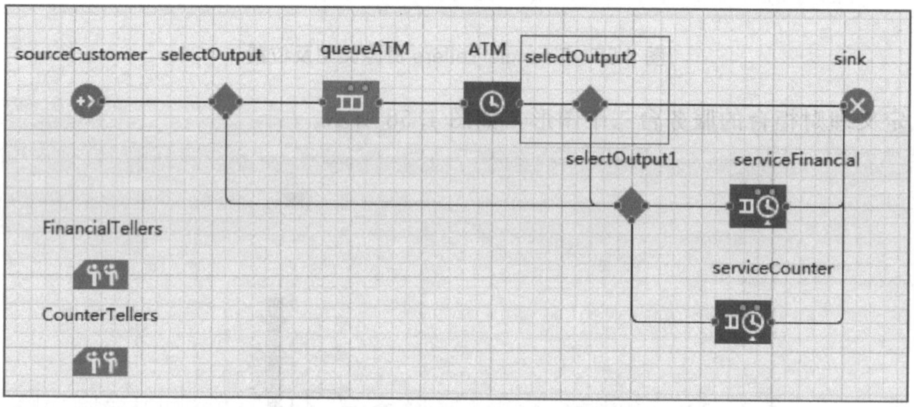

图 4.60　添加 selectOutput2 模块

② 打开“selectOutput2”的属性视图，设置“概率”为 0.8，如图 4.61 所示，即有 80％的顾客在 ATM 机上办理完业务后直接离开银行。

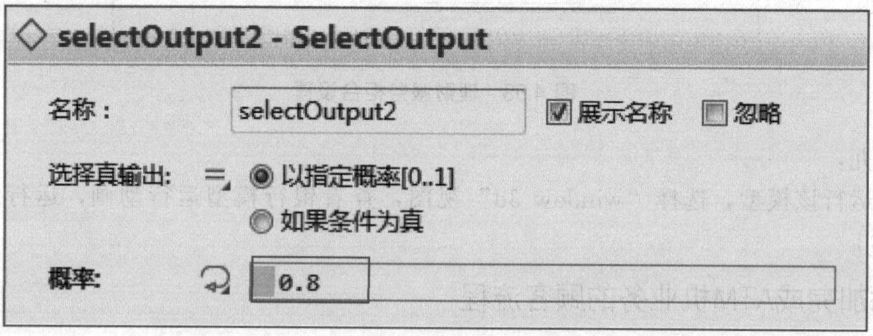

图 4.61　selectOutput2 的概率

③ 运行模型，检查 selectOutput2 的输入输出，发现从 ATM 机出来的顾客有部分直接离开，还有部分去柜台办理业务，如图 4.62 所示。

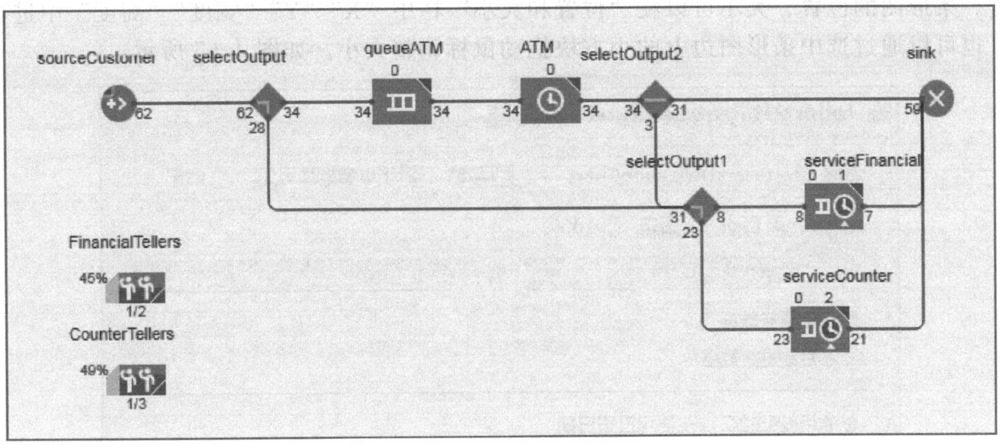

图 4.62 运行模型结果图

4.4 添加数据统计信息

4.4.1 增加条形图数据统计

通过建立银行的仿真模型，需要得到柜台员工、ATM 机的利用率，ATM 机前面排队的队列长度，等待办理柜台业务排队的队列长度等数据信息，在 AnyLogic 中，对数据项的处理需要使用分析面板中数据和图表的相关对象。在本节中，可以利用条形图来统计银行员工和 ATM 机的利用率以及队列的平均长度。

步骤一：

利用条形图统计普通员工的利用率（统计资源池中资源利用率的方法）。

（1）打开“分析”面板

在“图表”中选择“条形图”拖动至 Main 中合适的位置，在属性视图中修改名称为“tellersUtilizationChart”。

（2）为条形图添加数据

打开条形图“tellersUtilizationChart”的属性视图，点击“数据”栏中添加数据的图标，如图 4.63 所示。

在添加的数据项“标题”文本编辑框中输入名称“FinancialTellersUtilization”，表示该数据项用来统计理财柜台员工的利用率，在“颜色”下拉列表中选择需要显示的颜色，数据项的值通过调用资源池的 utilization()函数来获取，因此在“值”的文本编辑框中直接输入“FinancialTellers. utilization()”。同样，添加表示普通柜台员工利用率的数据项“CounterTellers. utilization()”，值为“CounterTellers. utilization()”。如图 4.64 所示。

调用函数 utilization()返回资源池的利用率，返回值为 double 类型，是所有单个单元利用率的平均值，从最近调用的 resetStats()函数计算到当前时间。如果资源单元的数量和可用性是由时间表定义的，则仅计算相应资源单元工作小时的利用率。

（3）设置条形图的显示

① 条形图位置大小和外观设置。

打开属性视图“外观”栏，在“柱条方向”右边选项中可以选择条形图数据柱条显示的方向（依次为向上、向右、向下、向左），通过“柱条相对宽度”滑块可以设置柱条的显示宽度。条形图的位置、大小可以在“位置和大小”栏中“X”“Y”“宽度”“高度”中进行设置，也可以通过选中条形图边上的小方块拖动鼠标调整大小。如图 4.65 所示。

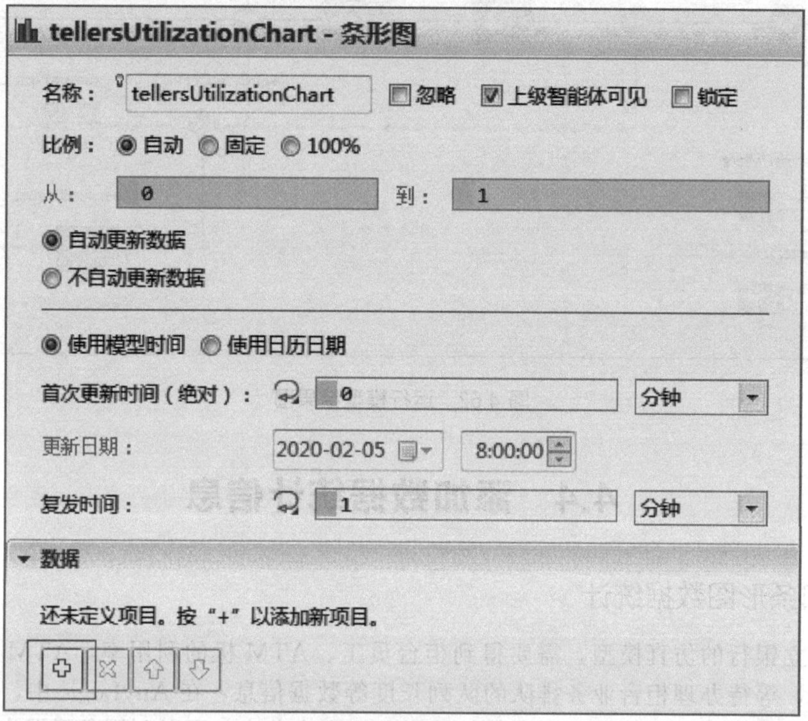

图 4.63　添加条形图数据

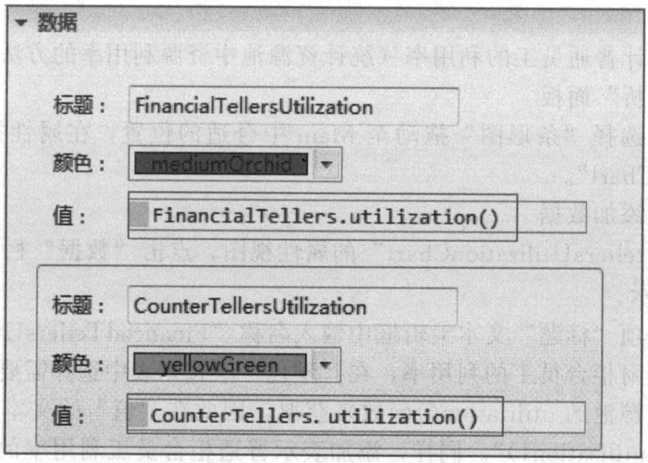

图 4.64　数据值设置

② 条形图图例及柱条的显示设置。

打开“图例”栏，在“位置”右边选项中可以选择图例的显示位置（依次是在下、左、右、上），在“宽度”后面文本框中可以设置图例显示宽度。可以通过“图表区域”栏中的“X 偏移量”“Y 偏移量”“宽度”“高度”设置柱条的显示位置大小等，也可以通过选中柱条边上的小方块拖动鼠标调整大小。如图 4.66 所示。

步骤三：

利用条形图统计 ATM 机的利用率（Delay 模块利用率的统计方法）。

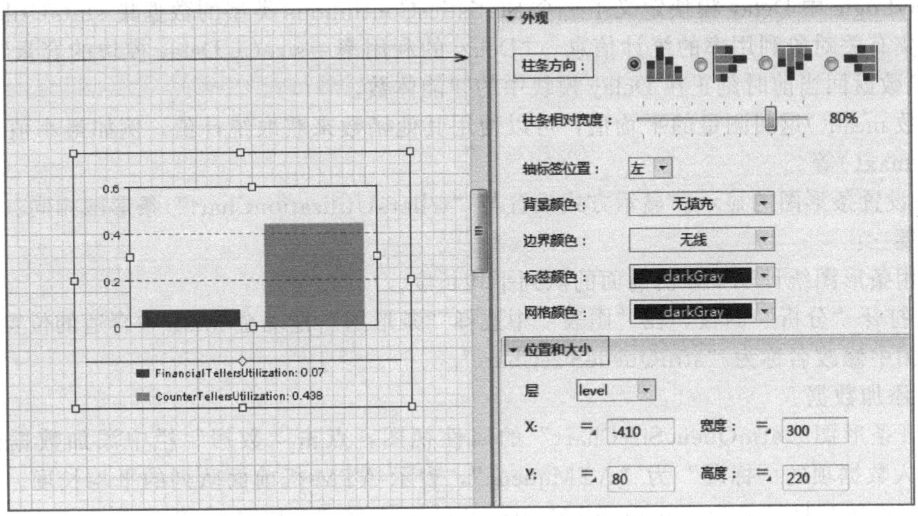

图 4.65　条形图外观和位置设置

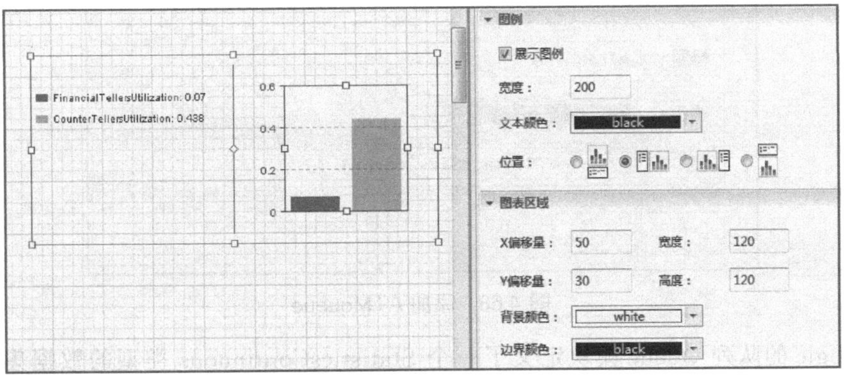

图 4.66　条形图图例和柱条显示设置

① 打开“分析”面板，在“图表”中选择“条形图”拖动至 Main 中“tellersUtilizationChart”图附近，并修改名称为“atmUtilizationChart”。

② 添加数据。

打开条形图“atmUtilizationChart”的属性视图，点击“数据”栏中添加数据的图标，输入数据项的“标题”为“ATMUtilization”，表示 ATM 机的利用率。选择显示颜色，设置数据的值为“ATM. statsUtilization. mean() ”，如图 4. 67 所示。

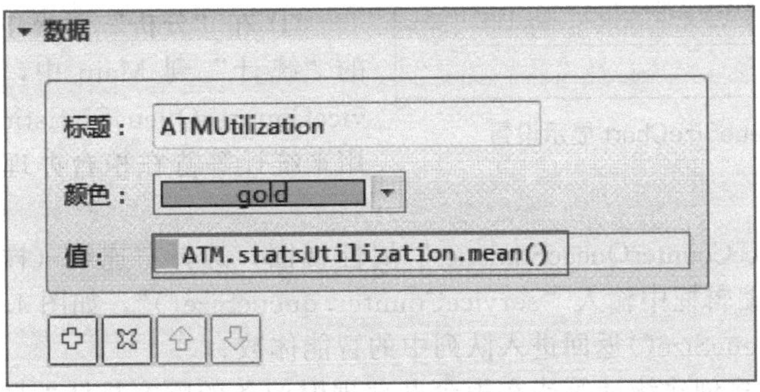

图 4.67　添加数据 ATMUtilization

AnyLogic 中 Delay 模块定义了一个 StatisticsContinuous 类型的数据集 statsUtilization，用来收集有关对象利用率的统计信息。“Delay 的利用率＝size()/Delay 模块的容量”，其中 size()函数返回当前时刻正在 Delay 模块中的智能体数。

函数 mean()返回测量的平均值，可以使用其他函数来获取统计值，例如最小值 min()、最大值 max()等。

③ 设置条形图的显示。显示方式设置与“tellersUtilizationChart”条形图相同。

步骤三：

利用条形图统计 ATM 机前面的队列平均长度。

① 打开“分析”面板，在“图表”中选择“条形图”拖动至 Main 中合适的位置，并在属性视图中修改名称为“atmQueueSizeChart”。

② 添加数据。

打开条形图“atmQueueSizeChart”的属性视图，点击“数据”栏中添加数据的图标，输入数据项的“标题”为“ATMqueue”，表示 ATM 机前面队列的平均长度。选择显示颜色，设置数据的值为“queueATM. statsSize. mean()”，如图 4. 68 所示。

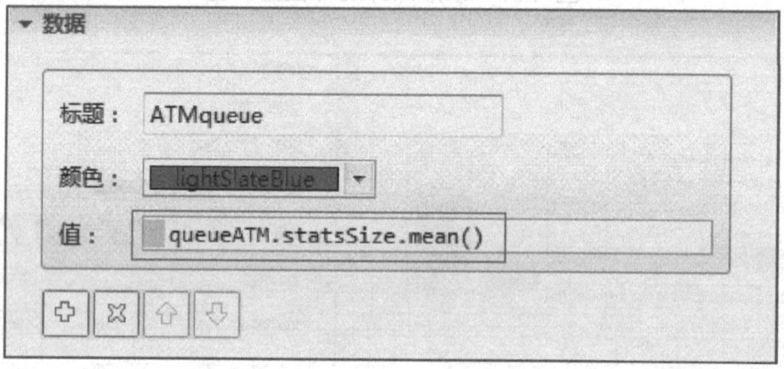

图 4.68　添加 ATMqueue

AnyLogic 的队列 Queue 模块定义了一个 StatisticsContinuous 类型的数据集 statsSize，用来收集关于队列大小的统计信息。一般用于在模型中没有创建 PML Settings 模块的情况下队列大小数据的收集。

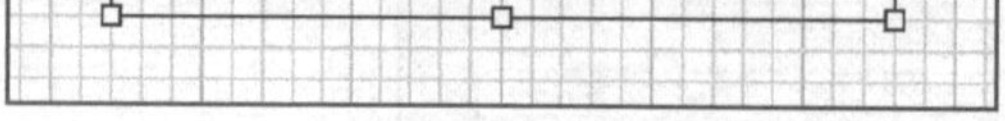

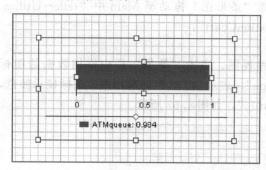

图 4.69　queueSizeChart 显示设置

③ 设置条形图的显示。

选择柱条的方向朝右，图例位置位于下方，修改条形图的外观大小、柱条宽度等，条形图如图 4. 69 所示。

步骤四：

统计等待柜台办理业务的队列平均长度。

① 在“分析”面板中，选中“数据”中的“统计”到 Main 中，修改名称为“serviceCounterQueueStatistics”，表示该数据集用来统计等待在柜台办理普通业务顾客的队列值。

② 打开“serviceCounterQueueStatistics”属性视图，选择“连续（样本有时间持续）”，在“值”右边文本编辑框中输入“serviceCounter. queueSize()”，如图 4. 70 所示。

其中，函数 queueSize()返回进入队列中的智能体数。

③ 以同样的方式创建统计等待在柜台办理理财业务的顾客排队的队列值，统计名称为“serviceFinancialQueueStatistics”，值为“serviceFinancial. queueSize()”，如图 4. 71 所示。

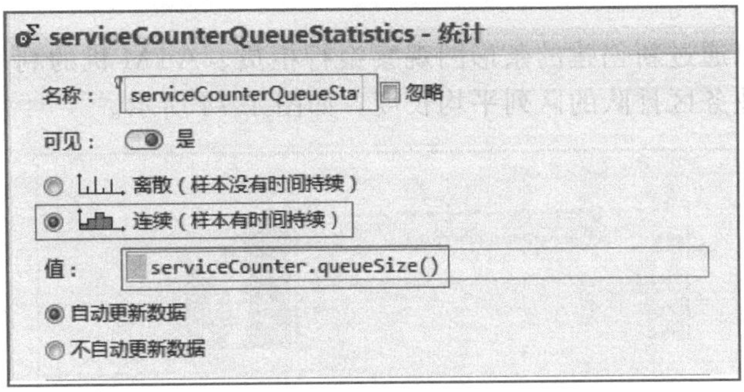

图 4.70　统计 serviceCounterQueueStatistics

④ 打开“分析”面板，在“图表”中选择“条形图”拖动至 Main 中合适的位置，并在属性视图中修改名称为“serviceQueueSizeChart”。

⑤ 添加数据。

打开条形图“serviceQueueSizeChart”的属性视图，点击“数据”栏中添加数据的图标 ，输入数据项的“标题”为“ServiceCounterQueue”，表示等待柜台办理普通业务队列的平均长度，设置数据的值为“serviceCounterQueueStatistics. mean()”，并选择颜色。添加标题“ServiceFinancialQueue”，表示等待在柜台办理理财业务的队列平均长度，设置数据的值为“serviceFinancialQueueStatistics. mean()”，选择颜色。如图 4.72 所示。

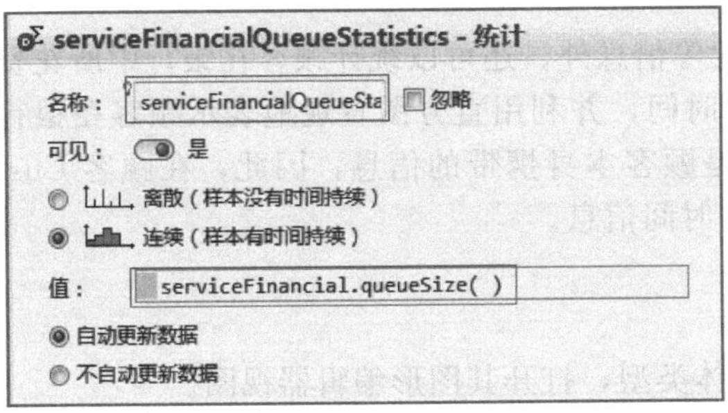

图 4.71　统计 serviceFinancialQueueStatistics

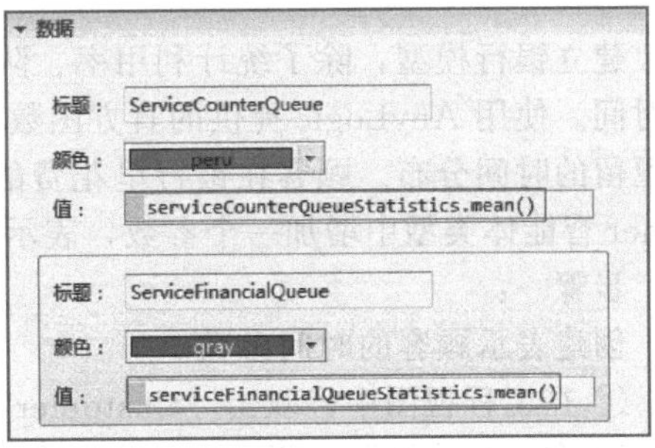

图 4.72　添加数据

⑥ 设置条形图的显示。

选择柱条的方向朝右，图例位置位于下方，修改条形图的外观大小、柱条宽度等，条形图如图 4.73 所示。

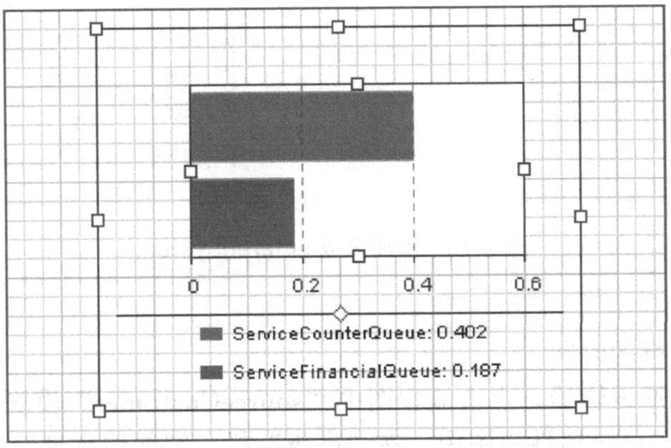

图 4.73　serviceQueueSizeChart 显示设置

步骤五：

运行模型，可以通过新创建的条形图观察银行柜员、ATM 机的利用率以及在 ATM 机前面和在柜台办理业务区排队的队列平均长度，如图 4.74 所示。

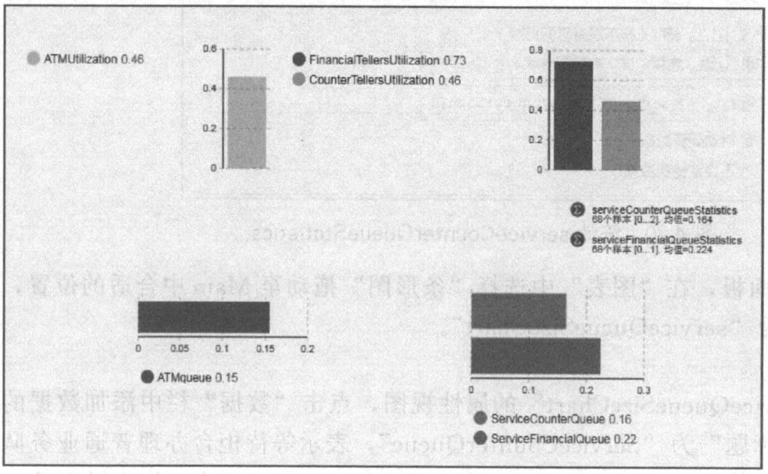

图 4.74 条形图统计数据

彩色条形图统计数据扫描下面二维码得到

4.4.2 利用直方图统计顾客在银行里的时间

建立银行模型，除了统计利用率、队列长度等信息外，还可以统计顾客在银行中所花费的时间。使用 AnyLogic 提供的直方图数据统计时间，并利用直方图直观地表示顾客在银行内逗留的时间分布。顾客在银行里花费的时间是顾客本身携带的信息，因此，在顾客 Customer 智能体类型中增加一个参数，表示顾客的时间信息。

步骤一：

创建表示顾客的时间参数。

① 在工程视图中，双击“Customer”智能体类型，打开其图形编辑器视图。

② 在“智能体”面板中，选中“参数”图标拖动至智能体类型“Customer”图形编辑器中，打开参数属性视图，修改名称为“enteredSystem”，类型为“double”，如图 4.75 所示。

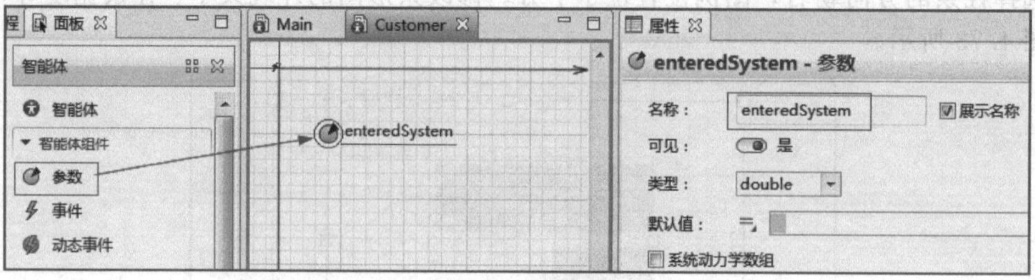

图 4.75 添加参数 enteredSystem

步骤二：

设置顾客进入银行的时间。

① 返回 Main 图形编辑器，点击流程图中“sourceCustomer”模块，打开属性视图。

② 在 sourceCustomer 属性视图中，在“高级”栏“智能体类型”中选择“Customer”，如图 4.76 所示。

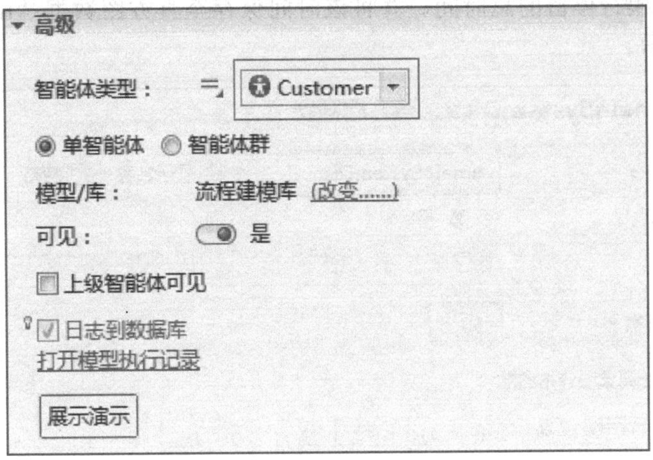

图 4.76 设置智能体类型

③ 在“行动”栏的“离开时”右边文本编辑框中输入代码：

```
agent.enteredSystem=time();
```

把 sourceCustomer 模块进入系统当前的时间赋值给智能体类型 Customer 的参数 enteredSystem，表示顾客进入银行的时间，如图 4.77 所示。

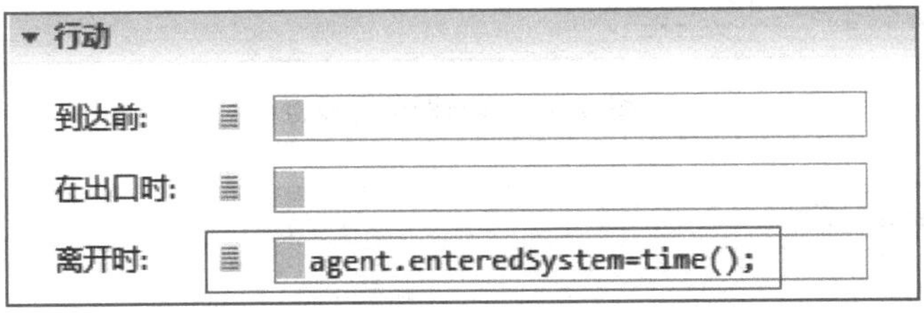

图 4.77 参数赋值

模块 Source 行动属性中“到达前”文本编辑框中输入的代码表示在智能体生成之前执行的操作；“在出口时”文本编辑框中输入的代码表示当智能体准备退出 Source 模块时执行的操作；“离开时”文本编辑框中输入的代码表示智能体退出 Source 模块时执行的操作。

时间函数 time()返回模型当前时间值。

步骤三：

加入统计顾客在银行里时间的直方图数据。

① 打开分析面板，选中“直方图数据”拖动至 Main 图形编辑器中。

② 打开直方图数据的属性视图，修改名称为“timeInSystemDistr”，将“间隔数”修改为 50，“值范围”栏中选择“自动检测”，设置“初始间隔大小”为 0.01，自动更新数据，如图 4.78 所示。

步骤四：

计算顾客在银行中停留的总时长。

① 点击流程图中“sink”模块，打开 sink 属性视图。

② 在“高级”栏的“智能体类型”中选择“Customer”。

③ 在“行动”栏的“进入时”右边文本编辑框中输入代码：

```
timeInSystemDistr.add (time( )-agent.enteredSystem ) ;
```

表示在进入 sink 模块之前，time()函数返回的当前时间值与 Customer 智能体进入银行的时间差为顾客在银行停留的总时间，并将该时间保存至直方图数据“timeInSystemDistr”中，如图 4.79 所示。

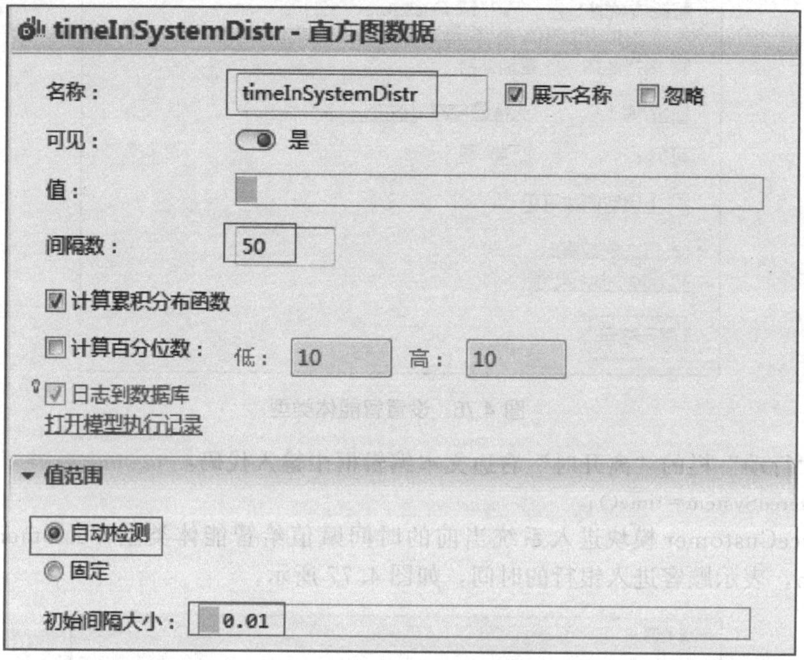

图 4.78　直方图数据设置

图 4.79　统计停留时间

直方图数据的 add()函数表示将一个样本数据项添加到直方图数据中。

④ 运行模型，可以看到模型运行时，直方图数据将会进行相应的统计，如图 4.80 所示。

步骤五：

利用直方图表示顾客在银行内逗留的时间分布。

① 打开“分析”面板，拖动图表中的“直方图”图标到 Main 中，并在属性视图中修改名称为“timeInSystemDistribution”。

② 添加数据。

在属性视图中，点击打开“数据”栏，在数据项的“标题”文本编辑框中输入“timeInSystemDistribution”，“直方图”文本编辑框中输入“timeInSystemDistr”，选择概率密度函数的颜色，如图 4.81 所示。

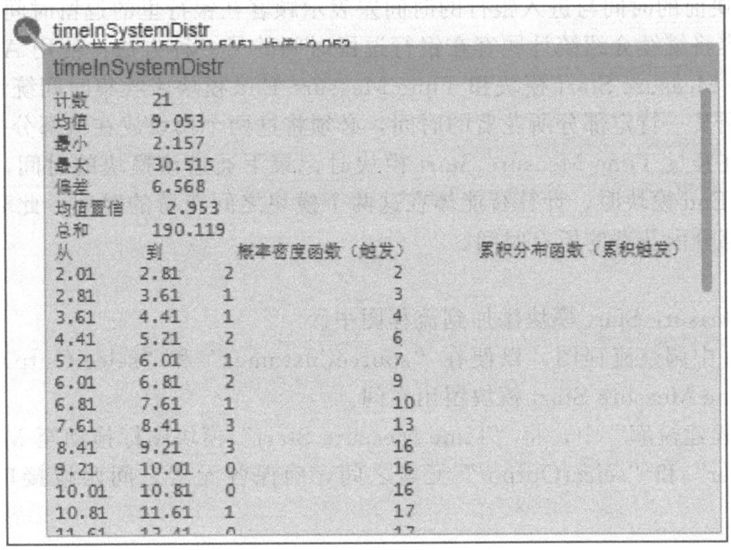

图 4.80 直方图数据统计

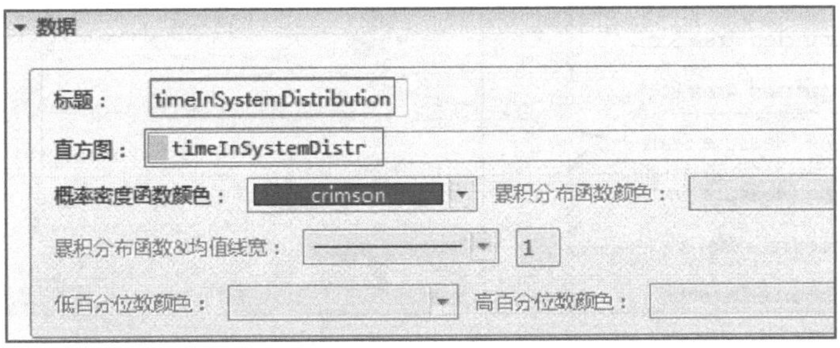

图 4.81 直方图数据设置

③ 运行模型，查看模型运行后的直方图显示，如图 4.82 所示。

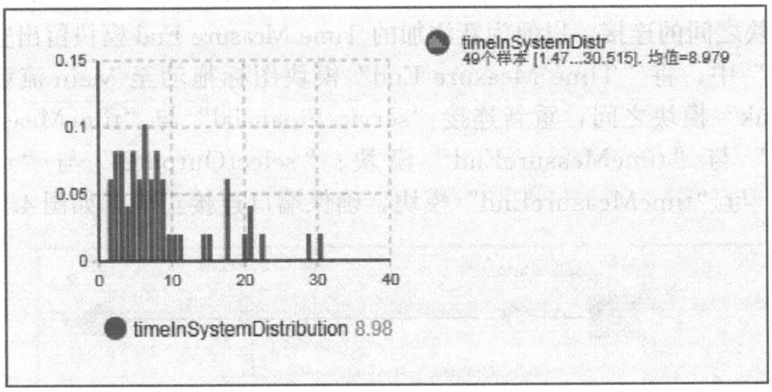

图 4.82 直方图运行图

彩色直方图运行图扫描下面二维码显示

4.4.3 利用Time Measure Start和Time Measure End模块统计时间

上一小节内容中，通过给 Customer 智能体类型添加了一个用于表示顾客时间信息的参数，并将顾客进入银行系统，即离开 sourceCustomer 模块时的时间赋值给该参数，用顾客在进入 sink 模块前的时间与进入银行的时间差表示顾客在银行里的逗留时间。

本小节内容将继续介绍统计顾客在银行逗留时间的另一种方法，使用 AnyLogic 流程建模库中的 Time Measure Start 模块和 Time Measure End 模块来收集时间统计信息。要统计智能体在流程图某一特定部分所花费的时间，必须将这两个模块放在该部分的入口点和出口点处。智能体在经过 Time Measure Start 模块时记录下通过该模块的时间，当智能体经过 Time Measure End 模块时，计算智能体在这两个模块之间花费的时间，此时间为智能体在流程图中指定部分内花费的所有时间。

步骤一：

将 Time Measure Start 模块添加到流程图中。

① 在 Main 中调整流程图，以便在“sourceCustomer”和“selectOutput”模块之间为需新添加的 Time Measure Start 模块留出空间。

② 在“流程建模库”中，将“Time Measure Start”模块图标拖动至 Main 流程图中的“sourceCustomer”和“selectOutput”元素之间，确保各元素之间两端接口的连接。如图 4.83 所示。

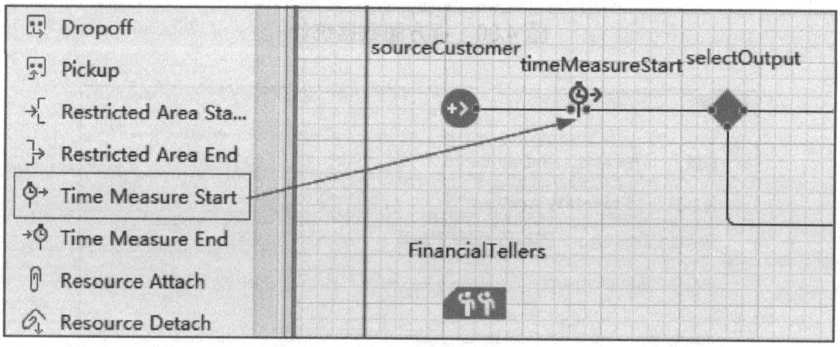

图 4.83 Time Measure Start 模块

步骤二：

将 Time Measure End 模块添加到流程图中。

① 将流程图的“sink”模块往右移动，并删除“serviceFinancial”“serviceCounter”“selectOutput2”与“sink”模块之间的连接，以便为新添加的 Time Measure End 模块留出空间。

② 在“流程建模库”中，将“Time Measure End”模块图标拖动至 Main 流程图中的“selectOutput2”与“sink”模块之间，重新连接“serviceFinancial”与“timeMeasureEnd”模块、“serviceCounter”与“timeMeasureEnd”模块、“selectOutput2”与“timeMeasureEnd”模块、“sink”与“timeMeasureEnd”模块，确保端口连接正确，如图 4.84 所示。

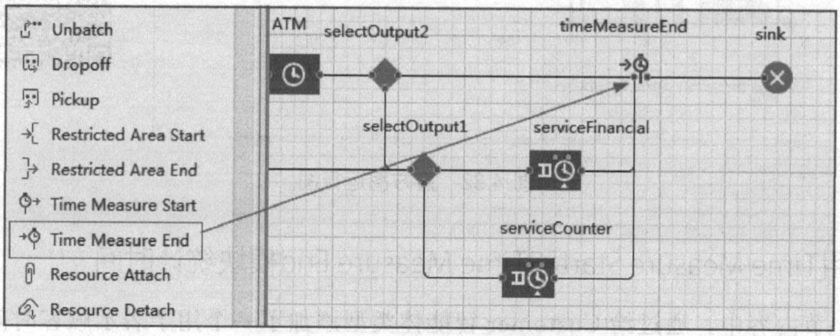

图 4.84 Time Measure End 模块

③ 打开“timeMeasureEnd”属性视图，修改名称为“timeTotal”，对于每一个 Time Measure End 模块必须与之对应一个 Time Measure Start 模块，用于计算智能体在该部分流程中花费的时间，因此，在属性视图中的“Time Measure Start 模块”中，点击按钮，选择“timeMeasureStart”，如图 4.85 所示。

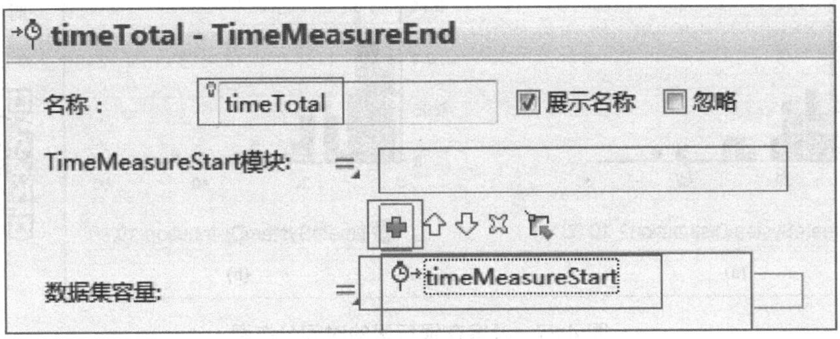

图 4.85 timeTotal 设置

步骤三：

添加直方图来表示收集到的统计信息，并显示在直方图中。

① 在“分析”面板中拖动“直方图”图标至 Main 中。

② 在属性视图中，修改名称为“timeTotalchart”，点击打开“数据”栏，点击“添加直方图数据”，在“标题”文本编辑框中输入“timeInSystemDistribution2”，“直方图”文本编辑框中输入直方图数据“timeTotal. distribution”，选择概率密度函数颜色。如图 4.86 所示。

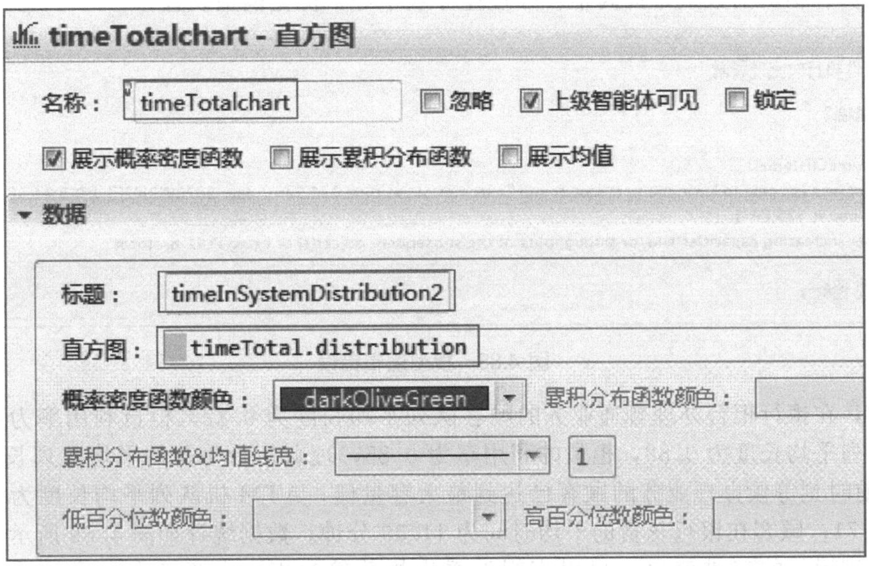

图 4.86 直方图 timeTotalchart

Time Measure End 模块的变量 HistogramData distribution 表示直方图数据对象，它用来收集智能体通过相应的 Time Measure Start 模块后所花费的时间分布。

步骤四：

运行模型，观察顾客在银行里的时间分布情况。如图 4.87 所示。从运行的结果图中可以直观地查看顾客在银行中的时间分布情况，对比 4.4.2 小节添加参数的方法统计时间信息和本小节添加 Time Measure End、Time Measure Start 模块统计时间的两个直方图发现，均值相等，在直方图中的分布情况总体相似。

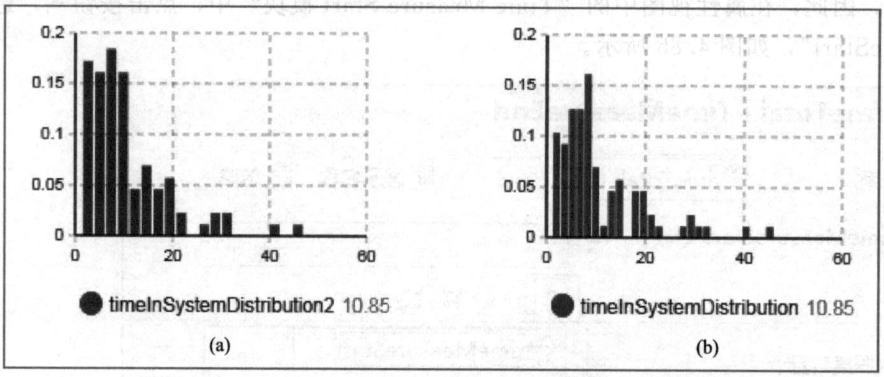

顾客在银行里的时间分布图彩图扫描下面二维码显示

图 4.87　顾客在银行里的时间分布图

(a)采用添加 Time Measure End 和 Time Measure Start 模块统计时间信息的方法；
(b)采用 4.4.2 小节添加参数统计时间信息的方法

4.5　模型结果分析

模型在运行一段时间后，显示如图 4.88 所示的模型逻辑错误。产生该运行错误的原因是顾客等待办理理财业务的队列人数已到达最大容量值 5，进入该系统的顾客选择办理柜台业务时因无法排队导致模型出现错误。可以考虑增加理财柜台办理业务排队的容量值或者合理设置柜台、柜员的数量，提高柜台办理业务效率等，优化模型设置。

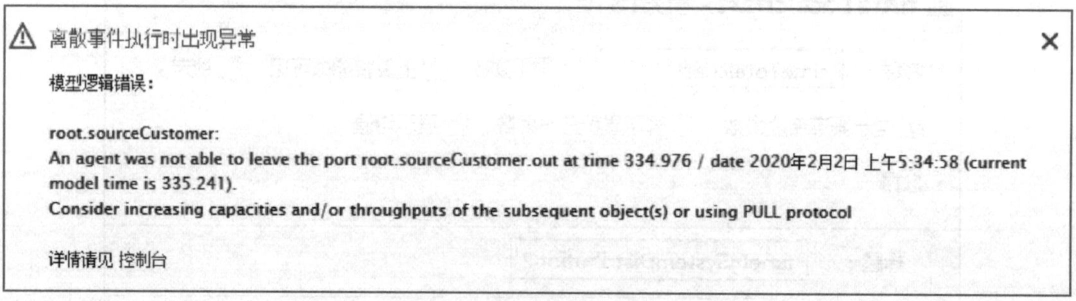

图 4.88　模型逻辑错误

此时，在银行柜台办理普通业务的顾客队列平均长度为 0.82，柜员利用率为 0.71；理财业务队列平均长度为 0.88，柜员的利用率为 0.85，理财柜台等待的平均队列长度不大于 1，但当前时刻等候办理业务的顾客已达到最大容量值；ATM 机队列平均长度为 0.98，利用率为 0.71；顾客在银行花费的平均时间为 11.39 分钟。数据统计如图 4.89 所示。

从模型运行的三维窗口中可以直观地看出排队等候柜台办理业务的顾客人数，如图 4.90 所示。

如需要研究银行柜员的工作强度，柜台、柜员安排的合理性等，应对模型进一步调整设置。

至此，我们完成了关于银行排队模型的简单建模及分析。通过该模型，读者应该对 AnyLogic 离散建模过程有了基本的了解，对使用流程建模库中各模块构建流程图来定义逻辑过程的方法有了初步的认识。

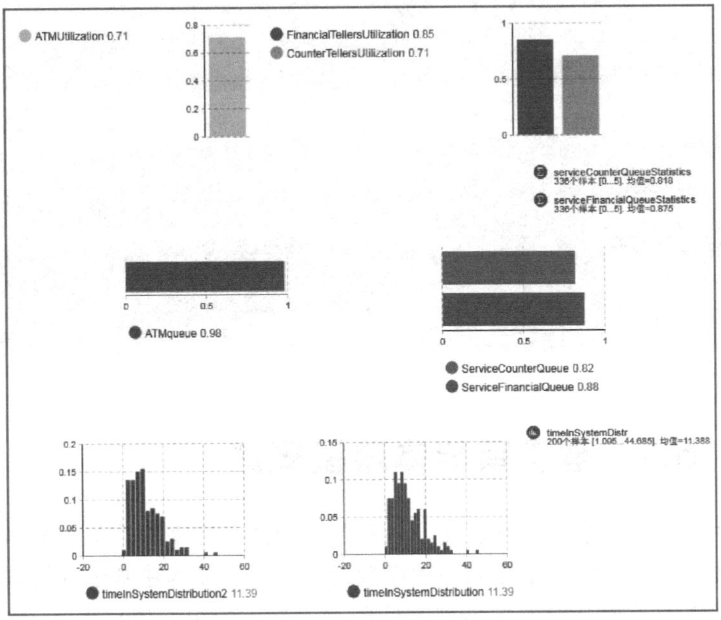

图 4.89 模型数据统计

模型数据统计
彩图扫描下面
二维码显示

图 4.90 三维动画结果图

彩色三维动画结果
图扫描下面
二维码显示

思 考 题

1. 简述流程建模库中常用功能模块的功能用法及主要函数。

2. 利用流程建模库创建超市排队模型。部分条件如下：

(1) 超市营业时间为 8:00～21:00，顾客平均每小时到达 240 人，服从泊松分布。

(2) 进入超市的顾客会先选择在果蔬区、零食区、生活用品区挑选物品，其中 40%的顾客会继续逛生鲜食品区、熟食区，其余则结账离开。

(3) 超市共开设 4 个自动结算机，10 个人工结算柜台。只有 20%的顾客会选择自动结算机结账，其余顾客选择人工结算柜台。其中人工结算柜台服务时间服从三角分布 triangular(1，6，3)，自动结算机服务时间服从三角分布 triangular(1，3，2)。

其他条件自设，通过建模计算顾客在超市平均停留时间、排队等候时间、队列平均长度、资源利用率等数据，根据模型结果，提出可行的优化策略。

第 5 章 基于智能体建模

5.1 基于智能体建模概述

基于智能体建模方法在很多文献中都有定义，从实际应用的角度来看，基于智能体建模可以被简单地定义为分散的、以个体为中心的一种模型设计方法。在构建基于智能体的模型时，建模者需要判断智能体的类型（如人、车辆、订单、产品、公司、项目等）、智能体的活动，定义其行为（如主要驱动因素、反应等），并将它们放置在特定环境中，连接智能体使其相互间能进行互动，运行模型。系统的全局行为通过单个智能体的行为交互产生。AnyLogic 支持基于智能体的建模，也支持智能体建模与其他方法结合的多方法建模。

5.1.1 AnyLogic支持的基于智能体建模

使用 AnyLogic 创建基于智能体模型，常见的案例有消费者市场模型和传染病模型，它们都是利用状态图定义智能体的不同状态及各状态间的变化，描述智能体的行为。基于智能体建模方法也被广泛应用于制造业、物流、供应链、业务流程等方面的研究中。例如，在研究供应链系统模型时，可以将供应链上具有自己目标和规则的各参与者（如生产商、批发商、零售商等）定义为智能体。

在多数情况下，获得智能体内部动态性的最佳方法是使用系统动力学建模方法和离散事件建模方法，将存量、流量图或流程图放置在智能体内部。在智能体外部，智能体所处环境的动态性通常采用传统方法进行建模。因此，许多基于智能体的模型都是多方法模型。

目前，还没有标准的智能体建模语言，因为基于智能体的模型在结构、行为方式、智能体数量、空间等方面是多种多样的，不可能像其他某一方面的建模那样开发通用的建模库（如流程建模库、行人库等），将所有在该建模时可能用到的基本操作存放于同一库中。但许多基于智能体的模型也有共同的“设计模式”，主要包括以下几个方面：

（1）基于对象的结构

基于智能体仿真模型与面向对象的程序设计类似，创建智能体类型时，相当于创建了一个智能体类，智能体类仅存在于模型运行时。同一类的智能体结构和行为相同，但在细节上可能有所不同，比如参数值、变量、状态图等具体值。

（2）时间模型的异步或同步

在创建智能体模型时，需要注意区分异步和同步时间模型。异步时间表示在时间轴上不设定“网格”，即事件可以发生在任意时刻；同步时间表示假设事件只发生在离散的时间点上，即在时间轴的“网格”上，在两个时间点内不发生任何事件。

（3）智能体所处的空间（连续、离散、GIS）及移动性空间被广泛应用于基于智能体的建模中，一般用于可视化智能体。AnyLogic 智能体的空间类型包括离散、连续、GIS 三种。不同类型的智能体、智能体群可以在同一个空间中，并且在所处空间中是可以移动的。

(4) 智能体间的网络链接

许多基于智能体的模型中，智能体间存在一定的网络关系。AnyLogic 提供了四种标准的网络类型：基于距离、环状格子、小世界、不限范围等，用户也可以根据需要自定义网络类型。

(5) 智能体的动态创建和销毁

AnyLogic 通过特定的函数可以动态创建或销毁智能体（活动对象）。

(6) 智能体群的数据统计、收集

在 AnyLogic 中，基于智能体模型统计、收集数据最简单的方法是利用智能体群的标准统计函数，可以统计满足某一条件的智能体数量，或者计算某一属性在总智能体群中的平均值。

5.1.2 如何创建基于智能体的模型

基于智能体建模是最简单的建模方法，可以不用知道系统的全部行为，可以不用确定关键变量及其相关性，可以不用确定系统流程，只需对系统中单个对象的行为确定即可。基于智能体建模时，首先确定系统中解决问题最重要的对象，并确定其行为。然后将该对象创建为智能体类，并设计出行为方式。

在创建一个基于智能体模型的过程中，需考虑以下几点：

i. 确定实际系统中比较重要的对象，这些对象将被确定为模型的智能体。

ii. 确定实际对象间的持续性关系，并建立智能体之间相应的关系链接。

iii. 根据需要选择空间模型并且设定智能体在空间中的位置，如果智能体是移动的，则需设置智能体移动的速度、路径等。

iv. 判断智能体生命周期中的重要事件，这些事件可能由外部触发，也可能是由智能体自身动态性引起的内部事件。

v. 明确智能体的行为。

① 智能体对外部事件的反应，可以使用消息处理和函数调用两种方法。

② 智能体的状态及变化，可以使用状态图定义智能体的状态及变化。

③ 智能体内部事件处理，可以使用事件或到时变迁来定义。

④ 智能体的内部流程，可以在智能体中创建流程图。

⑤ 智能体动态的连续时间，可以在智能体中创建存量、流量图。

vi. 确定智能体间的通信模式及其时间规律。

vii. 确定智能体需要记录的各类信息，并确定存储方式和信息内容。

viii. 存在于所有智能体外部并且被所有智能体所共享的信息、动态，被定义为模型的全局变量。

ix. 定义各类数据统计结构，保存模型的输出结果。

5.2 传染病扩散模型简介

传染病扩散模型是基于智能体建模的一个典型应用，用来构建一个显示传染病在大量人群中传播过程的模型。假设某地区的大小为 10 公里×10 公里，人口约为 1 万人，最开始该地区发现 3 人患有某种疾病，该病能以一定的方式传染给 1 公里范围内的其他易感人群。一旦被感染后，不会直接表现出患病症状，该时期被称为潜伏期，潜伏期也具有传染性。经过一定的潜伏期后被感染者表现出患病的症状，此时的传染性更强。经过医院隔离治疗后，患者痊愈并产生抗体，在一定的时间内对该病免疫。

ⅰ. 模型的已知条件如下：

① 假设正常情况下，每人每日平均接触 5～10 人。处于潜伏期的人每天接触的其他易感人群被传染的概率为 0.1。

② 该病的潜伏期在 10 天左右，最长 14 天，最短 2 天，服从三角分布。

③ 表现出患病症状后，病人会在一周内去医院就医，在此期间平均接触 1～3 人，接触的易感人群被传染的概率为 0.6。

④ 接受一定时间的治疗，98.5%的病人能够治愈，治疗期为 5～12 天，最常见的 9 天左右，服从三角分布，在此期间处于隔离状态，无传染。

⑤ 当患病的人痊愈后，会对这种传染病产生短期抗体，但是不会一直免疫，免疫期只持续 10～35 天，结束免疫期后回到易感染的状态。

⑥ 仿真建模过程中，人与人之间疾病的传染可通过消息“Infection”实现。

ⅱ. 通过建模，需要得出以下信息。

① 查看不同状态的人数随时间变化的对比图。

② 通过参数变化，对比不同感染率下各种状态人数的时间折线图变化情况。

③ 观察传染病传播的动画变化。

5.3 创建传染病模型

5.3.1 创建人的智能体

步骤一：

新建一个传染病模型。

选择“文件”→“新建”→“模型”，在新建模型窗口中，输入模型名“基于智能体的传染病模型”，选择存储位置，选择模型时间单位为“天”。

步骤二：

① 在“智能体”面板中选中“智能体”图标，拖动至Main中，在弹出的“第 1 步 . 选择你想创建什么”对话框中，选择“智能体群”，表示要创建同一类型的多个智能体。如图 5.1 所示，点击“下一步”按钮，进入下一步设置界面。

② 在“第 2 步 . 创建新智能体类型”对话框中，在“新类型名”右边文本编辑框中输入“Person”，此时，“智能体群名”中的信息自动变为“people”，选择“我正在‘从头’创建智能体类型”，如图 5.2 所示，点击“下一步”按钮，进入下一步设置界面。

③ 在“第 3 步 . 智能体动画”对话框中，选择“无”，如图 5.3 所示，点击“下一步”按钮，进入下一步设置界面。

④ 在“第 4 步 . 参数设置”对话框中，可以定义智能体的参数，在本案例中此处不定义参数，直接点击“下一步”按钮，进入下一步设置界面。

⑤ 在“第 5 步 . 群大小”对话框中，在“创建群具有…个智能体”文本编辑框中输入 10000，创建 10000 个 Person 类的智能体，如图 5.4 所示。

⑥ 在“第 6 步 . 配置新环境”对话框中，保留“空间类型”的默认值选项“连续”及“大小”值“500×500”，表示模型运行时将会在 500×500 像素的矩形框内显示智能体。

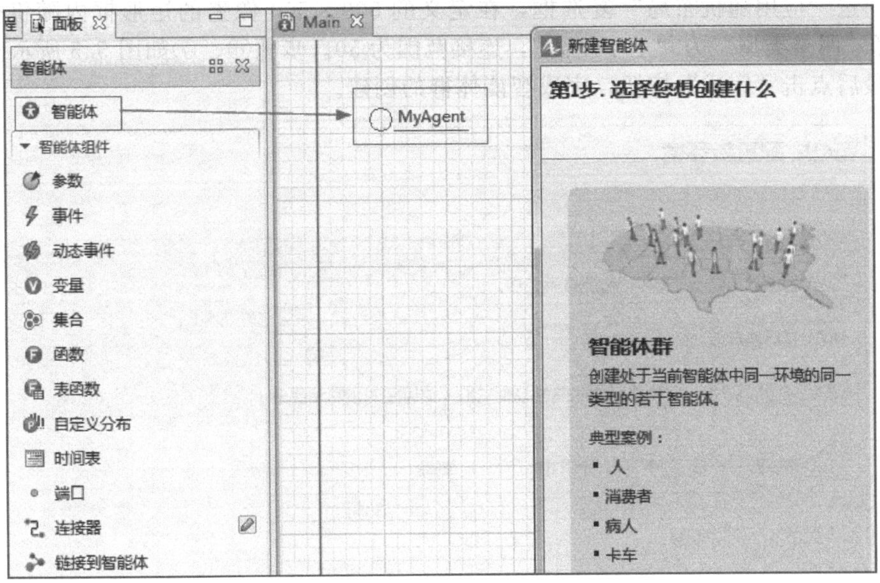
面板
Main
智能体
智能体
MyAgent
智能体组件
参数
事件
动态事件
变量
集合
函数
表函数
自定义分布
时间表
端口
连接器
链接到智能体
新建智能体
第1步. 选择您想创建什么
智能体群
创建处于当前智能体中同一环境的同一类型的若干智能体。
典型案例：
人
消费者
病人
卡车

图 5.1 第 1 步

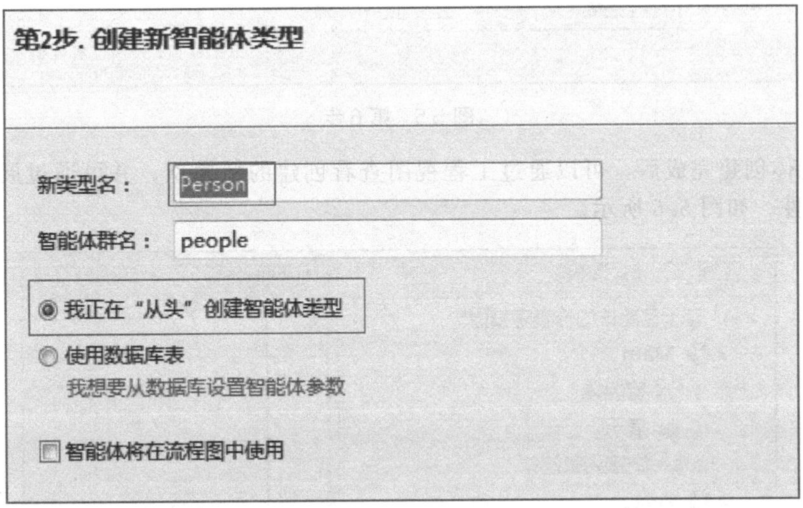
第2步. 创建新智能体类型
新类型名：
Person
智能体群名：
people
我正在“从头”创建智能体类型
使用数据库表
我想要从数据库设置智能体参数
智能体将在流程图中使用

图 5.2 第 2 步

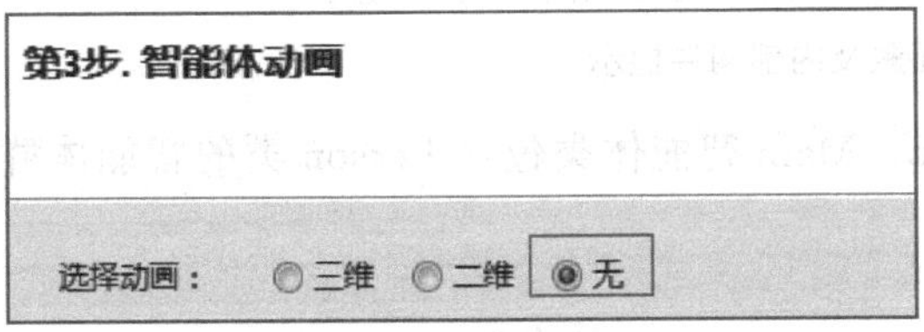
第3步. 智能体动画
选择动画：
三维
二维
无

图 5.3 第 3 步

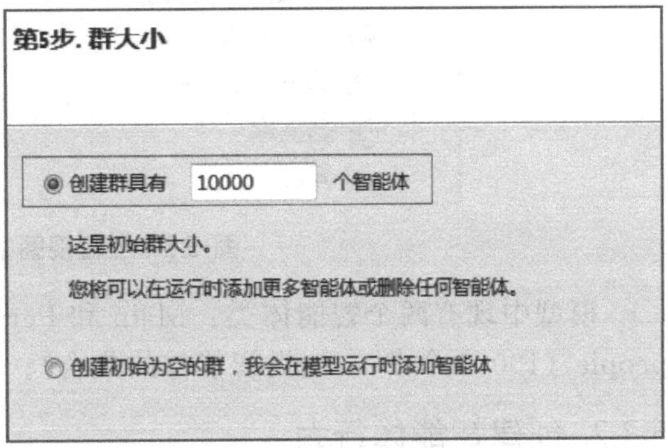
第5步. 群大小
创建群具有
10000
个智能体
这是初始群大小。
您将可以在运行时添加更多智能体或删除任何智能体。
创建初始为空的群，我会在模型运行时添加智能体

图 5.4 第 5 步

⑦ 勾选“应用随机布局”复选框，在定义的500×500像素的矩形框内随机分布智能体。选择“网络类型”为“基于距离”，连接范围为50。步骤⑥、⑦如图5.5所示。

⑧ 最后点击“完成”按钮，完成智能体群的创建。

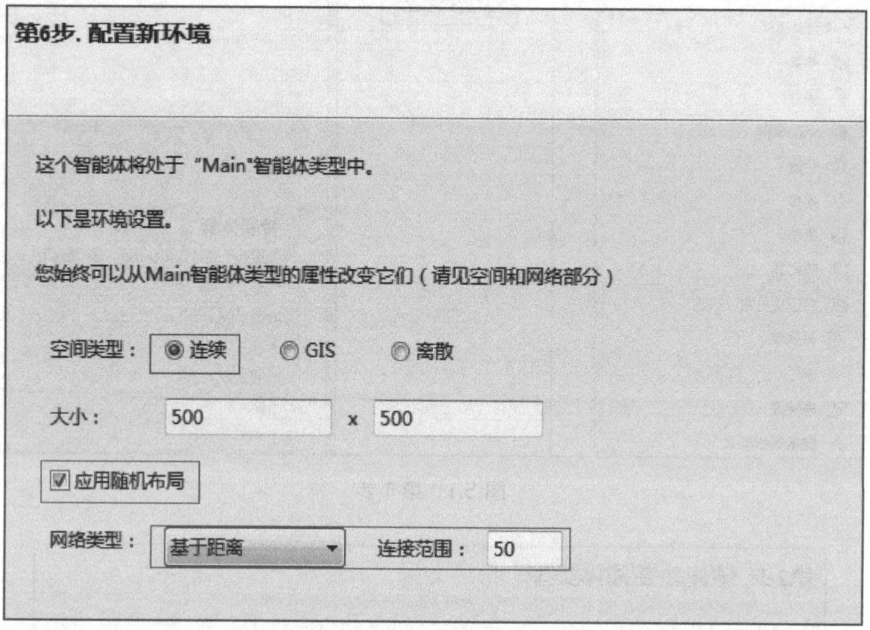

图 5.5 第 6 步

⑨ 智能体创建完成后，可以通过工程视图查看创建的新模型，并可通过展开模型树查看其内部构件，如图5.6所示。

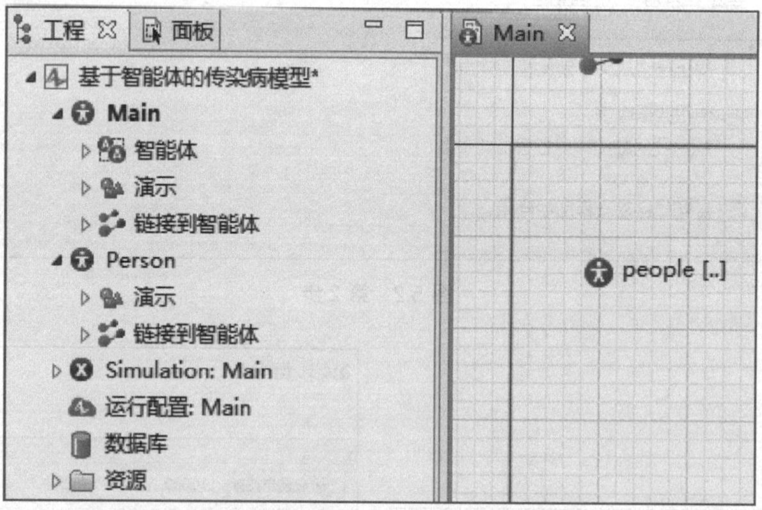

图 5.6 工程视图中元素及内部构件显示

模型中现有两个智能体类：Main和Person。Main智能体类包含Person类的智能体群people（10000个Person类智能体的集合）。

5.3.2 创建智能体行为

在该传染病模型中，每个人可处于易感染、潜伏、发病、隔离、治愈几个不同的状态，并且随着时间状态发生变化。智能体类的这种状态变化过程可以通过状态图来定义，AnyLogic 的状态图面板中提供了创建状态图所需要的状态图进入点、状态、变迁等元素。

步骤一：

创建状态图的进入点。

① 打开智能体 Person 图形编辑器。

② 打开“状态图”面板，选中“状态图进入点”图标拖动至“Person”图形编辑器中。如图 5.7 所示。

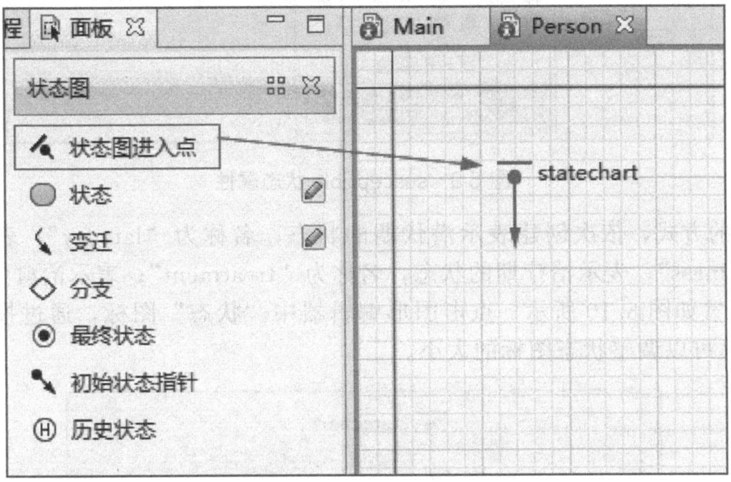

图 5.7 创建状态图进入点

步骤二：

创建表示智能体行为变化的各状态。

① 在“状态图”面板选中“状态”图标拖动至 Person 图形编辑器中，并放置到“状态图进入点”箭头端部，若箭头端部显示为绿色圆圈，状态图进入点箭头显示为黑色，即自动创建连接成功，如图 5.8 所示。放置完成后也可以通过单击连接线看是否出现小绿圆圈来检查状态图进入点与第一个状态之间是否连接成功。

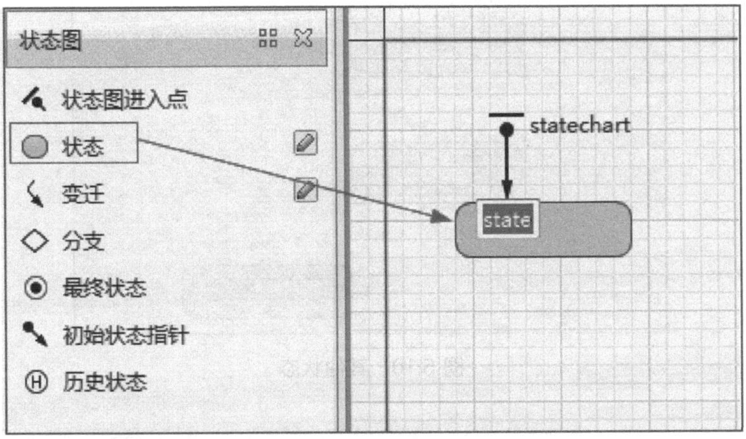

图 5.8 创建状态

② 打开属性视图，修改状态名称为“susceptible”，选择填充颜色，表示易感染状态，如图 5.9 所示。

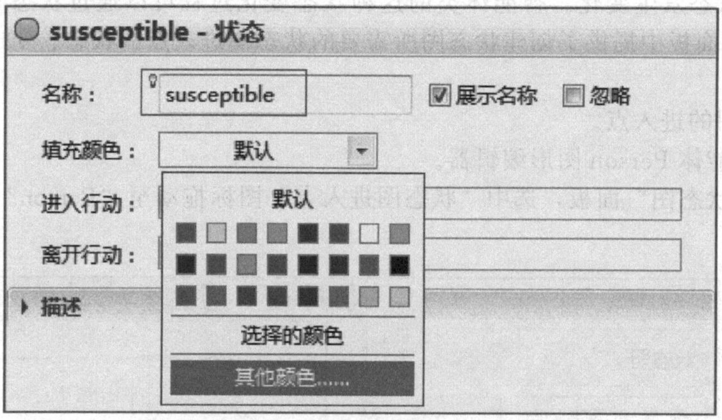

图 5.9 susceptible 状态属性

③ 以同样的方式，依次创建表示潜伏期的状态，名称为“latency”；表示发病期的状态，名称为“illness”；表示治疗期的状态，名称为“treatment”；表示治愈的状态，名称为“recovery”，位置如图 5.10 所示。点击图形编辑器中“状态”图标，通过拖动状态图标边缘的蓝色小方框可以调整状态图标的大小。

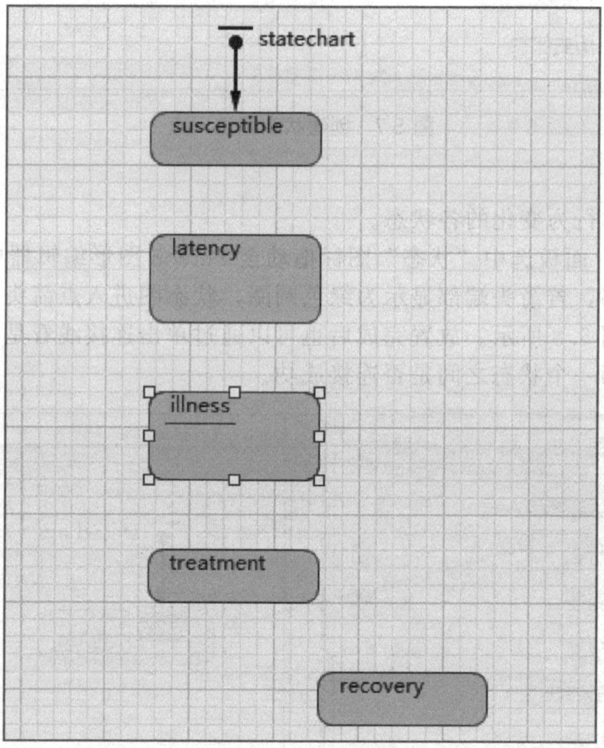

图 5.10 其他状态

步骤三：

绘制 susceptible 状态与 latency 状态之间的变迁线，并设置变迁的触发方式。

① 从“状态图”面板中选中“变迁”图标拖动至“Person”图形编辑器中“susceptible”状态与“latency”状态之间，（或者双击“变迁”右边小铅笔图标，激活绘图模式，直接在两个状态图标之间绘制变迁）。若连接成功，显示绿色小圆圈，若没有连接到两端的状态，

则显示为红色。如图 5.11 所示。

② 修改变迁的名称。

点击“变迁”图标打开属性视图，修改变迁名称为“infect”，并勾选“展示名称”复选框，该变迁名称将会展示在状态图中。

③ 修改变迁的触发方式。

在“触发于”下拉列表中选择“消息”，“消息类型”下拉列表中选择“String”，“触发变迁”项中选择“特定消息时”，“消息”右边文本编辑框中输入“Infection”。如图 5.12 所示。

本模型中我们设定疾病只通过消息“Infection”传播，因此，Susceptible 状态向 latency 状态的变迁是由于接收到消息“Infection”所引起的。

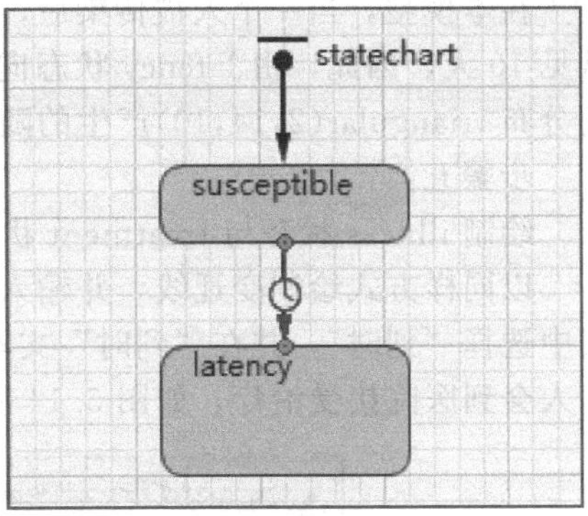

图 5.11 添加变迁

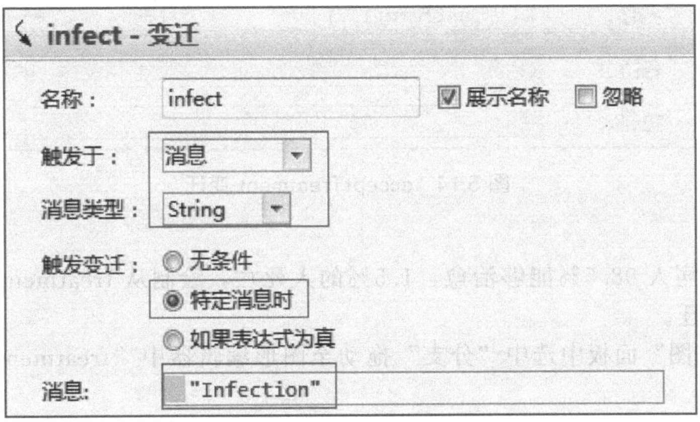

图 5.12 infect-变迁

步骤四：

绘制 latency 状态与 illness 状态之间的变迁线。

① 以同样的方式绘制“latency”状态与“illness”状态之间的变迁线。

② 修改变迁的名称为“endOfLatency”，勾选“展示名称”。

③ 在“触发于”下拉列表中选择“到时”，“到时”文本编辑框中输入“triangular(2,14,10)”，单位为“天”，如图 5.13 所示。

图 5.13 endOfLatency-变迁

在本模型，当一个人被传染后，最短 2 天，最长 14 天，会表现出发病症状，潜伏期最常见 10 天，因此，由 latency 状态向 illness 状态的变迁中使用到时触发，触发时间服从三角分布 triangular(2,14,10)产生的随机数。

步骤五：

绘制 illness 状态与 treatment 状态之间的变迁线。

以同样方式绘制变迁线，并输入变迁名称为“acceptTreatment”，在“触发于”下拉列表中选择“到时”，并在“到时”文本编辑框中输入“uniform(1,7)”，表示患病后 1～7 天病人会到医院接受治疗，如图 5.14 所示。

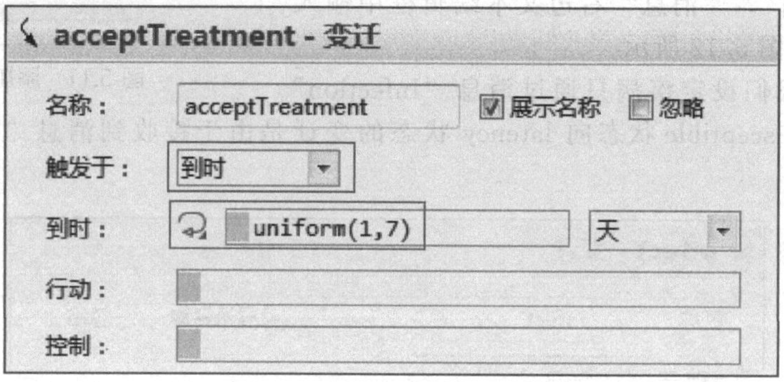

图 5.14 acceptTreatment-变迁

步骤六：

接受治疗的病人 98.5%能够治愈，1.5%的人死亡，绘制从 treatment 状态到 recovery 状态及死亡的变迁。

① 在“状态图”面板中选中“分支”拖动至图形编辑器中“treatment”状态下方，如图 5.15 所示。

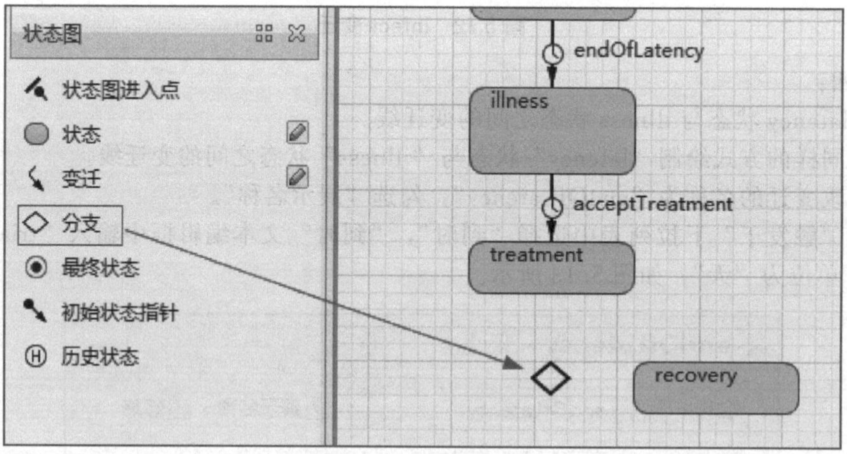

图 5.15 添加分支

② 绘制 treatment 状态与分支之间的变迁线，修改变迁的名称为“endOfTreatment”，在“触发于”下拉列表中选择“到时”，并在“到时”文本编辑框中输入“triangular(5,12,9)”，如图 5.16 所示。

③ 绘制分支与 recovery 状态之间的变迁，修改变迁名称为“survived”，选择“条件”，条件文本编辑框中输入“randomTrue(0.985)”，如图 5.17 所示。

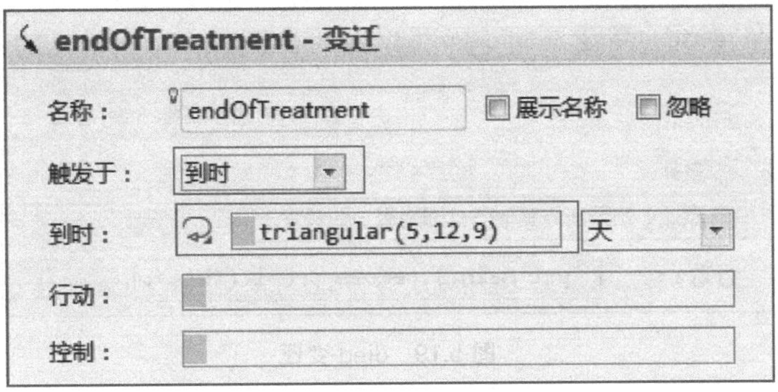

图 5.16 endOfTreatment-变迁

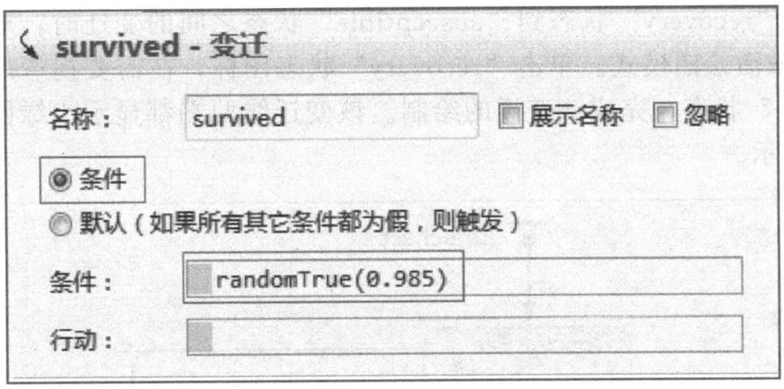

图 5.17 survived-变迁

randomTrue(double p)函数以给定的概率值 p 返回 true，相当于 random()<p。

④ 在“状态图”面板中选中“最终状态”拖动至图形编辑器中分支图标下方，修改名称为“dead”，如图 5.18 所示。

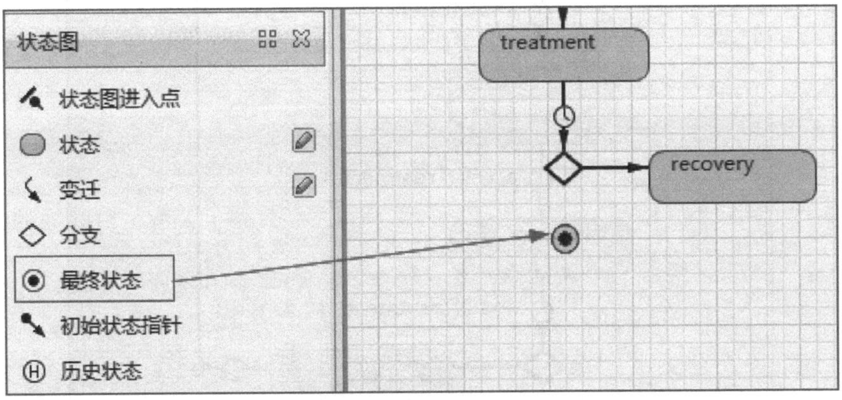

图 5.18 添加最终状态

⑤ 绘制分支与最终状态之间的变迁，修改变迁的名称为“died”，选择“默认（如果所有其他条件都为假，则触发）”。

⑥ 死亡后的病人需从系统中移除，添加移除智能体代码。打开变迁“died”属性，在“行动”文本编辑框中输入代码：

```
get_Main().remove_people(this);
```

如图 5.19 所示。

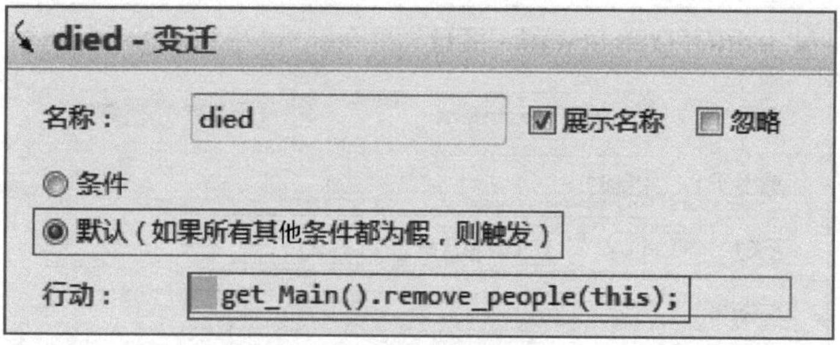

图 5.19　died-变迁

步骤七：

绘制 recovery 状态与 susceptible 状态之间的变迁。

① 在绘制从“recovery”状态到“susceptible”状态之间的变迁时，双击“变迁”右边的小铅笔图标，激活绘图模式。单击“recovery”状态图标，在需要拐弯的地方单击，最后单击“susceptible”状态，完成该变迁的绘制。该变迁线两端都显示小绿圆圈时，表示已连接，如图 5.20 所示。

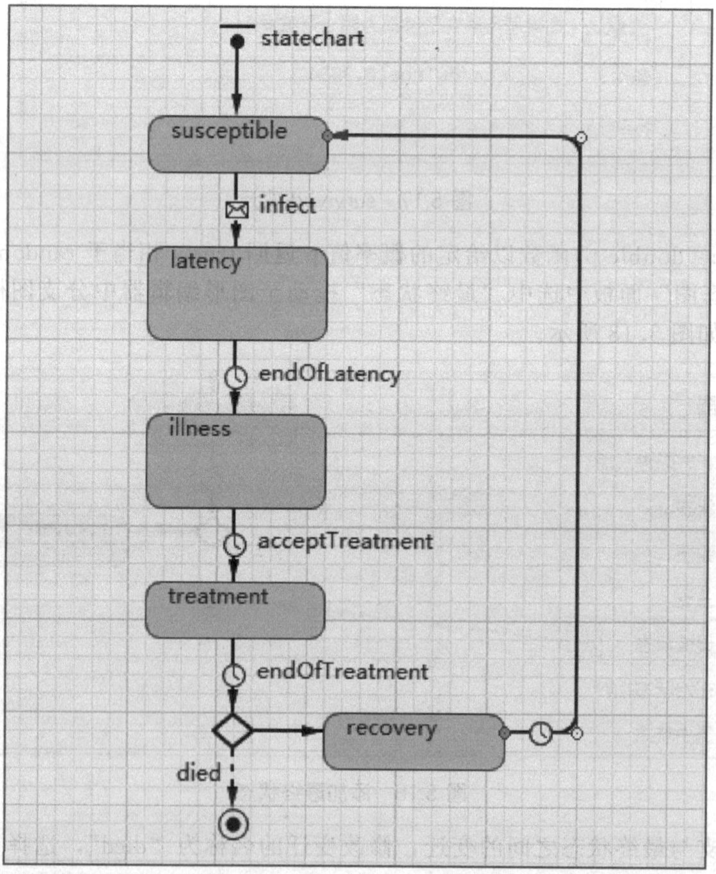

图 5.20　绘制 recovery 与 susceptible 之间变迁线

② 打开属性视图，修改变迁名称为“endOfImmunity”，在“触发于”下拉列表中选择“到时”，并在“到时”文本编辑框中输入“uniform(10，35)”，表示免疫期的持续时间在 10 到 35 天，如图 5.21 所示。

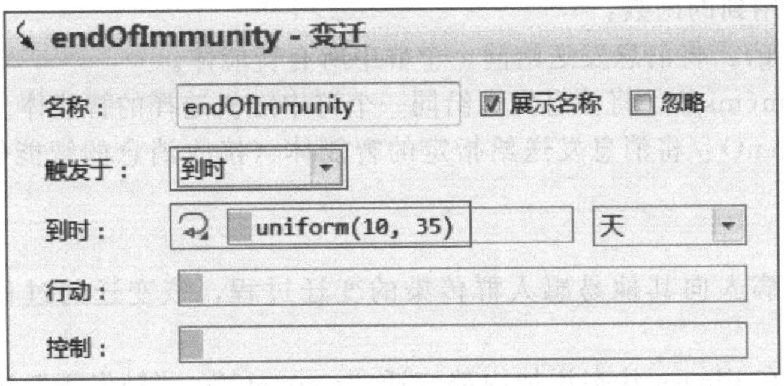

图 5.21 endOfImmunity-变迁

步骤八：

增加潜伏期的病人向其他易感人群传染的变迁过程，该变迁的过程都在 latency 状态内部。

① 添加 latency 状态的内部变迁。

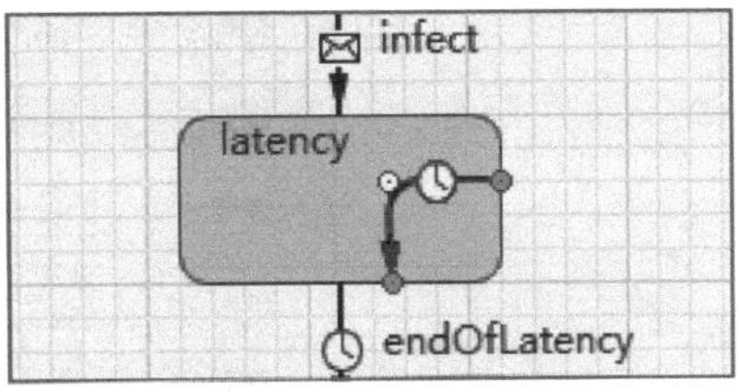

图 5.22 latency 内部变迁

在“状态图”面板中选中“变迁”图标拖动至“latency”状态上，使“变迁”图标的起始点位于该状态的边缘上，然后将终点拖动至该状态的另一个边缘上。双击变迁可添加转折点，如图 5.22 所示。

内部变迁是位于一个状态内部的循环变迁，内部变迁的始点和终点均位于该状态的边缘。由于内部变迁不会离开闭合的状态，在此状态外部的状态图中不起作用。该变迁发生时不会执行状态的进入行动或离开行动，且不会离开此状态中的当前简单状态。

② 修改此内部变迁的属性。

打开属性视图，修改变迁的名称为“contact1”，勾选“展示名称”，“触发于”选择“速率”，“速率”右边文本编辑框中输入“uniform(5,10) * 0.1”，“行动”右边文本编辑框中输入代码“sendToRandom(" Infection");”，如图 5.23 所示。

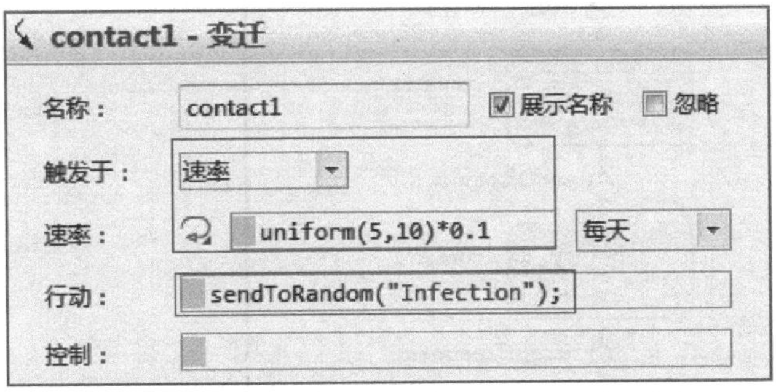

图 5.23 contact1-变迁

患病的人通过消息“Infection”向他接触的人传播病毒，每个人每单位时间接触 5 到 10 个人，而接触的人患病的概率是 0.1，所以传播速率是 uniform(5,10) * 0.1。

AnyLogic 支持基于智能体建模的独有通信机制：消息传送（message passing）。一个智能体能够向另一个独立的智能体或一组智能体发送消息。消息可以是任何类型或复杂性的对象，包括文本字符串、整数、对对象的引用或多个字段的结构。

为将消息发送给另一个智能体，需使用指定的函数。下面列出了从一个智能体发送消息到其他智能体最常用到的函数：

sendToAll(msg)：将消息发送给同一个群中所有智能体。

sendToRandom(msg)：将消息发送给同一个群中随机选择的智能体。

send(msg, agent)：将消息发送给指定的智能体（接收消息的智能体为函数的第二个参数）。

步骤九：

增加发病期的病人向其他易感人群传染的变迁过程，该变迁的过程都在 illness 状态内部。

以同样的方式在 illness 状态添加内部变迁“contact2”，“触发于”选择“速率”，“速率”右边文本编辑框中输入“uniform(1,3) * 0.6”，在“行动”右边文本编辑框中输入代码“sendToRandom(" Infection");”，如图 5.24 所示。

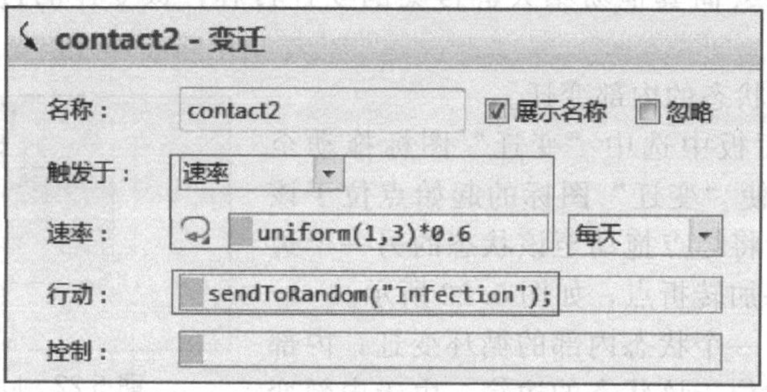

图 5.24 contact2-变迁

至此，创建的智能体类型 Person 的整个传染病传播状态图绘制完成，如图 5.25 所示。

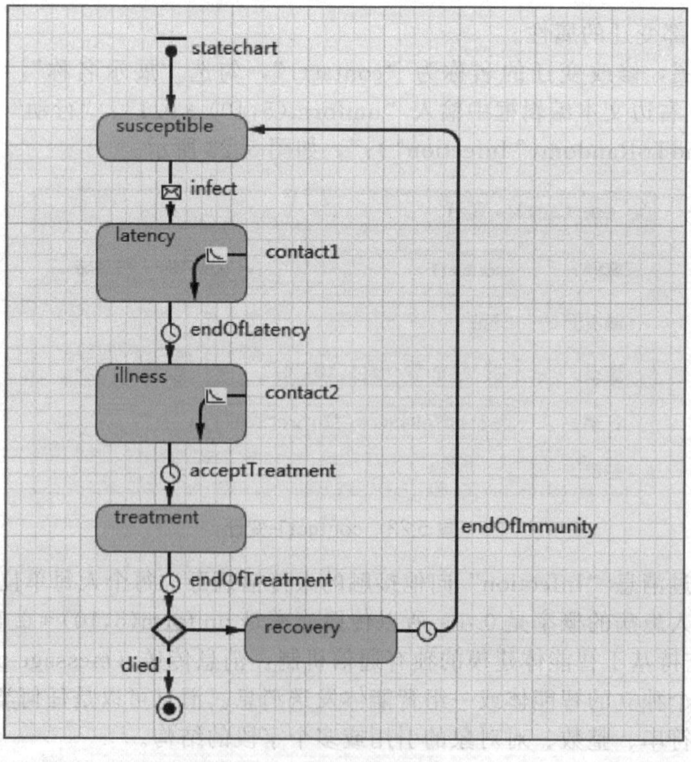

图 5.25 传染病传播状态图

5.3.3 设置模型初始状态

本模型中，该地区最开始发现 3 人患病，其余人都处于易感染状态（没有免疫）。在模型开始启动时，可以通过向智能体群 people 中的随机 3 人发送消息“Infection”，使其被感染该传染病。

步骤：

① 打开 Main 的属性视图。

② 在“智能体行动”栏“启动时”文本编辑框中输入如下代码：

```
for(int i=0; i<3; i++)
  send("Infection",people.random());
```

如图 5.26 所示。

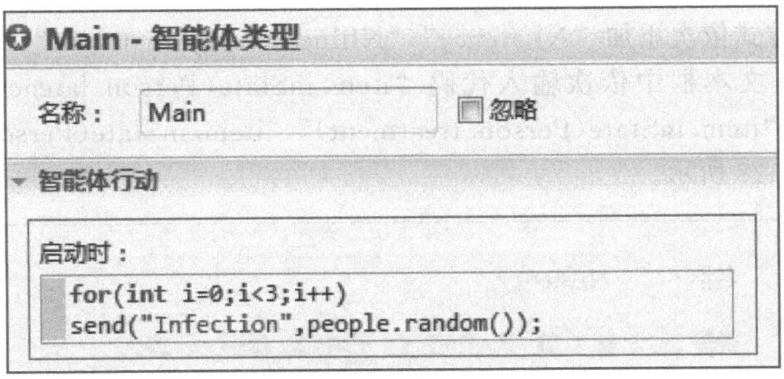

图 5.26 设置初始状态

该代码中 send(msg,agent) 函数，将消息 msg 发送到指定的智能体 agent。random() 函数在此用于随机返回智能体群中的智能体。

5.4 统计分析

5.4.1 添加数据统计信息

定义统计不同状态下人口数量的函数，并利用时间折线图观察不同状态的人数随时间变化的情况。

步骤一：

添加统计智能体群数据的函数，保存各状态的人口数量。

① 在 Main 图形编辑器中点击智能体群“people”图标，打开智能体群的属性视图。

② 在“统计”栏中点击添加统计的按钮图标 。

③ 在“名称”文本编辑框内输入“NSusceptible”，类型选择“计数”，在给定的智能体群中进行迭代统计。

④“条件”文本框中输入代码“item. inState(Person. susceptible)”。如图 5. 27 所示。

item 表示在迭代过程中当前正在接受检查的智能体。

inState()是状态的一个标准函数，检查状态图中的指定状态是否被激活，如果是，返回 true，否则返回 false。

susceptible 是智能体 Person 内的一个状态，因此前面加智能体类名。

函数“条件”文本框中也可以输入代码“item. statechart. isStateActive(Person.susceptible) ”，其中 statechart 是状态图名称，isStateActive()是状态图的一个标准函数，如果智

能体当前状态为给定的状态，则返回 true。

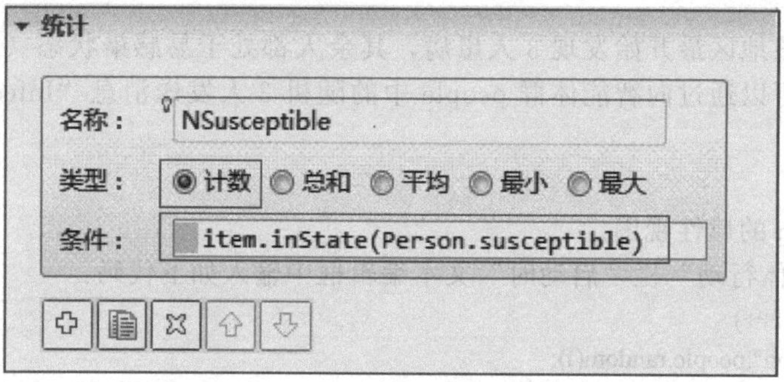

图 5.27 统计函数 NSusceptible 的添加

⑤ 按同样的方式依次添加“NLatency”“NIllness”“NTreatment”“NRecovery”统计函数，在“条件”文本框中依次输入代码“item. inState(Person. latency)”“item. inState(Person.illness)”“item. inState(Person. treatment)”“item. inState(Person. recovery)”。其他统计函数如图 5.28 所示。

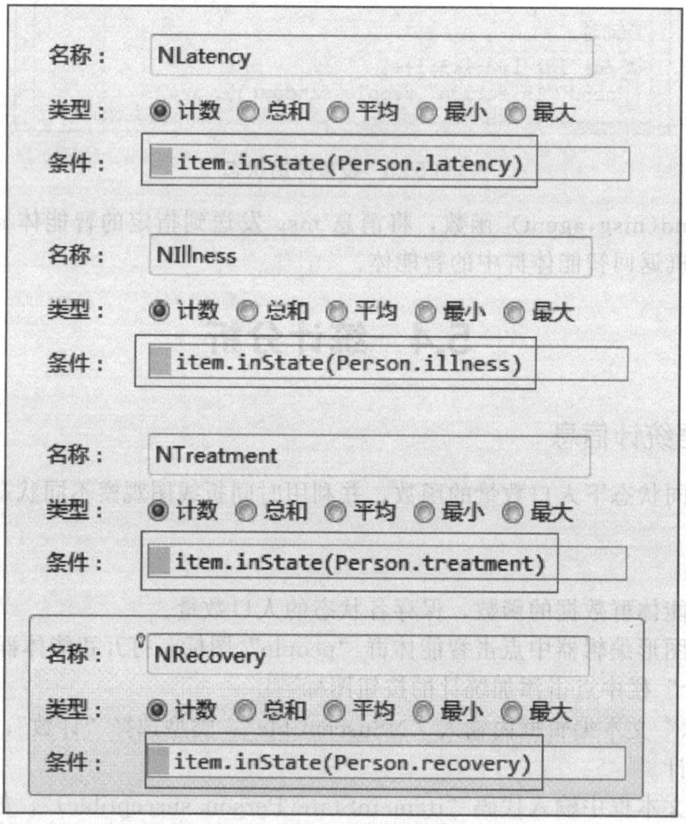

图 5.28 其他统计函数

步骤二：

添加时间折线图来显示不同状态的人数随时间变化的情况。

① 打开“分析”面板，拖动“时间折线图”到 Main 图形编辑器中。

② 打开时间折线图的属性视图，在“数据”栏中点击添加按钮图标，添加数据项。

③ 在数据项中选择“值”，“标题”文本编辑框中输入名称“Susceptible”，“值”文本框中输入代码“people. NSusceptible()”，调用创建的统计函数 NSusceptible()，将该函数的返回值作为时间折线图的 y 轴值。设置点样式、颜色、线宽等属性。如图 5. 29 所示。

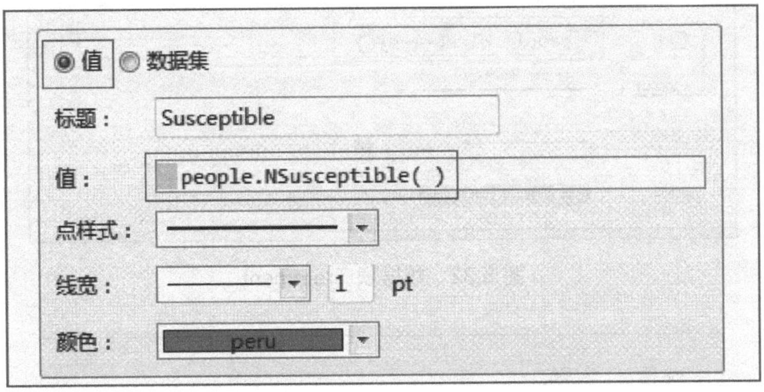

图 5.29 数据项 Susceptible

④ 在此折线图中，依次添加其他数据项。

“Latency”数据项，“值”为“people. NLatency()”，如图 5. 30 所示。

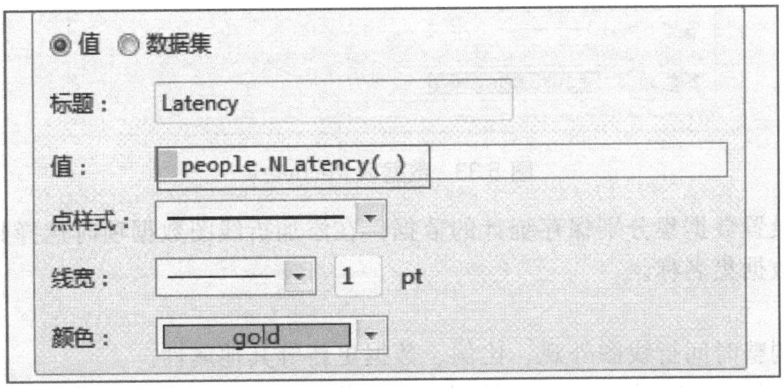

图 5.30 数据项 Latency

“Illness”数据项，“值”为“people. NIllness()”，如图 5. 31 所示。

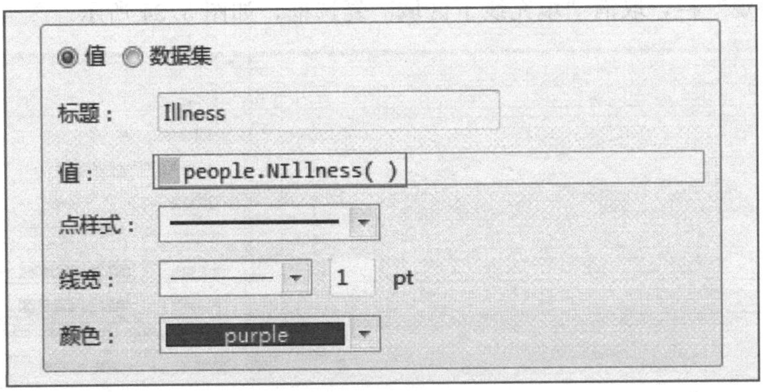

图 5.31 数据项 Illness

“Treatment”数据项，值为“people. NTreatment()”，如图 5. 32 所示。

“Recovery”数据项，值为“people. NRecovery()”，如图 5. 33 所示。

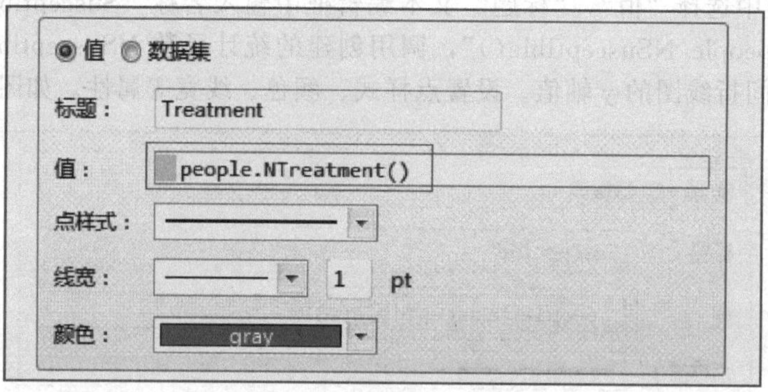

图 5.32　数据项 Treatment

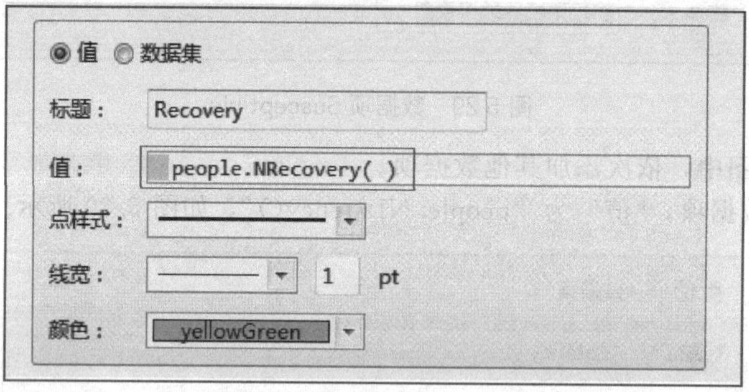

图 5.33　数据项 Recovery

也可以先设置数据集分别保存统计的数据，在添加折线图数据项时选择数据集，数据项中输入对应的数据集名称。

步骤三：

根据需要调整时间折线图外观、比例、数据更新等其他属性。

① 在时间折线图属性视图中，“数据更新”栏选择“自动更新数据”，显示至多“100”个最新样本。

② 拖动折线图边缘上的小方块，横向拉长时间折线图，使横向刻度显示更清楚。

③ 在“外观”栏，取消“填充线下区域”复选框，如图 5.34 所示。

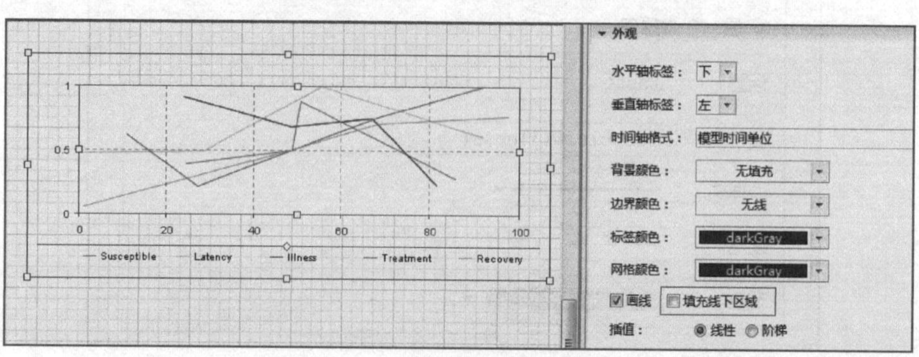

图 5.34　时间折线图属性设置

步骤四：

运行模型，查看折线图。如图 5.35 所示。

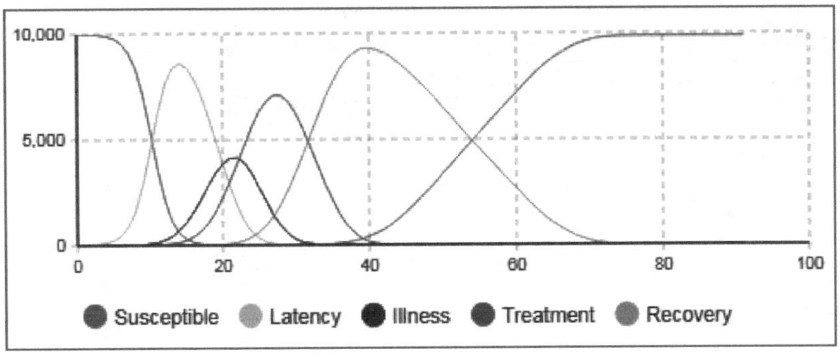

彩色模型运行折线图扫描下面二维码显示

图 5.35 模型运行折线图

5.4.2 添加状态变化动画

创建模型运行时不同状态变化的动态显示图形，直接观察传染病的传播变化规律。

使用演示面板中的元素，为智能体定义一个显示图形，并设置在不同状态下显示不同颜色。

步骤一：

设置智能体显示的图形。

① 打开“Person”智能体类型的图形编辑器视图。

② 在“演示”面板选中“椭圆”图标，拖动至“Person”图形编辑器中。

③ 在属性视图中，“外观”栏“填充颜色”下拉列表中选择颜色，“线颜色”选择“无色”。如图 5.36 所示。

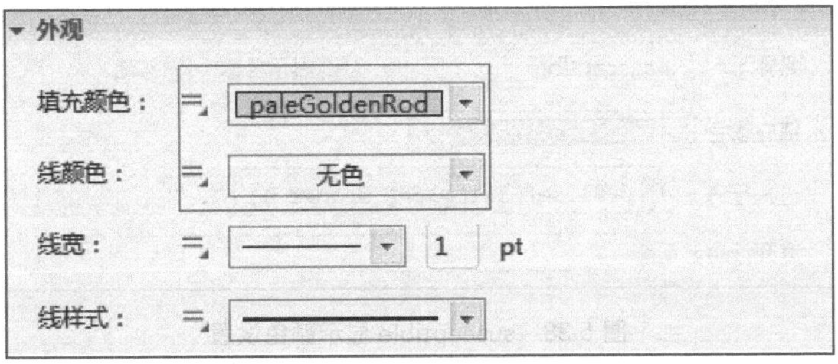

图 5.36 填充颜色设置

④ 在“位置和大小”栏中，设置 X、Y 坐标为 0，半径为 2，如图 5.37 所示。此时 oval 图标位于 Person 图形编辑器的原点位置上。

步骤二：

定义在不同状态下，智能体图形的显示颜色。

① 在“Person”图形编辑器中，选中状态图中的“susceptible”状态，打开属性视图。

② 在“进入行动”文本编辑框中输入代码“oval.setFillColor(orange);”，表示当进入到 susceptible 状态时执行以上代码，为图形 oval 填充 orange 颜色，如图 5.38 所示。

setFillColor()函数是演示图形的标准函数，用来设置图形填充颜色，orange 为颜色名，为了便于区分不同状态图中智能体显示的颜色，将状态的填充颜色与 setFillColor()设置的智能体图形的填充颜色保持一致。

③ 同样方法设置其他状态的“进入行动”代码，以及填充颜色。

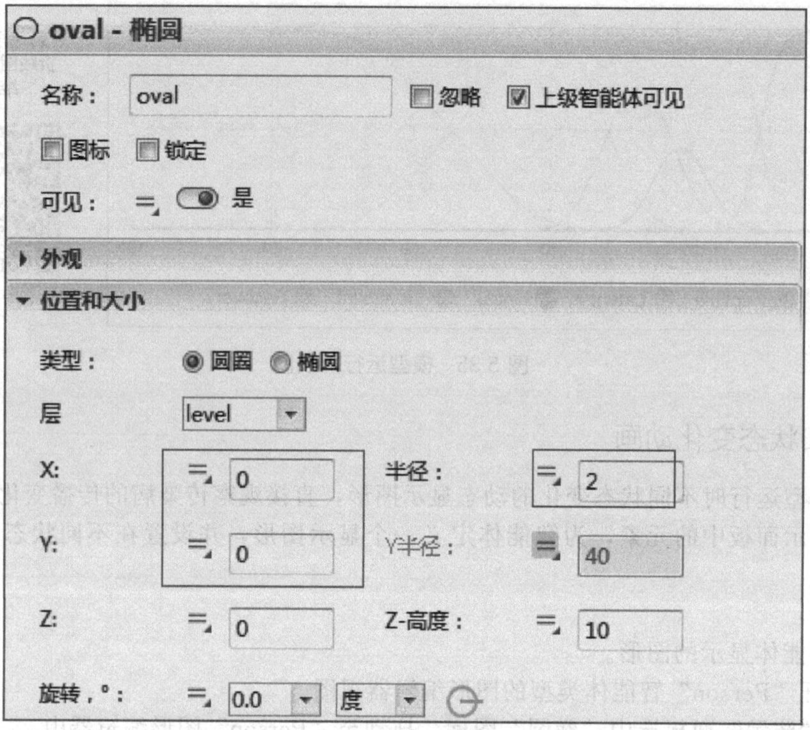

图 5.37　位置和大小设置

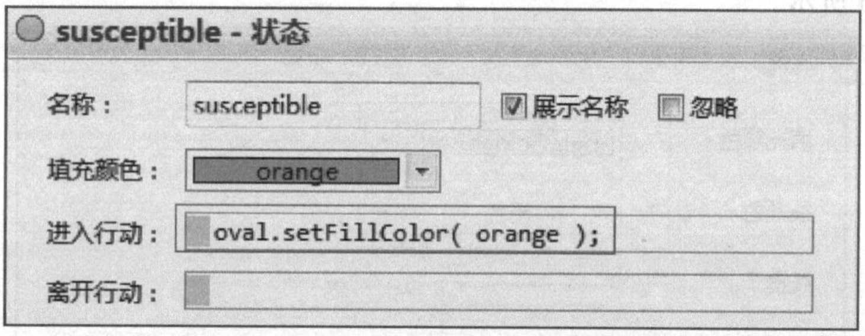

图 5.38　susceptible 显示颜色设置

“latency”状态，“进入行动”代码为“oval. setFillColor(mediumTurquoise);”，如图 5. 39 所示。

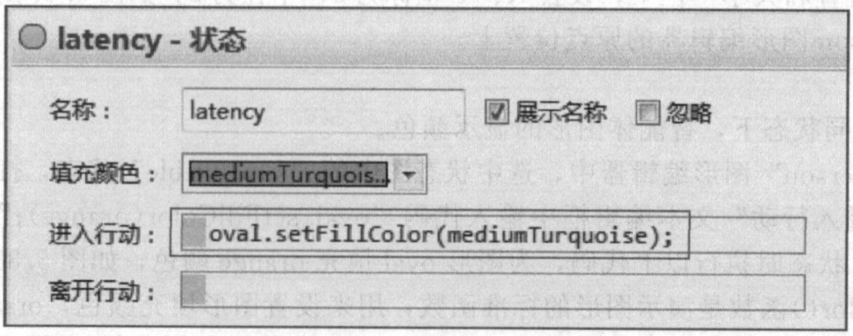

图 5.39　latency 显示颜色设置

“illness”状态，“进入行动”代码为“oval. setFillColor(red);”，如图 5. 40 所示。

图 5.40　illness 显示颜色设置

“treatment”状态，“进入行动”代码为“oval. setFillColor(dodgerBlue);”，如图 5.41 所示。

图 5.41　treatment 显示颜色设置

“recovery”状态，“进入行动”代码为“oval. setFillColor(darkOrchid);”，如图 5.42 所示。

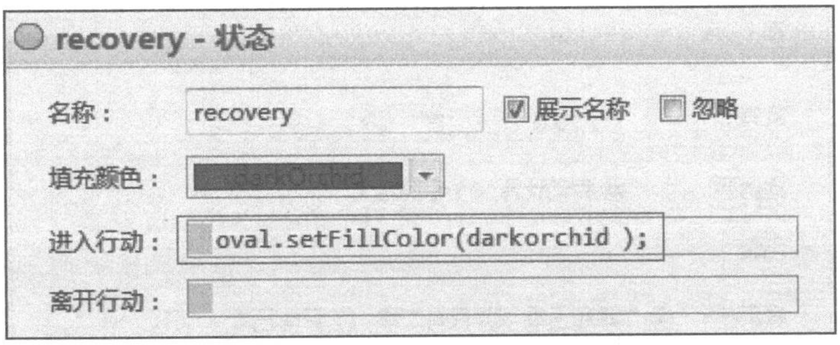

图 5.42　recovery 显示颜色设置

步骤三：

运行模型，如图 5.43 所示。

如果模型运行后，不显示智能体动画，在 Main 中点击智能体群 people 图标，打开属性视图，“高级”栏中点击“展示演示”，该图标为灰色即可。

在图 5.43 的运行结果中，智能体动画显示与时间折线图位置显示重叠，需要调整智能体动画显示的位置和时间折线图的位置。

步骤四：

① 在 Main 中，选中智能体动画图形的小圆圈，打开智能体演示的属性视图，在“位置和大小”栏中，设置 X、Y 的坐标值，并在“高级”栏中勾选“以这个位置为偏移量画智能体”，如图 5.44 所示。

② 时间折线图位置的调整，可以直接选中后拖动鼠标进行移动。

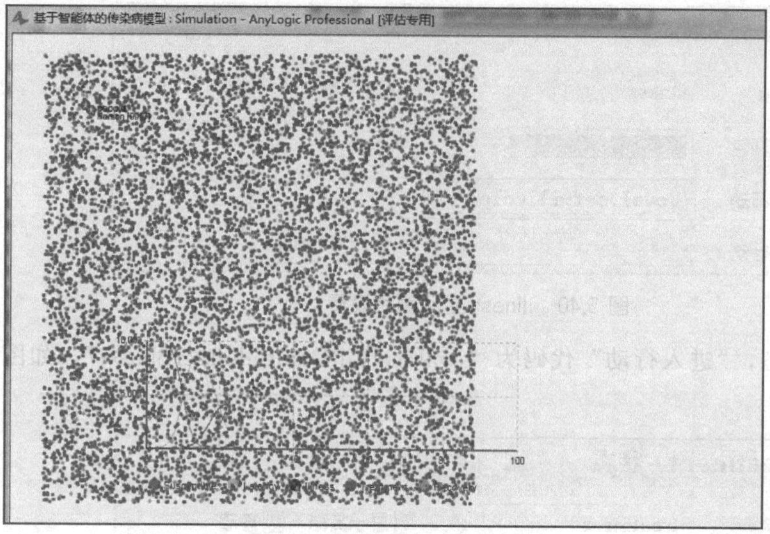

彩色运行结果
图1扫描下面
二维码显示

图 5.43　运行结果图 1

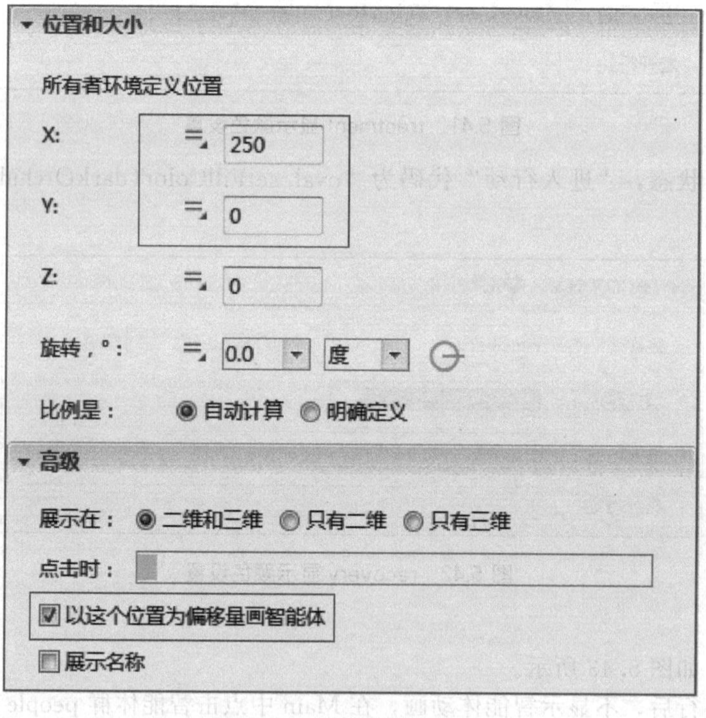

图 5.44　智能体演示位置

步骤五：

重新运行模型，如图 5.45 所示。

5.4.3 设置控件

要对比研究感染率不同时，模型中各状态人数的时间折线图变化情况。在设置 latency 及 illness 状态的内部变迁时，速率表达式中每次输入不同感染率的值，然后运行观察随时间变化的曲线情况。但这种方法在研究数值组合比较多的情况下，工作量大，操作不方便。

AnyLogic 提供了控件功能模块，可以通过添加相关控件元素，将其链接到模型参数上，帮助用户在模型运行时实现交互。控件能够对运行代码或模型的参数进行更改。

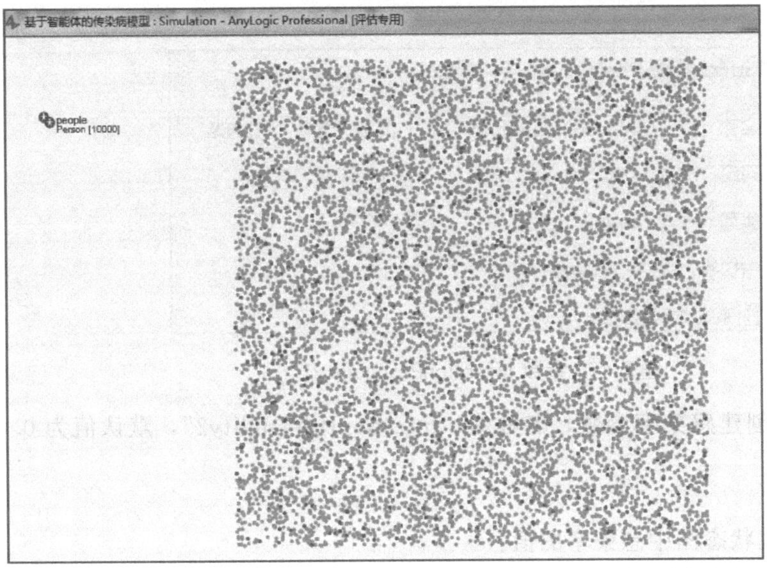

彩色运行结果
图2扫描下面
二维码显示

图 5.45 运行结果图 2

在本案例中，为了实现在模型运行中能够改变感染率的值，使用 AnyLogic 提供的滑块元素。通过滑块，可使用户图形化地选择一个有界区间的数值。通常用在模型运行期间修改数值变量和参数的值。

假设：

潜伏期的感染率的变化范围为 0.01～0.5，即一个处于易感染状态的人接触了已感染到传染病但未发病的人，他被传染的概率为 0.01～0.5。

表现出患病症状后感染率的变化范围为 0.4～0.9，即一个处于易感染状态的人接触到发病期的病人后，被传染的概率为 0.4～0.9。

步骤一：

添加感染率参数。

① 打开 Main 图形编辑器，在“智能体”面板选中“参数”图标，拖动至 Main 中。如图 5.46 所示。

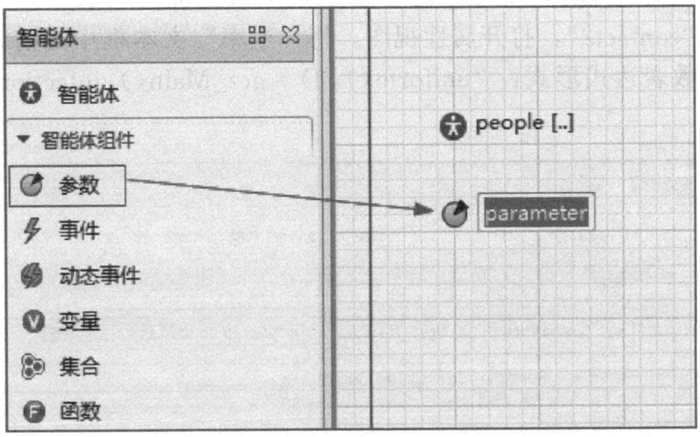

图 5.46 创建参数

② 设置感染率参数的属性。

输入参数的名称“infectionProbability1”，设置默认值为 0.1，表示潜伏期的感染率。如图 5.47 所示。

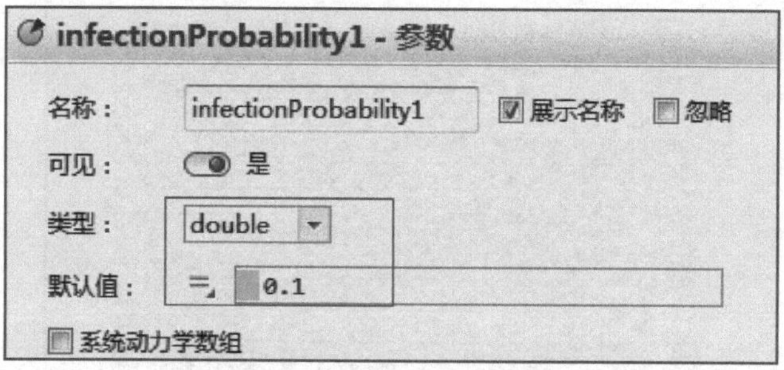

图 5.47 参数 infectionProbability1

③ 以同样的方法创建感染率参数，名称为“infectionProbability2”，默认值为 0.6，表示患病期感染率。

步骤二：

用创建的参数修改状态图中感染率的值。

① 打开“Person”图形编辑器，点击变迁“contact1”，打开属性视图，将“速率”文本编辑框中之前设置的 uniform(5,10) * 0.1 修改为参数表达式形式：“uniform(5,10) * get_Main(). infectionProbability1”，如图 5.48 所示。

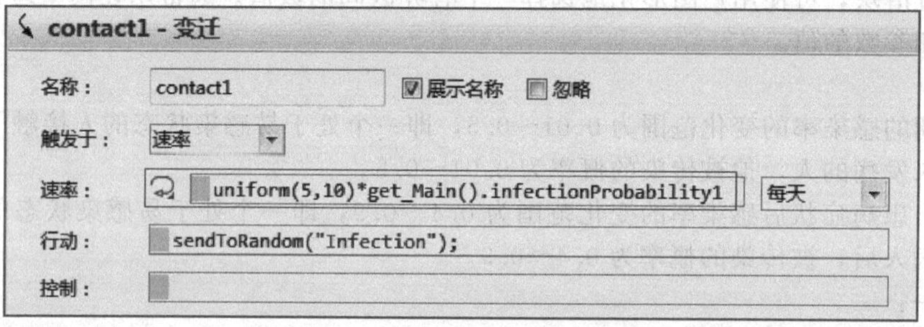

图 5.48 contact1 速率参数表达式

其中表达式 get _ Main(). infectionProbability1 表示利用 get _ Main()函数访问嵌入 Person 智能体类的上级智能体 Main 中的参数 infectionProbability1。

② 点击变迁“contact2”，打开属性视图，将“速率”文本框中之前设置的 uniform(1,3) * 0.6 修改为参数表达式形式：“uniform(1,3) * get_Main(). infectionProbability2”，如图 5.49 所示。

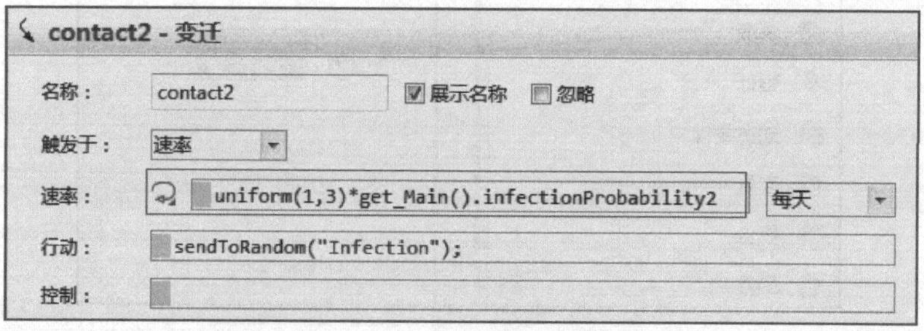

图 5.49 contact2 速率参数表达式

步骤三：

创建滑块并链接到参数 infectionProbability1 和 infectionProbability2。

① 返回 Main 图形编辑器中。打开“控件”面板，选中“滑块”图标，拖动至 Main 图形编辑器中。

② 打开滑块的属性视图，勾选“链接到”复选框，点击右边下拉列表，在下拉列表中选择参数“infectionProbability1”，输入最小值 0.01，最大值 0.5。如图 5.50 所示。

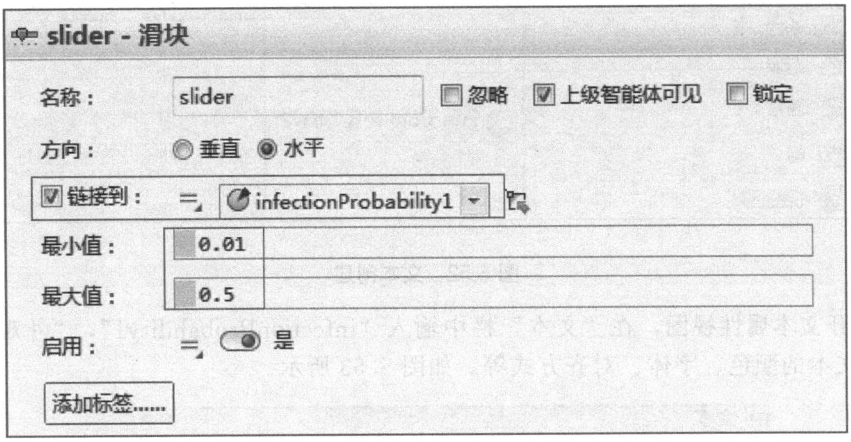

图 5.50 滑块设置

③ 单击“添加标签”按钮，可在模型运行时显示滑块的最小值、最大值和当前值（表示最小值、当前值和最大值的文本将显示在滑块下方）。

④ 同样的方式创建另一个滑块，并链接到参数“infectionProbability2”，设置最小值为 0.4，最大值为 0.9。

步骤四：

设置参数的值编辑器。

① 点击参数“infectionProbability1”，打开属性视图，在“值编辑器”栏“标签”文本编辑框中输入“Probability of infection in latency”，“控件类型”下拉列表中选择“滑块”，输入最小值 0.01，最大值 0.5，如图 5.51 所示。

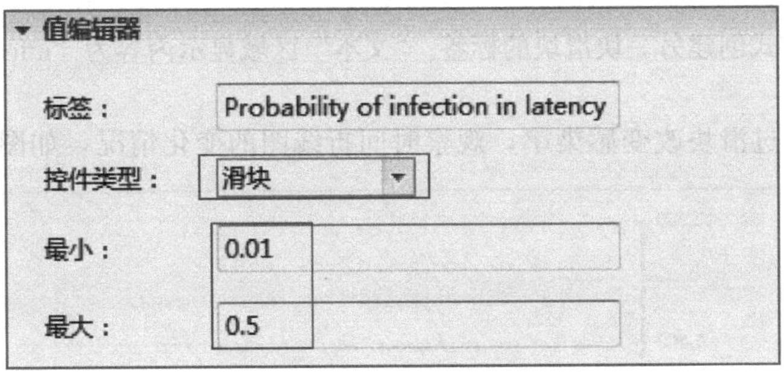

图 5.51 参数值编辑器

② 同样的方式设置参数 infectionProbability2 的属性，标签名“Probability of infection in illness”最小值 0.4，最大值 0.9。

步骤五：

使用文本创建滑块的名称标签。

① 打开“演示”面板，选中“文本”图标拖动至 Main 中，放置在 infectionProbability1 参

数的滑块上方。如图 5.52 所示。

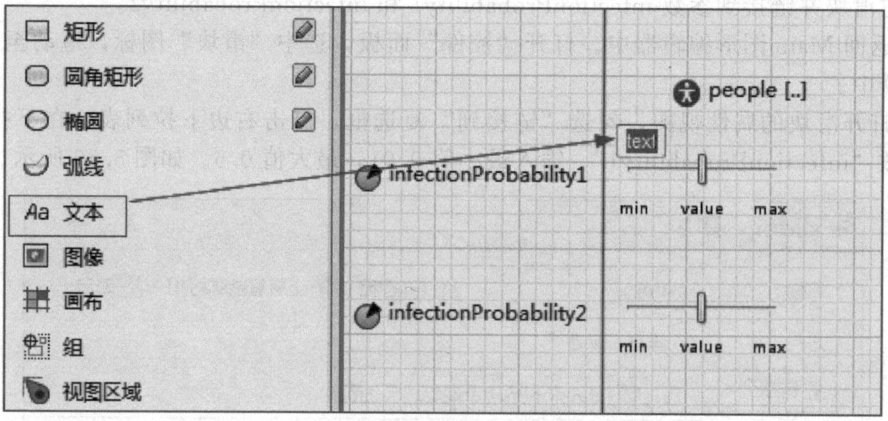

图 5.52 文本创建

② 打开文本属性视图，在“文本”栏中输入“infectionProbability1”，“外观”区域中可以设置文本的颜色、字体、对齐方式等。如图 5.53 所示。

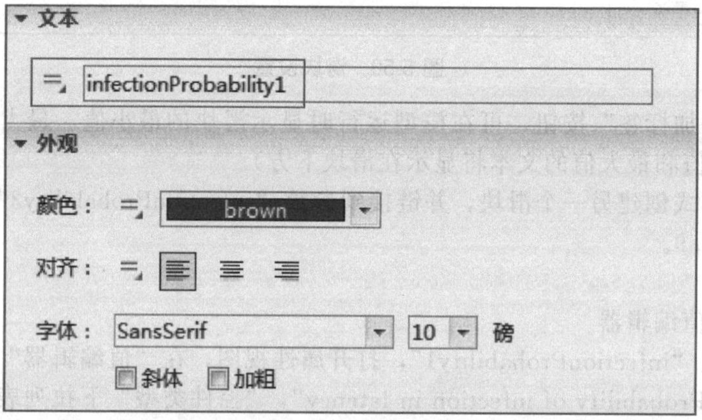

图 5.53 文本设置

③ 以相同的方式创建另一块滑块的标签。“文本”区域显示内容为“infectionProbability2”。

步骤六：

运行模型，通过滑块改变感染率，观察时间折线图的变化情况，如图 5.54 所示。

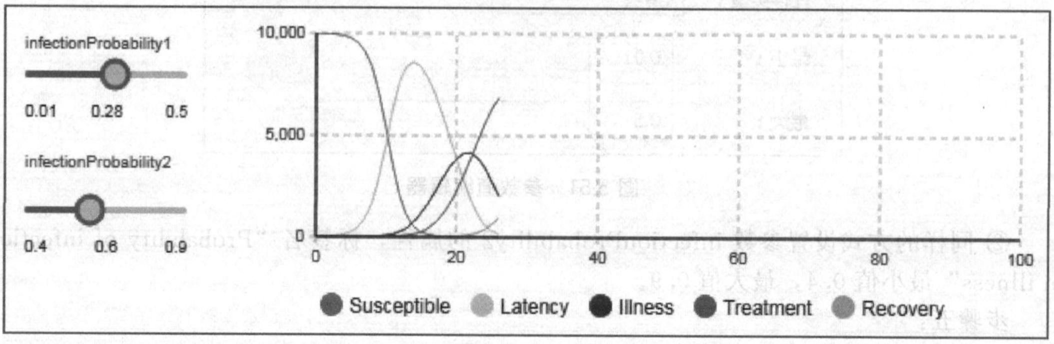

图 5.54 结果图

5.5 运行结果分析

(1) 发病期感染率不变，潜伏期感染率的大小对模型的影响情况

在模型运行时，保持发病期感染率 0.6 不变，通过滑块调整潜伏期感染率到最小值 0.01，得到模型运行 100 天左右的人数变化情况如图 5.55 所示。

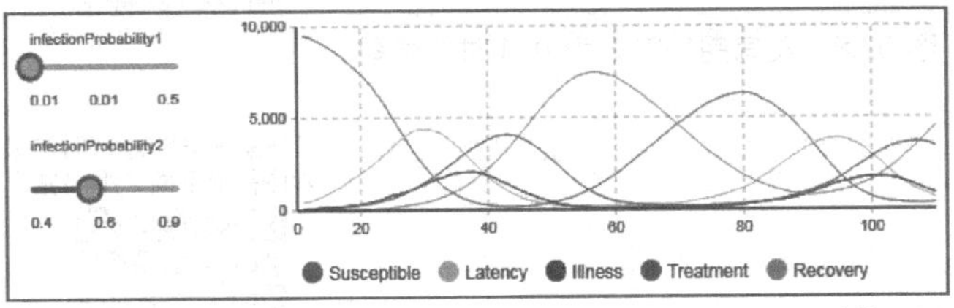

潜伏期感染率为0.01时结果
彩图扫描下面二维码显示

图 5.55 潜伏期感染率为 0.01 时结果图

调整潜伏期感染率到最大值 0.5，得到模型运行 100 天左右人数变化如图 5.56 所示。

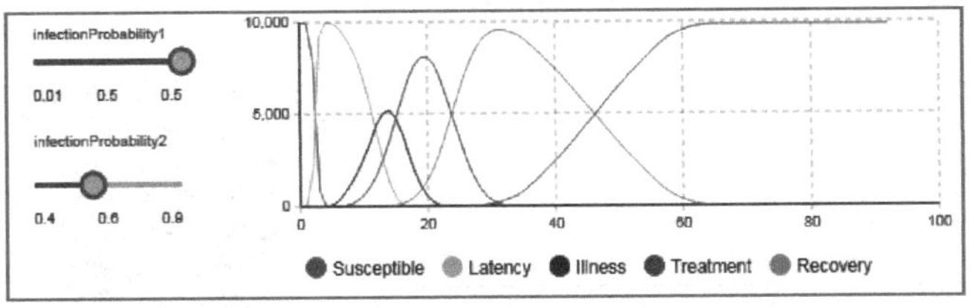

潜伏期感染率为0.5时结果
彩图扫描下面二维码显示

图 5.56 潜伏期感染率为 0.5 时结果图

调整潜伏期感染率到 0.25，得到模型运行 100 天左右人数变化如图 5.57 所示。

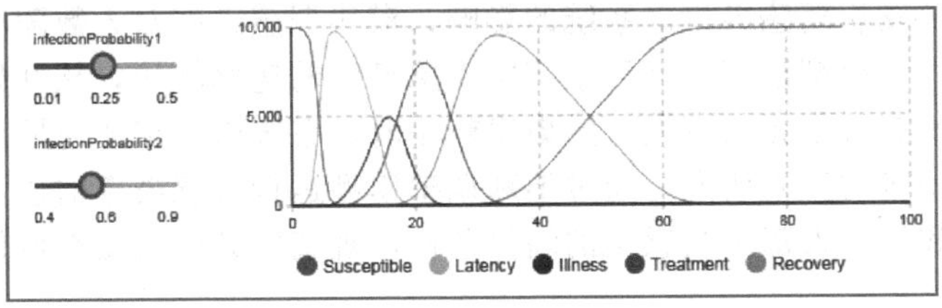

潜伏期感染率为0.25时结果
彩图扫描下面二维码显示

图 5.57 潜伏期感染率为 0.25 时结果图

对比不同潜伏期接触率各状态人数随时间变化的曲线，当潜伏期感染率比较低时，各状态人数变化曲线平缓，模型运行至 45 天左右，易感染人数趋于 0，运行至一定时间，免疫期结束后模型中再次出现被感染的病人。因为有人处于患病期时总有一部分人处在易感染期，能够被感染到该病，系统以一定的周期循环。潜伏期感染率较大的两组运行结果显示，在模型运行开始时，很快有大量易感染的人群被感染，感染率越大，感染速率越高，在较短的时间内，易感染人数趋于 0。模型运行到一定时间，所有人都处于免疫期，再无感染到该病，免疫期结束，最后整个系统的人都处于易感染状态。

(2) 潜伏期感染率不变，发病期感染率的大小对模型的影响情况

在模型运行时，保持潜伏期感染率 0.1 不变，通过滑块调整发病期感染率到最小值 0.4，得到模型运行 100 天左右的人数变化情况，如图 5.58 所示

调整发病期感染率到最大值 0.9，得到模型运行 100 天左右人数变化，如图 5.59 所示。

调整发病期感染率到 0.6，得到模型运行 100 天左右人数变化，如图 5.60 所示。

对比不同发病期感染率的曲线，与潜伏期感染率变化规律类似，发病期感染率较大时，

一定时间后系统中所有人都处于易感染状态，再无感染到该病。

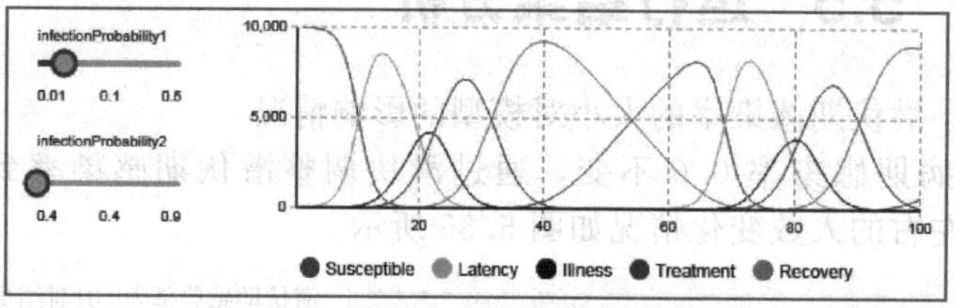

发病期感染率为0.4时结果彩图扫描下面二维码显示

图 5.58 发病期感染率为 0.4 时结果图

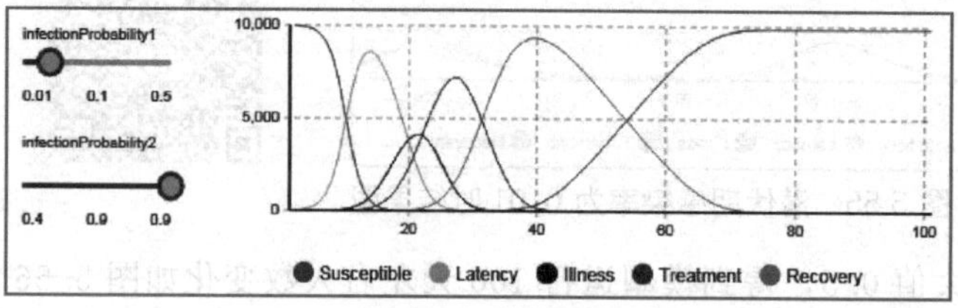

发病期感染率为0.9时结果彩图扫描下面二维码显示

图 5.59 发病期感染率为 0.9 时结果图

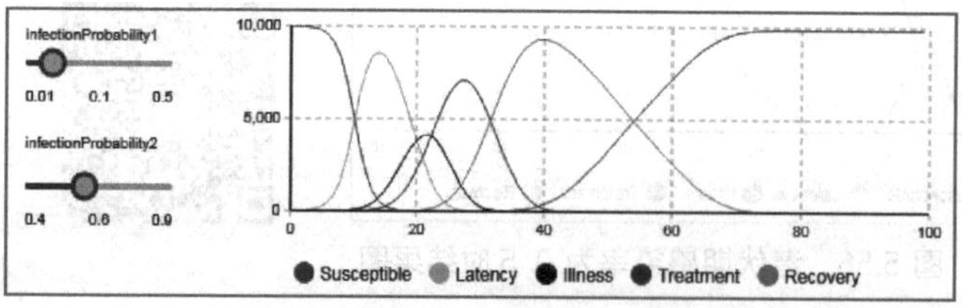

发病期感染率为0.6时结果彩图扫描下面二维码显示

图 5.60 发病期感染率为 0.6 时结果图

对比不同潜伏期感染率及发病期感染率对系统的影响，潜伏期感染率对人数随时间变化曲线的影响较大。感染率越大，模型运行开始后系统中人感染病的速率越快，从开始到所有人痊愈的周期也越短，最终所有人都无被感染。感染率较小时，系统以一定的周期循环。对传染病感染模型还可以做进一步的深入研究，通过不断调整模型运行时感染率的值，观察变化情况，确定系统周期变化和所有人都不被感染的临界条件，观察感染率波动对该传染病的传播影响。

思 考 题

1. 创建基于智能体的模型时，应考虑哪些主要内容？
2. 如何定义智能体群数据的统计函数？有哪些统计类型？
3. 变迁的触发类型有哪些？什么是内部变迁？
4. 建立基于智能体的消费者市场模型。部分条件如下：

（1）市场总人口为 10000，开始时全部为潜在消费者。

（2）在广告效应及口碑效应的影响作用下，潜在消费者转变为消费者。其中有 1.5%的消费者受广告效应的影响，1.1%的消费者受口碑效应影响，每个消费者每天接触的人数为 100。

（3）产品的生命期为 2 年，消费者在产品生命期结束后转变为潜在消费者。

（4）产品的平均交货期为 3 天。

其他条件自设，通过建模研究消费者市场相关数据变化规律。

第 6 章 系统动力学建模

6.1 系统动力学理论

系统动力学是一门分析研究信息反馈系统的学科，也是一门认识系统问题和解决系统问题的交叉性、综合性学科。系统动力学建模主要用于构建长期的战略模型，并假设建模的对象高度聚合，以数量形式表示人、产品、事件和其他离散项。它们没有单独的属性、历史或动态。所以，利用系统动力学建模必须注意以下两点：

① 系统动力学模型仅限于集合，同一存量中的具体项目无法区分，没有单独的特性。

② 建模者必须考虑全局结构的依赖关系，提供准确的数据。

系统动力学适合于较高抽象层的系统建模，若问题的单个细节比较重要，可以在同一个建模环境下，利用基于智能体或离散事件（以流程为中心）的建模方法，对该模型的所有或部分过程重新定义。

在系统动力学中，现实世界中的流程是用存量、存量之间的流量及决定流量值的信息来表示。存量是系统状态的积累和特征，是系统的记忆和不平衡的来源，而流量是系统状态变化的速率。存量通常用数量表示，其值随着时间不断变化，如人群大小、库存水平、货币或知识等；而流量通常用每段时间内的数量变化表示，其值会改变存量的值，如生产率、每个月的客户数等。

AnyLogic 系统动力学建模的过程与其他软件（如 Vensim、Powersim、STELLA 等）差别不大，支持大多数建模者惯用的反馈结构的设计与仿真方式，支持以下操作：

① 逐个或使用“流量工具”定义存量与流量变量。

② 在公式中使用自动“代码补全”。

③ 定义“阴影”变量，以提高模型的可读性。

④ 使用带步长、线性或样条插值的表函数。

⑤ 定义枚举或范围类型的维度。

⑥ 定义子维度及子范围。

⑦ 定义任意维数的数组变量。

⑧ 对数组变量的不同部分可使用多个公式。

⑨ 使用特定系统动力学函数（delay、delayMaterial、forecast、trend 等）和 Java 标准数学函数。

6.2 基于巴斯扩散的传播模型

弗兰克·巴斯（Frank M. Bass）提出的巴斯扩散模型（Bass Diffusion Model）及其扩展理论，常被用于市场分析，对新开发的产品或技术需求进行预测。目前，对一些新方法、新概念的市场扩散过程也可以用巴斯公式来表达。利用AnyLogic进行系统动力学建模的一个典型的案例就是巴斯扩散模型，也就是描述产品扩散过程的模型。即某一产品进入市场后，消费者可能会受广告或其他消费者的口碑效应影响下购买该产品，由潜在消费者转变为消费者。

基于巴斯扩散的传播模型假设：

某一校园服务App需要在总学生数为20000的某一学校进行推广，该学校总人数基本保持平衡，不会随时间改变。该App的推广过程受大众媒体和学生间推荐作用的影响，每个学生的行为方式完全相同。

ⅰ. 已知条件如下：

① 最开始，学校没有学生使用该校园服务App，潜在使用者人数为学生总数20000。

② 该App受大众媒体等推广渠道的影响，在单位时间内，有1.15%的潜在使用者下载安装使用该App，转变为使用者。

③ 在单位时间内，每个学生可能给60个其他学生推荐该App，被推荐的学生有1.8%的可能下载使用该App。

④ 大众媒体对App推广的作用人数计算公式为：

媒体作用人数=潜在使用者×使用率。

⑤ 学生间的推荐对该App推广过程的作用人数计算公式为：

推荐作用人数=使用者×推荐人数×采纳率×(潜在使用者/总人数)

⑥ App推广过程中由潜在使用者向使用者转变的速率大小为媒体作用人数与推荐作用人数之和。

ⅱ. 通过建模，需要得到以下的信息。

① 使用者和潜在使用者随时间变化的规律。

② 受媒体作用的人数、受推荐作用的人数及流量随时间的变化规律。

③ 比较在不同的推荐人数下使用者和流量随时间的变化规律。

④ 研究系统对于媒体作用的敏感程度。

6.3 创建传播模型

6.3.1 创建新模型

步骤一：

新建一个基于巴斯扩散的传播模型，选择“文件”→“新建”→“模型”，在新建模型窗口中，输入模型名“基于巴斯扩散的传播模型”，选择存储位置，选择模型时间单位为“月”。

步骤二：

创建使用者和潜在使用者人数存量。

① 打开“系统动力学”面板，选中“存量”图标，拖动至Main图形编辑器中，并在属性视图中输入名称为“PotentialUsers”，表示潜在使用者人数的存量。如图6.1所示。

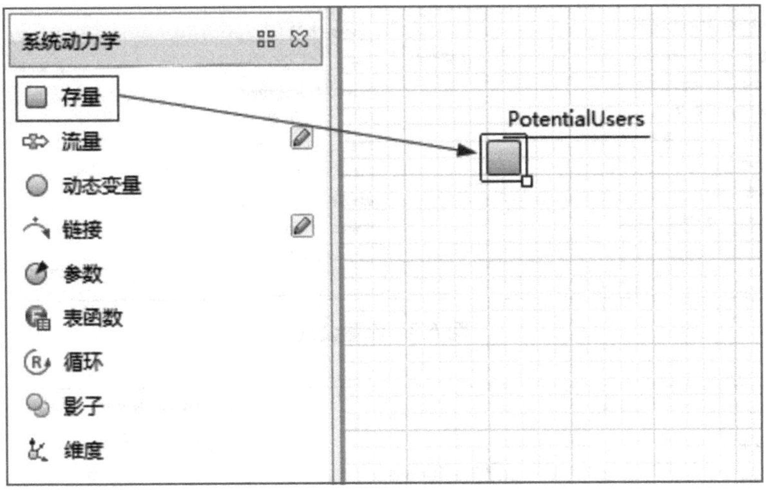

图 6.1 PotentialUsers 存量

② 以同样的方式添加另一个存量，并在属性视图中输入名称为“Users”，表示使用者人数的存量。

步骤三：

① 在“系统动力学”面板中选中“流量”图标，拖动至 Main 中“PotentialUsers”与“Users”存量之间，使得流量的首尾两个小圆圈正好处于两端存量上，若连接成功，则小圆圈显示为绿色，箭头方向表示流量的流向，如图 6.2 所示。也可以通过双击流量图标后面的小铅笔，激活绘图模式，单击“PotentialUsers”存量，然后双击“Users”存量完成绘制。

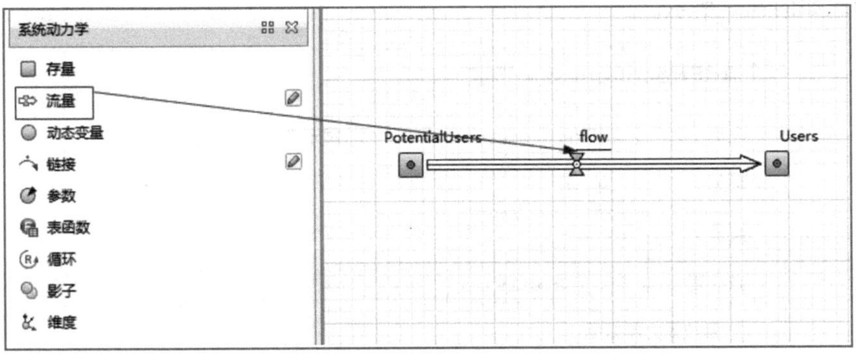

图 6.2 流量 flow

② 可查看存量的属性，AnyLogic 会自动调整存量的公式，流量从一个存量中流出，流进另一个存量中，如图 6.3 所示。流量 flow 从 PotentialUsers 流出，流入 Users 存量。

6.3.2 创建系统动力图形

步骤一：

模型在运行时保持不变的值可以用参数表示，因此，创建表示总学生数、媒体作用使用率、每单位时间推荐人数、接受推荐的采纳率参数。

① 创建表示总学生数的参数。

在“系统动力学”面板中选中“参数”图标，拖动至 Main 图形编辑器中，在属性视图中修改名称为“TotalStudents”，默认值为 20000。如图 6.4 所示。

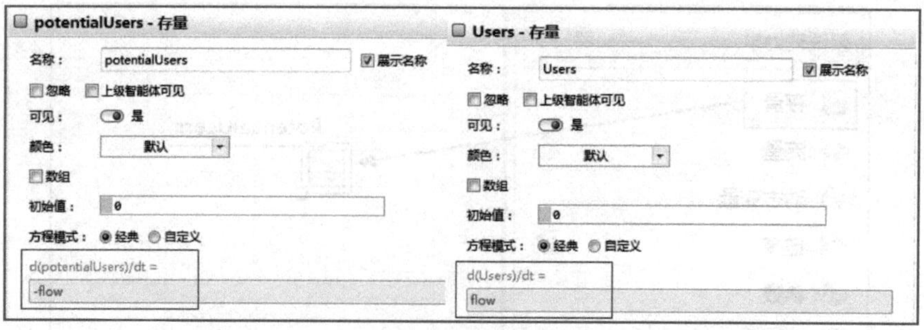

图 6.3　流量公式

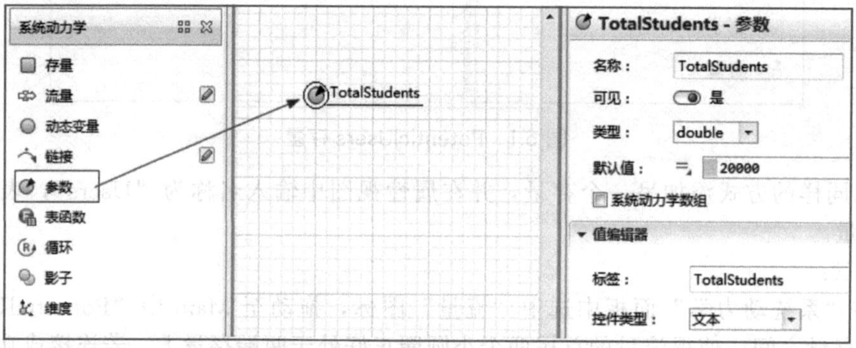

图 6.4　TotalStudents 参数

② 以同样的方式创建表示媒体作用使用率的参数，名称为“AdEffectiveness”，默认值为 0.0115。如图 6.5 所示。

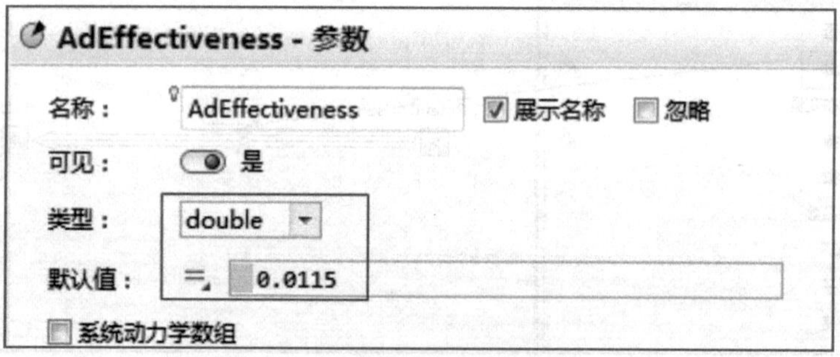

图 6.5　AdEffectiveness 参数

③ 创建表示每单位时间推荐人数的参数，名称为“ContactRate”，默认值为 60，如图 6.6 所示。

④ 创建表示接受推荐的采纳率的参数，名称为“Adoption”，默认值为 0.018，如图 6.7 所示。

步骤二：

修改潜在使用者存量 PotentialUsers 的初始值。

① 在 Main 中点击“PotentialUsers”存量图标，打开属性视图，“初始值”文本框中输入“TotalStudents”，初始状态下，潜在使用者为系统的总人数。

此时，初始值文本编辑框前面出现红色的错误标志，这是因为表达式中出现了变量，但没有定义两个变量之间的依赖关系。如图 6.8 所示。

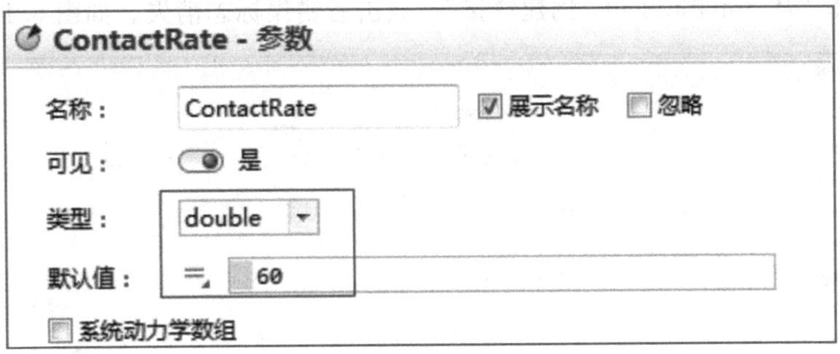

图 6.6 ContactRate 参数

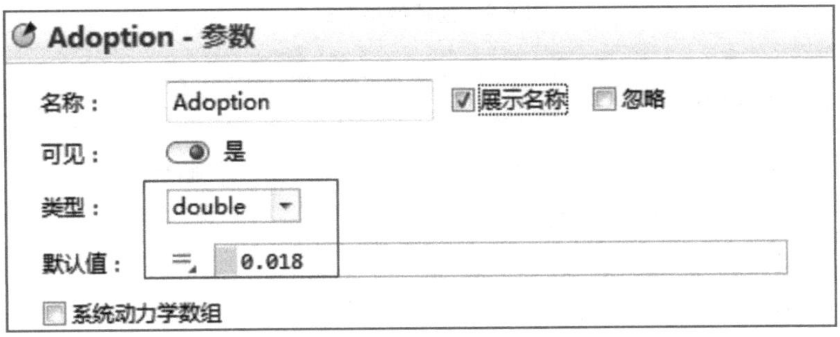

图 6.7 Adoption 参数

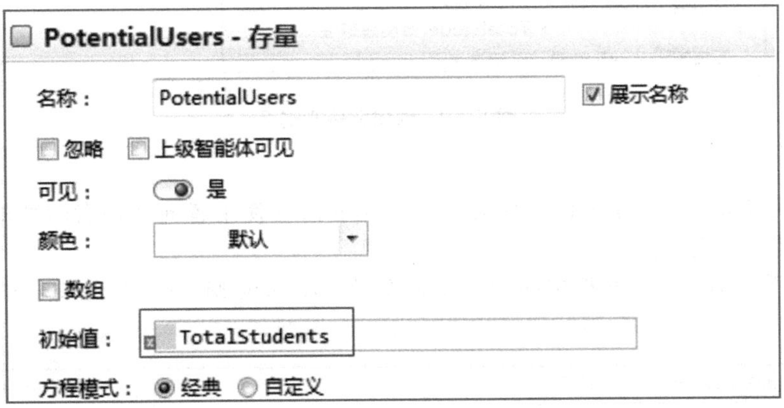

图 6.8 存量初始值设置

② 在 PotentialUsers 存量与 TotalStudents 之间创建一个链接，表示它们之间的因果依赖关系。

创建链接的方法一：

在“系统动力学”面板中，拖动“链接”图标，使得链接尾部置于“TotalStudents”参数上，拖动链接箭头至“PotentialUsers”存量上，如果绘制正确，则首尾部均出现绿色的小圆圈，如图 6.9 所示。其中 TotalStudents 参数表示变量，而 PotentialUsers 存量表示因变量。

也可以通过双击“链接”图标后面小铅笔图标激活绘图模式，完成链接的绘制创建。

创建链接的方法二：

创建链接更简单的方式是：直接点击错误图标，在下拉框中选择创建相关链接。在“PotentialUsers”存量属性视图中，点击“初始值”文本框中的表达式，会弹出图标，点击打开下拉列表，选择“从 TotalStudents 创建链接”，点击后错误标志消失。如图 6.10 所示。

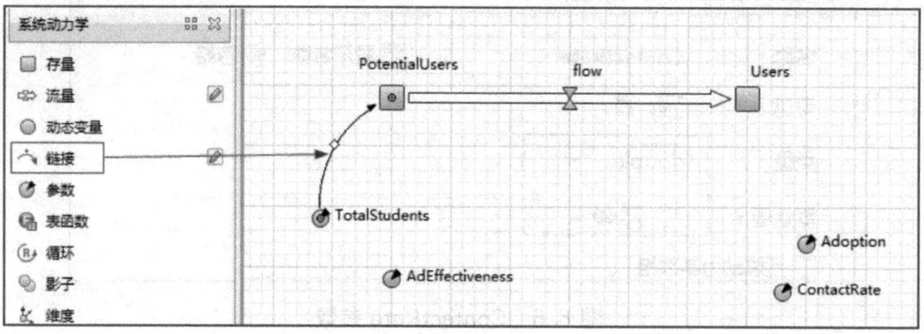

图 6.9　创建链接方式 1

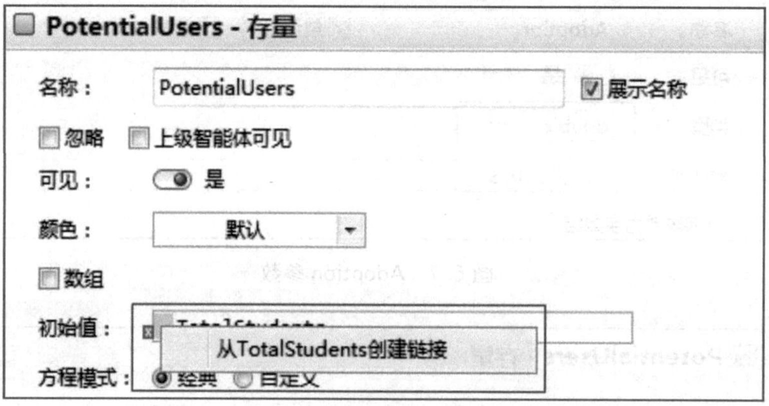

图 6. 10　创建链接方式 2

步骤三：

添加辅助变量，表示在媒体作用影响下，App 潜在使用者向使用者转变的人数，由潜在使用者与使用率决定。

① 在“系统动力学”面板中拖动“动态变量”图标至 Main 图形编辑器中，如图 6.11 所示。

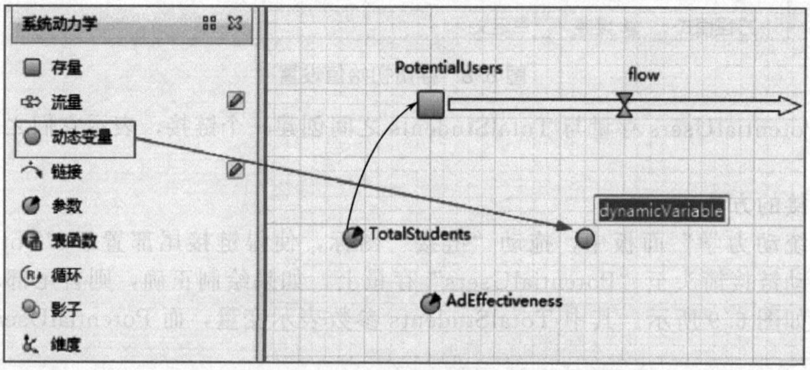

图 6.11　创建动态变量

② 打开动态变量的属性视图，修改名称为“StudentsFromAd”，并在“StudentsFromAd =”文本编辑框中输入表达式“PotentialUsers * AdEffectiveness”，如图 6.12 所示。

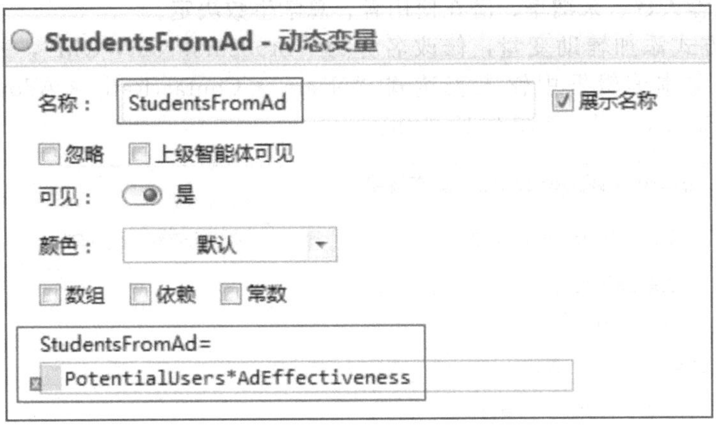

图 6.12 StudentsFromAd 属性

③ 此时，文本框前面出现红色错误图标，表示上述表达式中出现变量，但没有定义变量之间的关系。

点击文本编辑框中的表达式，再点击图标，在弹出的下拉列表中，依次选择“从 PotentialUsers 创建链接”和“从 AdEffectiveness 创建链接”，如图 6.13 所示，创建链接后错误标志消失。

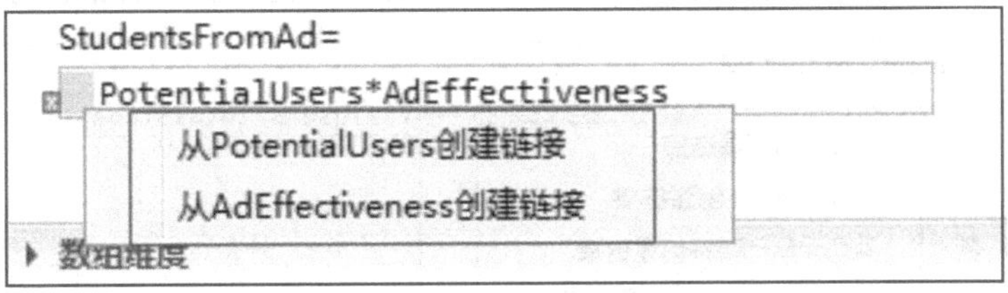

图 6.13 创建与 StudentsFromAd 的链接

此时，在 Main 中可查看到 AdEffectiveness 参数与 StudentsFromAd 变量之间、PotentialUsers 存量与 StudentsFromAd 变量之间的链接线，如图 6.14 所示。

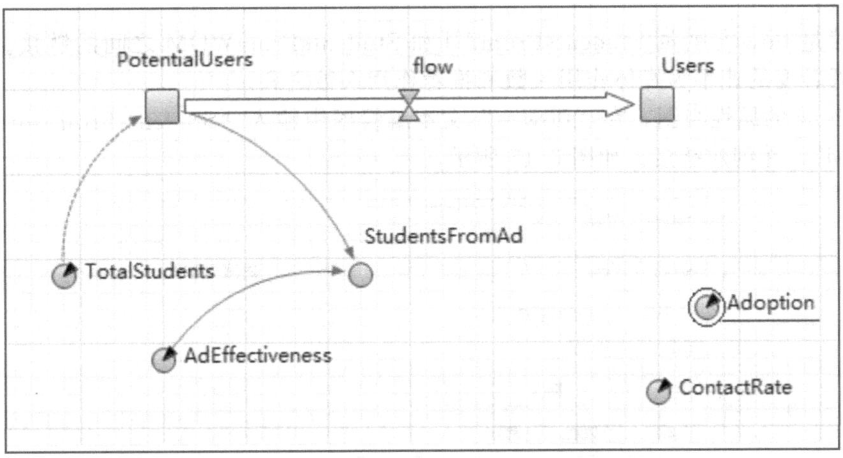

图 6. 14 StudentsFromAd 变量之间的链接线

步骤四：

添加辅助变量，表示在学生推荐的作用下，潜在使用者向使用者转变的人数，由使用者、单位时间推荐人数、采纳率、潜在使用者、总学生数决定。

① 以同样方式添加辅助变量，修改名称为“StudentsFromWOM”，并在“StudentsFromWOM=”文本编辑框中输入表达式“Users * ContactRate * Adoption *（PotentialUsers/TotalStudents)”，如图 6.15 所示。

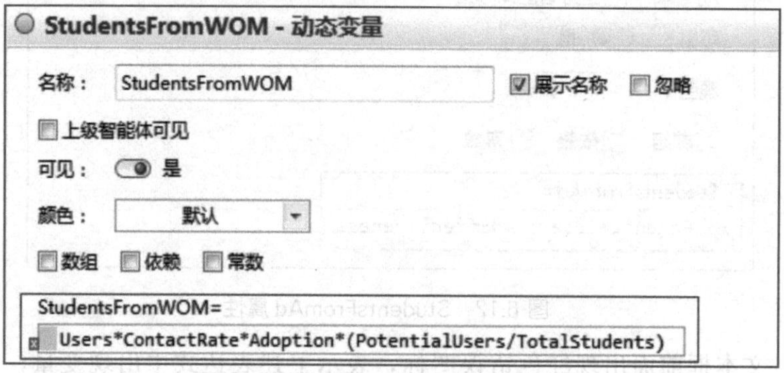

图 6.15　StudentsFromWOM 属性

② 点击文本编辑框中的表达式，再点击图标，在弹出的下拉列表中，依次选择“从Users 创建链接”“从 Adoption 创建链接”“从 ContactRate 创建链接”“从 TotalStudents 创建链接”“从 PotentialUsers 创建链接”，如图 6.16 所示，创建链接后错误标志消失。

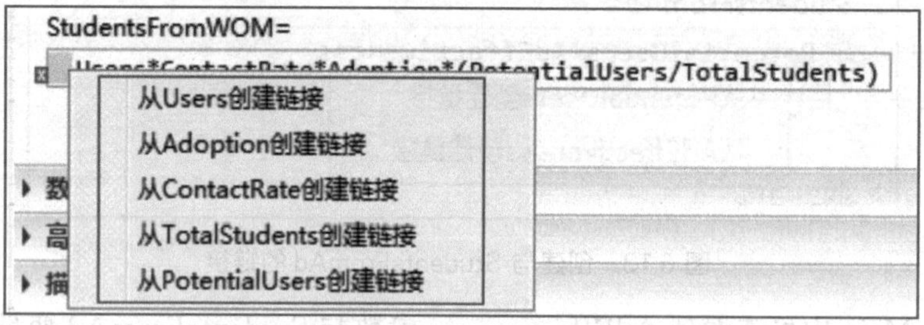

图 6.16　创建与 StudentsFromWOM 的链接

步骤五：

创建流量 flow 与变量 StudentsFromAd 和 StudentsFromWOM 之间的链接。潜在使用者向使用者转变的速率为媒体作用人数和推荐作用人数之和。

打开 flow 的属性视图，在“flow=”文本编辑框中输入“StudentsFromAd+StudentsFromWOM”，并创建链接，如图 6.17 所示。

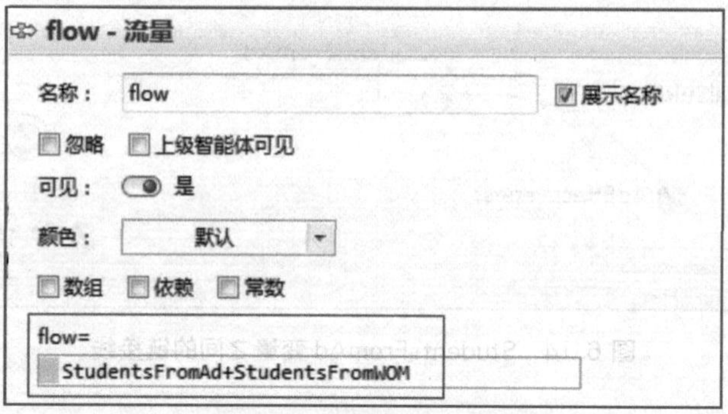

图 6.17　flow 属性视图

步骤五：

运行模型，检查模型是否存在问题，并观察系统动态，运行图如 6.18 所示。

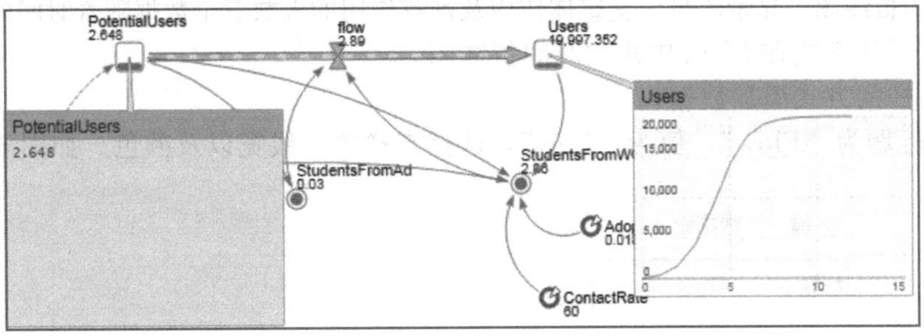

图 6.18 运行结果图

6.4 统计分析

6.4.1 增加时间折线图统计数据

步骤一：

添加时间折线图，显示系统中潜在使用者和使用者的人数随时间的变化规律。

① 打开“分析”面板，选中“时间折线图”拖动至 Main 图形编辑器中。

② 打开时间折线图的属性视图，打开“数据”项，点击图标按钮，添加表示潜在使用者和使用者的数据。

潜在使用者数据项：选择“值”，“标题”文本编辑框中输入“PotentialUsers”，“值”文本编辑框中输入“PotentialUsers”，选择修改点样式、线宽、颜色属性。

使用者数据项：同样的方式设置使用者数据项，标题为“Users”，值为“Users”。如图 6.19所示。

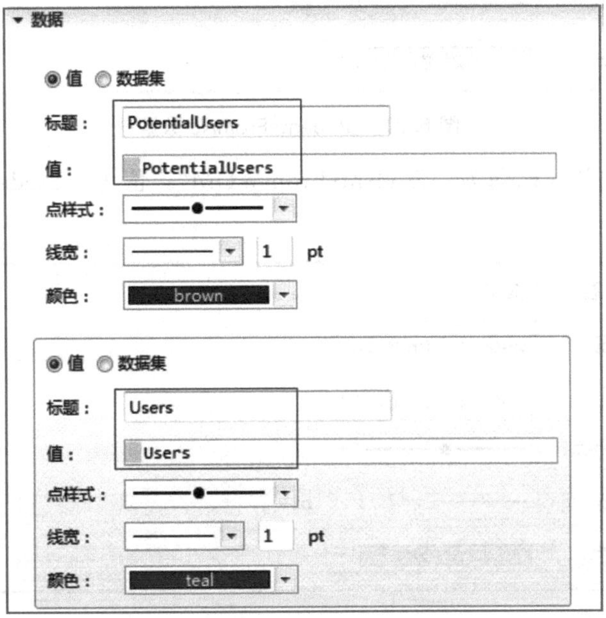

图 6.19 使用者和潜在使用者数据项

③ 根据实际需要，修改时间折线图的其他属性，可以参照前面章节中的内容。

步骤二：

添加时间折线图，显示流量、受媒体作用及推荐作用的人数三个数据随着时间的变化规律。

① 以同样的方式在 Main 中添加时间折线图。

② 以同样的方式添加数据。

流量：标题为“Flow”，值为“flow”，选择点样式、线宽以及颜色。如图 6.20 所示。

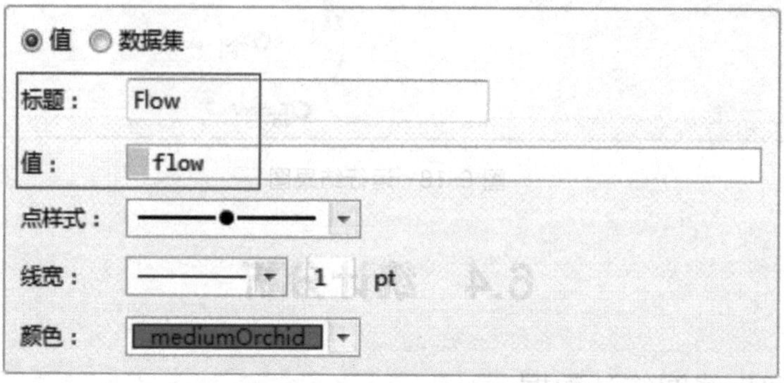

图 6.20　Flow 数据

受媒体作用的人数：标题为“StudentsFromAd”，值为“StudentsFromAd”。如图 6.21 所示。

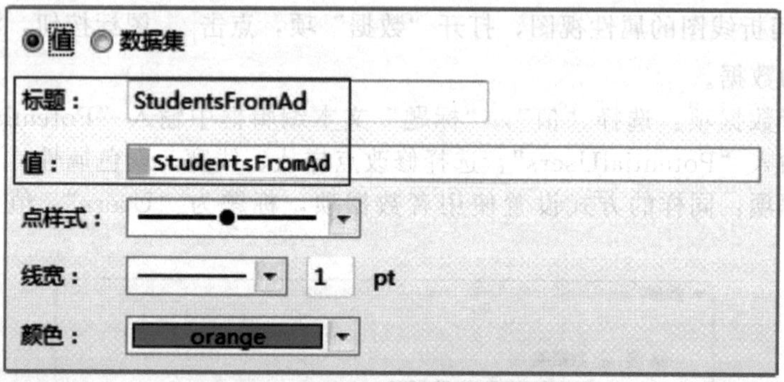

图 6.21　StudentsFromAd 数据

受推荐作用的人数：标题为“StudentsFromWOM”，值为“StudentsFromWOM”。如图 6.22 所示。

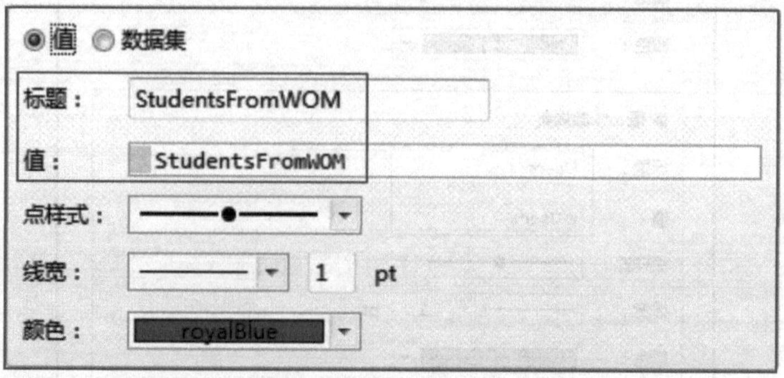

图 6.22　StudentsFromWOM 数据

步骤三：

运行模型，观察时间折线图中各数据随着时间的变化曲线规律。如图 6.23 所示。

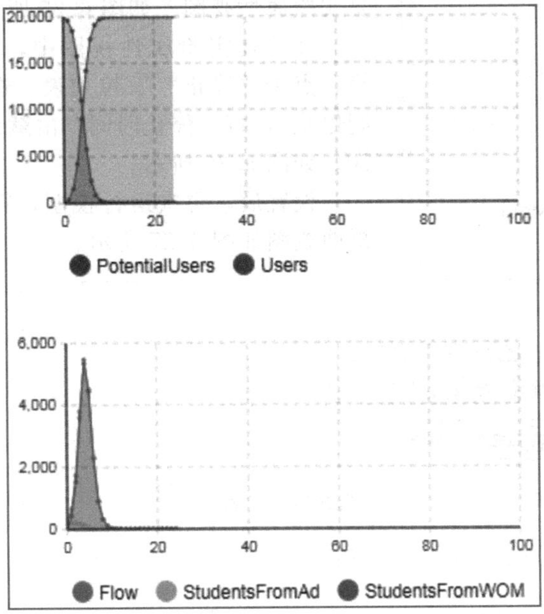

彩色运行结果曲线图1扫描下面二维码显示

图 6.23 运行结果曲线图 1

步骤四：

图 6.23 运行结果图 1 中，折线图显示不协调，可以通过以下设置优化显示。

① 通过修改折线图的时间窗大小，即时间横轴的最大值。打开时间折线图的属性视图，在“比例”栏中将“时间窗”大小由默认的 100 修改为 20。

② 通过修改数据抽样点的时间间隔，即增加抽样点，缩小抽样点的时间间隔。在“数据更新”栏中将“复发时间”由默认值 1 修改为 0.5。以上步骤如图 6.24 所示。

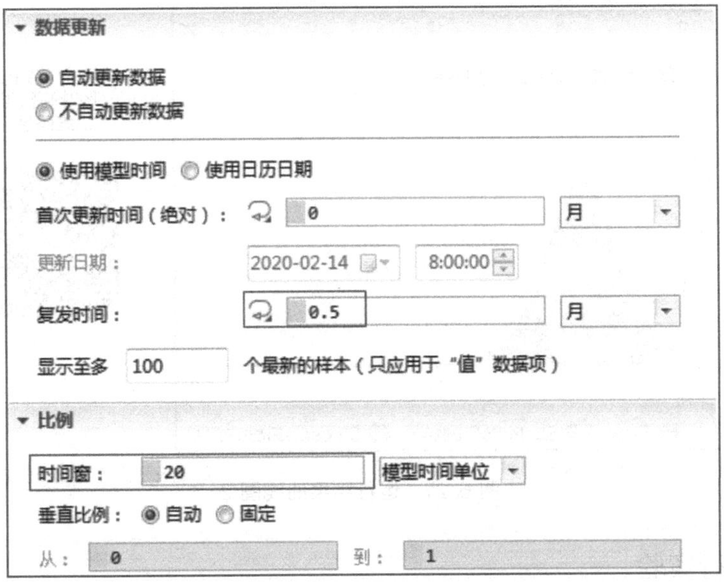

图 6.24 折线图属性设置

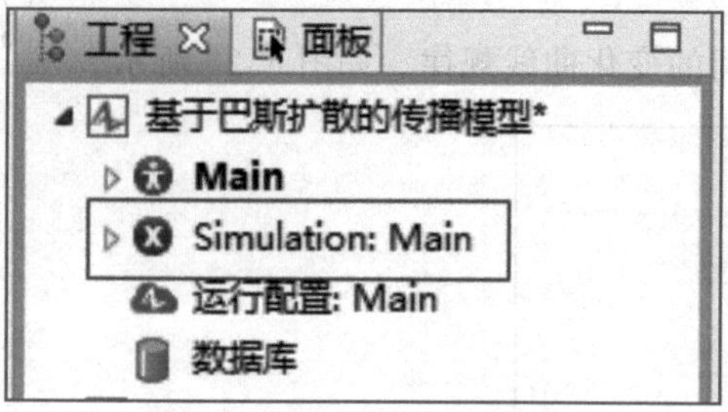

图 6.25　Simulation: Main

③ 指定模型运行时间。打开工程树视图，点击“Simulation：Main”，打开 Simulation-仿真实验属性视图。如图 6.25 所示。

在仿真实验属性视图中，在“模型时间”栏，点击“停止”下拉列表，选择“在指定时间停止”，将“停止时间”由默认的 100 修改为 20。如图 6.26 所示。

设置后，再次运行模型，得到模型运行结果曲线图如图 6.27 所示。

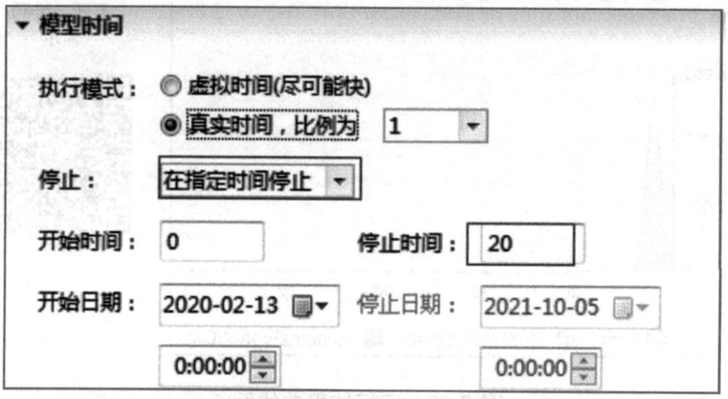

图 6.26　仿真模型时间

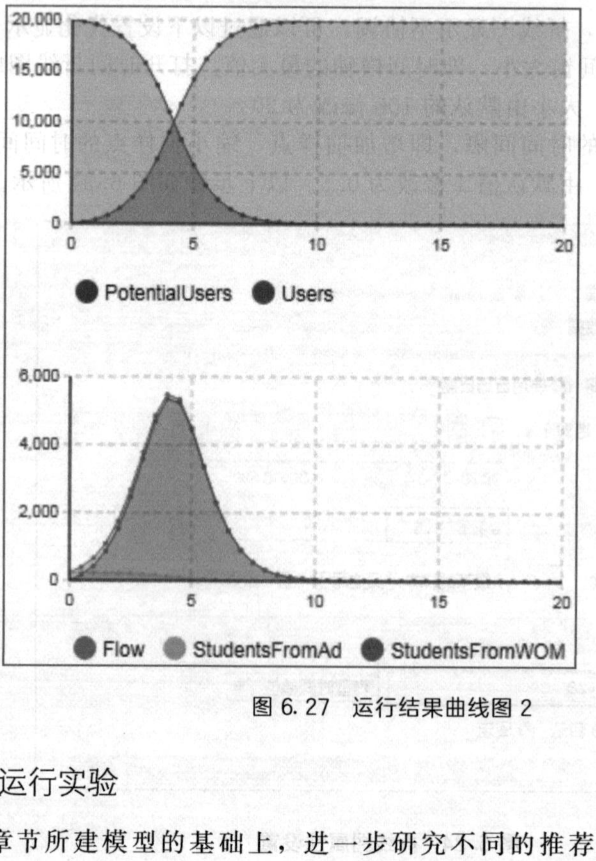

彩色运行结果曲线图2扫描下面二维码显示

图 6.27　运行结果曲线图 2

6.4.2 比较运行实验

在之前章节所建模型的基础上，进一步研究不同的推荐人数 ContactRate 下使用者

Users 存量以及流量 flow 随着时间的变化规律。

步骤一：

创建主要变量的数据集，首先创建两个数据集，分别用来存储 Users 和 flow 的值。

① 在 Main 中右击存量“Users”的图标，在弹出的菜单中选择“创建数据集”（也可以在“分析”面板中拖动一个数据集到 Main 中，然后再修改数据集名称及其他各属性，但上述方法更为简便），如图 6.28 所示。

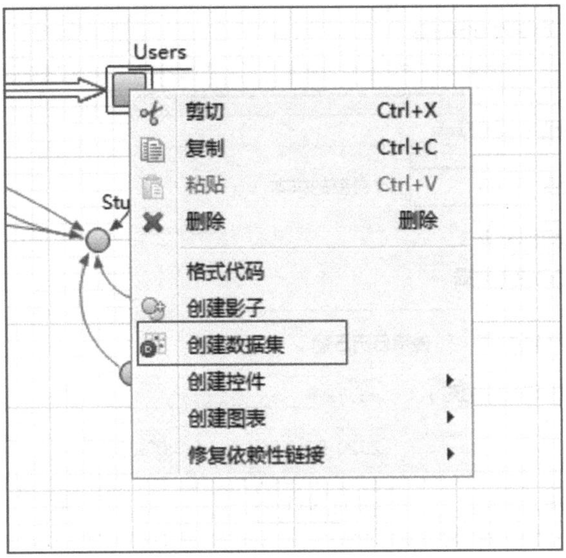

图 6.28 创建数据集

② 打开数据集属性，使用此方法创建的数据集，AnyLogic 将自动命名为“UsersDS”，“垂直轴值”的取值为“Users”，保留至多 200 个最新的样本，将默认的“不自动更新数据”更改为“自动更新数据”，复发时间修改为 0.1。如图 6.29 所示。

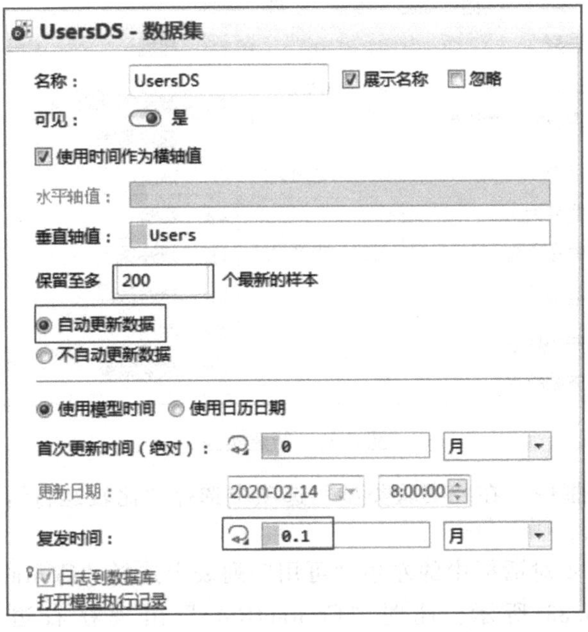

图 6.29 UsersDS-数据集

③ 以同样的方式为 flow 创建数据集 flowDS，设置类似 UsersDS 数据集。如图 6.30 所示。

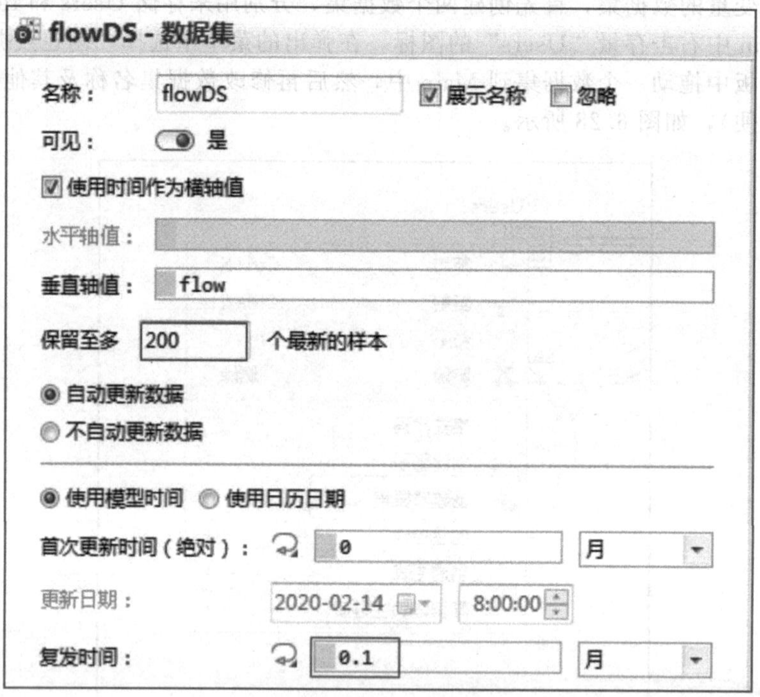

图 6.30 flowDS-数据集

步骤二：

创建对比实验。

① 新建实验。点击“文件”→“新建”→“实验”，如图 6.31 所示。

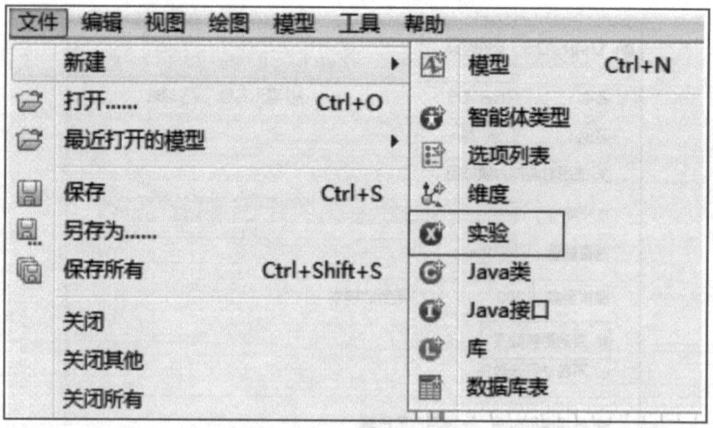

图 6.31 新建实验

② 在弹出的对话框中，在“实验类型”选项中选择“比较运行”，然后点击“下一步”按钮。如图 6.32 所示。

③ 在弹出的下一步对话框中的左边“可用”列表中选择“ContactRate”，然后点击图标 按钮，如图 6.33 所示。此时“ContactRate”出现在右边的空白栏中，表示 ContactRate 为比较实验的参数，如图 6.34 所示，然后点击“下一步”按钮。

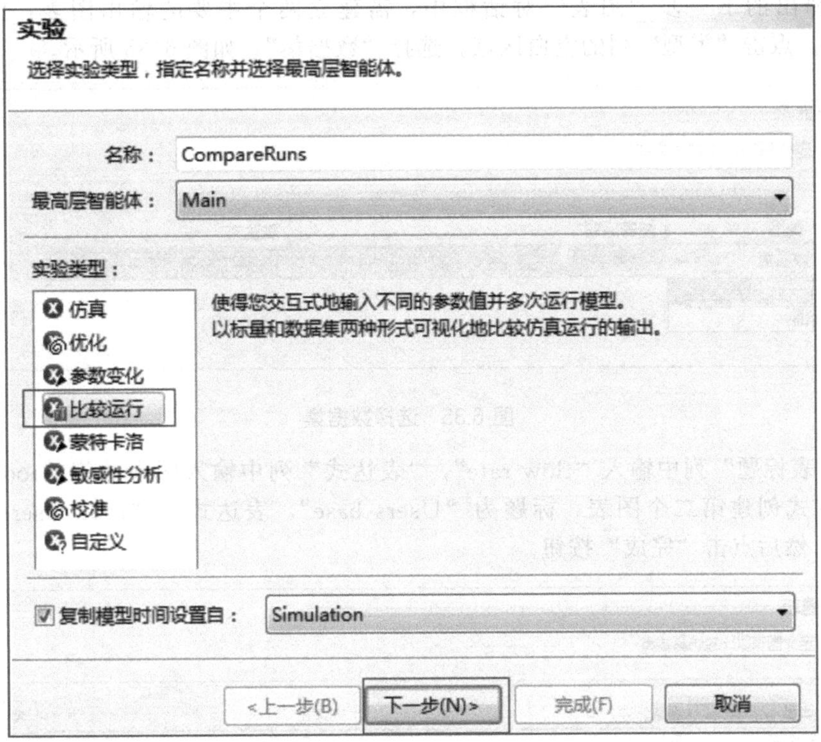

图 6.32 选择“比较运行”

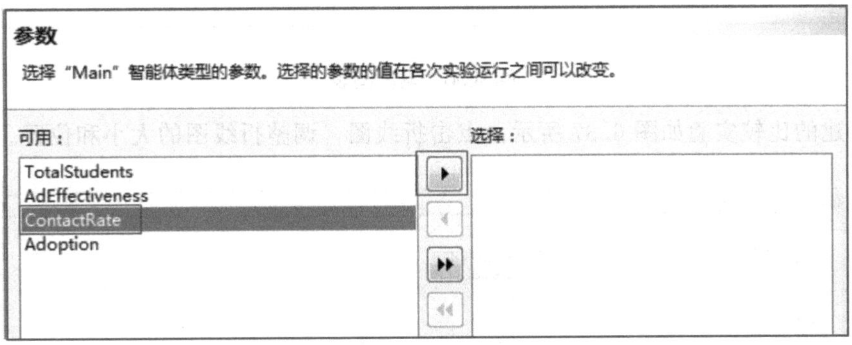

图 6.33 选择 ContactRate 参数 1

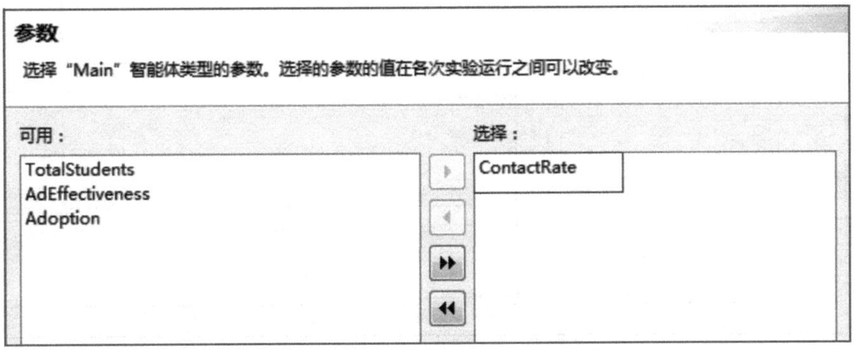

图 6.34 选择 ContactRate 参数 2

④ 在弹出的下一步“图表”对话框中，需建立两个主要的输出图表：flow rate 和 Users base。点击“类型”列的空白区域，选择“数据集”，如图 6.35 所示。

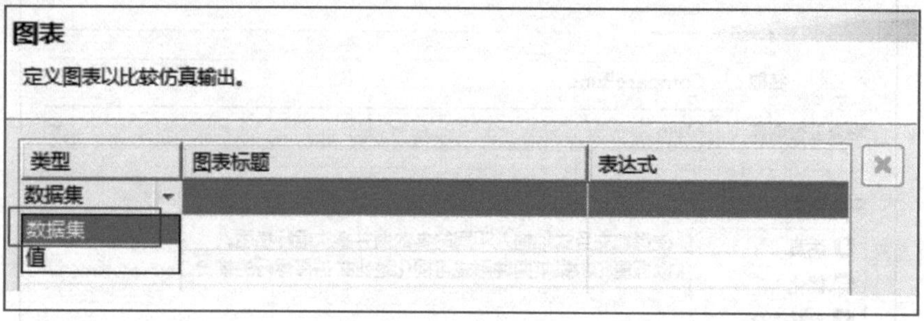

图 6.35 选择数据集

在“图表标题”列中输入“flow rate”，“表达式”列中输入图表的值“root. flowDS”。以同样的方式创建第二个图表，标题为“Users base”，表达式为“root. UsersDS”。如图 6.36 所示，然后点击“完成”按钮。

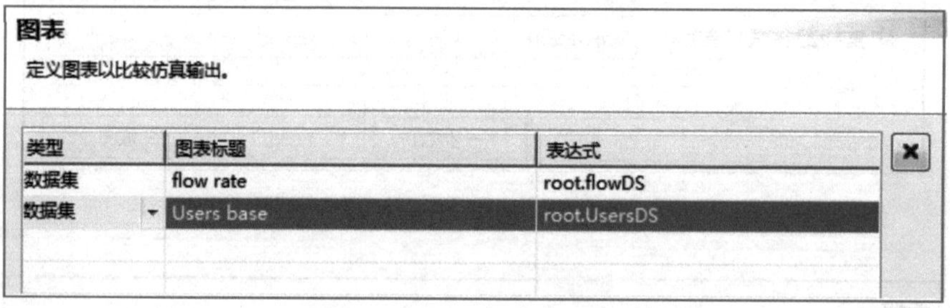

图 6.36 输出图表

⑤ 创建的比较实验如图 6.37 所示。点击折线图，调整折线图的大小和位置。

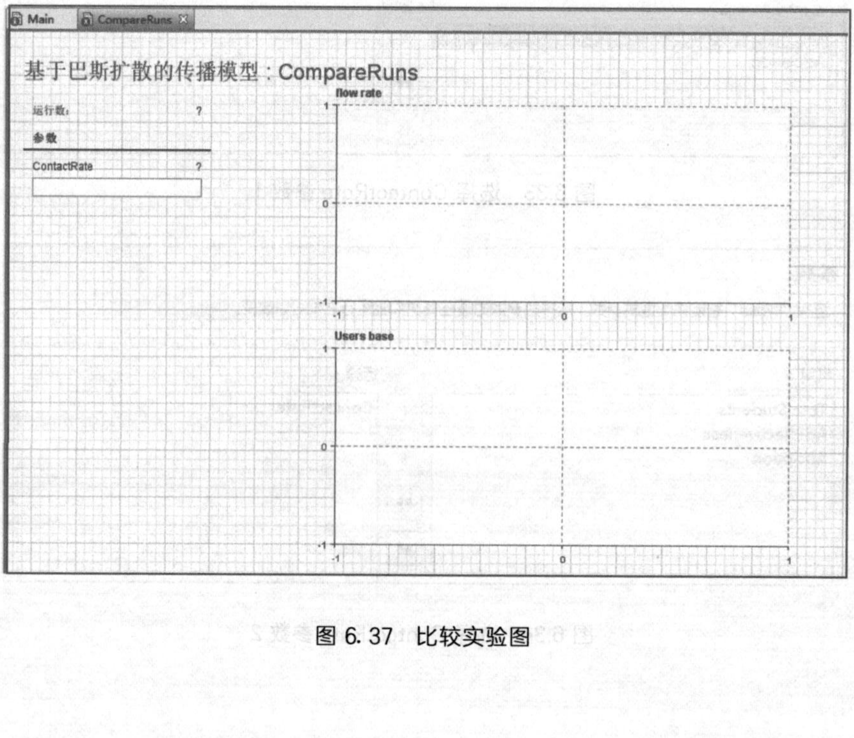

图 6.37 比较实验图

步骤三：

运行比较实验。

① 从工具栏“运行”图标的下拉列表中选择“基于巴斯扩散的传播模型/CompareRuns”，如图 6.38 所示。

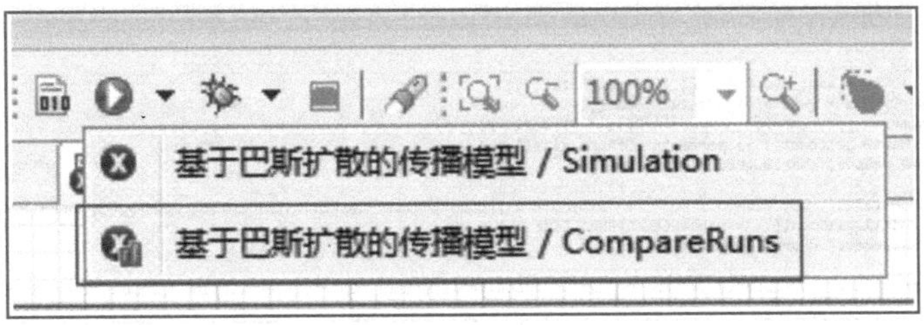

图 6.38 “基于巴斯扩散的传播模型/CompareRuns”运行

② 在运行视图中可以改变 ContactRate 的值，得到不同的折线图，如图 6.39 所示。在运行界面左上角的“参数”下面文本框中先后输入值 60、40、20、80、100，点击“运行”按钮，得到 flow rate 和 Users base 的五条不同的曲线形式。

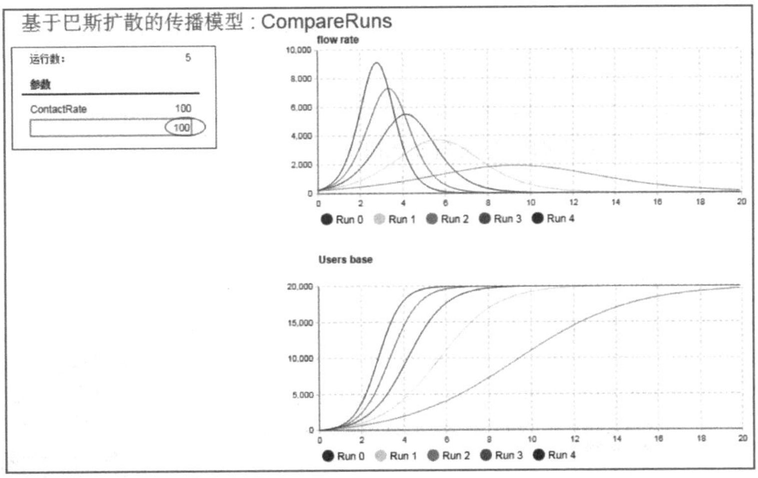

比较实验运行结果彩图1扫描下面二维码显示

图 6.39 比较实验运行结果图 1

步骤四：

在比较实验运行结果图 1 中可以看到，通过改变 ContactRate 的值得到 flow rate 和 Users base 两个曲线图，图例用 Run 0、Run 1、Run 2、Run 3、Run 4 表示，不能直接看到对应的参数值。通过以下步骤，对此比较实验进行完善。

① 打开比较实验“CompareRuns”的属性视图。

② 点击“Java 行动”栏，可以看到此时的“仿真运行后”文本编辑框中的 Java 代码如图 6.40 所示。将代码中如图框中的“Run”+numberOfRuns 修改为代码“ContactRate=”+root.ContactRate，修改后的代码如图 6.41 所示。

③ 再次运行“基于巴斯扩散的传播模型/CompareRuns”，然后设置不同 ContactRate 值，运行结果如图 6.42 所示。

6.4.3 敏感性分析

在之前章节所建模型的基础上，进一步开发，研究系统对于媒体作用的敏感程度。

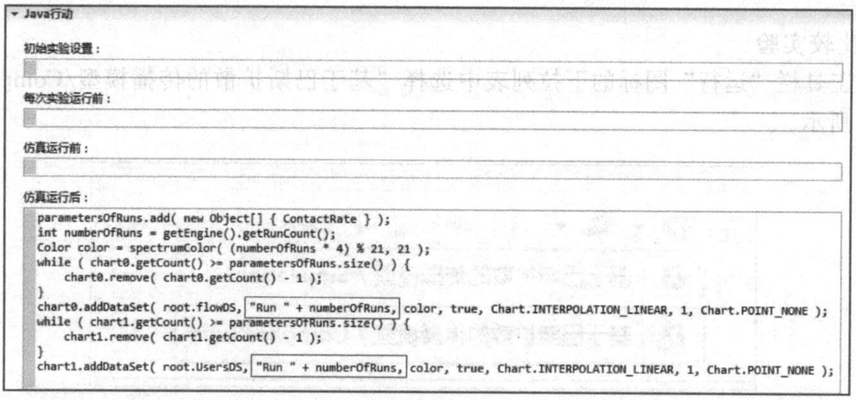

图 6.40　Java 行动代码 1

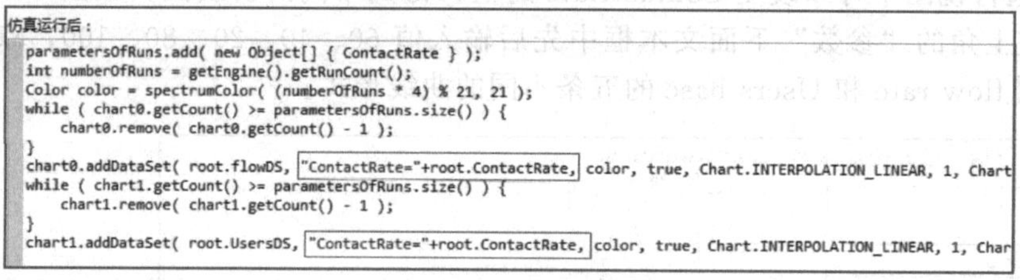

仿真运行后：
parametersOfRuns.add(new Object[] { ContactRate });
int numberOfRuns = getEngine().getRunCount();
Color color = spectrumColor((numberOfRuns * 4) % 21, 21);
while (chart0.getCount() >= parametersOfRuns.size()) {
chart0.remove(chart0.getCount() - 1);
}
chart0.addDataSet(root.flowDS, "ContactRate="+root.ContactRate, color, true, Chart.INTERPOLATION_LINEAR, 1, Chart
while (chart1.getCount() >= parametersOfRuns.size()) {
chart1.remove(chart1.getCount() - 1);
}
chart1.addDataSet(root.UsersDS, "ContactRate="+root.ContactRate, color, true, Chart.INTERPOLATION_LINEAR, 1, Char

图 6.41　Java 行动代码 2

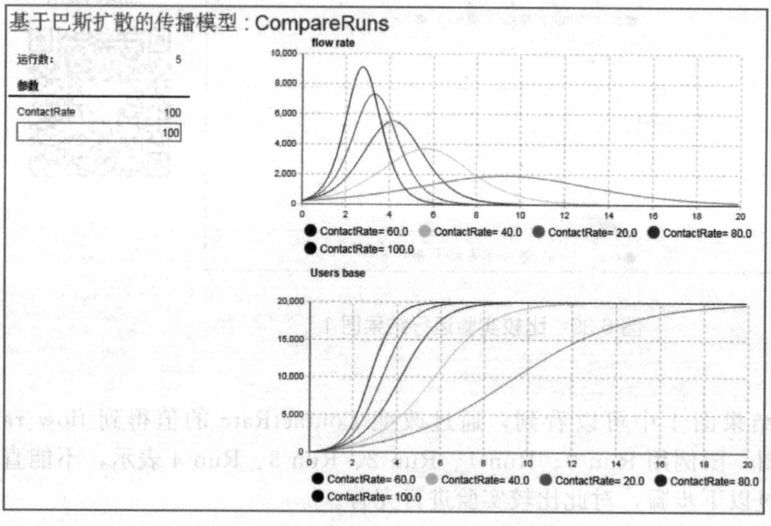

比较实验运行结果
彩图2扫描下面
二维码显示

图 6.42　比较实验运行结果图 2

步骤一：

创建敏感性分析实验。

① 新建实验，点击“文件”→“新建”→“实验”。

② 在弹出的对话框中，“实验类型”选项中选择“敏感性分析”，然后点击“下一步”按钮，如图 6.43 所示。

③ 在下一步对话框中，“变化的参数”下拉列表中选择参数“AdEffectiveness”，输入变化范围的最小值 0，最大值 0.2，步长 0.01，如图 6.44 所示，点击“下一步”按钮。

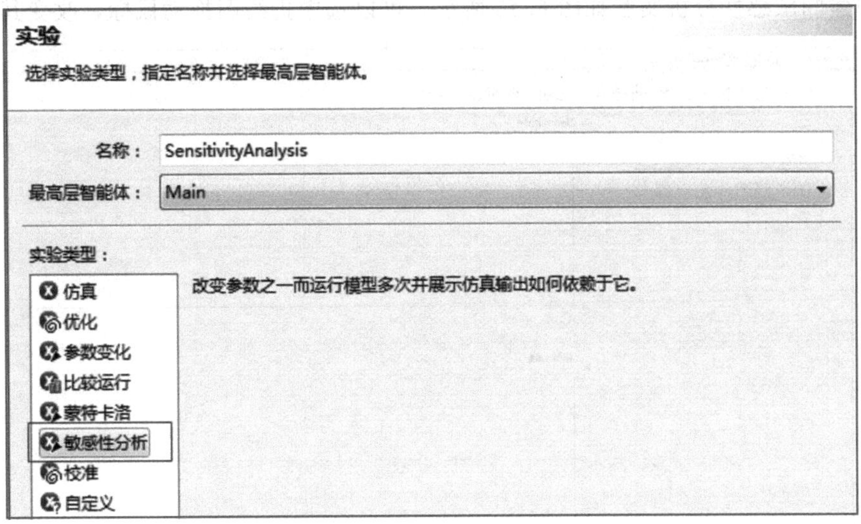

图 6.43 敏感性分析

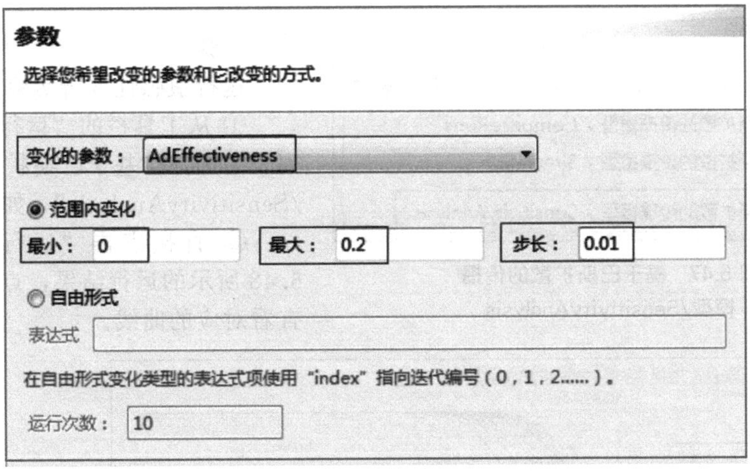

图 6.44 设置参数

④ 在弹出的下一步“图表”对话框中，输入仿真输出的图表，在标题列中分别输入图表的名称“Users base”和“flow rate”，类型选择为“数据集”，表达式分别为“root. UsersDS”和“root. flowDS”，如图 6.45 所示，然后点击“完成”按钮。

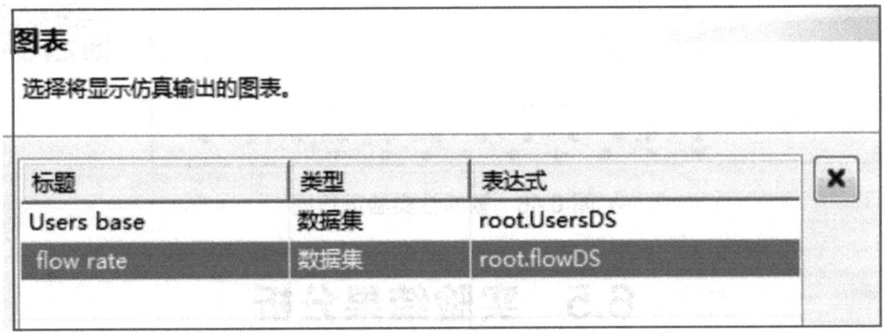

图 6.45 图表设置

⑤ 创建的敏感性分析实验如图 6.46 所示，可以选中折线图拖动鼠标，改变其位置。

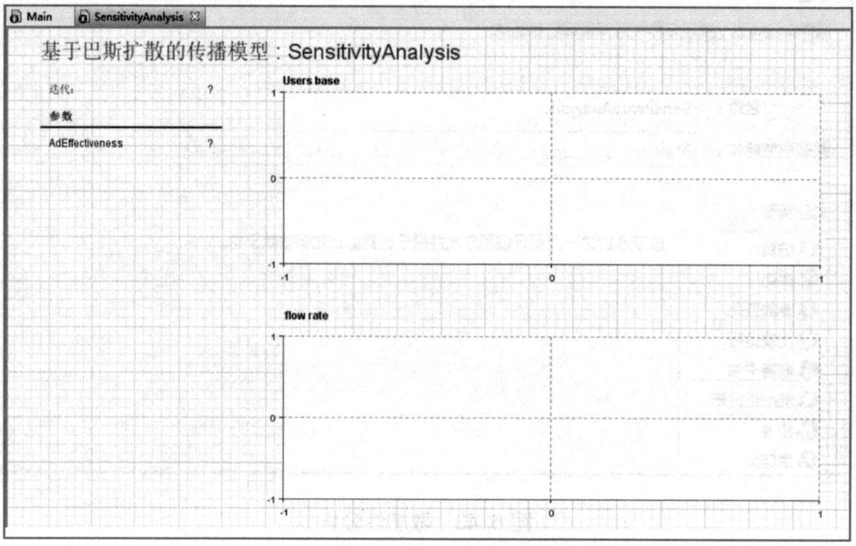

图 6.46　敏感性分析实验图

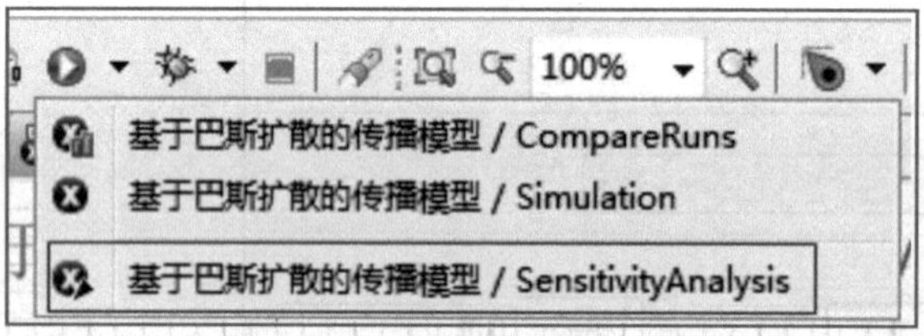

图 6.47　基于巴斯扩散的传播模型/SensitivityAnalysis

步骤二：

运行敏感性分析实验。

① 从工具栏的“运行”图标的下拉列表中选择“基于巴斯扩散的传播模型/SensitivityAnalysis”，如图 6.47 所示。

② 直接点击“运行”，得到如图 6.48 所示的运行结果，点击某一图例可查看对应的曲线。

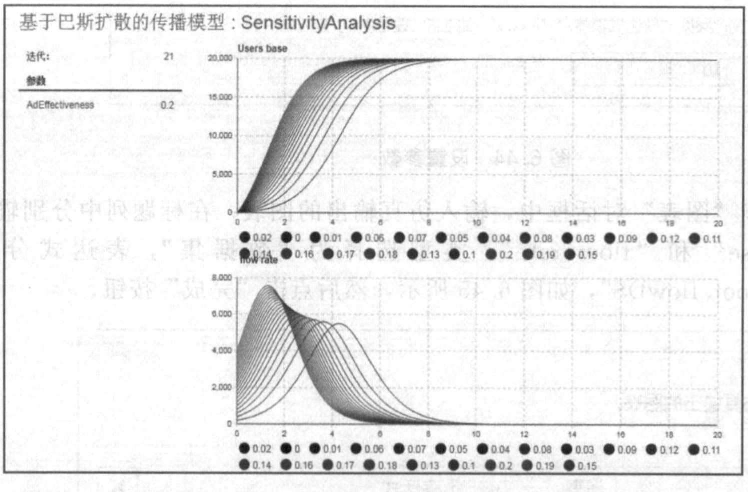

图 6.48　敏感性实验运行图

敏感性实验运行彩图扫描下面二维码显示

6.5　实验结果分析

从模型的运行结果图 6.27 中可以看出，潜在使用者人数随着时间的变化逐渐减少，使用者人数随时间的变化从 0 开始逐渐增加，运行一定时间后，潜在使用者在媒体和同学间推荐的作用下全部转变为使用者。媒体作用的人数与潜在使用者人数有关，随着时间的变化逐渐减少，当潜在使用者全部转变为使用者时，媒体作用的人数也随之为 0。同学间推荐作用的人数随时间的变化先增加后减少，与流量的变化趋势一致，对流量值的影响较大，媒体作用人数逐渐趋于 0 时，同学间推荐作用人数曲线接近于流量变化曲线。

通过 6.4.2 节中创建的比较运行实验，从比较实验结果图 6.42 可以得出，不同接触率对使用者存量 Users 及流量 flow 的影响不同，接触率越大，由潜在使用者向使用者转变的速率也越大，同一时间使用者存量的值也越大。接触率也影响着存量 Users 和流量 flow 随时间变化的曲线，接触率较小时曲线较平缓。

通过 6.4.3 节创建的敏感性分析实验，从敏感性分析实验运行结果图 6.48 可以得出，媒体作用对使用者 Users 存量以及流量 flow 有正影响作用。在模型运行开始时，对媒体的作用比较敏感，媒体作用的使用率越大，潜在使用者向使用者转变的速率越大，模型运行一定时间后，曲线趋于平缓，敏感性降低，对流量 flow 影响作用降低。

思 考 题

1. 简述系统动力学包含的主要元素功能用法及创建方式。

2. 简述时间折线图的功能用法。外观有哪些不同的显示？如何优化显示？

3. 在本章模型基础上，试对采纳率敏感性进行分析。

4. 在本章模型基础上，试建立推荐人数参数变化实验。

5. 建立传染病传播系统动力学模型。部分条件如下：

(1) 某地区总人口数为 10000，开始人群中仅 1 人患病。

(2) 每个人可处于为易感染、潜伏、患病、治愈四个状态。

(3) 感染者平均每天以接触率 1.25 与其他人接触。若接触到患病的人，易感染者被感染的概率为 0.6。

(4) 易感染者被感染后的潜伏期为 10 天。

(5) 平均患病期为 15 天，处于患病期的人群具有传染性。痊愈后的患者对该疾病产生免疫。

其他条件自设，通过建模研究不同状态人数变化规律，建立参数实验、比较实验。

第 7 章 柔性制造供应链模型

7.1 柔性制造供应链模型介绍

供应链柔性的概念源于制造系统中柔性制造单元，可分为柔性制造、柔性库存、信息和知识共享、柔性契约、柔性文化等柔性策略。为适应市场变化，以制造企业为中心的供应链，通过提高企业各种资源的柔性，实现灵活、敏捷的经营机制，以柔性的采购管理、柔性的生产管理、柔性的库存管理及柔性的信息管理提高企业的市场竞争能力。

柔性制造供应链就是以制造企业为中心，从原材料的供应，中间各制造企业的生产、最终到消费者手中的物流过程。供应链末端消费者的需求决定整个供应链上各级供应商、生产商的生产情况，决定原材料的采购和产成品的配送量。供应链中各级生产商从上级供应商处采购原材料，经过加工产生新的产品，再将该产品作为原材料配送至下级生产商。假设该供应链系统从原材料加工开始，到最终消费者手中，是由原材料供应商、基础零件供应商、零件生产商、组件生产商、最终产品生产商、最终消费者构成。其供应链图如 7.1 所示。

图 7.1 供应链图

在该供应链系统中的各级生产商或供应商，当仓库中的产成品达到一定数量后则停止生产。同样，当现有原材料数量（包括在订购中的数量）低于再订购点时，则需要订购原材料。生产商（消费者也一样）会根据供应商的加工能力及订单量在几个可替代的供应商中择优选择。

在柔性供应链的建模中，可以将各参与者定义为带有一定认知程度的智能体。各生产商中原材料加工至产成品的过程可以通过系统动力学图形进行定义。

ⅰ. 该建模的已知条件如下：

① 假设系统开始时各生产商存有一定量的原材料。

② 生产商在未收到订单需求时，当产成品在仓库中达到一定的数量时停止生产。

③ 当生产商的现有原材料数量（包括在订购中的量）低于再订购点时，需要订购原材料。

④ 各级生产商的生产过程与生产能力、原材料存量、产成品库存量有关。

⑤ 各级生产商都包括原材料采购和产成品配送两个过程，各级生产商又是下级生产商的供应商。

⑥ 当生产商原材料不足时，生产商向上级供应商发送原材料采购需求订单。当供应商

收到下级生产商或消费者的订单后，根据订单需求数量配送产成品。

⑦ 假设生产商每次向上级供应商采购原材料有一基本订货量。

⑧ 在建模开始时，假设各生产商已订购了一定量的原材料。

⑨ 假设该供应链系统由原材料供应商、若干个中间生产商以及消费者构成。

ⅱ. 通过建模，需要得到以下的信息。

① 各级生产商产成品数量的变化情况。

② 各级生产商原材料存量的变化情况。

③ 创建供应链系统的动画视图。

④ 消费者的产品的订购量对模型运行结果的影响情况。

7.2 柔性制造供应链仿真建模

7.2.1 创建新模型

新建一个柔性制造供应链模型，打开 AnyLogic 软件，选择“文件”→“新建”→“模型”，在新建模型窗口中，输入模型名为“柔性制造供应链模型”，选择存储位置，选择模型时间单位为“分钟”。

7.2.2 创建生产商智能体类型

步骤一：

创建生产商智能体。假设该供应链中不同级别的生产商作业过程类似。建模时，先创建一个生产商智能体类型并设置相关属性，再创建各级生产商智能体群。

① 选择“文件”→“新建”→“智能体类型”，如图 7.2 所示。

② 在弹出的“第 1 步．创建新智能体类型”对话框中的“新类型名”文本编辑框中输入智能体类型名“Producer”，点击“完成”按钮，完成新智能体类型的创建。如图 7.3 所示。

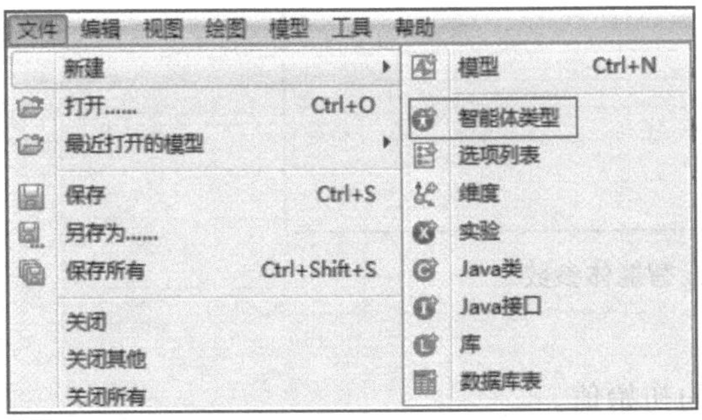

图 7.2 新建智能体类型

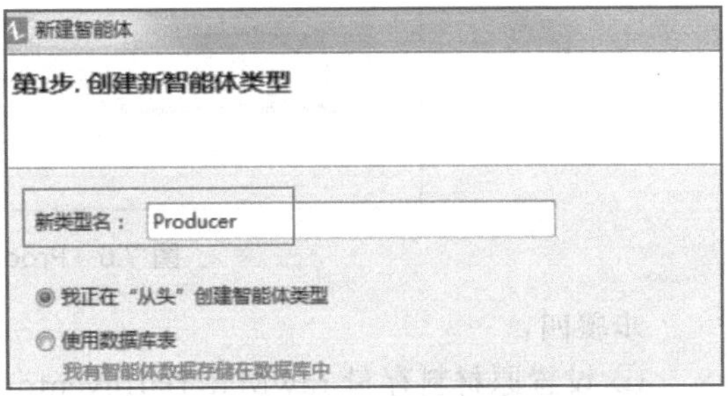

图 7.3 Producer 智能体类型

步骤二：

用系统动力学中的存量、流量图定义生产商内部由原材料加工至产成品的变化过程。

① 打开“系统动力学”面板，选中“存量”图标，拖动至智能体类型“Producer”的图形编辑器中，在属性视图中修改名称为“rawMaterialInventory”，表示原材料存量。

② 再次选中“存量”图标，拖动至智能体类型“Producer”图形编辑器中，在属性视图中修改名称为“finishedGoods”，表示产成品存量。

③ 在系统动力学面板中选中“流量”图标，拖动至“Producer”图形编辑器中的“rawMaterialInventory”与“finishedGoods”存量之间，使得流量首尾的两个小圆圈正好处于两端存量上，若连接成功，则小圆圈显示为绿色，箭头方向表示流量的流向。或者也可以通过双击流量图标后面的小铅笔，激活绘图模式，先选中“rawMaterialInventory”存量，然后双击“finishedGoods”存量完成绘制。所建系统动力学存量、流量图如图 7.4 所示。

步骤三：

创建初始原材料、生产能力、再订购点、停止生产点参数。

① 在系统动力学面板中，选中“参数”图标，拖动至“Producer”图形编辑器中，打开参数属性视图，修改名称为“rawMaterialInitial”，默认值为 100。如图 7.5 所示。

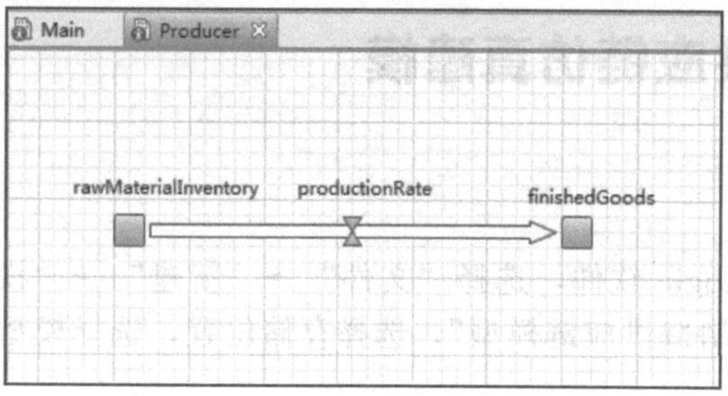

图 7.4 系统动力学存量、流量图

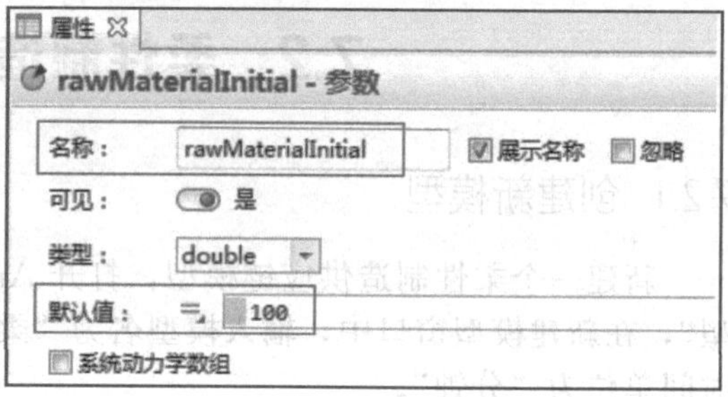

图 7.5 rawMaterialInitial 参数

② 依次拖入生产能力“capacity”参数，设置默认值为 1，再订购点“orderThreshold”参数，设置默认值为 20，停止生产点“finishedGoodsThreshold”参数，设置默认值为 80，此时“Producer”智能体类型的图形编辑器视图中参数如图 7.6 所示。

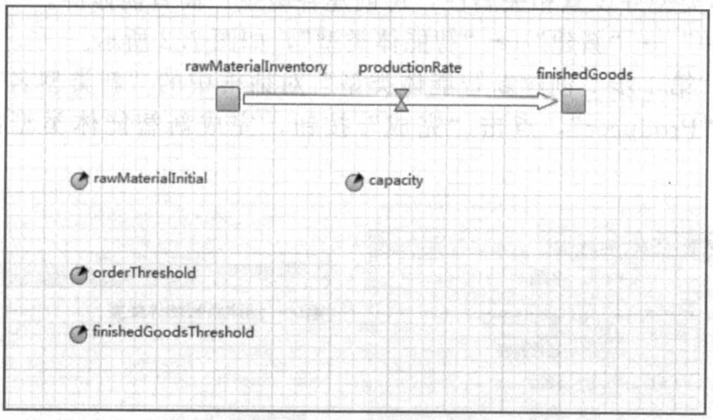

图 7.6 Producer 智能体参数

步骤四：

① 设置原材料存量 rawMaterialInventory 的初始值。

在“Producer”图形编辑器中点击“rawMaterialInventory”存量图标，打开属性视图，在“初始值”文本框中输入“rawMaterialInitial”，并创建“rawMaterialInventory”存量与“rawMaterialInitial”之间的链接。如图 7.7 所示。

② 设置 finishedGoods 存量的初始值为 0。

步骤五：

设置流量 productionRate 的值。

在已知条件中，各级生产商的生产过程与其生产能力、原材料存量、产成品的库存量有关。当原材料不足时，停止生产，此时流量“productionRate”的值为 0，定义一个函数

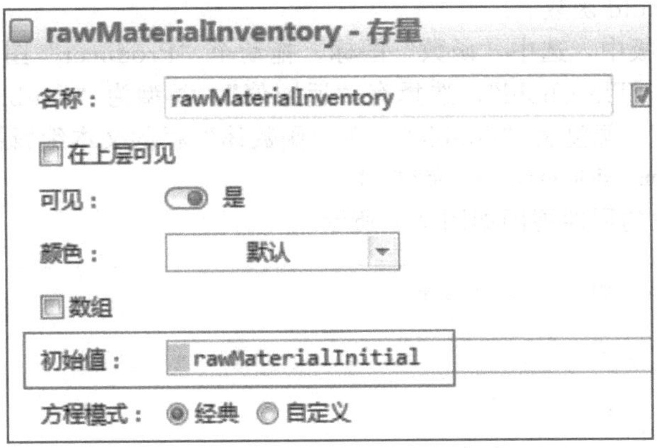

图 7.7 rawMaterialInventory 存量初始值

isProduce()，用来实现原材料存量为 0 时，流量“productionRate”的值为 0。当生产商在未收到订单需求时，产成品在仓库中达到一定的数量时则停止生产，定义函数 isThreshold()，先假设在不考虑被订购产品的情况下，实现当产成品存量达到给定的停止生产点时，停止生产。

① 创建 isProduce 函数。

在“智能体”面板中，选中“函数”图标，拖动至“Producer”图形编辑器中，在属性视图中修改名称为“isProduce”，选择有“返回值”，类型为“double”。在“参数”栏中，添加一个参数，名称为“raw”，类型为“double”。在“函数体”栏的文本编辑框中输入如下代码：

```
return raw > 0 ? 1 : 0;
```

isProduce 函数的属性视图如图 7.8 所示。

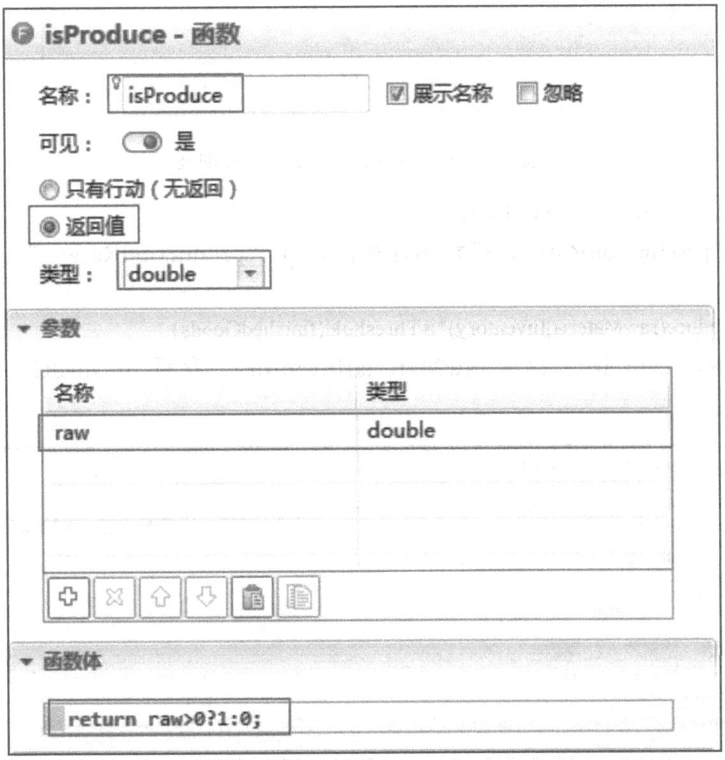

图 7.8 isProduce 函数的属性视图

② 创建 isThreshold 函数。

在“智能体”面板中，选中“函数”图标，拖动至“Producer”图形编辑器中，在属性视图中修改名称为“isThreshold”，选择有“返回值”，类型为“double”。在“参数”栏中添加参数“finGoods”，类型为“double”。在“函数体”栏的文本编辑框中输入如下代码：

```
return finGoods>finishedGoodsThreshold? 0 : 1;
```

isThreshold 函数的属性视图如图 7.9 所示。

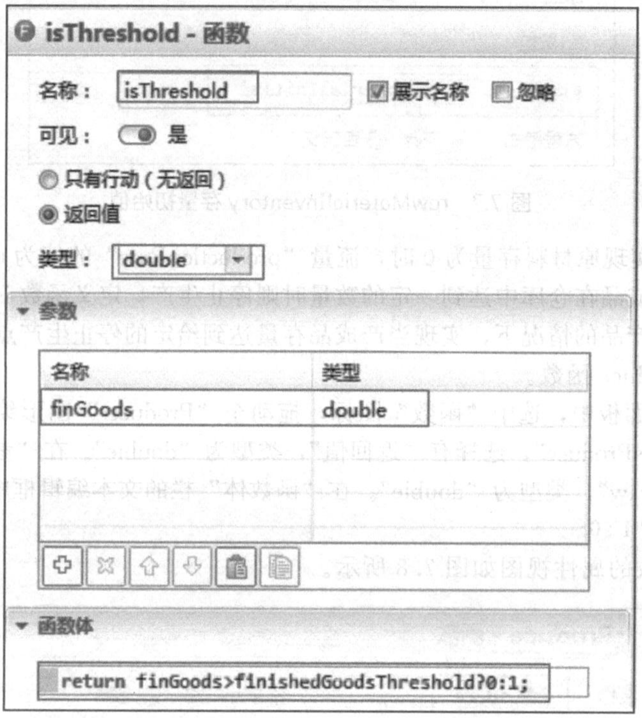

图 7.9　isThreshold 函数的属性视图

③ 设置流量 productionRate 的值。

点击流量“productionRate”，打开属性视图，在“productionRate=”文本编辑框中输入如下代码：

```
capacity*isProduce(rawMaterialInventory)*isThreshold(finishedGoods)
```

并创建流量与参数 capacity、存量 rawMaterialInventory、存量 finishedGoods 之间的链接。如图 7.10 所示。

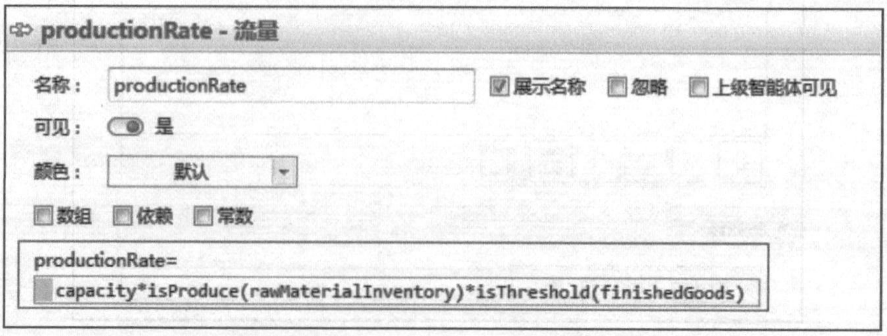

图 7.10　productionRate 流量属性

步骤六：

在工具栏中，点击“构建模型（F7）”按钮，检查所建存量、流量图是否存在问题。

7.2.3 创建订单智能体类型

生产商当原材料不足时，需向上级供应商发送订单，采购一定数量的原材料，同时，在收到下级生产商的原材料或消费者的产品需求订单后，按照订单数量配送产品。在建模过程中，将订单创建为一个智能体类型。

步骤一：

创建订单智能体类型。

选择“文件”→“新建”→“智能体类型”，在弹出的“第 1 步 . 创建新智能体类型”中“新类型名”文本编辑框中输入智能体类型名“Order”，点击“完成”按钮，完成新智能体类型的创建。

步骤二：

打开“Order”智能体类型图形编辑器界面，从面板中拖入两个参数到“Order”中，分别在属性视图中修改参数名称“amount”，类型“double”；名称“from”，类型“Agent”。如图 7. 11 所示。

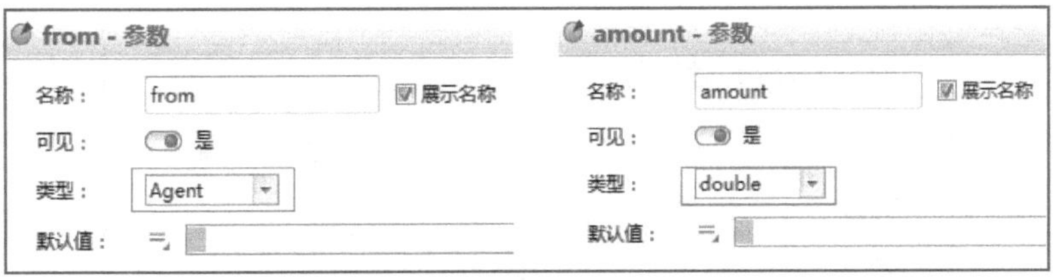

图 7.11　Order 智能体参数

7.2.4 创建消费者智能体类型

原材料经过各级生产商的加工生产，根据消费者的需求订单将最终产品配送至消费者手中，因此，在该模型中消费者也可创建为一个智能体类型。

选择“文件”→“新建”→“智能体类型”，在弹出的“第 1 步 . 创建新智能体类型”中“新类型名”文本编辑框中输入智能体类型名“Consumer”，点击“完成”按钮，完成消费者智能体类型的创建。

7.2.5 生产商原材料采购与产品配送

系统中的各级生产商都包含向上级供应商采购原材料和向下级生产商或消费者配送产成品两个过程，在建模的过程中，在生产商智能体类型中定义 ordering()和 shipping()两个函数，编写相关代码以实现原材料的订购和产成品的配送过程，用 rawMaterialOnOrder 变量和 finishedGoodsOrdered 变量分别表示在订原材料的数量和下级生产商或消费者向上级订购产成品的数量。

步骤一：

① 新建一个参数 orderSize，表示每次的基本订货量。

在“智能体”面板中，选中“参数”图标，拖动至智能体类型“Producer”的图形编辑器中，在参数的属性视图中修改名称为“orderSize”，类型为“double”，默认值为 50。如图

7.12 所示。

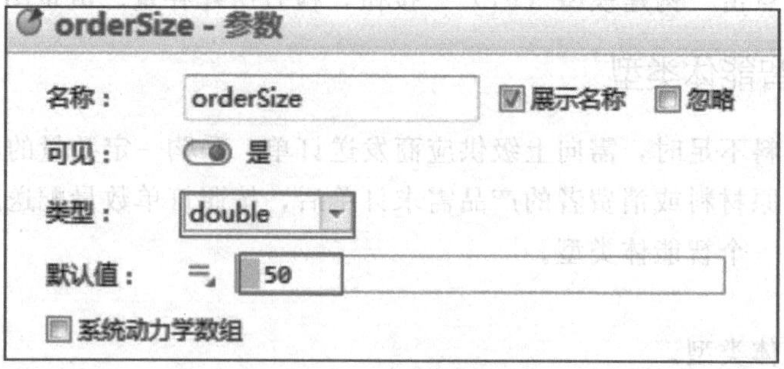

图 7.12 orderSize-参数

② 新建参数 orderFrom，表示供应链系统中该级生产商的上级供应商信息。

在“智能体”面板中，选中“参数”图标，拖动至“Producer”图形编辑器视图中，在属性视图中修改参数名称为“orderFrom”，类型在下拉列表中选择“其他”，在右边的文本编辑框中输入类型为“AgentList＜Producer＞”。如图 7.13 所示。

AgentList<Producer>表示智能体类型Producer的列表，其原型是：
public abstract class AgentList<E extends Agent>

图 7.13 orderFrom-参数

③ 新建 rawMaterialOnOrder 变量表示在订原材料的数量，finishedGoodsOrdered 变量表示下级生产商或消费者已定产成品的数量。

在“智能体”面板中，拖动两个变量至“Producer”图形编辑器中，分别在属性视图中修改变量名称为“rawMaterialOnOrder”，类型为“double”，初始值为 50；名称为“finishedGoodsOrdered”，类型为“double”，初始值为 0。如图 7.14 所示。

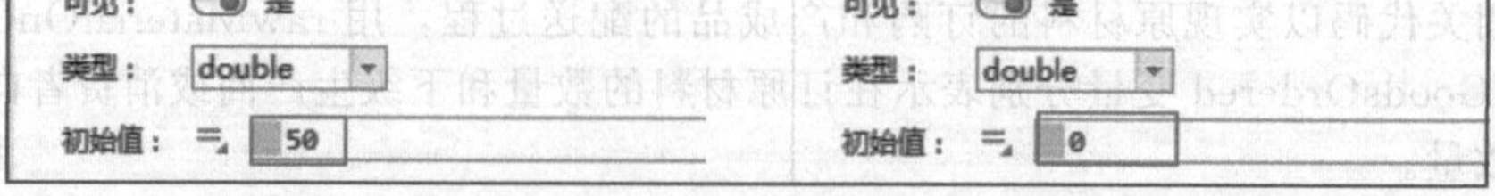

图 7.14 变量属性

④ 新建变量 onOrder 用来表示采购原材料的状态。

在“智能体”面板中选择“变量”图标，拖动至“Producer”图形编辑器中，在属性视图中，修改名称为“onOrder”，类型选择“boolean”，初始值为“false”。如图 7.15 所示。

⑤ 创建集合类 orderQueue，用于保存订单队列。

在“智能体”面板中选中“集合”，拖动至“Producer”图形编辑器中，如图 7.16 所示。

打开集合属性视图，修改名称为“orderQueue”，点击“集合类”的下拉列表，选择“LinkedList”，点击“元素类”的下拉列表，选择元素类为“Order”。如图 7.17 所示。

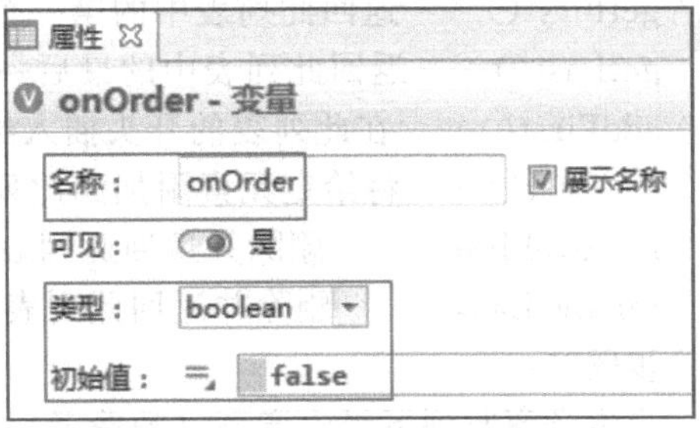

图 7.15　onOrder 变量

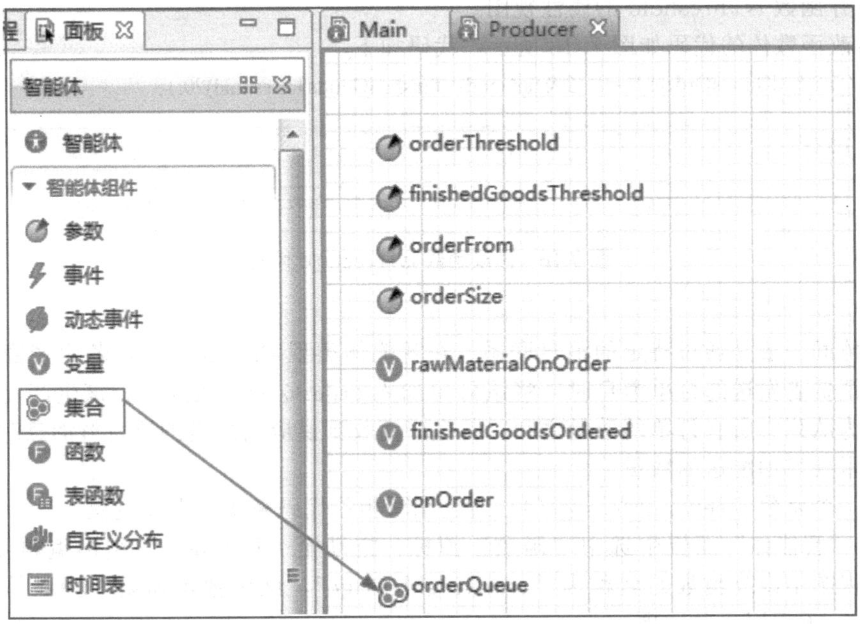

图 7.16　创建集合

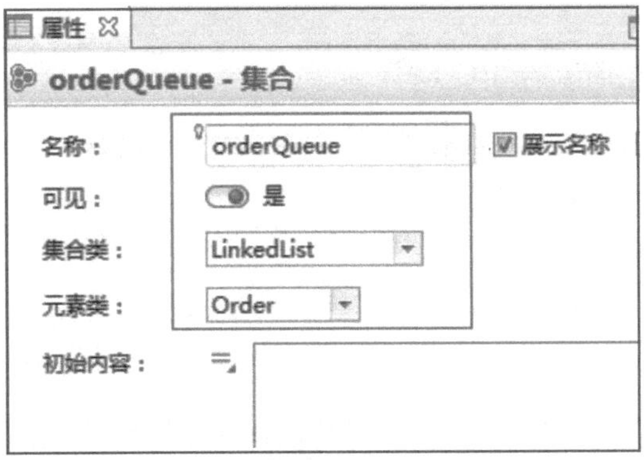

图 7.17　orderQueue 集合属性

Linkedlist 类型用于构建堆栈或队列结构，即顺序存储，其中元素主要从一端或两端添加和移除。Linkedlist 支持所有集合通用的函数［如 size()或 isEmpty()］，还提供特定的 API 有以下几种：

getFirst()——返回此列表中的第一个元素。
getLast()——返回此列表中的最后一个元素。
addFirst()——在此列表的开头插入给定元素。
addLast()——将给定元素附加到此列表的末尾。
removeFirst()——删除并返回此列表中的第一个元素。
removeLast()——删除并返回此列表中的最后一个元素。

步骤二：

当生产商收到下级生产商（消费者）订单需求时，变量 finishedGoodsOrdered 的值为所有订单数量之和，此时即使产成品仓库中达到停止生产点，但不需要停止生产。修改函数 isThreshold()的函数体代码。

① 打开函数 isThreshold 的属性视图。

② 修改函数体的代码如图 7.18 所示，代码如下：

```
return (finishedGoodsOrdered==0  &&finGoods>finishedGoodsThreshold)?0:1;
```

图 7.18　修改函数 isThreshold 代码

步骤三：

智能体间一般是通过特定的消息联系。在智能体类型 Producer 中，若生产商收到下级生产商或消费者发送的订单消息时，将该订单加入 orderQueue 队列中，该生产商被订购产品的总量为队列中所有订单的数量之和。若生产商收到供应商配送的原材料消息时，生产商原材料存量要增加配送的数量。

定义一个函数 receivingMessage()，通过编写相关代码来实现上述过程。

① 在“智能体”面板中选中“函数”图标，拖动至“Producer”图形编辑器视图中，并在属性视图中修改函数的名称为“receivingMessage”，该函数不需要返回具体值，选择“只有行动（无返回）”选项。

② 在“参数”栏中，添加一个参数，名称为“msg”，类型选择“Object”。步骤①、②如图 7.19 所示。

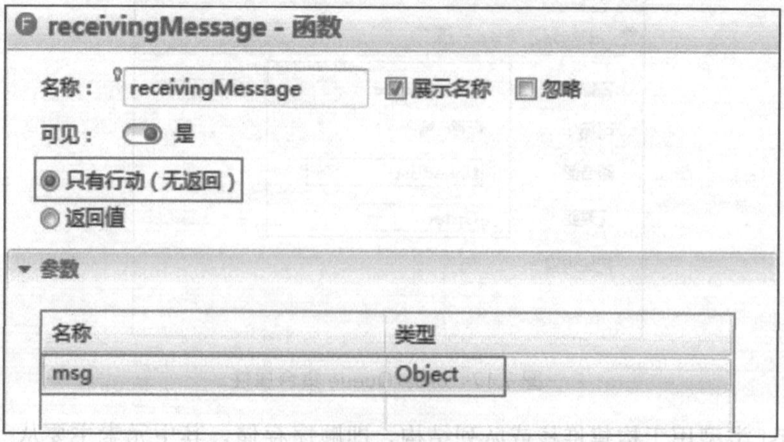

图 7.19　receivingMessage 属性

③ 在“函数体”文本框中输入功能代码，如图 7.20 所示，代码如下：

```
if (msg instanceof  Order)
{
    orderQueue.add( ( Order ) msg );
    finishedGoodsOrdered + = ( ( Order ) msg ).amount;
}
else
{
    rawMaterialInventory = rawMaterialInventory+rawMaterialOnOrder;
    onOrder = false;
}
```

▾ 函数体

```
if (msg instanceof Order)
 {
    orderQueue.add( ( Order ) msg );
    finishedGoodsOrdered += ( ( Order ) msg ).amount;
}
else
{
    rawMaterialInventory=rawMaterialInventory+rawMaterialOnOrder;
    onOrder = false;
}
```

图 7.20　receivingMessage 函数体

步骤四：

生产商根据原材料存量情况判断是否需要采购原材料，且生产商（或消费者）会根据供应商的加工能力和当前的订单量在几个可替代的供应商中进行选择。因此，在订购原材料时，首先应根据公式：(当前被订购产成品的总数量－产成品存量)/生产能力，判断选择最优的供应商。然后向最优供应商发送原材料采购订单。创建 ordering()函数，编辑代码来实现该过程。

① 在“智能体”面板中选中“函数”图标，拖动至“Producer”图形编辑器视图中，在属性视图中修改函数名称为“ordering”，该函数不需要返回具体值，选择“只有行动（无返回）”选项。

▾ 函数体

```
//判断是否需要订购原材料
if(orderFrom!= null&&rawMaterialInventory<orderThreshold&&!onOrder )
{
    Producer bestSupplier=orderFrom.get(0);     //定义最优供应商变量
    for(Producer supplier:orderFrom )
    {
        if(((supplier.finishedGoodsOrdered-supplier.finishedGoods)/supplier.capacity)
           <((bestSupplier.finishedGoodsOrdered-bestSupplier.finishedGoods)/bestSupplier.capacity))
        {
            bestSupplier = supplier;    // 新的最优供应商
        }
    }
    Order o=new Order(orderSize+finishedGoodsOrdered,this); // 定义变量o
    send(o,bestSupplier);   // 向最优供应商发送订单消息
    onOrder=true;   //设置采购状态
    rawMaterialOnOrder=orderSize+finishedGoodsOrdered;
}
```

图 7.21　ordering 函数体文本编辑框

② 在函数体文本编辑框中输入功能代码，如图 7.21 所示，代码如下：

```
//判断是否需要订购原材料
if ( orderFrom != null && rawMaterialInventory<orderThreshold && !onOrder)
{
    Producer bestSupplier = orderFrom.get(0);   //定义最优供应商变量
    for(Producer supplier : orderFrom)
    {
        if ( ( ( supplier.finishedGoodsOrdered - supplier.finishedGoods ) /
          supplier.capacity ) < ( ( bestSupplier.finishedGoodsOrdered
          - bestSupplier.finishedGoods)/ bestSupplier.capacity ) )
        {
            bestSupplier = supplier;              // 新的最优供应商
        }
    }
    Order o = new Order(orderSize + finishedGoodsOrdered, this );// 定义变量 o
    send(o, bestSupplier); // 向最优供应商发送订单消息
    onOrder= true;   //设置采购状态
    rawMaterialOnOrder = orderSize + finishedGoodsOrdered;
}
```

步骤五：

生产商向下级配送产成品时，根据订单队列中先进先出的原则，优先处理最早收到的订单信息，定义函数 shipping()，编辑代码实现该过程。

① 在“智能体”面板中选中“函数”图标，拖动至“Producer”图形编辑器中，并在属性视图中修改函数的名称为“shipping”，该函数不需要返回具体值，选择“只有行动（无返回）”选项。

② 在“函数体”文本编辑框中输入代码，如图 7.22 所示，代码如下：

```
//判断是否需要配送产成品
if ((orderQueue.size( )>0 )&& (finishedGoods>= orderQueue.getFirst( ).amount))
{
    Order o = orderQueue.removeFirst( ); // 将订单从队列中移除
    finishedGoods-= o.amount;
    finishedGoodsOrdered -= o.amount;
    send( "Delivery !", o.from);
}
```

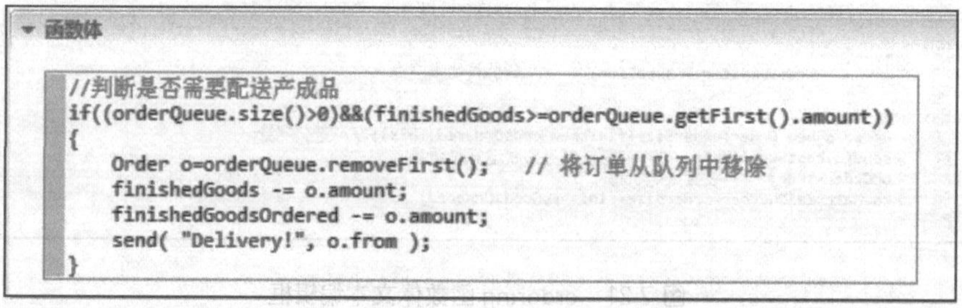

```
▾ 函数体
//判断是否需要配送产成品
if((orderQueue.size()>0)&&(finishedGoods>=orderQueue.getFirst().amount))
{
    Order o=orderQueue.removeFirst();   // 将订单从队列中移除
    finishedGoods -= o.amount;
    finishedGoodsOrdered -= o.amount;
    send( "Delivery!", o.from );
}
```

图 7.22 shipping 函数体文本编辑框

步骤六：

在 Producer 智能体类型中创建一个事件，用于定时检查是否需要采购原材料，是否需要配送产成品。

① 在“智能体”面板中选中“事件”图标，拖动至“Producer”图形编辑器视图中。

② 打开事件属性视图，修改事件名称为“transfers”，触发类型选择“到时”，模式选择“循环”。

③ 在“行动”栏的文本编辑框中输入调用函数“ordering()”“shipping()”代码，如图 7.23 所示。

图 7.23 transfers 属性

步骤七：

生产商在接收到上级供应商配送产品的消息，或下级生产商（消费者）的订单消息时，需要作出相应的反应，即调用“receivingMessage()”函数，当收到上级供应商配送的原材料时，onOrder 变量值变为 false。

① 点击“Producer”图形编辑器中的“connections”图标，该元素图标位于图形编辑器的左上角。如图 7.24 所示。

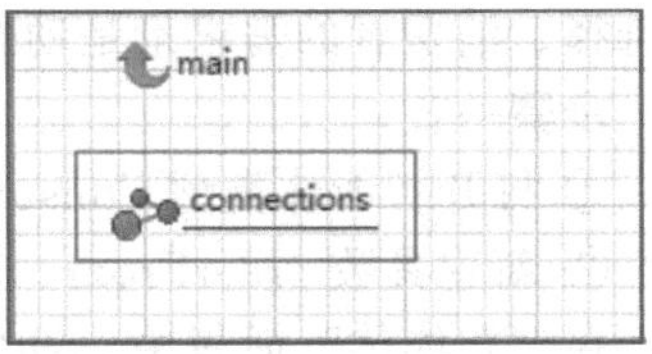

图 7.24 connections 元素

② 打开 connections 的属性视图，在“通讯”栏中的“接收消息时”文本编辑框中输入“receivingMessage(msg);”，如图 7.25，当智能体接收到消息时执行调用函数代码。

每个位于某环境的智能体都具有可视的、不可移动的元素 connections，该对象元素用于保存与该智能体联系人的链接并定义通信设置。

定义智能体在接收到消息时做出反应的一般步骤：

打开接收消息智能体的图形编辑器视图，点击 connections 元素，打开属性视图，在“接收消息时”文本编辑框输入相应的代码。使用 msg 访问接收到的消息，sender 访问发送

7. 25　connections 属性

消息的智能体。默认情况下消息的类型是 Object，如果需要，可以在消息类型下拉列表中选择消息的其他类型。

当消息传递至目标智能体后，如果定义了它的操作代码，就会执行该代码。

步骤八：

点击“构建模型（F7）”按钮，检查模型构建是否存在问题。

7.2.6 消费者智能体属性设置

系统中消费者对最终产品的需求决定整个供应链系统的生产加工情况，消费者向产品生产商订购产品时，根据生产供应商的加工能力和当前的订单量，在几个可替代的供应商中择优选择。消费者的需求量是动态变化的。

步骤一：

① 打开智能体类型 Consumer 的图形编辑器视图。

② 新建参数 orderFrom，表示供应链系统中消费者的上级生产商。

在“智能体”面板中，选中“参数”图标，拖动至“Consumer”图形编辑器视图中，在属性视图中修改参数名称为“orderFrom”，类型在下拉列表中选择“其他”，在右边的文本编辑框中输入类型为“AgentList＜Producer＞”。

③ 新建参数 orderSize，表示产品需求量。

在“智能体”面板中，选中“参数”图标，拖动至“Consumer”图形编辑器视图中，在属性视图中修改参数名称为“orderSize”，类型为“double”，默认值为 30。点击打开“高级”栏，选择“动态”选项（默认为静态），将该参数设定为动态参数。如图 7.26 所示。

④ 新建变量 onOrder，用布尔类型标记消费者订购产品的状态。

在“智能体”面板中选择“变量”图标，拖动至“Consumer”中，在属性视图中，修

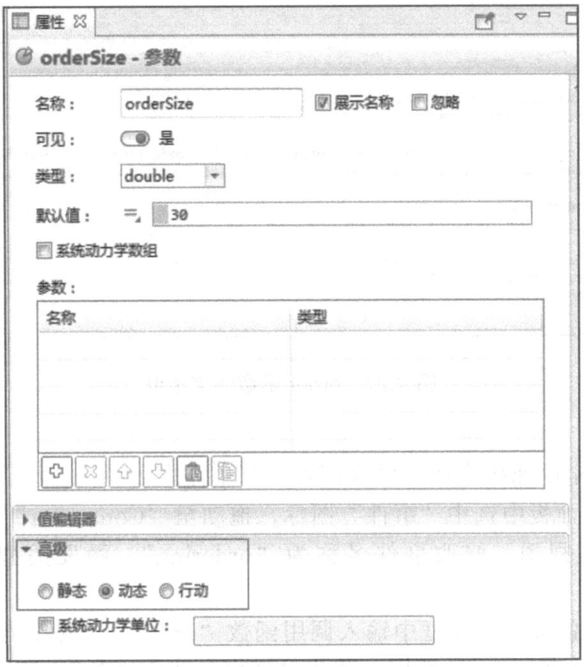

图 7.26 动态参数 orderSize

改名称为“onOrder”，类型选择“boolean”，初始值为“false”。

步骤二：

消费者向产品生产商订购产品时，根据其限定条件选择最优生产商，向该生产商发送需求订单，此时系统中消费者订购产品的状态为 true。定义一个 order()函数，实现该功能。

① 在“智能体”面板中选中“函数”图标，拖动至“Consumer”中，在属性视图中修改函数的名称为“order”，该函数不需要返回具体值，选择“只有行动（无返回）”选项。

② 在函数体文本框中输入代码，如图 7.27 所示，代码如下：

```
if ( !onOrder )      // 是否需要订货
 {
    Producer bestSupplier = orderFrom.get( 0);
    for ( Producer supplier : orderFrom)
    {
        if ( ( ( supplier.finishedGoodsOrered- supplier.finishedGoods )/
          supplier.capacity )
          < ( ( bestSupplier.finishedGoodsOrdered - bestSupplier.finishedGoods)
          /bestSupplier.capacity ) )
        {
            bestSupplier = supplier;
        }
    }
    Order o = new Order( orderSize( ), this );    // 定义一个Order类型的变量
    send(o, bestSupplier);    // 给bestSupplier 发送订单消息
    onOrder = true ;    // 设置正在订货状态
}
```

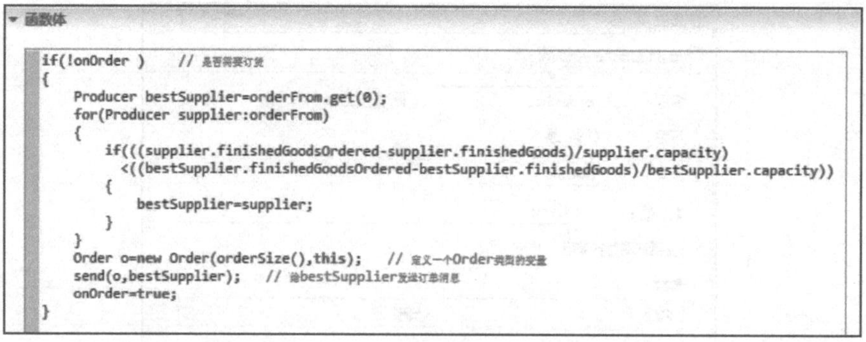

```
▾ 函数体
if(!onOrder )     // 是否需要订货
{
    Producer bestSupplier=orderFrom.get(0);
    for(Producer supplier:orderFrom)
    {
        if(((supplier.finishedGoodsOrdered-supplier.finishedGoods)/supplier.capacity)
          <((bestSupplier.finishedGoodsOrdered-bestSupplier.finishedGoods)/bestSupplier.capacity))
        {
            bestSupplier=supplier;
        }
    }
    Order o=new Order(orderSize(),this);    // 定义一个Order类型的变量
    send(o,bestSupplier);    // 给bestSupplier发送订单消息
    onOrder=true;
}
```

图 7.27　order 函数体文本框

步骤三：

假设消费者按一定的速率向产品供应商发送订单需求。

① 在“智能体”面板中选中“事件”图标，拖动至“Consumer”图形编辑器视图中。

② 打开事件属性视图，修改事件名称为“ordering”，触发类型选择“速率”，速率为 1。

③ 在“行动”栏的文本编辑框中输入调用函数“order()”的代码，设定消费者智能体每隔一分钟执行一次函数 order()调用，若此时订购产品的状态为 true，则直接返回，否则，执行函数 order()函数体中的代码，向生产商发送订单需求。如图 7.28 所示。

步骤四：

定义 Consumer 智能体在接收到消息时的反应。

① 点击 Consumer 图形编辑器中的“connections”图标，位于图形编辑器的左上角。

② 打开 connections 属性视图，在“接收消息时”文本编辑框中输入“onOrder = false;”，如图 7.29，当智能体接收到消息时将消费者订购产品的状态置为 false。

图 7.28　ordering 事件

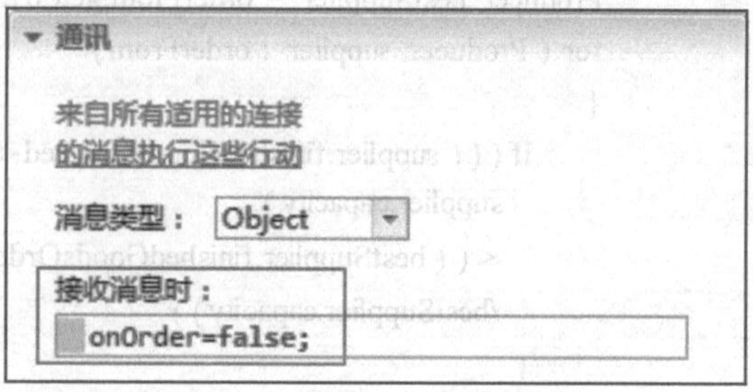

图 7.29　connections 属性视图

步骤五：

点击“构建模型（F7）”按钮，检查模型构建是否存在问题。

7.2.7　构建供应链系统

在 Main 的图形编辑器中构建该供应链系统，系统由原材料供应商、基础零件供应商、零件生产商、组件生产商、最终产品生产商、最终消费者六级组成，并设定相关参数值。

步骤一：

新建原材料供应商智能体。在此系统中可以将原材料供应商智能体构建为 Producer 类型。

① 在面板中选中“智能体”图标，拖至 Main 的图形编辑器中，在弹出的“第 1 步．选择你想创建什么”对话框中选择“智能体群”。

② 在弹出的“第 2 步．创建新智能体类型，或使用现有?”对话框中，选择“我想使用现有智能体类型”，如图 7.30 所示，点击“下一步”按钮。

③ 在弹出的“第 3 步．选择智能体类型”对话框中，选择智能体类型“Producer”，并在“智能体名”文本编辑框中修改智能体名为“producer0”，如图 7.31 所示，点击“下一步”按钮。

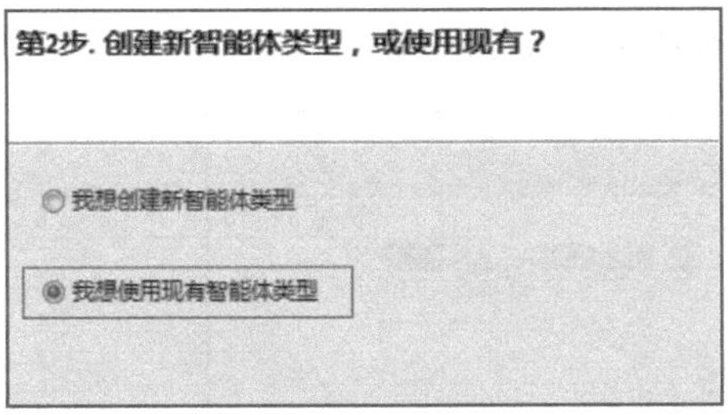

图 7.30　第 2 步

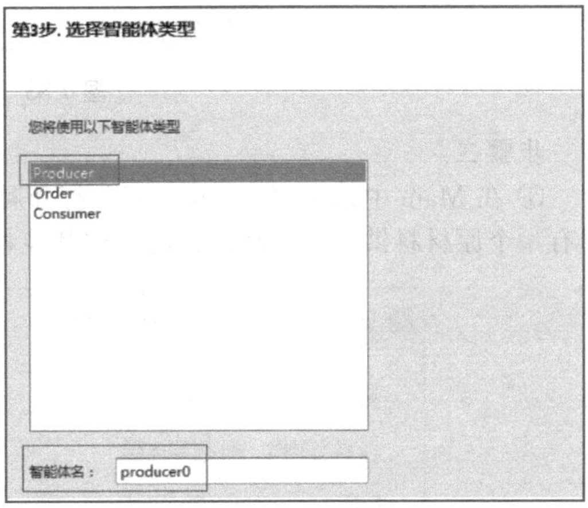

图 7.31　第 3 步

④ 在弹出的“第 4 步．选择基本数据库表”对话框中，直接点击“下一步”按钮。

⑤ 在弹出的“第 5 步．智能体参数”对话框中，直接点击“完成”按钮，完成原材料供应商智能体的创建。如图 7.32 所示。

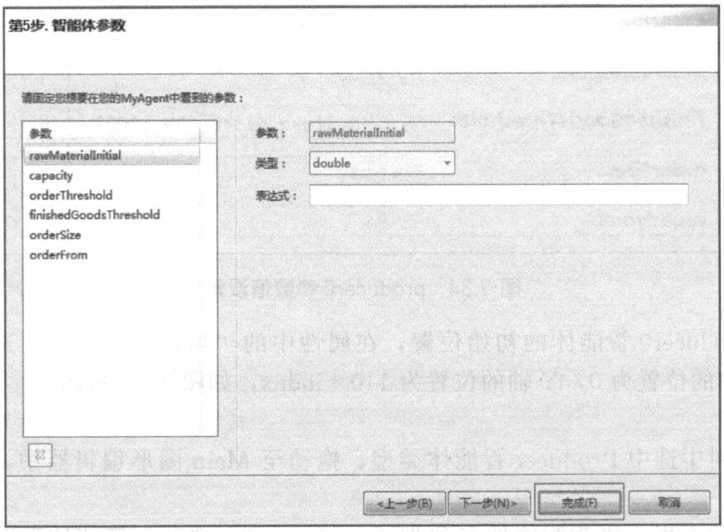

图 7.32　完成原材料供应商智能体创建

智能体创建的另一种方法，可以在工程树中选中“Producer”智能体类型，直接拖动至Main图形编辑器中，如图7.33所示。

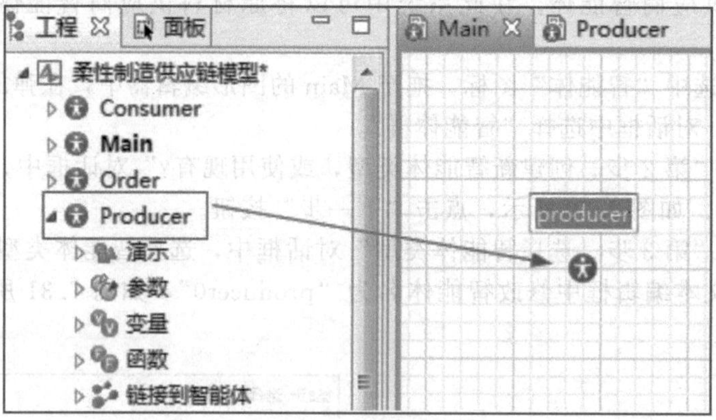

图7.33　创建智能体

步骤二：

① 在Main中选中“producer0”，打开属性面板，初始智能体数设置为1，表示系统中只有一个原材料供应商，修改智能体的其他相关参数如图7.34所示。

图7.34　producer0参数值设置

② 设置producer0智能体的初始位置，在属性中的“初始位置”栏，选择“在指定的点”选项，X轴的位置为0，Y轴的位置为110 * index，如图7.35所示。

步骤三：

① 在工程树中选中Producer智能体类型，拖动至Main图形编辑器中，创建基础零件供应商智能体。

② 打开属性面板，修改智能体名称为“producer1”，选择“智能体群”和“包含给定数量的智能体”，设置初始智能体数为5。

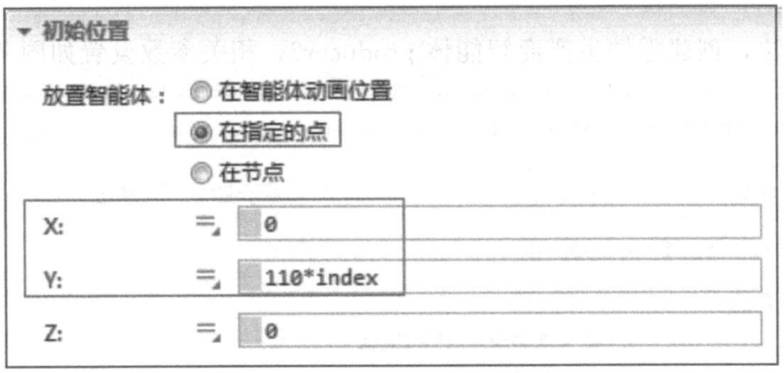

图 7.35 producer0 的初始位置

③ 修改智能体的其他相关参数如图 7.36 所示，orderfrom 文本编辑框中输入 producer0。

图 7.36 producer1 参数值设置

④ 设置 producer1 智能体的初始位置，在属性中的“初始位置”栏，选择“在指定的点”选项，X 轴的位置为 0，Y 轴的位置为 110 * index，如图 7.37 所示。

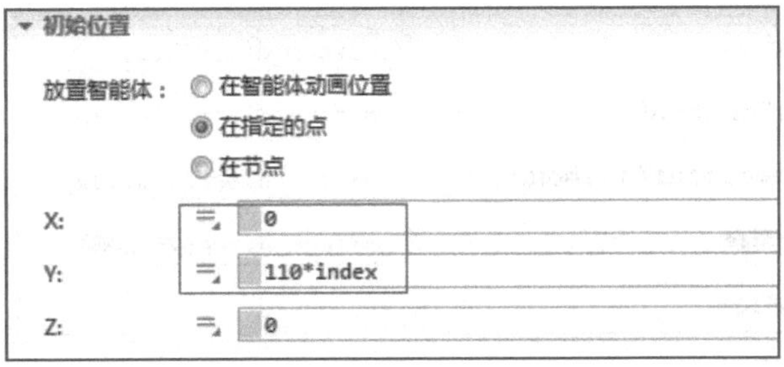

图 7.37 producer1 的初始位置

步骤四：

以同样的方法，创建零件生产商智能体 producer2，相关参数设置如图 7.38 所示。

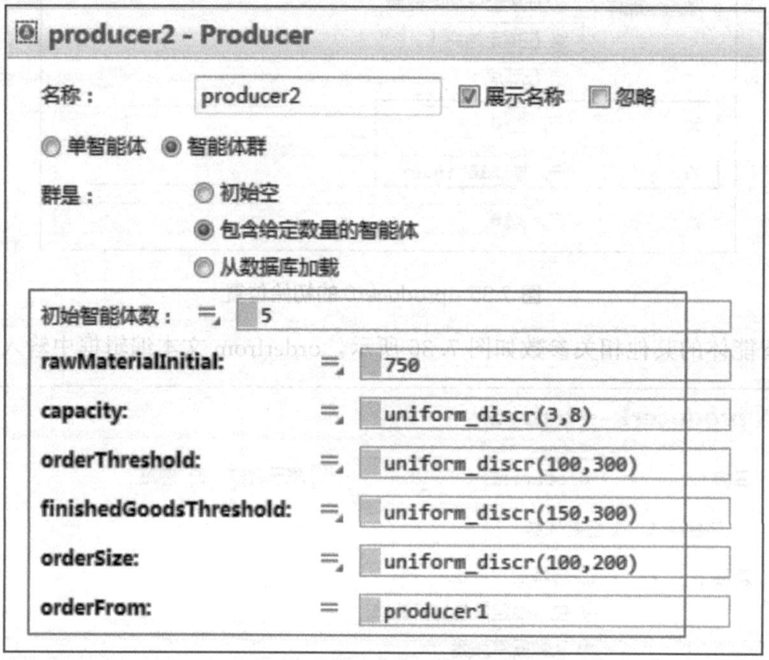

图 7.38　producer2 参数值设置

步骤五：

创建组件生产商智能体 producer3，相关参数设置如图 7.39 所示。

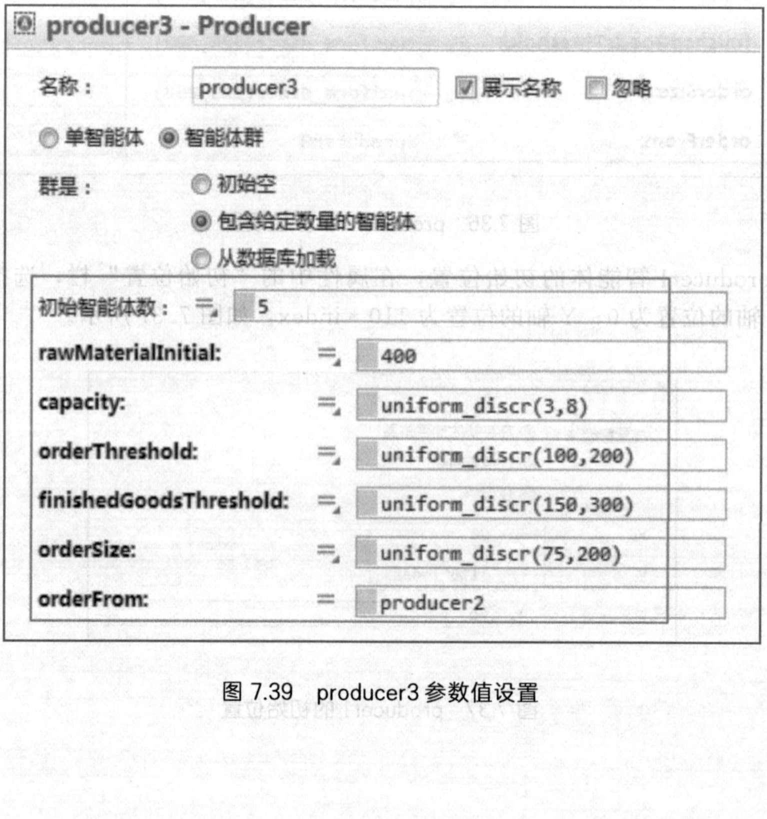

图 7.39　producer3 参数值设置

步骤六：

创建最终产品生产商智能体 producer4，相关参数设置如图 7.40 所示。

图 7.40　producer4 参数值设置

步骤七：

与步骤三中设置 producer1 智能体初始位置方法一样，设置其他智能体的初始位置，X 轴的位置为 0，Y 轴的位置为 110 * index。

步骤八：

创建消费者智能体。

① 在工程树中选中“Consumer”智能体类型，拖动至 Main 图形编辑器中，创建消费者智能体。

② 打开属性面板，智能体名称为“consumer”，选择“智能体群”和“包含给定数量的智能体”，设置初始智能体数为 1。

③ 修改智能体的其他相关参数如图 7.41 所示，orderFrom 文本编辑框中输入 producer4。

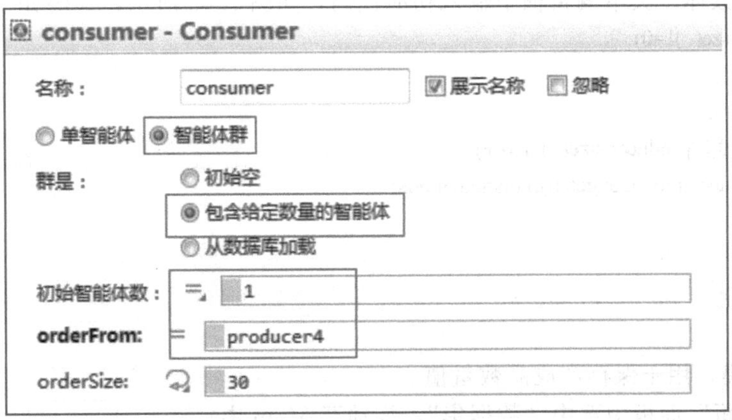

图 7.41　consumer 参数值设置

7.3 数据分析

7.3.1 产成品数量分析

对供应链系统中各级生产商所生产的产品数进行分析，定义一个函数用于计算同级生产商的产成品总数。

步骤一：

创建计算产成品总数的函数 getFinishedGoods()。

① 在“智能体”面板中选中“函数”图标，拖动至 Main 中，并在属性视图中修改函数的名称为“getFinishedGoods”，选择“返回值”选项，返回类型“double”。

② 添加参数“producer”，类型为“AgentList”。如图 7.42 所示。

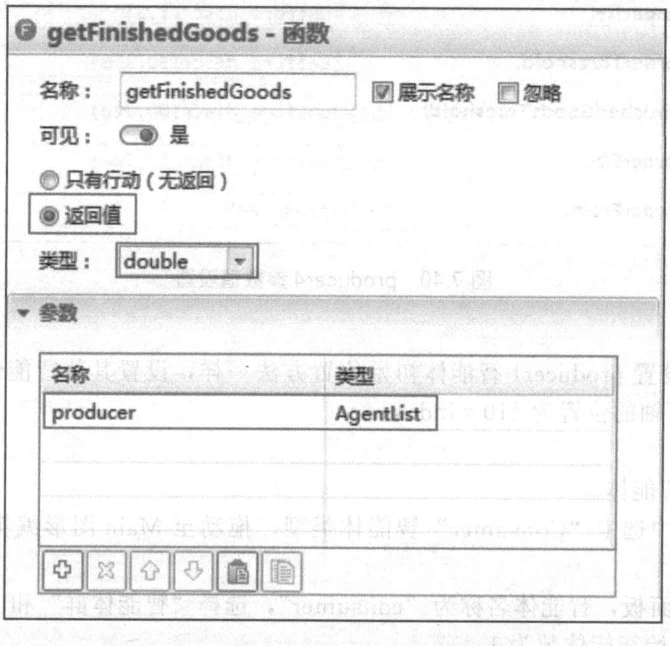

图 7.42 getFinishedGoods 属性

③ 在“函数体”文本编辑框中输入功能代码，如图 7.43 所示，代码如下：

```
if (producer.size( )!=0)
{
  double  d=0;
  for (int i=0;i<producer.size( )-1;i++)
  d+=((Producer)producer.get(i)).finishedGoods;
  return  d;
}
else return  0;
```

步骤二：

创建数据集，用于保存产成品数量值。

① 在“分析”面板中选中“数据集”，拖动至 Main 中。

② 在属性视图中，修改数据集名称为“finishedGoods4”，用于保存各最终产品生产商

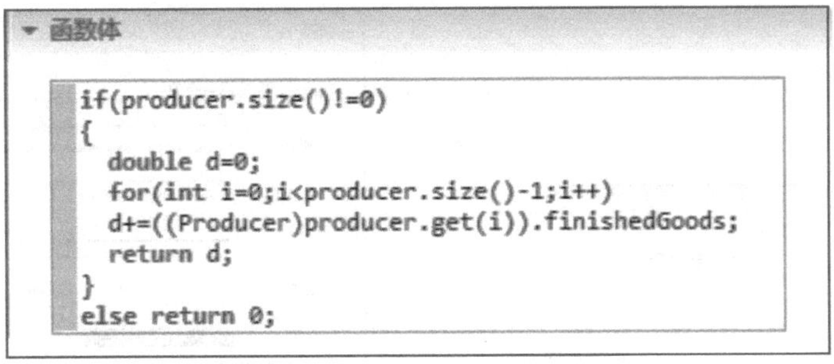

图 7.43 getFinishedGoods 函数体

生产的产成品总数量。

③ 勾选“使用时间作为横轴值”复选框，并在垂直轴值文本编辑框中输入表达式“getFinishedGoods(producer4)”。保留至多 100 个最新的样本，并且选择自动更新数据。如图 7.44 所示。

图 7.44 finishedGoods4 函数体

步骤三：

以同样的方法建立数据集“finishedGoods3”“finishedGoods2”“finishedGoods1”。选择“使用时间作为横轴值”，垂直轴值分别为“getFinishedGoods(producer3)”“getFinishedGoods(producer2)”“getFinishedGoods(producer1)”，分别用于保存组件生产商、零件生产商、基础零件供应商的产成品总数。

步骤四：

① 在“分析”面板中选中“折线图”拖动至 Main 中，修改名称为“finishedGoodsPlot”。

② 点击“数据”栏下面“添加”图标，如图 7.45 所示。

③ 选择“数据集”，在标题文本编辑框修改标题名为“Product producers”，数据集为“finishedGoods4”，设置点样式、线宽、颜色等。如图 7.46 所示。

④ 以同样的方式添加“Components producers”数据，数据集为“finishedGoods3”；“Parts producers”数据，数据集为“finishedGoods2”；“Base parts providers”数据，数据集为“finishedGoods1”。并将各数据设置成不同的颜色。

步骤五：

运行模型，查看产成品数量的变化折线图。如图 7.47 所示。

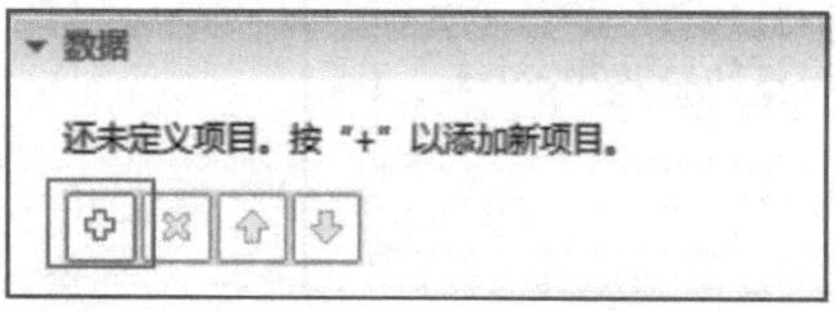

图 7.45　添加图标

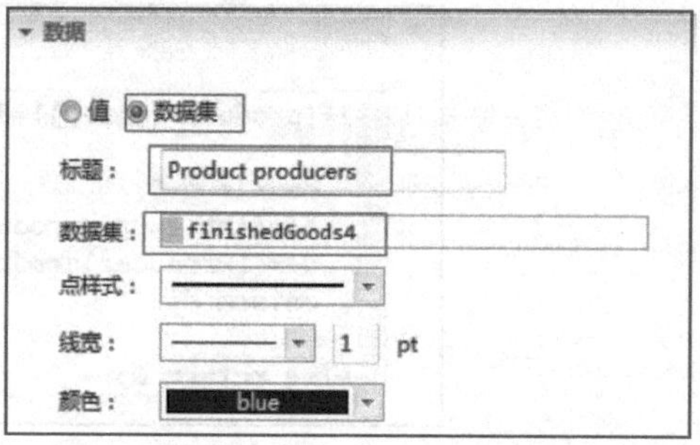

图 7.46　Product producers 数据

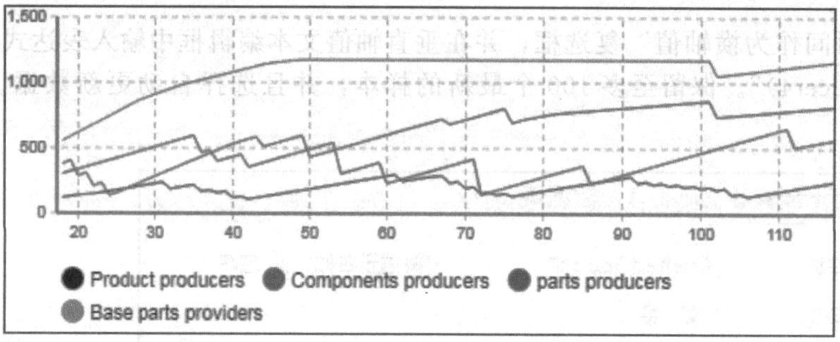

彩色产成品数量变化折线图扫描下面二维码显示

图 7.47　产成品数量变化折线图

7.3.2 原材料存量变化分析

对供应链系统中各级生产商原材料存量的变化情况进行分析。

步骤一：

创建计算原材料存量的函数 getRawMaterialInventory()。

① 在"智能体"面板中选中"函数"图标，拖动至 Main 中，并在属性视图中修改函数的名称为"getRawMaterialInventory"，选择"返回值"选项，返回类型"double"。

② 添加参数"producer"，类型为"AgentList"。

③ 在函数体文本框中输入功能代码，如图 7.48 所示，代码如下：

```
if (producer.size( )!=0)
{
   double  d=0;
   for ( int  i=0;i<producer.size( )-1;i++)
   d+=((Producer)producer.get(i)).rawMaterialInventory;
   return   d;
   }
else
   return   0;
```

步骤二：

创建数据集，用于保存原材料存量的值。

① 建立数据集"RawMaterialInventory1""RawMaterialInventory2""RawMaterialInventory3""RawMaterialInventory4"，选择时间轴作为横轴值，垂直轴的值分别为"getRawMaterialInventory(producer1)""getRawMaterialInventory(producer2)""getRawMateri-

```
if(producer.size()!=0)
{
  double d=0;
  for(int i=0;i<producer.size()-1;i++)
  d+=((Producer)producer.get(i)).rawMaterialInventory;
  return d;
  }
 else
  return 0;
```

图 7.48　getRawMaterialInventory 函数体

alInventory(producer3)”“getRawMaterialInventory(producer4)”，分别保存基础零件供应商、零件生产商、组件生产商、最终产品生产商的原材料存量值。具体创建方法参照上节 7.3.1 中数据集的创建。

② 分别设置保留至多 100 个最新的样本，选择“自动更新数据”。

步骤三：

① 在“分析”面板中选中“折线图”拖动至 Main 中，修改名称为“RawMaterialInventoryPlot”。

② 点击“数据”栏下面“添加”图标，添加数据。

③ 选择“数据集”，在标题文本编辑框修改标题名为“Base parts providers”，数据集为“RawMaterialInventory1”，设置点样式、线宽、颜色等，如图 7.49 所示。

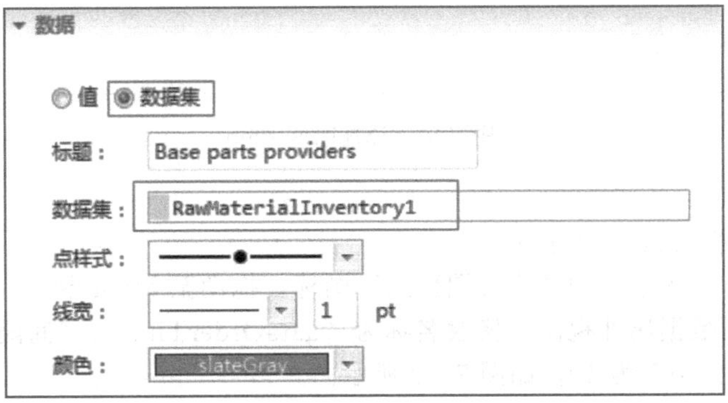

图 7.49　Base parts providers 原材料存量数据

④ 以同样的方式添加“Parts producers”数据，数据集为“RawMaterialInventory2”；“Components producers”数据，数据集为“RawMaterialInventory3”；“Product producers”数据，数据集为“RawMaterialInventory4”，将各数据设置成不同的颜色。

步骤四：

运行模型，查看各级生产商的原材料存量的变化折线图。如图 7.50 所示。

7.3.3 订单时间

用直方图统计分析消费者的订单时间。

步骤一：

① 添加变量，表示消费者订购产品的时间。在面板中选中“变量”图标，拖动至 Consumer 图形编辑器中。

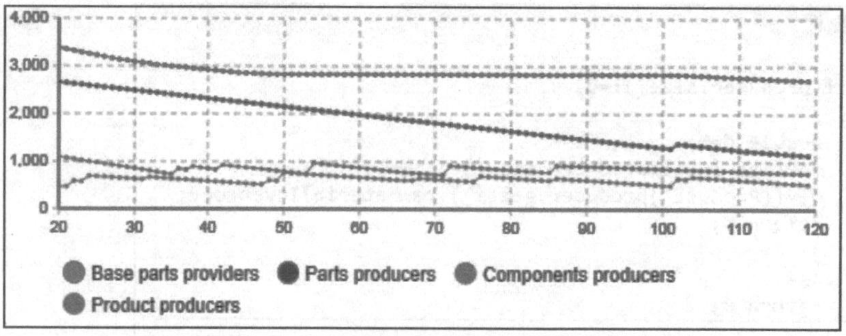

原材料存量的变化折线彩图扫描下面二维码显示

图 7.50　原材料存量的变化折线图

② 打开变量属性视图，修改变量的名称为 time，类型为 double。

步骤二：

在 order 函数的“函数体”中加入统计时间的代码“time＝time()”，将消费者发出订单的时刻作为订单的开始时间，如图 7.51 所示。

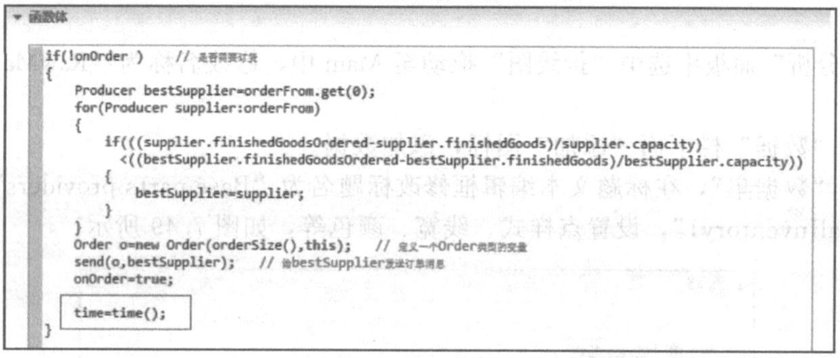

```
▾ 函数体
if(!onOrder )    // 是否需要订货
{
    Producer bestSupplier=orderFrom.get(0);
    for(Producer supplier:orderFrom)
    {
        if(((supplier.finishedGoodsOrdered-supplier.finishedGoods)/supplier.capacity)
          <((bestSupplier.finishedGoodsOrdered-bestSupplier.finishedGoods)/bestSupplier.capacity))
        {
            bestSupplier=supplier;
        }
    }
    Order o=new Order(orderSize(),this);    // 定义一个Order类型的变量
    send(o,bestSupplier);    // 给bestSupplier发送订单消息
    onOrder=true;

    time=time();
}
```

图 7.51　添加时间 time

步骤三：

用直方图数据保存订单的时间。

① 在“分析”面板中选中“直方图数据”图标，拖动至 Main 中。

② 打开直方图数据属性视图，修改名称为“dataOrderTime”，“间隔数”为 20，“自动检测”，“初始间隔大小”为 10，如图 7.52 所示。

步骤四：

用直方图数据统计时间。

① 在智能体类型 Customer 图形编辑器中点击“connections”图标。

② 打开 connections 属性视图，在“接收消息时”文本编辑框中加入一行代码“main. dataOrderTime. add(time()-time);”，将当前时间与 time 变量中存储时间的差值保存在直方图数据中。如图 7.53 所示。

步骤五：

添加订单时间直方图。

① 在“分析”面板中，选中“直方图”拖动至 Main 中。

② 打开直方图属性视图，修改名称为“orderTime”，选择“展示概率密度函数”“展示均值”，在“数据”栏中点击“添加直方图数据”，如图 7.54 所示。

③ 在“标题”文本框中输入“OrderTime”，在“直方图”文本编辑框中输入“dataOrderTime”，选择概率密度函数颜色和均值颜色，如图 7.55 所示。

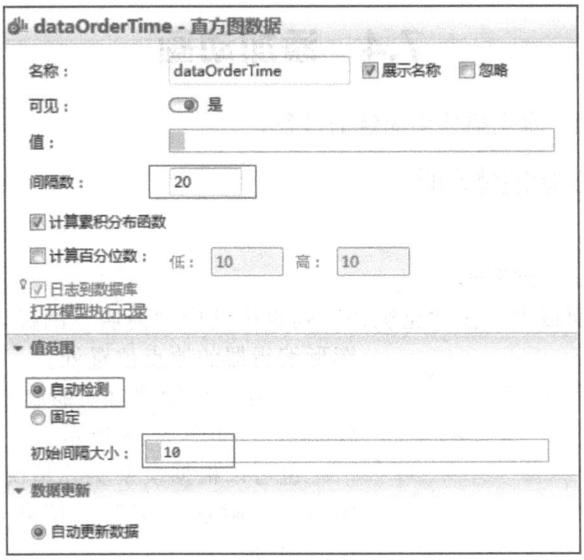

图 7.52　直方图数据属性

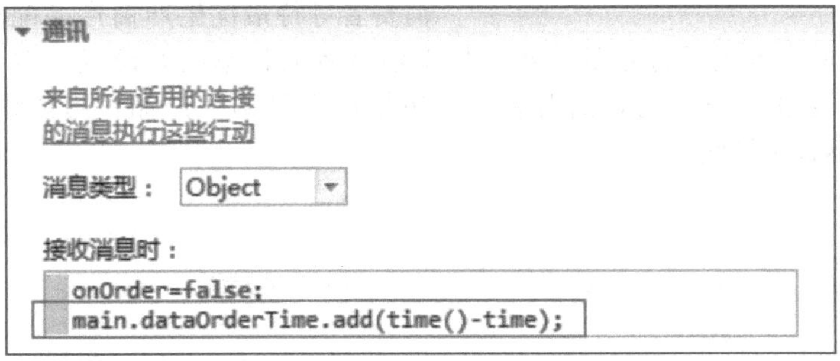

图 7.53　添加直方图数据代码

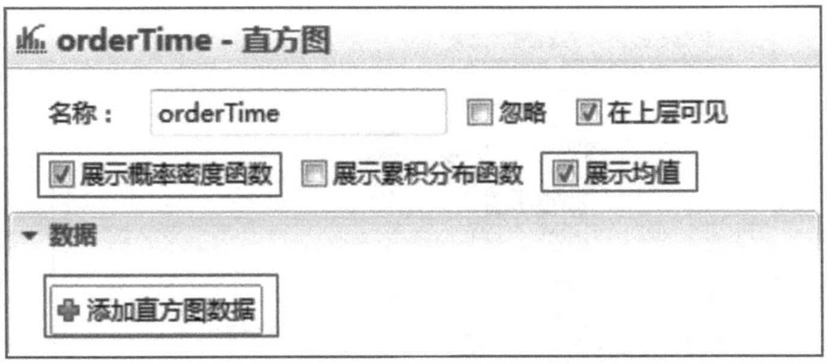

图 7.54　直方图数据属性

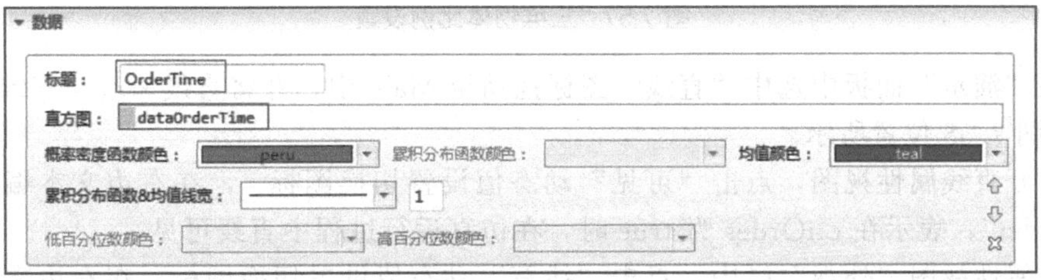

图 7.55　OrderTime 数据

7.4 添加动画

创建模型 3D 动画，直观描述供应链的过程。

7.4.1 创建Customer智能体动画

步骤一：

① 创建 Customer 三维图形。

在“三维物体”面板中，在“建筑物”列表中选中“商店”图标，拖动至“Customer”图形编辑器的原点位置处。

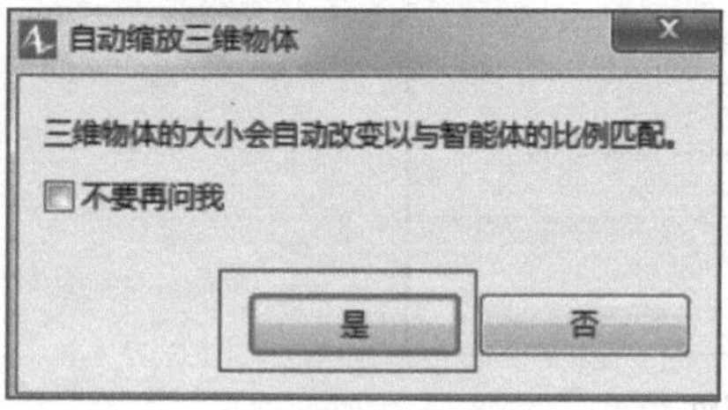

图 7.56 “自动缩放三维物体”对话框

② 在弹出的“自动缩放三维物体”对话框中选择“是”，如图 7.56 所示。

也可以根据模型实际情况，在三维物体属性视图中的“附加比例”下拉列表中调整大小。如图 7.57 所示。

步骤二：

消费者等待最优生产商产品配送过程，可以用黑线表示，线条的宽度表示订单的大小，根据消费者的订单状态设置模型仿真时黑线的显示，即 onOrder 变量为 true 时，消费者向上级生产商订购了产品，用黑线显示，onOrder 为 false 时，则不显示黑线。

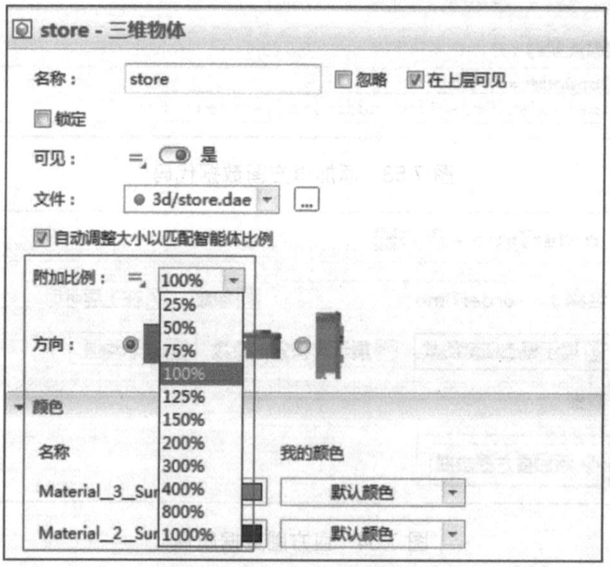

图 7.57 三维物体比例设置

① 在“演示”面板中选中“直线”图标拖动至 Main 中，并将直线一端与三维物体图形连接，如图 7.58 位置所示。

② 打开直线属性视图，点击“可见”动态值设置切换图标 =，在右边文本编辑框中输入“onOrder”，表示在 onOrder 为 true 时，在仿真运行过程中直线可见。

③ 在属性视图“外观”栏中，点击“线宽”动态值设置切换图标，在右边文本编辑框中输入代码：“onOrder? orderSize() * 0.02：1”，直线宽度与订单大小有关。

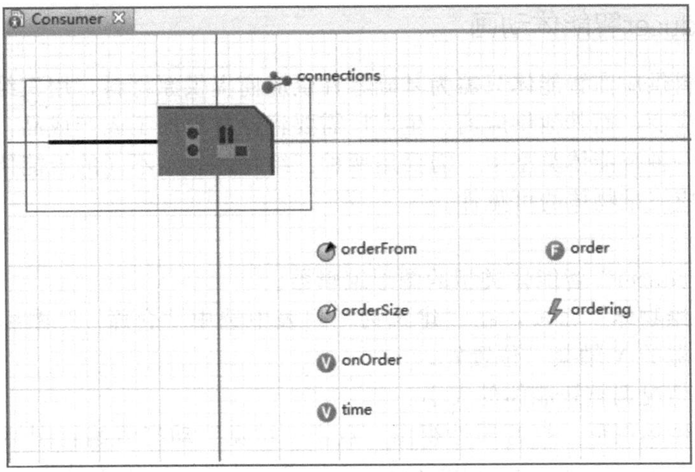

图 7.58 直线位置

④ 设置直线显示样式，点击“线样式”动态值切换图标，在右边文本编辑框中输入代码：“onOrder? LINE _ STYLE _ SOLID：LINE _ STYLE _ DOTTED”。②、③、④如图 7.59所示。

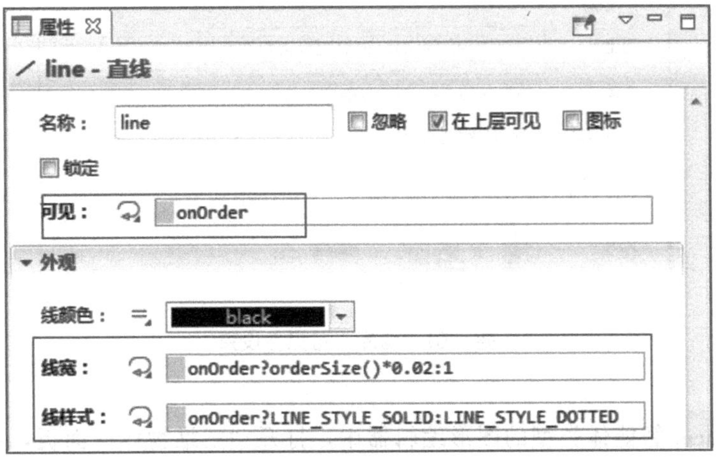

图 7.59 直线属性设置

⑤ 在属性视图“位置和大小”栏中，设置“dZ”的值为 1，“Z-高度”的值为 3。如图 7.60 所示。

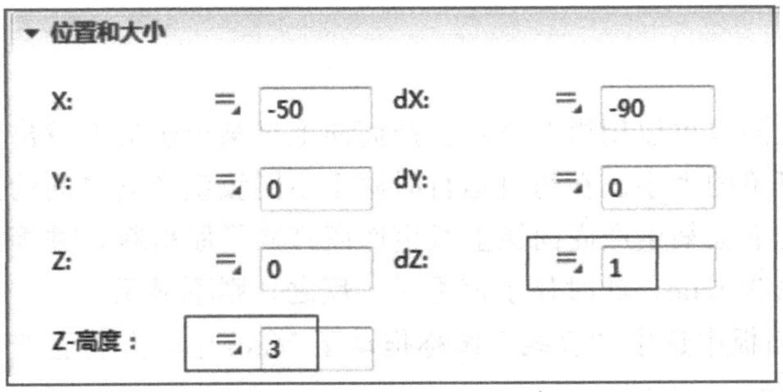

图 7.60 位置和大小设置

7.4.2 创建Producer智能体动画

系统中原材料供应商智能体只需为基础零件供应商提供原材料，用三维物体中的仓库图形表示原材料供应商，而其他供应商、生产厂需要将原材料加工成产成品，用三维物体中的工厂表示。在同一种智能体类型中，需要用两种三维物体表示不同的智能体时，可以根据智能体条件设置对应三维物体的可见性。

步骤一：

① 打开“Producer”智能体类型的图形编辑器。

② 打开“三维物体”面板，在“建筑物”列表中选中“仓库 1”图标，拖动至“Producer”图形编辑器的 Y 轴某一位置处。

③ 根据实际情况调整智能体的大小。

④ 点击三维物体图形，打开属性视图，点击“可见”动态值编辑图标，在右边文本编辑框中输入代码“orderFrom==null? true：false”，设置该三维物体在 producer0 中可见。如图 7.61 所示。

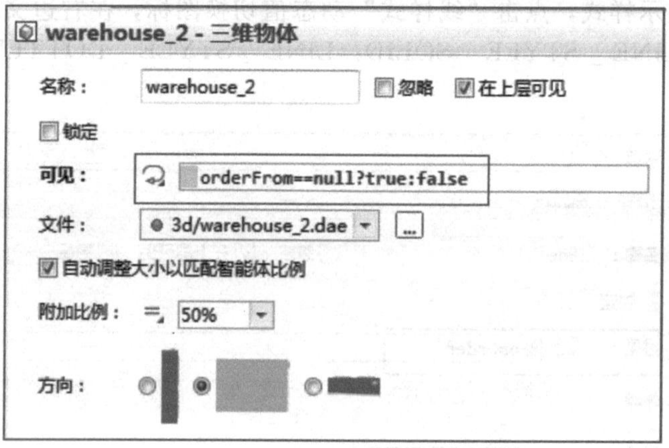

图 7.61 仓库 1 可见性设置

步骤二：

① 在 Producer 智能体类型的图形编辑器中，打开“三维物体”面板，在“建筑物”列表中选中“工厂”图标，拖动至“Producer”图形编辑器的原点位置处，根据实际情况调整智能体大小。Producer 智能体类型中三维物体相对位置如图 7.62 所示。

② 打开工厂三维物体的属性视图，点击“可见”动态值切换图标，在右边文本编辑框中输入代码“orderFrom！=null? true：false”，设置该三维物体在其他智能体中可见，如图 7.63 所示。

步骤三：

不同级生产商之间也可以用黑线表示生产商向上级某个供应商发出订货需求后等待供货的过程，线宽表示订单的大小。在仿真运行时两个不同级生产商之间的黑线显示与两者之间的订单状态有关，若下级某生产商向该上级生产商订购了原材料，并等待配送，即该下级生产商的 onOrder 变量为 true，此时显示该黑线，反之，则不显示。

① 在“演示”面板中选中“直线”图标拖动至 Main 中，并将直线一端与三维物体图形连接，如图 7.64 所示。

② 以 7.4.1 节同样的方式设置直线的可见性、直线的线宽、线样式、dZ 以及 Z-高度，

如图 7.65 所示。

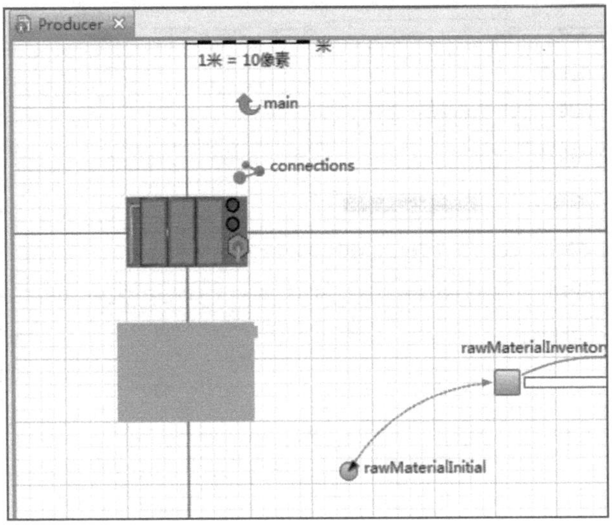

图 7.62　三维物体相对位置

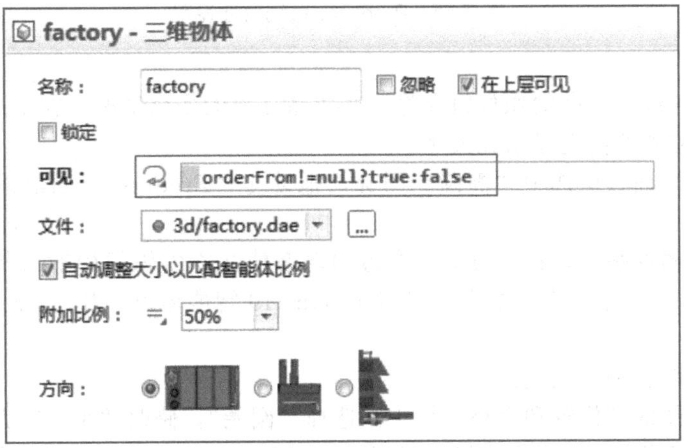

图 7.63　工厂可见性设置

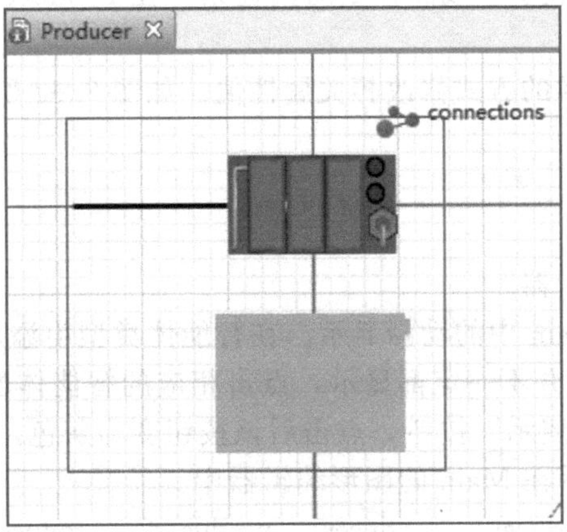

图 7.64　直线位置

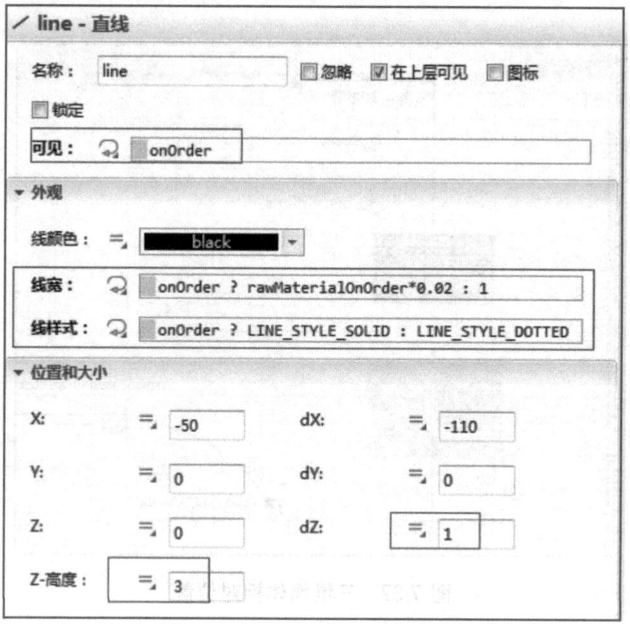

图 7.65 Producer 直线属性设置

步骤四：

为直观显示各级生产商的原材料存量和产成品存量的变化情况，在生产商物体旁边创建圆柱条显示，以柱条的高度显示其大小。

① 在“演示”面板中选中“椭圆”图标，拖动至“Producer”图形编辑器中三维物体“工厂”旁边。

② 打开椭圆属性视图，在“可见”右边的动态值文本编辑框中输入代码“orderFrom!=null? true：false”，表示除原材料供应商 producer0 智能体外，其他 Producer 类型智能体都显示该图形。

③ 选择填充颜色和线颜色。

④ 在属性视图的“位置和大小”栏中，选择“圆圈”，修改“半径”大小为 10，在“Z-高度”的右边动态值文本编辑框中输入代码“rawMaterialInventory/5”，表示该圆圈在 Z 轴的高度与原材料存量有关。步骤②、③、④如图 7.66 所示。

⑤ 以同样的方式创建表示产成品存量的圆柱条，在 Producer 图形编辑器中的圆柱条位置如图 7.67 所示。

⑥在属性视图中以同样的方式修改相关属性值。如图 7.68 所示。

7.4.3 供应链系统动画

步骤一：

① 打开 Main 图形编辑器。

② 设置各智能体在 Main 中的动画显示。在智能体类型中添加完三维演示图形后，这些图形在 Main 图形编辑器中并不一定都显示，点击相应的智能体群图标，打开属性视图，在“高级”栏中，点击“展示演示”按钮，点击后该按钮变为灰色，如图 7.69 所示，该智能体群的三维演示图形将会显示在 Main 的图形编辑器中。

在此模型中依次对 producer0、producer1、producer2、producer3、producer4、customer 的三维演示图形显示进行设置。

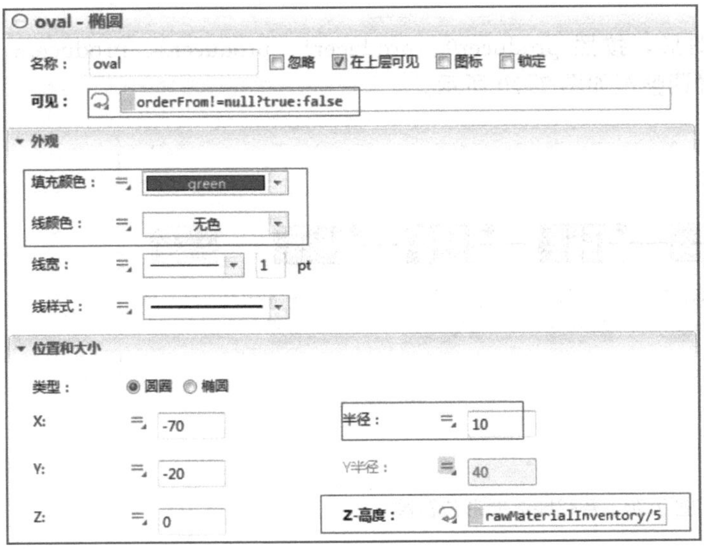

图 7.66　原材料存量圆柱条属性设置

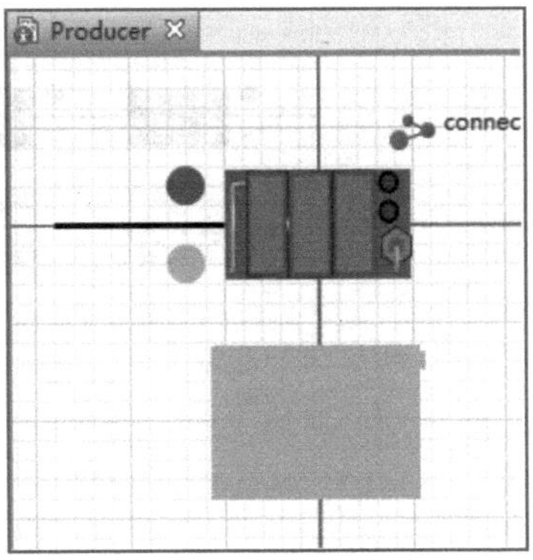

图 7.67　圆柱条位置

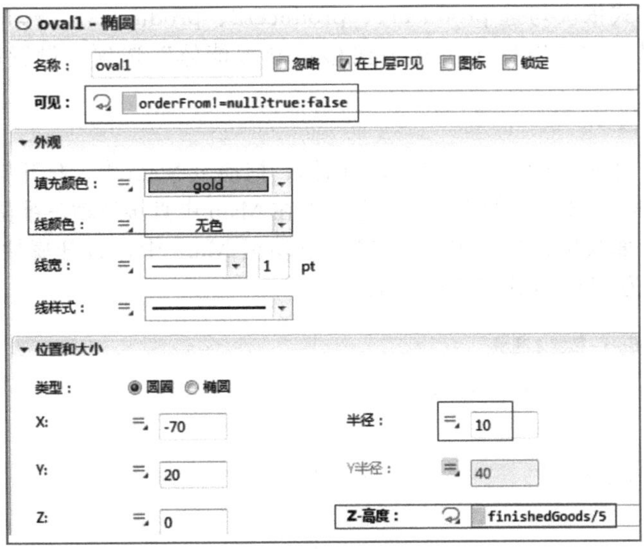

图 7.68　产成品存量圆柱条属性

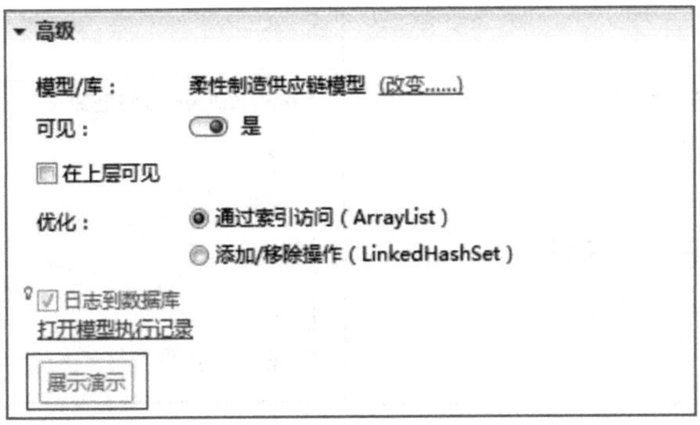

图 7.69　展示演示

步骤二：

① 将 Main 中各智能体的图形，按照 producer0、producer1、producer2、producer3、producer4、customer 的顺序位置调整至如图 7.70 所示。

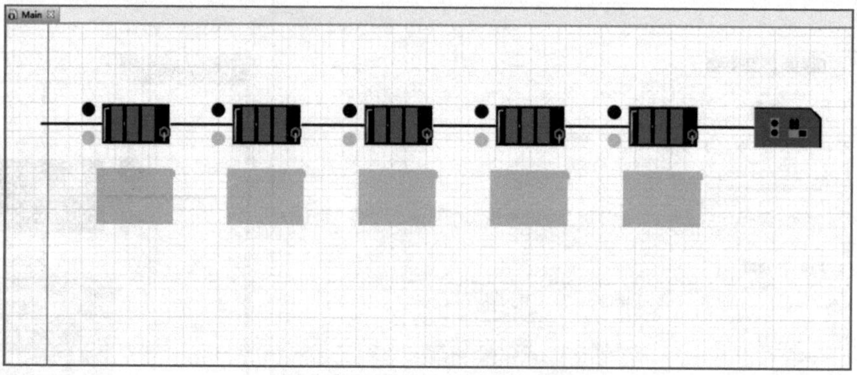

图 7.70　各智能体图形位置图

② 点击表示“producer0”的三维演示图形，打开智能体演示属性视图，在“高级”栏中，勾选“以这个位置为偏移量画智能体”，设置 producer0 智能体群的位置，如图 7.71 所示。

③ 以同样的方式依次勾选 producer1、producer2、producer3、producer4、customer 智能体演示属性视图中的“以这个位置为偏移量画智能体”选项。设置同一智能体群间的位置。

步骤三：

① 在“演示”面板中选中“三维窗口”图标，拖动至 Main 中，打开属性视图，设置其位置为（0，70），宽度为 930，高度为 530。也可以在 Main 中直接拉动三维窗口边框改变大小。

② 在“演示”面板中选中“视图区域”，拖动至 Main 中，打开属性视图设置其位置为（0，0），设置标题为 3D。如图 7.72 所示。

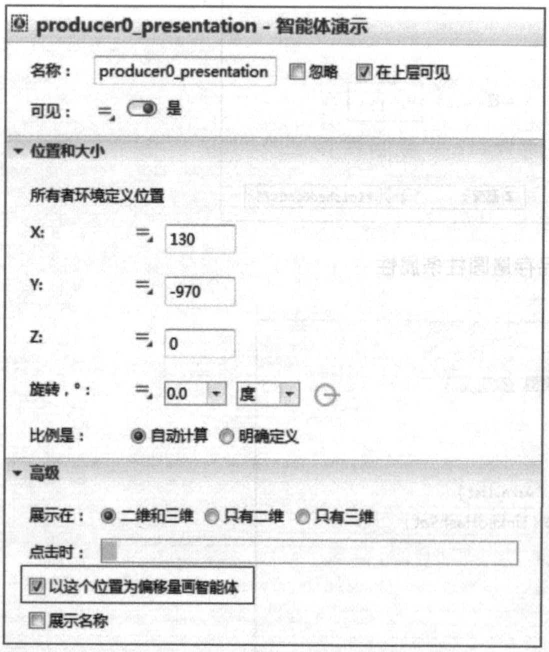

图 7.71　智能体群的位置

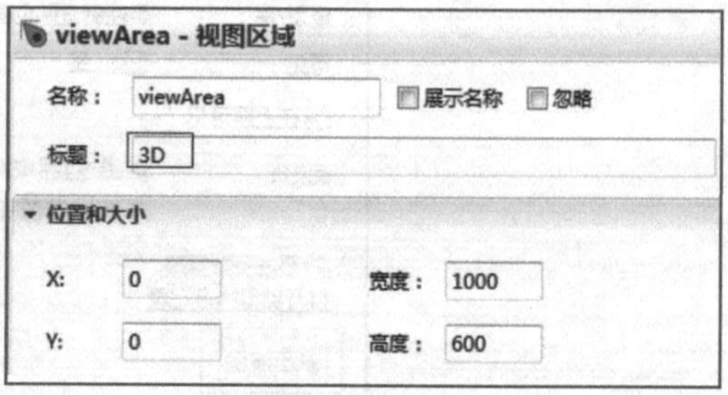

图 7.72　3D 视图设置

步骤四：

运行模型，查看三维窗口视图区域如图 7.73 所示，系统三维物体图形显示不全，可以通过鼠标滚动查看全部视图。

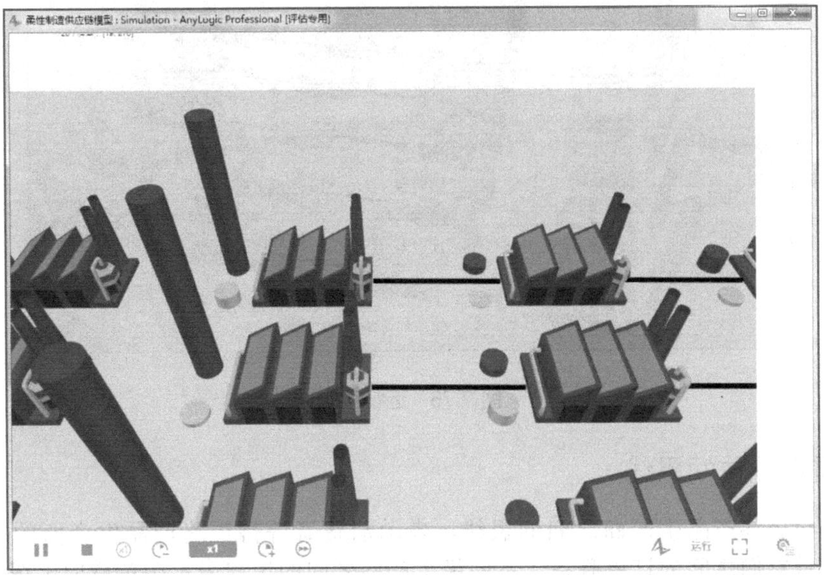

图 7.73　运行图 1

步骤五：

调整运行显示的视图区域。

打开“演示”面板，选中“摄像机”，拖动至 Main 图形编辑器中，打开摄像机属性，摄像机名称默认为“camera”。

步骤六：

打开三维窗口属性视图，在摄像机下拉列表中选择摄像机 camera。如图 7.74 所示。

步骤七：

打开摄像机 camera 属性视图，调整摄像机的位置以及旋转的度数，如图 7.75 所示，摄像机的旋转度数，以及 X、Y、Z 轴的位置大小可以根据每次运行的显示区域逐渐调整，直至合适的位置。

图 7.74　三维窗口摄像机设置

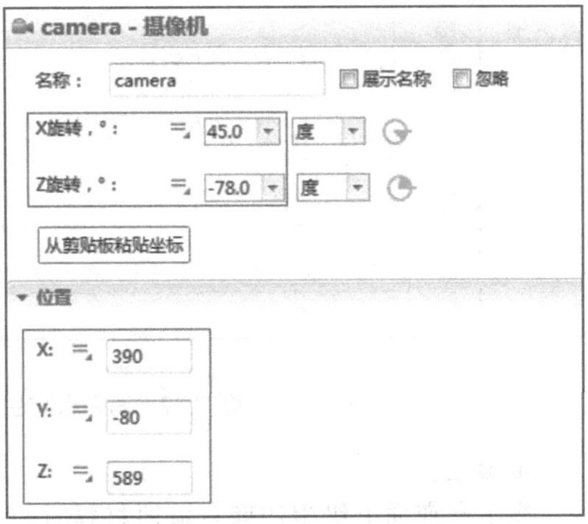

图 7.75　调整摄像机位置

步骤八：

运行模型，查看模型运行结果图。如图 7.76 所示。

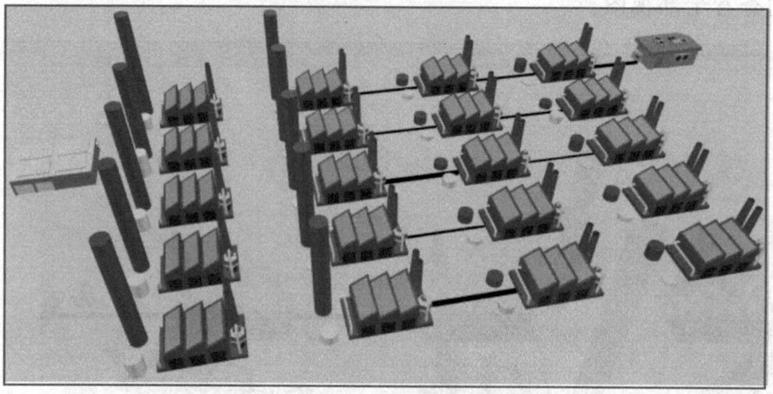

图 7.76　运行图 2

7.4.4 设置智能体间黑线

消费者与最终产品生产商之间的黑线，表示消费者等待最终产品生产商的产品配送过程，黑线显示它们之间的订单联系。不同级生产商之间的黑线表示生产商向上级某个供应商发出订货需求后等待供货的过程，黑线的显示与订单的对象有关。

步骤一：

消费者择优选择最终产品生产商发送订单需求，设置它们之间的黑线。

打开“Customer”智能体图形编辑器，打开“order”函数，在函数体中添加如图 7.77 标记的代码，代码如下：

```
line.setDx ( -110);
line.setDy ( 110 * bestSupplier.getIndex( ) - 110 * getIndex( ) );
```

▾ 函数体

```
if(!onOrder )    // 是否需要订货
{
   Producer bestSupplier=orderFrom.get(0);
   for(Producer supplier:orderFrom)
   {
      if(((supplier.finishedGoodsOrdered-supplier.finishedGoods)/supplier.capacity)
        <((bestSupplier.finishedGoodsOrdered-bestSupplier.finishedGoods)/bestSupplier.capacity))
      {
         bestSupplier=supplier;
      }
   }
   Order o=new Order(orderSize(),this);    // 定义一个Order类型的变量
   send(o,bestSupplier);    // 给bestSupplier发送订单消息
   onOrder=true;

   time=time();

   line.setDx( -110 );
   line.setDy( 110 * bestSupplier.getIndex() - 110 * getIndex() );
}
```

图 7.77　消费者与生产商之间铺画黑线的代码

步骤二：

当生产商向上级生产商订购原材料时，为其铺画一条黑线。

打开“Producer”智能体图形编辑器，打开“ordering”函数，在函数体中添加如图

7.78 标记的代码，代码如下：

line.setDx(-120);

line.setDy(110 * bestSupplier.getIndex( ) - 110 * getIndex( ));

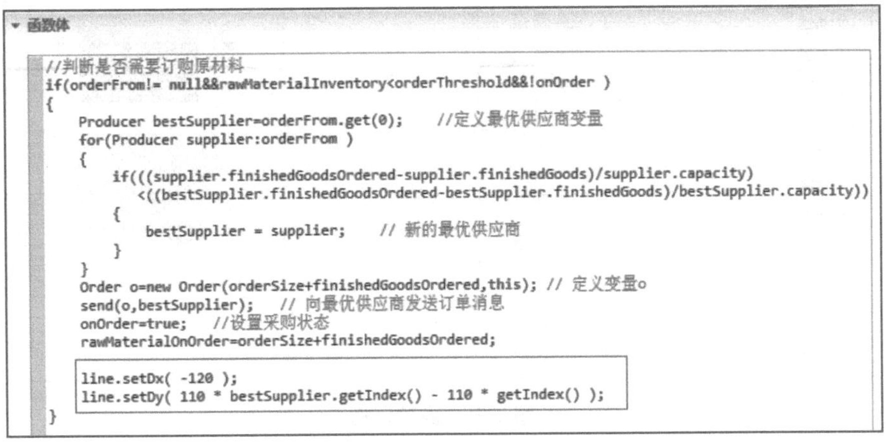

```
▾ 函数体
//判断是否需要订购原材料
if(orderFrom!= null&&rawMaterialInventory<orderThreshold&&!onOrder )
{
    Producer bestSupplier=orderFrom.get(0);    //定义最优供应商变量
    for(Producer supplier:orderFrom )
    {
        if(((supplier.finishedGoodsOrdered-supplier.finishedGoods)/supplier.capacity)
          <((bestSupplier.finishedGoodsOrdered-bestSupplier.finishedGoods)/bestSupplier.capacity))
        {
            bestSupplier = supplier;    // 新的最优供应商
        }
    }
    Order o=new Order(orderSize+finishedGoodsOrdered,this); // 定义变量o
    send(o,bestSupplier);    // 向最优供应商发送订单消息
    onOrder=true;   //设置采购状态
    rawMaterialOnOrder=orderSize+finishedGoodsOrdered;

    line.setDx( -120 );
    line.setDy( 110 * bestSupplier.getIndex() - 110 * getIndex() );
}
```

图 7.78 各级生产商之间铺画黑线的代码

步骤三：

运行模型，查看运行结果，如图 7.79 所示。

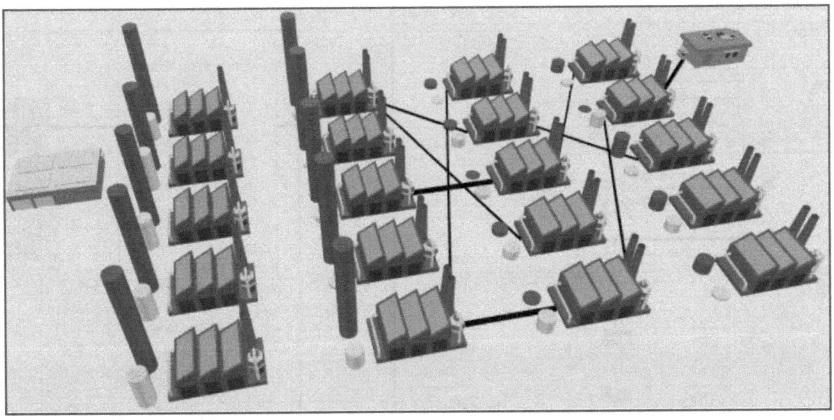

图 7.79 运行图 3

7.4.5 创建智能体演示区域

创建供应链上供应商、消费者、各级生产商的演示区域。

步骤一：

① 在“演示”面板中选中“矩形”图标，拖动至 Main 中原材料供应商 producer0 演示动画图形位置处，如图 7.80 所示，并通过鼠标拖动矩形边框上的小方块调整矩形至一定的大小。

② 打开矩形属性视图，在“填充颜色”右边下拉列表中选择填充颜色，“线颜色”选择“无色”，在“位置和大小”栏中将“Z-高度”设为 1，如图 7.81 所示。

③ 设置矩形的图层次序。

右击矩形，打开“次序”，选择“置于底层”，如图 7.82 所示。

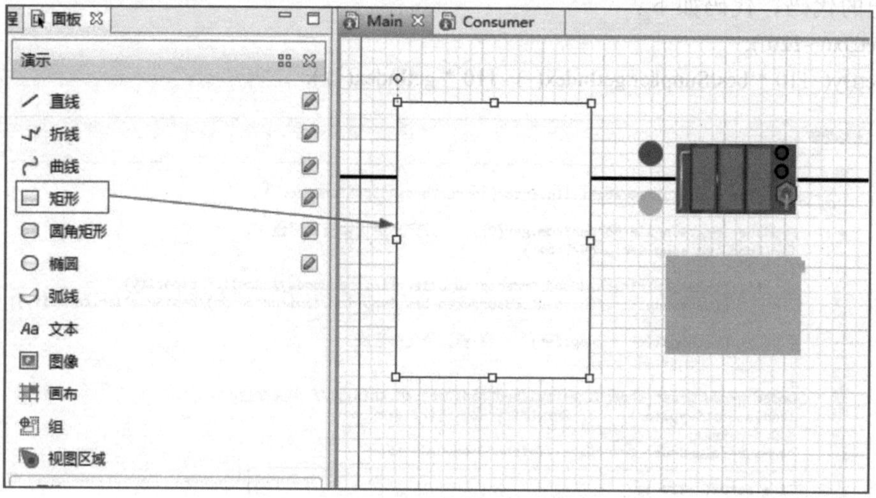

图 7.80　新建矩形

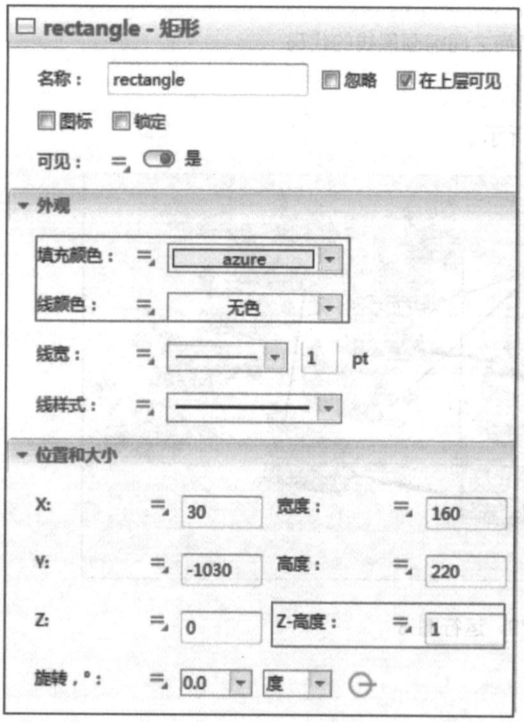

图 7.81　矩形属性

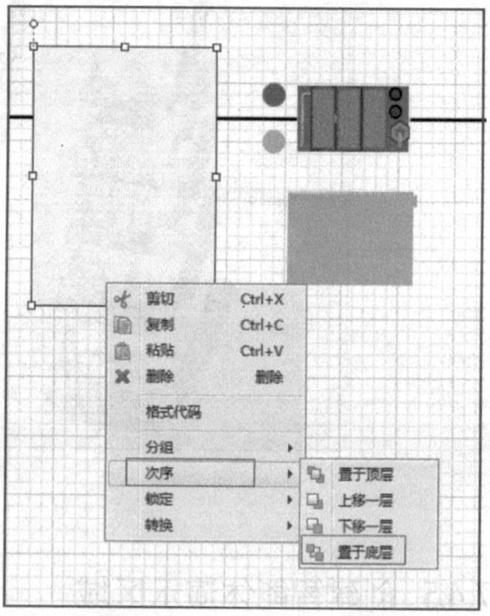

图 7.82　矩形图层次序

④ 以同样的方式创建供应链系统中其他的智能体演示矩形区域，并用不同的颜色填充以区分不同级生产商，各级生产商的矩形区域设置稍大一点，如图 7.83 所示。

步骤二：

为不同矩形区域设置文本，表示供应商、各级生产商、消费者不同区域的名称。

① 在“演示”面板中，选中“文本”图标，拖动至“producer0”（原材料供应商）的演示矩形区域下方。

② 打开文本属性视图，在“文本”栏中的文本编辑框中输入“原材料供应商”，设置字体、大小，勾选“加粗”，如图 7.84 所示。

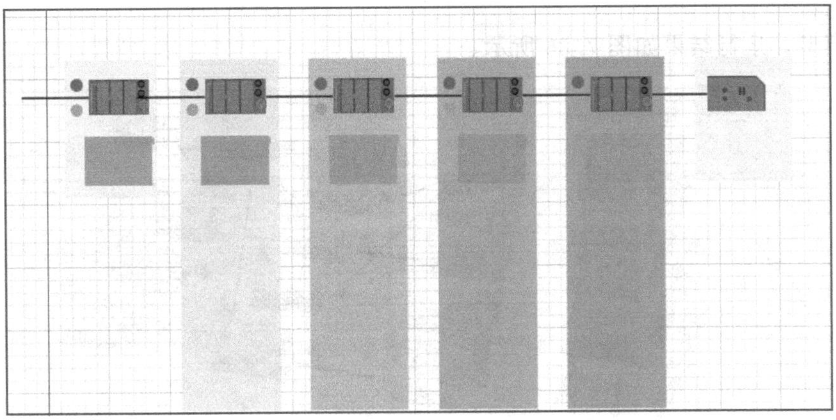

图 7.83　智能体演示矩形区域

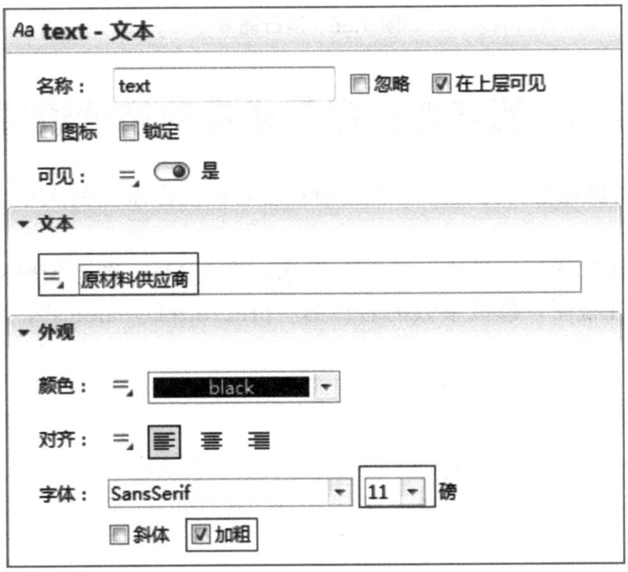

图 7.84　文本属性设置

③ 以同样的方式为基础零件供应商、零件生产商、组件生产商、产品生产商、消费者各演示区域设置区域名称。

④ 若在演示过程中，并不显示各区域的名称时，打开文本属性视图，在“高级”栏的“展示在”中勾选“二维和三维”选项，如图 7.85 所示。

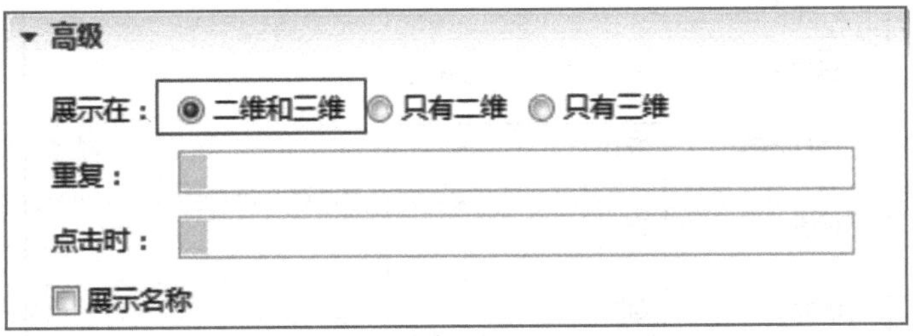

图 7.85　文本显示设置

步骤三：

运行模型，运行结果如图 7.86 所示。

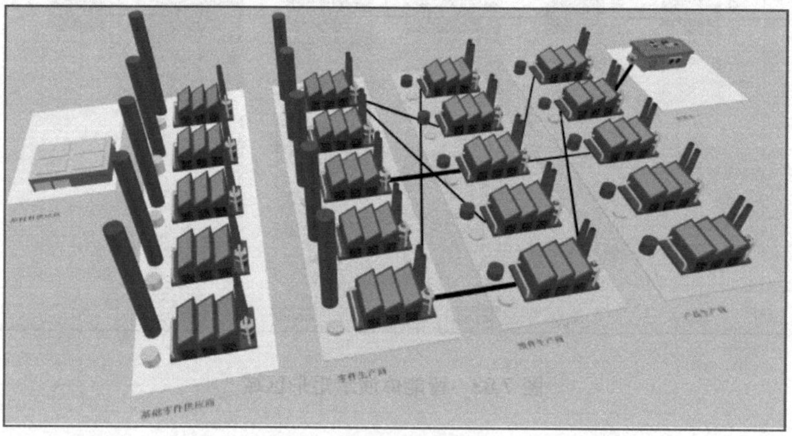

图 7.86　运行图 4

7.5　消费者产品需求量动态值设置

使用滑块控件实现在运行过程中，改变消费者对产品需求量的大小。

步骤一：

① 打开“智能体”面板，选中“参数”图标，拖至 Main 图形编辑器中。

② 打开参数属性视图，修改参数的名称为“orderSizeDynamics”，默认值为 300，如图 7.87 所示。

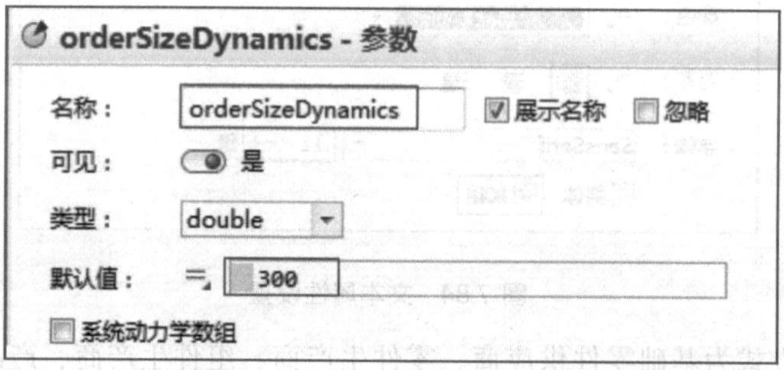

图 7.87　orderSizeDynamics-参数

③ 在值编辑器栏中“控件类型”选择滑块，“最小”为 30，“最大”为 600，如图 7.88 所示。

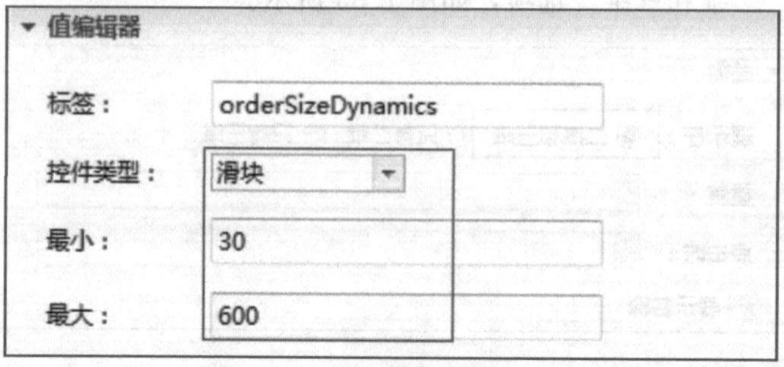

图 7.88　参数值编辑器设置

步骤二：

① 在“控件”面板中选择“滑块”图标，拖动至 Main 中视图区域内，如图 7.89 所示。

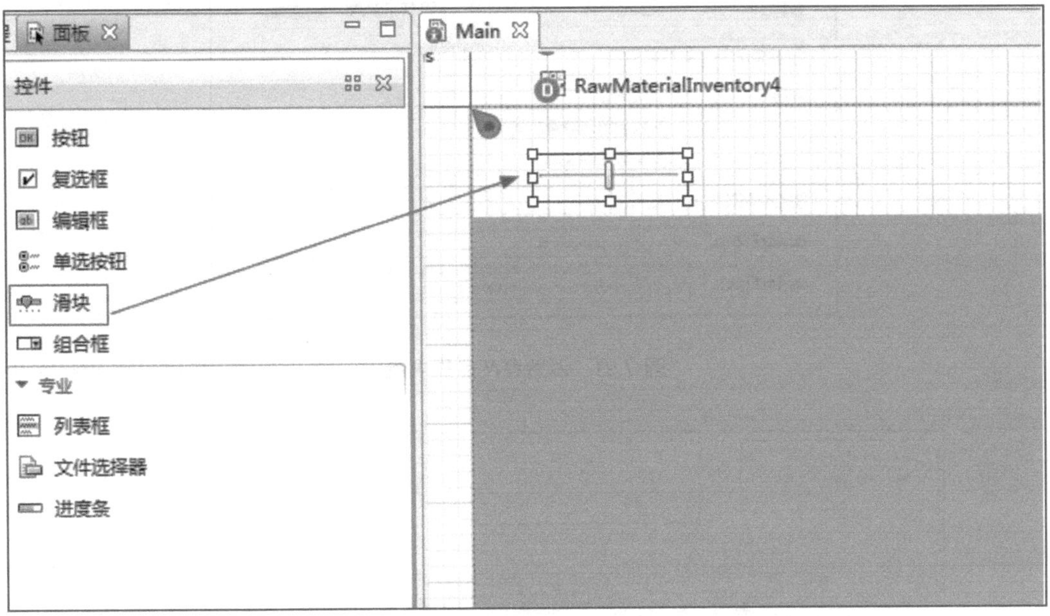

图 7.89 创建滑块

② 打开滑块属性视图，勾选“链接到”复选框，在下拉列表中选择参数 orderSizeDynamics，设置“最小值”为 30，“最大值”为 600，点击“添加标签……”，如图 7.90 所示。

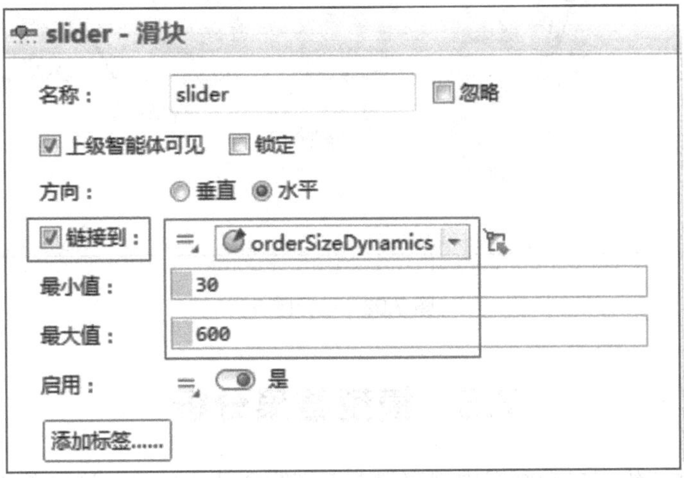

图 7.90 滑块属性设置

步骤三：

设置供应链中消费者智能体的订单值。

在 Main 中，点击“consumer”智能体群，打开智能体属性面板，在“orderSize”右边文本编辑框中输入 Main 中创建的参数“orderSizeDynamics”，如图 7.91 所示。

步骤四：

运行模型，可以通过如图 7.92 所示的滑块改变消费者产品的订购量，观察模型的运行情况。

图 7.91　消费者产品需求量

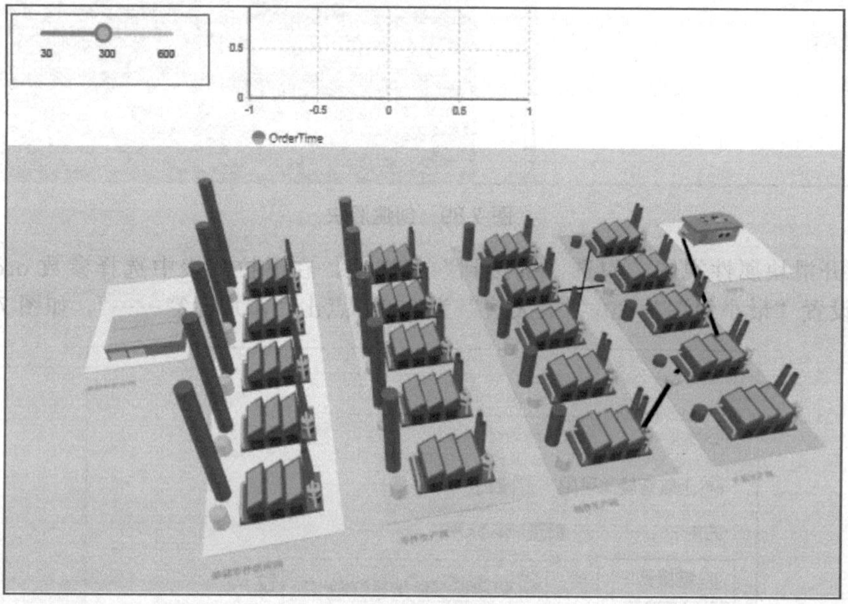

图 7.92　运行图 5

7.6　模型结果分析

运行模型，在三维窗口动画图中观察消费者订购产品的过程，消费者与最优生产商之间显示黑线连接，黑线的宽窄变化与订单量大小有关。各级生产商之间显示的黑线连接类似。

设置模型开始消费者的产品需求量为 300，运行时间 2880 分钟。

运行结束时模型的三维窗口显示如图 7.93 所示。此时，消费者等待第三个产品生产商配送产品，第一个组件生产商向第四个零件生产商订购原材料，其他各级生产商、供应商之间无订单联系。

此时，消费者与产品生产商完成订单的次数为 19，订单的时间均值为 148.682，最大 182.786，最小 116.961，订单时间的直方图如图 7.94 所示。

各级生产商产成品总量的折线图如图 7.95 所示。

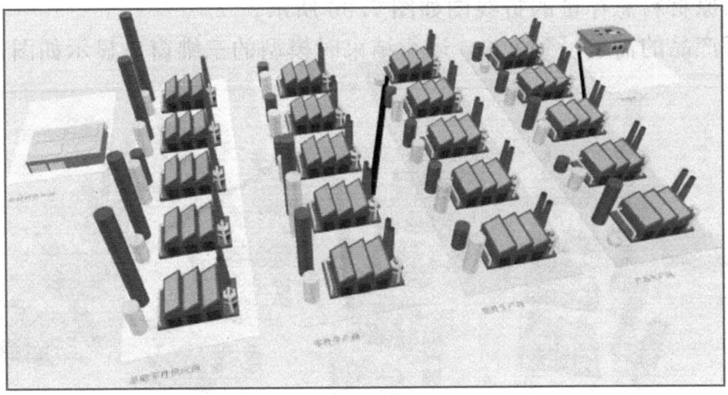

图 7.93　订货量为 300 时的结果图

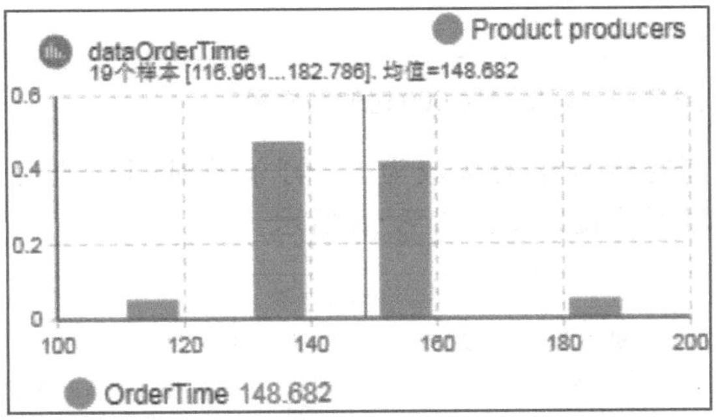

订单时间的直方图1彩图扫描下面二维码显示

图 7.94　订单时间的直方图 1

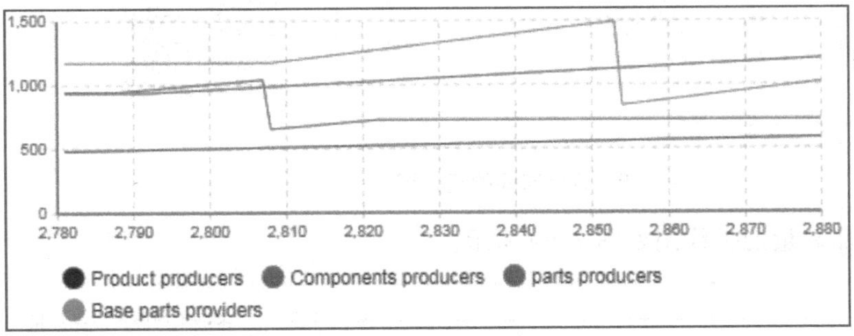

各级生产商产成品总量的折线图1彩图扫描下面二维码显示

图 7.95　各级生产商产成品总量的折线图 1

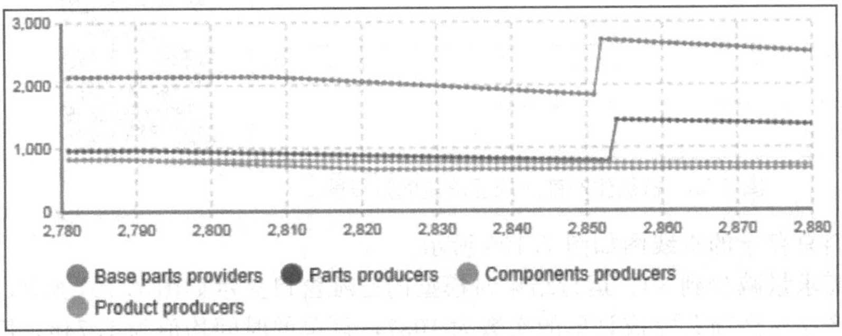

各级生产商原材料总存量的折线图1彩图扫描下面二维码显示

图 7.96　各级生产商原材料总存量的折线图 1

各级生产商原材料总存量的折线图如图 7.96 所示。

增加消费者产品的需求量到 600，运行结束时模型的三维窗口显示如图 7.97 所示。

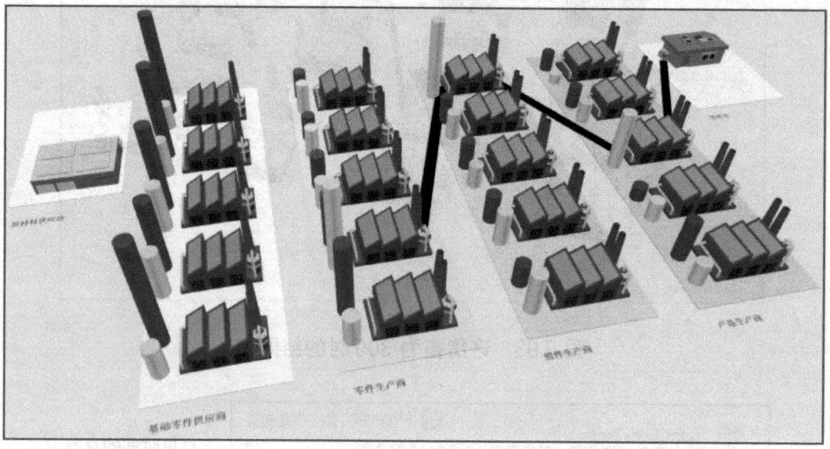

图 7.97　订货量为 600 时的结果图

此时，消费者与产品生产商完成订单的次数为 5，订单的时间均值为 512.601，最大 630.709，最小 421.196。订单时间的直方图如图 7.98 所示。

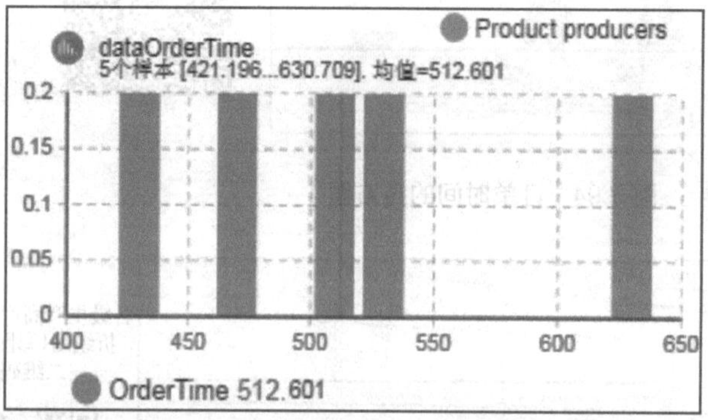

订单时间的直方图2彩图扫描下面二维码显示

图 7.98　订单时间的直方图 2

各级生产商产成品总量的折线图如图 7.99 所示。

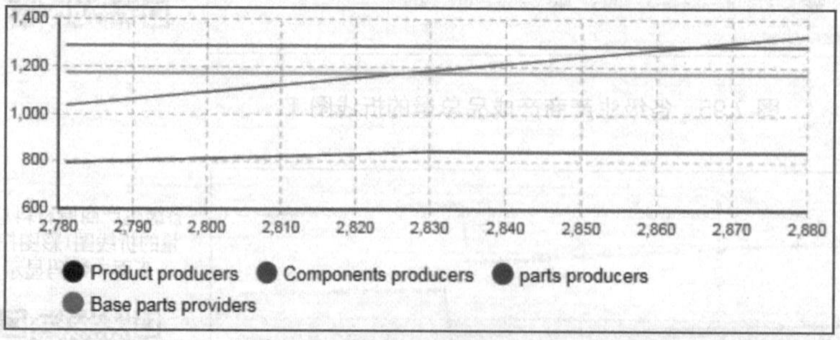

各级生产商产成品总量的折线图2彩图扫描下面二维码显示

图 7.99　各级生产商产成品总量的折线图 2

各级生产商原材料总存量的折线图如图 7.100 所示。

当消费者产品的需求量减少到 30，运行结束时模型的三维窗口显示如图 7.101 所示。

此时，消费者向产品生产商共完成订单的次数为 1037，订单的时间均值为 1.746，最大 19.402，最小 0.003。订单时间的直方图如图 7.102 所示。

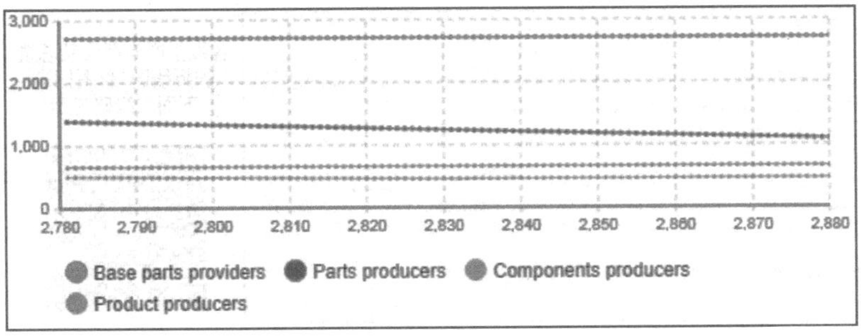

各级生产商原材料总存量的折线图2彩图扫描下面二维码显示

图 7.100 各级生产商原材料总存量的折线图 2

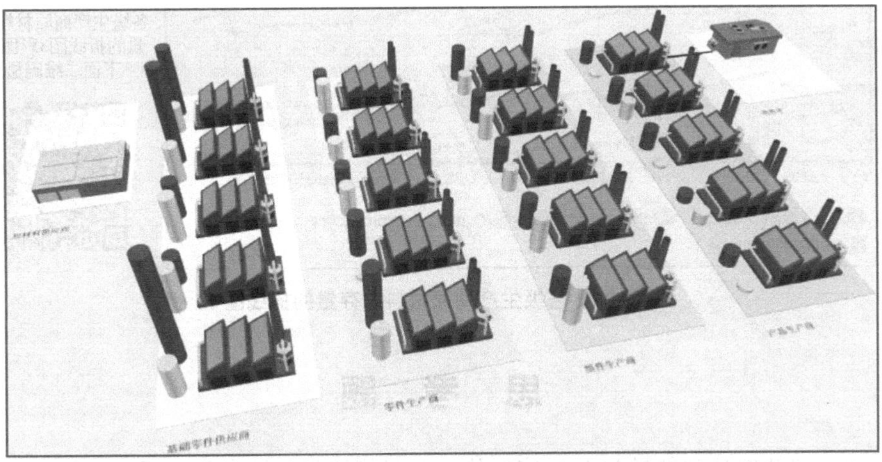

图 7.101 订货量为 30 时的结果图

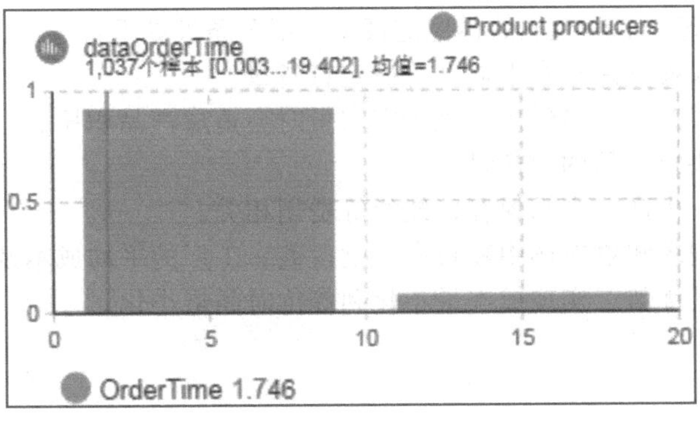

订单时间的直方图3彩图扫描下面二维码显示

图 7.102 订单时间的直方图 3

各级生产商产成品总量的折线图如图 7.103 所示。

各级生产商原材料总存量的折线图如图 7.104 所示。

对比消费者订单需求量不同大小的运行情况，消费者对产品需求量的大小直接影响着各级生产商的生产情况。产品需求量越大，订单等待的时间越长，各级生产商原材料存量及产成品数量的变化周期越大，供应链生产速率较低。反之订单等待的时间越短，各级生产商原材料存量及产成品数量的变化周期越小，供应链生产速率较高。

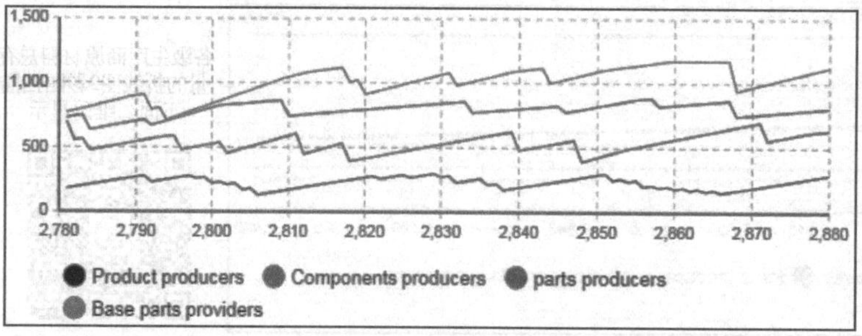

各级生产商产成品总量的折线图3彩图扫描下面二维码显示

图 7.103　各级生产商产成品总量的折线图 3

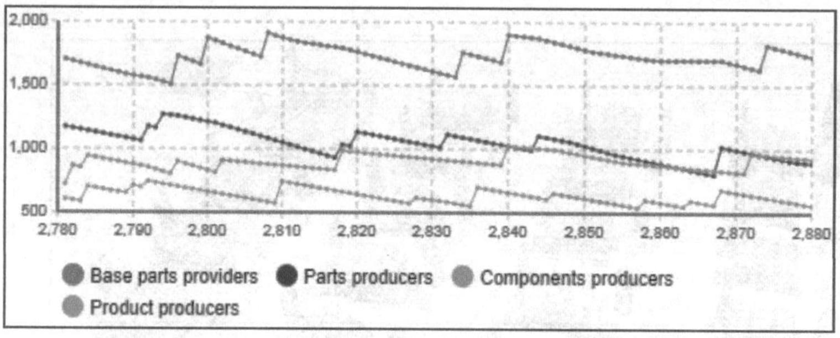

各级生产商原材料总存量的折线图3彩图扫描下面二维码显示

图 7.104　各级生产商原材料总存量的折线图 3

思　考　题

1. 如何设置智能体间的链接及通信？从一个智能体发送消息常用函数有哪些？

2. 简述数据集的功能用法及常用函数。

3. 简述滑块控件的功能用法及创建设置方式。

4. 建立由零售商、批发商、工厂组成的供应链模型。部分条件如下：

（1）零售商和批发商每天检查库存水平后，再决定订货量。

（2）顾客仅在零售店购买产品，当供应量大于需求量时会造成产品积压。

（3）工厂根据需求订单决定产品的生产量。

（4）总成本费用与订货、生产、产品保存、缺货等费用相关。

其他条件自设，建立模型求解供应链中零售商、批发商、工厂的平均成本及顾客等待时间，找到供应链库存策略的最优值，实现成本最小化和等待时间最小化。

第 8 章 产品配送模型

8.1 产品配送模型

在供应链系统中，配送中心对产品的配送是物流作业流程的重要环节之一，选择合理的配送路径，以达到运输总路程、运输总成本、运输总时间最优，这是物流供应链系统中产品配送需要考虑的重要问题。

产品配送问题的研究以配送中心为核心，配送中心根据零售商的订单，将产品以合理的配送路线由配送车辆运输至各零售商处，将运达信息由车辆带回配送中心，对产品配送问题的研究旨在降低运输成本并缩短配送时间，提高配送效率。

产品配送的一般流程：

① 接收订单。配送中心接收到订单后，系统自动显示订单客户信息，包括货物类型、数量等，并根据订单需求以及配送地点、运输能力等，对订单进行拆分、整理、组合。

② 确定产品的配送路径。确定车辆在各配送节点的先后顺序。

③ 下发运输计划。将确定好的运输路径下发至车辆部门，车辆部门按照运输需要安排车辆，等待配送，并对配送车辆安排情况及时反馈至配送中心部门。

④ 货物配送。车辆在接收到配送任务后，按照计划规定的配送路径进行货物的发运工作。

⑤ 车辆将货物运输至指定的客户地点后，返回配送中心后将客户签收信息及时反馈。

本模型以兰州市某医药股份公司的药物配送实例为研究对象，当各医药零售商向医药公司订购药品后，医药配送中心盘点库存、处理订单，并由一定数量的车辆根据订单需求情况负责药物运输，配送车辆沿着 GIS 地图上的道路行驶，配送完成后车辆回到配送中心。通过仿真建模，可以直观地显示配送中心到零售商之间的配送过程，并通过分析工具对仿真结果进行分析。在建模过程中，配送中心、零售商、订单、车辆可定义为有一定认知程度的智能体类型，它们之间以一定的方式进行信息的传递。

ⅰ. 已知条件如下：

① 该医药公司配送中心的位置及零售商客户位置信息等通过调查研究已确定。

② 当配送中心收到零售商订单后，盘点库存，如果库存足够，直接处理该订单，等待车辆配送；若库存不足，先等待补货，药品备齐后再等待车辆配送。

③ 假设配送中心初始库存量为 1000，每次补货量大小在 40～70。

④ 当库存足够时，补货时间为 0，当库存不足时，补货时间＝订单需求数量－当前库存量/补货速率。

⑤ 配送车辆归配送中心所有，接到配送任务后负责配送，配送完成后回配送中心

待命。

⑥ 配送中心对接收到配货齐全的订单采取集中配送的原则。

⑦ 假设零售商 3 天内至少订货一次，每次订购数量在 100～200。

⑧ 配送车辆每次沿着 GIS 地图上的道路以最短路径行驶，行驶速度平均为 50 千米/小时。

ⅱ. 通过建模需要得到以下信息。

① 订单在配送中心等待时间信息。

② 产品配送的路径显示。

③ 产品配送动画模型显示。

8.2 产品配送仿真建模

8.2.1 创建新模型

新建一个产品配送模型，选择“文件”→“新建”→“模型”，在新建模型窗口中，输入模型名为“产品配送模型”，选择存储位置，选择模型时间单位为“小时”。

8.2.2 插入GIS地图

步骤一：

① 打开“空间标记”面板，在 GIS 列表下，选中“GIS 地图”图标，拖动至 Main 图形编辑器中（此步骤需要联网，否则无法加载地图信息）。

② 打开 GIS 地图属性视图，默认情况下，GIS 地图使用平铺显示地图。可以直接使用 AnyLogic 的默认配置，也可以修改部分属性。

AnyLogic 软件提供了不同类型的在线图块地图，在属性视图“瓦片”栏中“瓦片提供者”的下拉选项，可以选择不同的服务。在此模型中选择以“OSM German”服务为例，此处的 OSM 是 Open Street Map 的缩写。

在路线栏中，选择路线是“从 OSM 服务器请求”，路线服务器为“AnyLogic”，路线方法可以选择“最快”或“最短”，在此，选择默认配置最快。

“路类型”中可以选择“车”“轨道”“自行车”“步行”，此模型仿真配送车辆的运行，所以“路类型”中选择默认值“车”，如图 8.1 所示。

步骤二：

设置 GIS 地图的大小。点击地图，可以通过拖动 GIS 地图四边的小方块调整大小。

步骤三：

搜索需显示的 GIS 地图区域。

双击显示的 GIS 地图区域，此时除了地图显示亮色外，图形编辑器中其他位置为灰色，通过拖动鼠标找到建模需要的地区，滚动鼠标滚轮可缩放显示比例，如图 8.2 所示。

8.2.3 创建配送中心智能体

步骤一：

新建配送中心智能体。

① 在“智能体”面板中选中“智能体”图标，拖动至 Main 图形编辑器中。

② 在“第 1 步. 选择你想创建什么”对话框中选择智能体群，点击“下一步”按钮。

③ 在“第 2 步. 创建新智能体类型”对话框中输入“新类型名”为 Distributor，选择

“我正在‘从头’创建智能体类型”，如图 8.3 所示，点击“下一步”按钮。

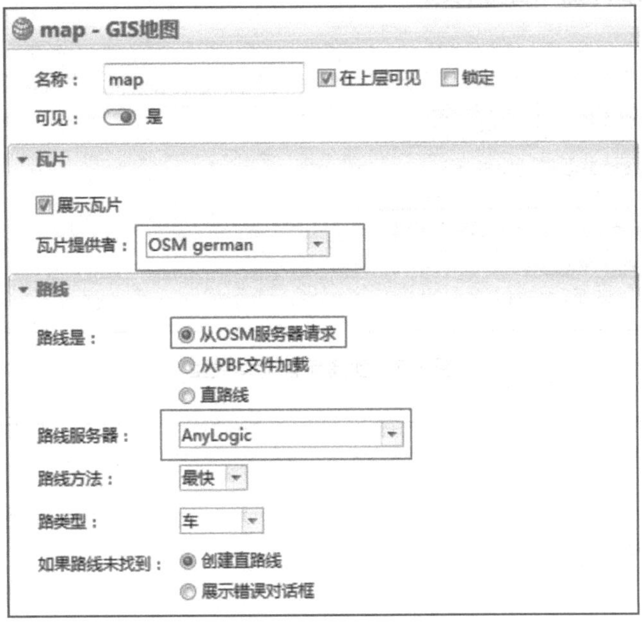

图 8.1 GIS 地图属性

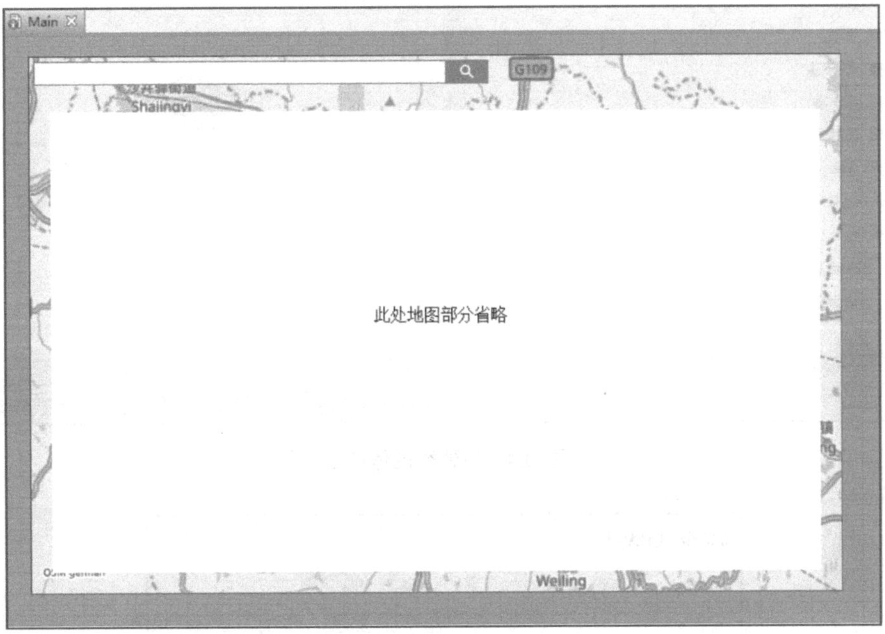

图 8.2 模型需要地区

④ 在“第 3 步．智能体动画”对话框中选择“建筑物”列表中的“房子”，表示配送中心的显示图形，然后点击“下一步”按钮，如图 8.4 所示。

⑤ 在“第 5 步．群大小”的对话框中，选择“创建初始为空的群，我会在模型运行时添加智能体”，点击“完成”按钮，完成配送中心智能体的创建。如图 8.5 所示。

⑥ 打开 Distributor 智能体图形编辑器，点击三维物体图片，打开属性视图，修改三维物体的“附加比例”为 25%，方向如图 8.6 所示。

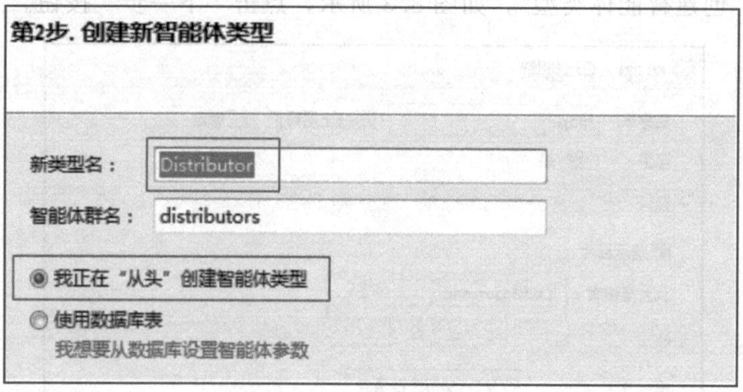

图 8.3　创建新智能体类型

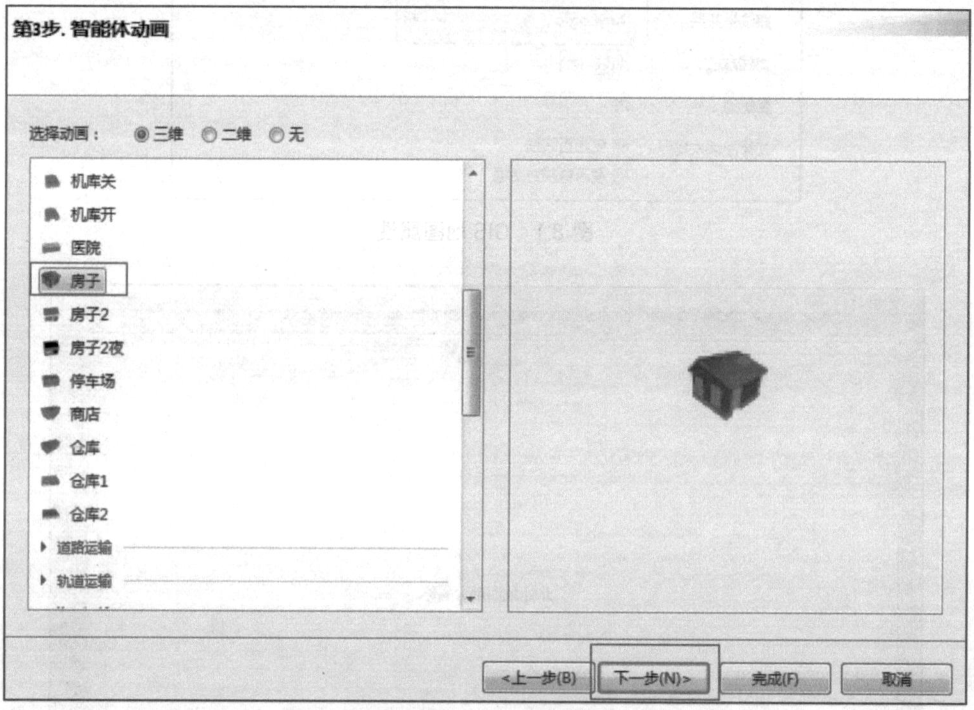

图 8.4　新建智能体动画

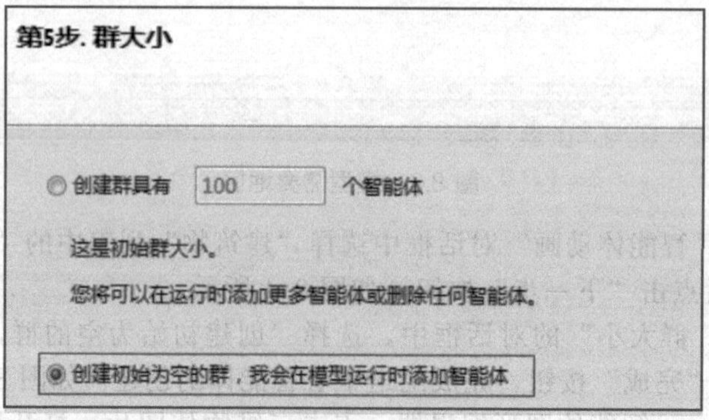

图 8.5　设置初始群大小

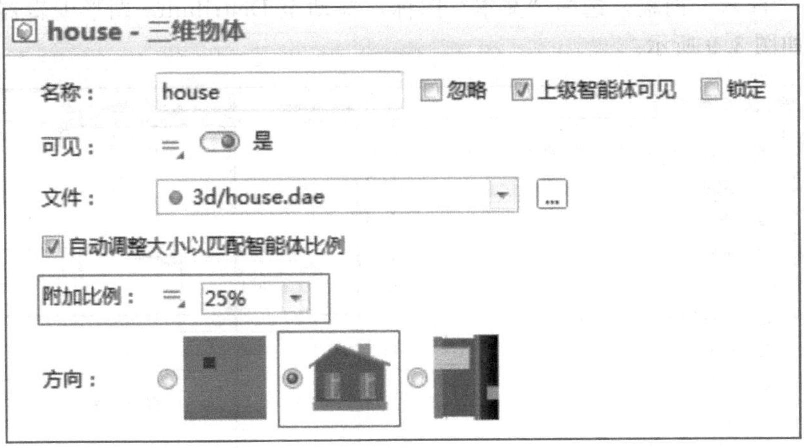

图 8.6　三维物体属性

步骤二：

添加配送中心智能体的相关参数。

① 打开“智能体”面板，选中“参数”图标，拖动至 Distributor 图形编辑器中。

② 打开参数的属性视图，修改参数的名称为“name”，类型为“String”，如图 8.7 所示，表示配送中心智能体的名称。

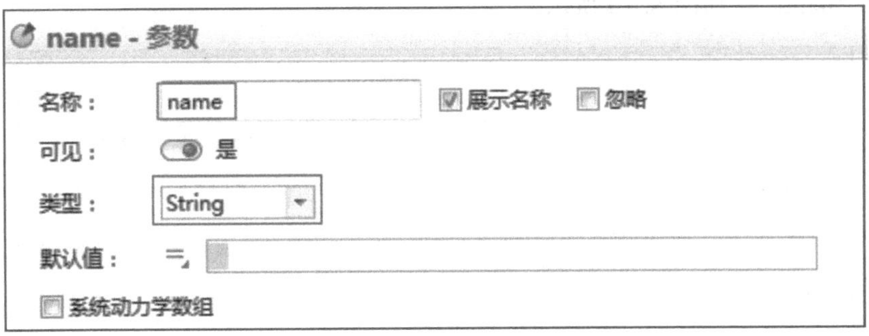

图 8.7　name-参数

③ 同样的方式再创建一个参数，并命名为“location”，类型选择“其他”，并在右边文本编辑框中输入“GISPoint”，表示配送中心智能体的位置，如图 8.8 所示。

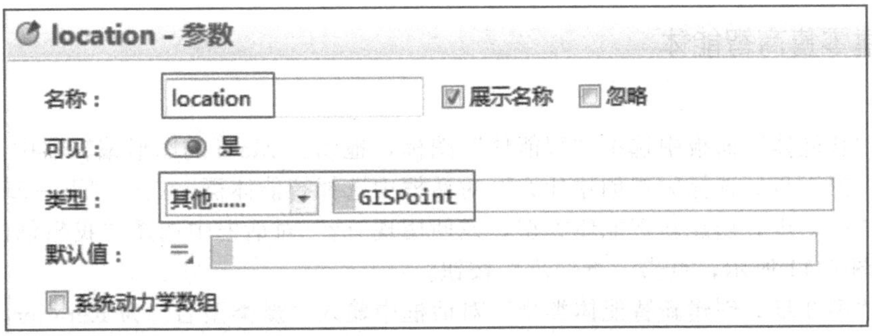

图 8.8　location-参数

步骤三：

设置显示智能体名称。

① 打开“演示”面板，选中“文本”图标，拖动至 Distributor 图形编辑器中三维物体图形上方，如图 8.9 所示。

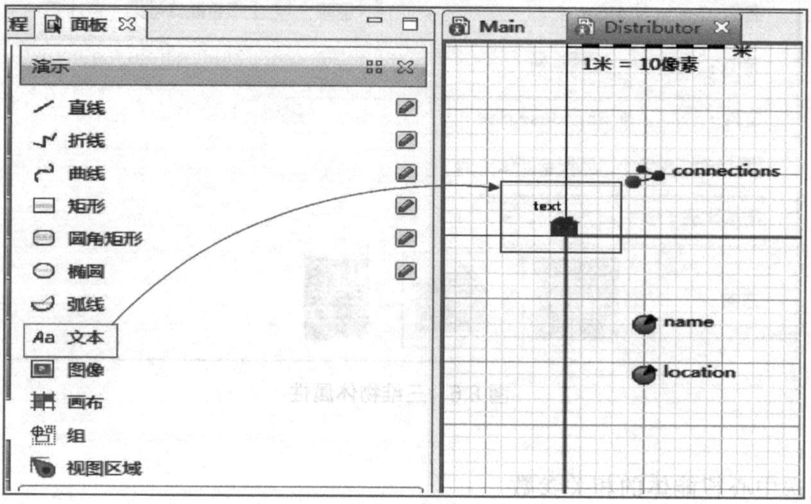

图 8.9　创建文本

② 打开文本属性视图，在“文本”栏中，点击动态值切换图标，在文本编辑框中输入文本动态值“name”，如图 8.10 所示。

图 8.10　文本动态值设置

8.2.4 创建零售商智能体

步骤一：

① 在“智能体”面板中选中“智能体”图标，拖动至 Main 的图形编辑器中。

② 在“第 1 步．选择你想创建什么”对话框中选择智能体群，点击“下一步”按钮。

③ 在“第 2 步．创建新智能体类型，或使用现有？”对话框中选择“我想创建新智能体类型”，如图 8.11 所示，点击“下一步”按钮。

④ 在“第 3 步．创建新智能体类型”对话框中输入“新类型名”为 Retailer，选择“我正在‘从头’创建智能体类型”，如图 8.12 所示，点击“下一步”按钮。

⑤ 在“第 4 步．智能体动画”对话框中选择建筑物下拉列表中的商店，代表零售商，然后点击“下一步”按钮，如图 8.13 所示，在最后一步选择群大小设置为空，点击“完成”，完成零售商智能体的创建。

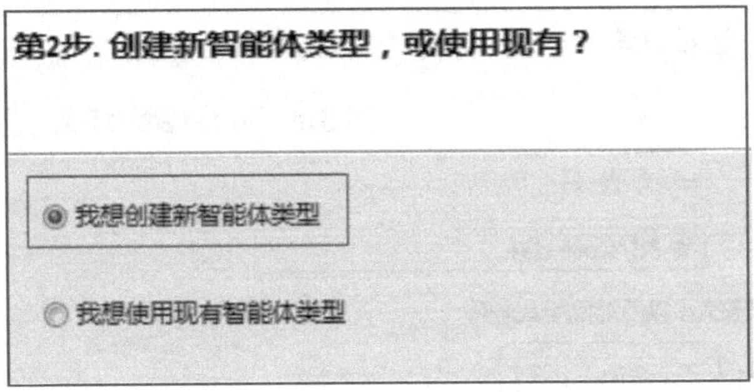

图 8.11　创建新智能体类型 1

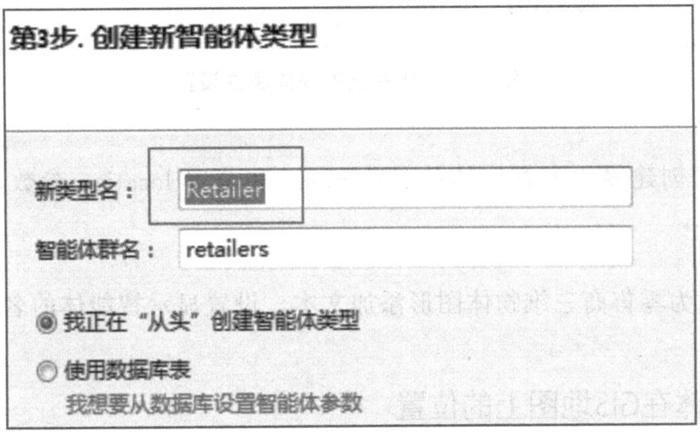

图 8.12　创建新智能体类型 2

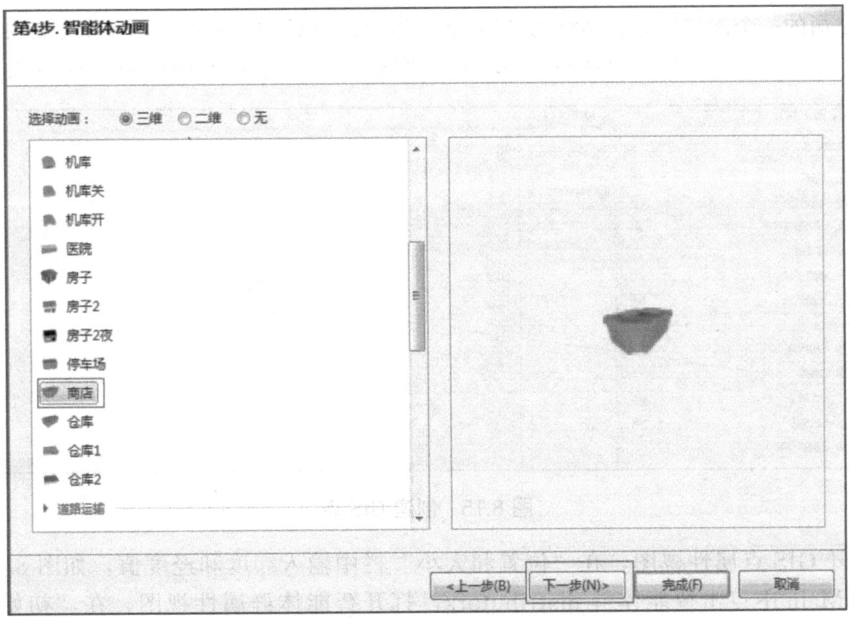

图 8.13　新建零售商智能体

⑥ 打开 Retailer 智能体图形编辑器，点击三维图片，打开三维图片的属性视图，修改三维物体图形的“附加比例”为 25%，如图 8.14 所示。

8.14　零售商三维物体属性设置

步骤二：

以同样的方式创建零售商智能体的名称 name 和位置 location 参数，参数类型分别为 String 和 GISPoint。

步骤三：

以同样的方式为零售商三维物体图形添加文本，设置显示智能体的名称，文本的动态值为 name。

8.2.5　定义智能体在GIS地图上的位置

定义配送中心智能体在 GIS 地图上的位置。

方法一：

医药公司的一个配送中心，名称为“XC 医药”，位于纬度 36.122773，经度 103.698056 处。

① 在“空间标记”面板中选择“GIS 点”图标，拖动至 GIS 地图中，如图 8.15 所示。

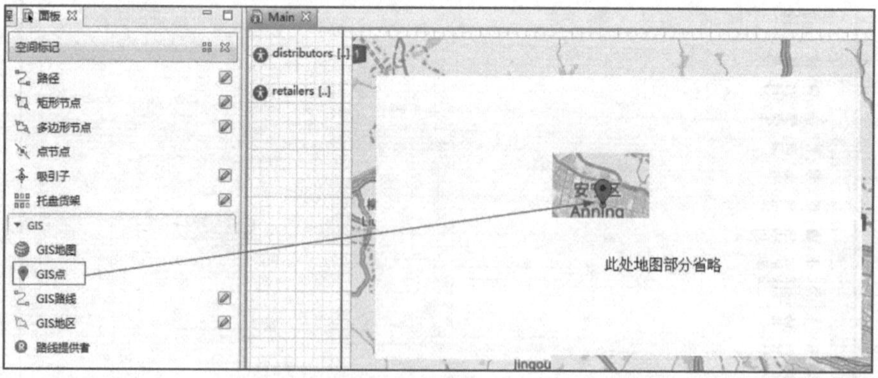

图 8.15　创建 GIS 点

② 打开 GIS 点属性视图，在“位置和大小”栏中输入纬度和经度值，如图 8.16 所示。

③ 在 Main 中点击智能体群 distributors，打开智能体群属性视图，在“初始位置”栏中选择“在节点”，节点下拉列表中选择“gisPoint”，设置配送中心在 GIS 地图上的初始位置，如图 8.17 所示。

使用 GIS 空间标记对象的这种方法，不需要编写任何 Java 代码，简单方便，但仅限于单个智能体，对于位于不同位置的智能体群，就显得不太适用了。因此，可以使用导入数据

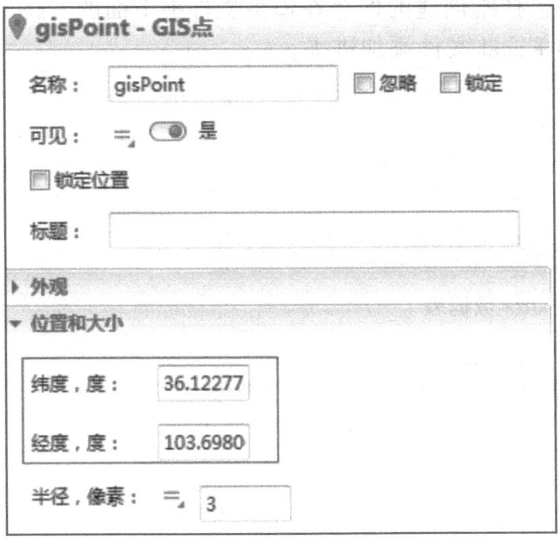

图 8.16 GIS 点位置设置

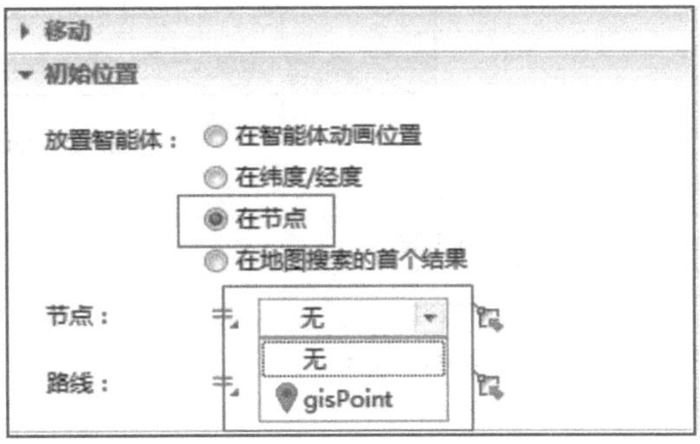

图 8.17 配送中心在 GIS 地图上的初始位置

的方法，通过创建一个函数，利用 Java 代码定义不同智能体在地图中的显示位置（也可以通过在创建智能体时使用数据库表导入数据，读者可以自己试一试）。

方法二：

步骤一：

① 创建一个 Excel 文件，命名为“Location”，存放于模型保存位置“产品配送模型”的文件夹下面，否则会出错。

② 将“sheet1”命名为“Retailer”，第一列保存零售商名称，第二列、第三列保存零售商的纬度和经度，如图 8.18 所示。

	A	B	C	D	E
1	名字	纬度	经度		
2	众友健康药店	36.111126	103.715733		
3	安宁泰兴药店	36.100024	103.711997		
4	聚德源大药店	36.094019	103.757422		
5	康民药店	36.063002	103.806175		
6	德生堂医药	36.082743	103.766171		
7	天元医药连锁	36.056315	103.910656		
8	惠仁堂大药房	36.052147	103.89388		
9	新世纪药店	36.061133	103.83382		
10	济家泰堂药店	36.065946	103.888035		
11	普生大药房	36.078325	103.880977		
12					
13					

Retailer | Distributor | Sheet3 | +

图 8.18 Retailer 数据表

③ 将“sheet2”命名为“Distributor”，第一列保存配送中心名称，第二列、第三列保存配送中心纬度和经度，如图 8.19 所示。

步骤二：

① 打开“连接”面板，选中“Excel 文件”图标，拖动至 Main 中，如图 8.20 所示。

② 打开 Excel 文件属性视图，修改名称为“locationInformation”，点击“文件”右边

的小方块，如图 8.21 所示，在弹出的对话框中选择刚创建的保存在模型文件夹下面的 Excel 文件“Location. xlsx”，点击打开，将刚创建的 Excel 文件添加进去。

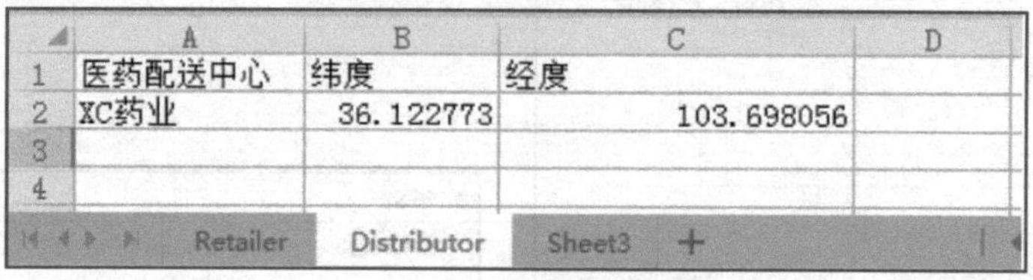

图 8.19 Distributor 数据表

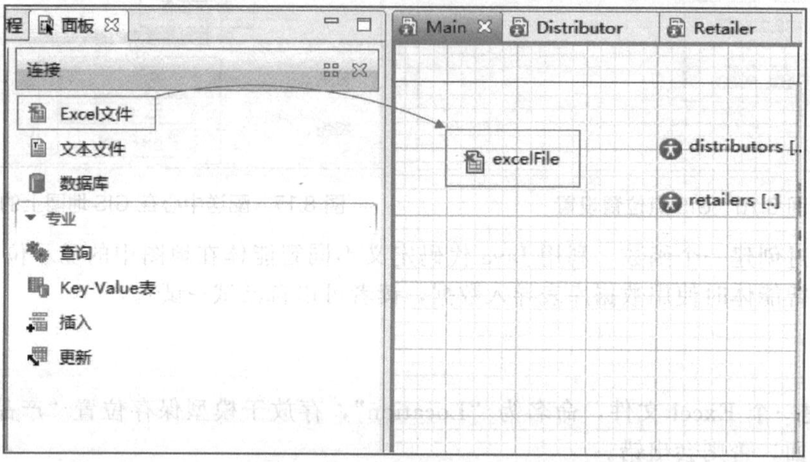

图 8.20 添加 Excel 文件连接

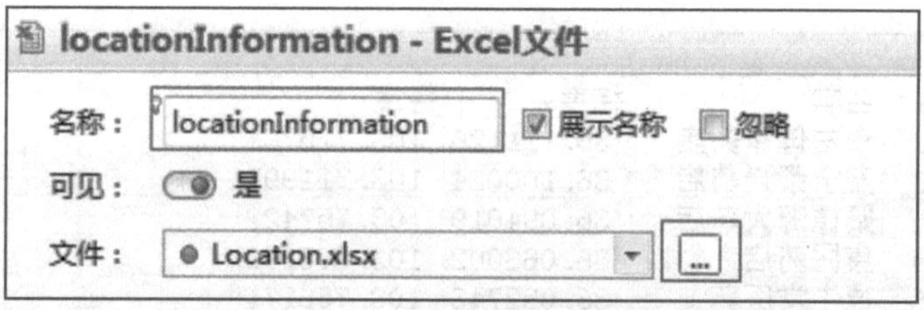

图 8.21 添加文件

步骤三：

创建一个函数，将 Excel 文件中表示配送中心和零售商名称和位置的数据导入到模型中。

① 打开“智能体”面板，选中“函数”图标，拖动至 Main 中。

② 打开函数属性视图，修改名称为“setGISLocation”，如图 8.22 所示。

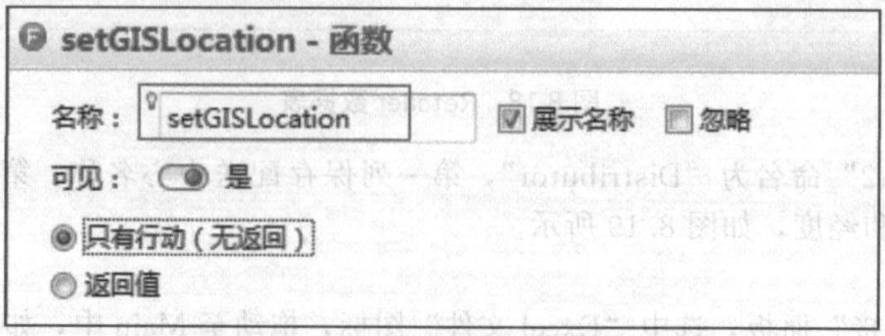

图 8.22 setGISLocation-函数

③ 在“函数体”编辑框中输入数据导入代码，如图 8.23 所示，代码如下：

```
//Retailer 表数据输入
int row1=2;
while (locationInformation.cellExists( "Retailer" , row1, 1))
{
   String nam=locationInformation.getCellStringValue( "Retailer" , row1, 1);
   double dim=locationInformation.getCellNumericValue( "Retailer" , row1, 2);
   double lon=locationInformation.getCellNumericValue( "Retailer" , row1, 3);
   Retailer ret=add_retailers( );
   GISPoint gis=new GISPoint(map, dim, lon);
   ret.name=nam;
   ret.location=gis;
   ret.setLocation(gis);
   row1++;

}
//Distributor 表数据输入
int row2=2;
while (locationInformation.cellExists( "Distributor" , row2, 1))
{
   String nam=locationInformation.getCellStringValue( "Distributor" , row2, 1);
   double dim=locationInformation.getCellNumericValue( "Distributor" , row2, 2);
   double lon=locationInformation.getCellNumericValue( "Distributor" , row2, 3);
   Distributor dis=add_distributors();
   GISPoint gis=new GISPoint(map, dim, lon);
   dis.name=nam;
   dis.location=gis;
   dis.setLocation(gis);
   row2++;
}
```

④ 在 Main 智能体类型的属性视图中，在智能体行动栏“启动时”文本编辑框中输入代码“setGISLocation()；”，在模型运行开始时调用函数 setGISLocation()，为配送中心和零售商定义在 GIS 地图上的位置，如图 8.24 所示。

步骤四：

运行模型，查看智能体的位置，如图 8.25 所示。

8.2.6 创建车辆智能体

步骤一：

① 以相同的步骤新建一个智能体，选择智能体群，命名为“Vehicle”，在“道路运输”列表中选择智能体动画“货车”，如图 8.26 所示，初始智能体为空，完成车辆智能体的创建。

② 打开 Vehicle 智能体图形编辑器视图，点击三维物体图形，打开属性视图，修改三维物体的“附加比例”为 50%，如图 8.27 所示。

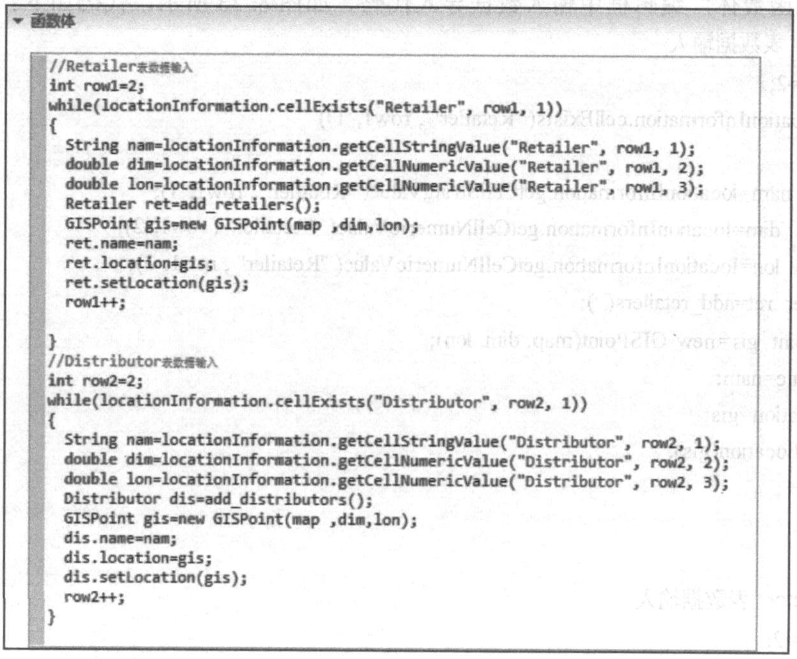


```
//Retailer表数据输入
int row1=2;
while(locationInformation.cellExists("Retailer", row1, 1))
{
  String nam=locationInformation.getCellStringValue("Retailer", row1, 1);
  double dim=locationInformation.getCellNumericValue("Retailer", row1, 2);
  double lon=locationInformation.getCellNumericValue("Retailer", row1, 3);
  Retailer ret=add_retailers();
  GISPoint gis=new GISPoint(map ,dim,lon);
  ret.name=nam;
  ret.location=gis;
  ret.setLocation(gis);
  row1++;

}
//Distributor表数据输入
int row2=2;
while(locationInformation.cellExists("Distributor", row2, 1))
{
  String nam=locationInformation.getCellStringValue("Distributor", row2, 1);
  double dim=locationInformation.getCellNumericValue("Distributor", row2, 2);
  double lon=locationInformation.getCellNumericValue("Distributor", row2, 3);
  Distributor dis=add_distributors();
  GISPoint gis=new GISPoint(map ,dim,lon);
  dis.name=nam;
  dis.location=gis;
  dis.setLocation(gis);
  row2++;
}
```

图 8.23 “函数体”编辑框

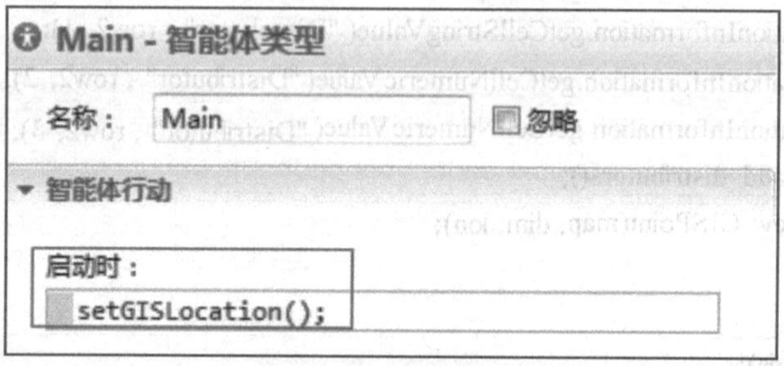

图 8.24 函数调用

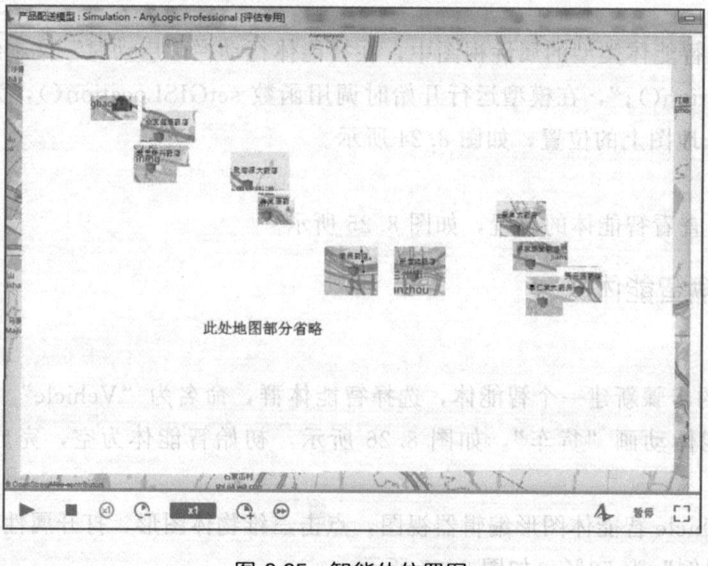

图 8.25 智能体位置图

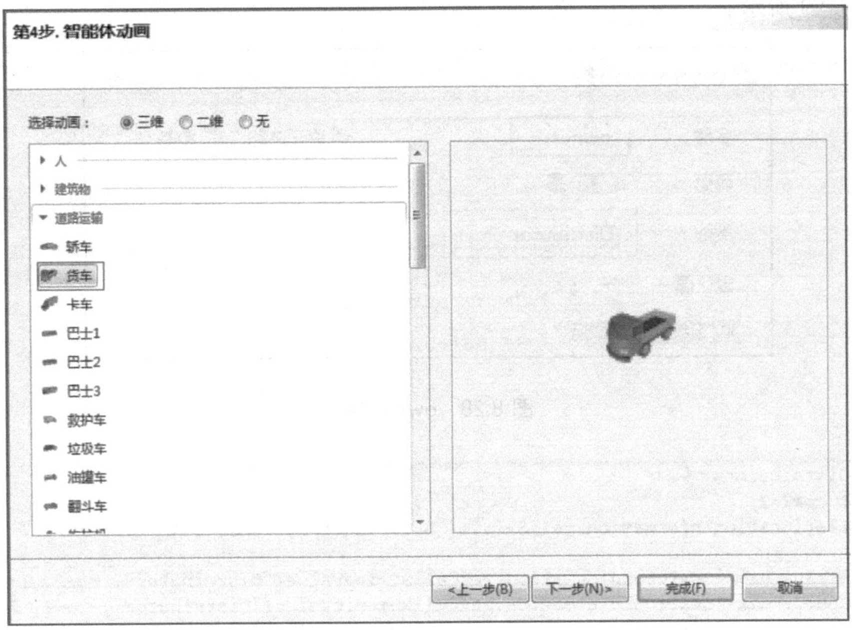

图 8.26 车辆智能体动画选择

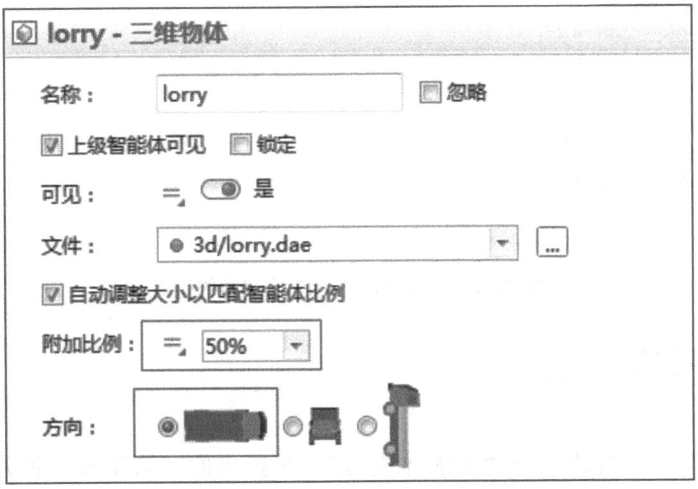

图 8.27 车辆三维物体属性设置

步骤二：

① 在“智能体”面板中选中“参数”图标，拖动至 Vehicle 图形编辑器中。

② 修改参数的名称为“owner”，表示车辆归属配送中心的参数，类型为“Distributor”，如图 8.28 所示。

步骤三：

定义车辆在 GIS 地图中的位置。

在 Main 中打开 setGISLocation 属性视图，在“函数体”Distributor 表数据输入部分添加如下代码：

```
Vehicle truck=add_vehicles( );
truck.owner=dis;
truck.setLocation(dis);
```

如图 8.29 所示。

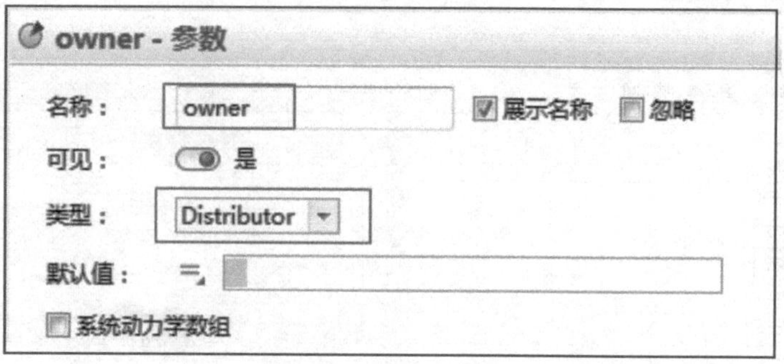

图 8.28 owner 参数

```
//Distributor表数据输入
int row2=2;
while(locationInformation.cellExists("Distributor", row2, 1))
{
  String nam=locationInformation.getCellStringValue("Distributor", row2, 1);
  double dim=locationInformation.getCellNumericValue("Distributor", row2, 2);
  double lon=locationInformation.getCellNumericValue("Distributor", row2, 3);
  Distributor dis=add_distributors();
  GISPoint gis=new GISPoint(map ,dim,lon);
  dis.name=nam;
  dis.location=gis;
  dis.setLocation(gis);
  row2++;

  Vehicle truck=add_vehicles();
  truck.owner=dis;
  truck.setLocation(dis);
}
```

图 8.29 设置车辆在 GIS 地图中的位置

8.2.7 创建订单智能体类型

步骤一：

选择“文件”→“新建”→“智能体类型”，在弹出的“第 1 步．创建新智能体类型”中“新类型名”文本编辑框中输入智能体类型名“Order”，点击“完成”按钮，完成新智能体类型的创建。

步骤二：

打开 Order 智能体图形编辑器界面，从面板中拖入两个“参数”图标至 Order 中，分别在属性界面中修改参数名称为“amount”，类型“double”；名称“from”，类型“Retailer”，如图 8.30 所示，表示该订单来自哪个零售商，以及订货量的大小。

步骤三：

当配送中心库存不足时，需要补货，补货开始的时间即是订单开始等待的时间，订单等待时间为从开始补货到补货完成，等待车辆配送的全部时间。可以将订单开始等待的时间用一个变量来定义。

在“智能体”面板中选中“变量”图标，拖动至 Order 图形编辑器中，修改变量名称为“startWaiting”，类型为“double”，如图 8.31 所示。

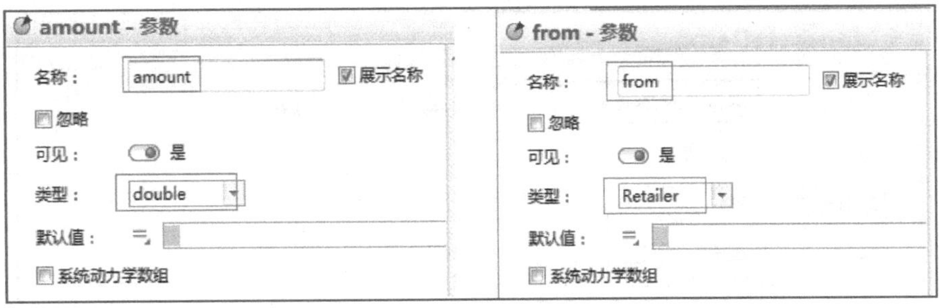

图 8.30 Order 参数设置

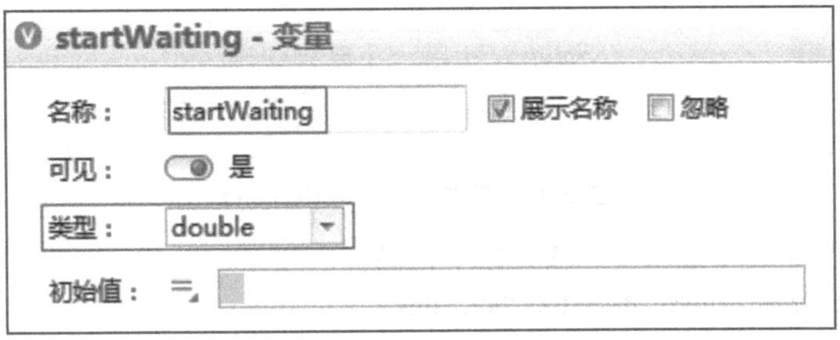

图 8.31 变量 startWaiting

8.2.8 零售商订单需求设置

零售商根据需要按一定时间向配送中心发出订单需求，使用事件对象元素实现该过程。

步骤一：

① 打开 Retailer 智能体图形编辑器。

② 在“智能体”面板中选中“参数”图标，拖动至 Retailer 中，在属性视图中修改参数的名称为“distributorCenter”，类型选择“其他”，并在右边文本编辑框中输入“AgentList<Distributor>”，如图 8.32 所示，该参数表示负责给零售商供货的配送中心。

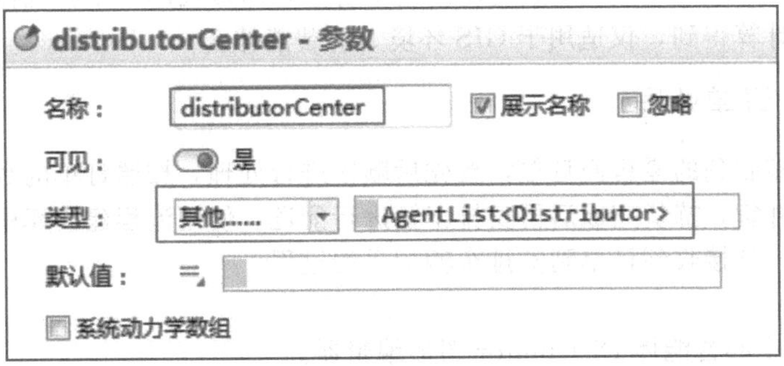

图 8.32 参数 distributorCenter

步骤二：

① 在“智能体”面板中选中“事件”图标，拖动至 Retailer 图形编辑器中。

② 打开事件属性视图，修改事件名称为“generateDemand”，触发类型为“到时”，模式为“循环”，复发时间为“uniform_discr(0，3)”，表示零售商向配送中心订购药品的时间服从 0～3 的离散均匀分布，时间为“天”，如图 8.33 所示。

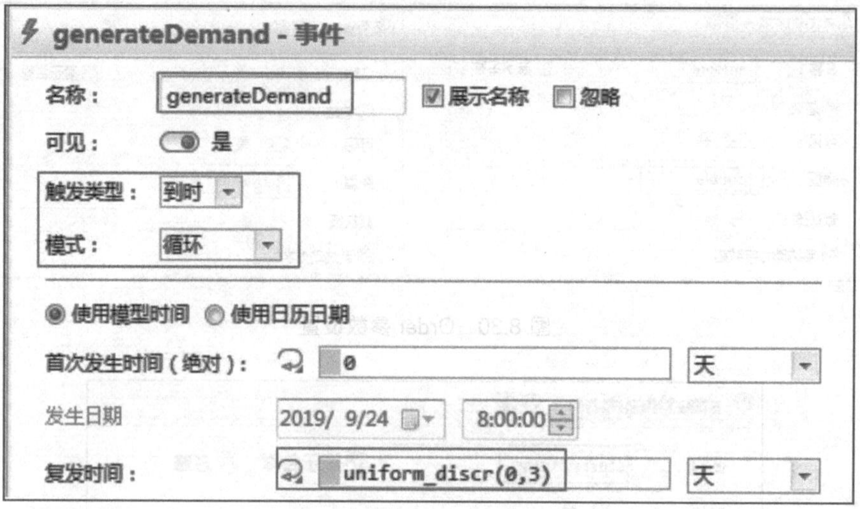

图 8.33 事件 generateDemand

③ 在“行动”栏文本编辑框中输入以下代码：

```
Order ord=new Order(uniform_discr(100,200), this);
Distributor bestdistributor=this.getNearestAgentByRoute(distributorCenter);
send(ord,bestdistributor);
```

如图 8.34 所示，零售商选择向距离最近的配送中心发出订单，且订购的药品总数量服从 100～200 的离散均匀分布。

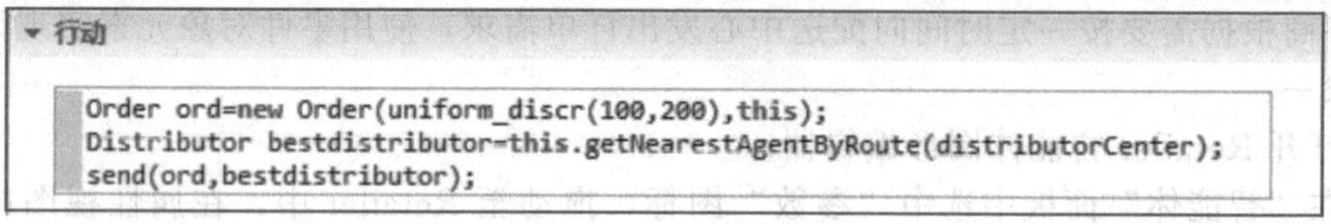

图 8.34 事件行动代码

getNearestAgentByRoute()函数返回给定集合中距离最近的一个智能体。智能体间的距离由路径提供者计算得到，仅适用于 GIS 环境下的智能体。

8.2.9 配送中心订单处理

配送中心对接收到的零售商订单，按先后顺序进行处理，按照订单的数量进行拣货，当库存不足时需要补货，拣货完成后再安排车辆进行配送。使用流程建模库中相关模块定义订单在配送中心内，从接收到订单到安排车辆配送的过程。

步骤一：

① 打开配送中心智能体 Distributor 图形编辑器。

② 在“流程建模库”面板中，选中“Enter”图标，拖动至 Distributor 图形编辑器中，并在属性视图中修改名称为“processOrder”，如图 8.35 所示。

Enter 模块是插入（已经存在的）智能体到流程图的特定点。要插入智能体到这个模块开始的流程图中，需调用模块的 take(agent)函数。

③ 在属性视图中，“智能体类型”下拉列表中选择“Order”，如图 8.36 所示。

步骤二：

在“流程建模库”面板中选中“Queue”图标放至“processOrder”模块右边，修改名称为“ordersQueue”，选择最大容量，表示进入配送中心的智能体排队等待处理的过程，如图 8.37 所示。

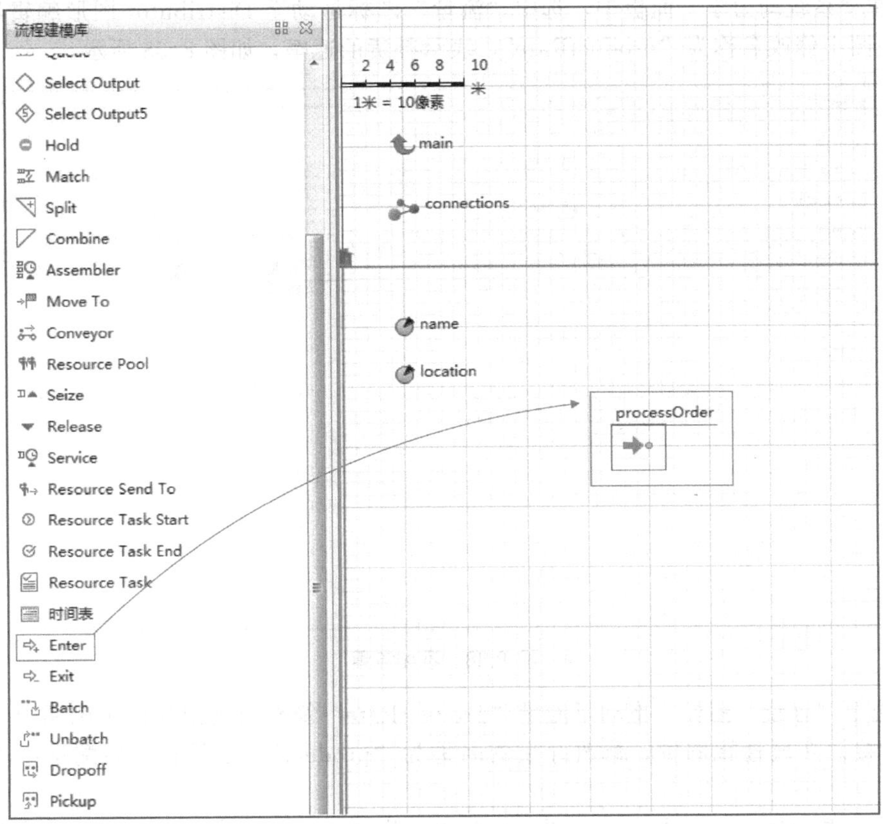

图 8.35 创建 Enter

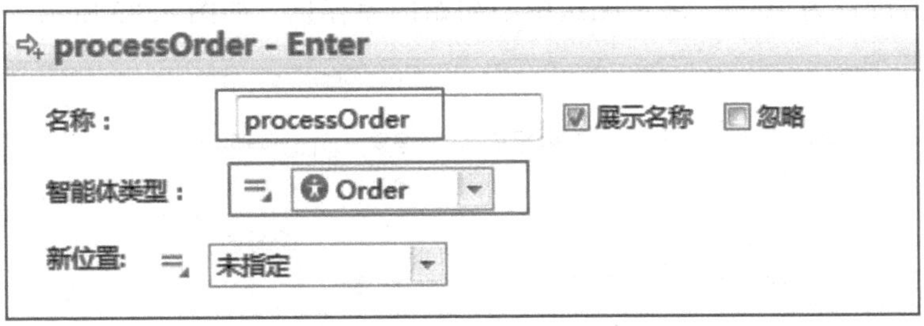

图 8.36 Enter 属性

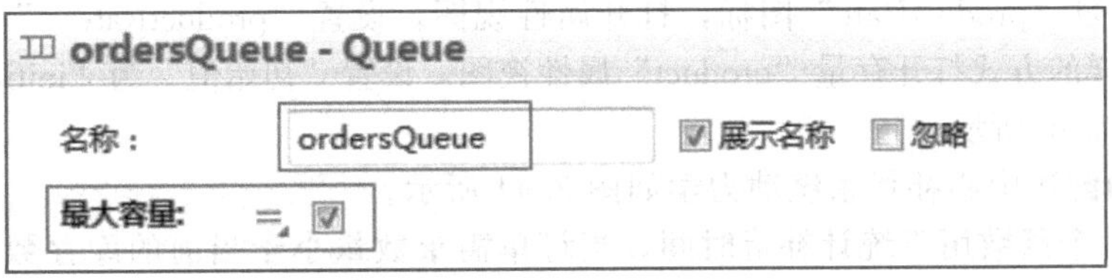

图 8.37 创建 Queue

步骤三：

i. 在“流程建模库”面板中选中“Delay”图标放至“ordersQueue”模块右边，修改名称为“waitForProduct”。订单延迟时间与产品的补货的时间有关。

ii. 配送中心的补货过程可以用系统动力学来定义。

① 在“系统动力学”面板中，选中“流量”图标拖动至 Distributor 图形编辑器中，并在属性视图中修改名称为“productRate”，表示补货的速率，如图 8.38 所示。

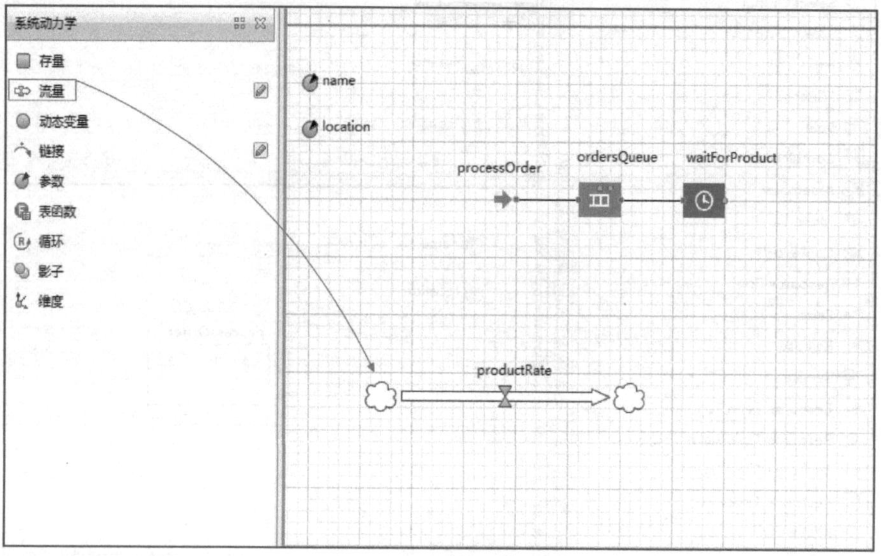

图 8.38 添加流量

② 选中“存量”图标，拖动至流量“productRate”箭头末尾出现的小圆圈上，使流量与存量连接。在属性视图中，修改存量的名称为“product”，表示补货后配送中心的药品数量。

③ 在“智能体”面板中，选中“参数”图标拖动至系统动力学图形附近，修改名称为“rate”，默认值的范围为 40 至 70，表示补货速率。再添加一个参数，修改名称为“initialStock”，默认值设置为 1000，表示配送中心初始的库存量。如图 8.39 所示。

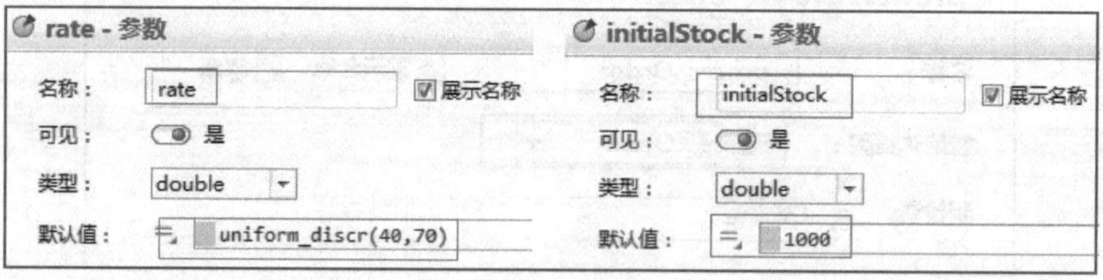

图 8.39 rate-参数

④ 点击流量“productRate”图标，打开属性视图，设置“productRate=”为“rate”，并创建链接，同样的方式打开存量“product”属性视图，设置“初始值”为“initialStock”，并创建链接，如图 8.40 所示。

⑤ 创建的配送中心补货系统动力学如图 8.41 所示。

iii. 定义一个函数用于统计补货时间，当订单需求数量小于当前的库存数量，存库充足时，补货时间为 0；当订单需求数量大于当前的库存数量，库存不足，补货时间=(订单需求量−当前存库量)/补货速率。

① 打开“智能体”面板，选中“函数”图标，拖动至 Distributor 图形编辑器中，在函数属性视图中修改函数名称为“waitingProductTime”。

② 选择“返回值”选项，类型为“double”，定义一个 Order 类型的参数 order。如图 8.42 所示。

图 8.40　设置流量、存量初始值

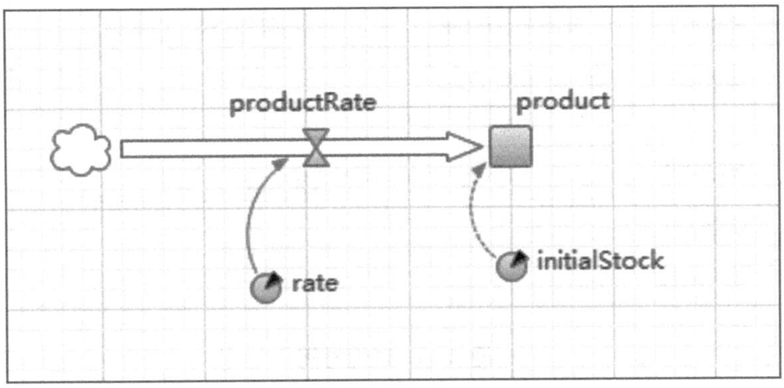

图 8.41　配送中心补货系统动力学图

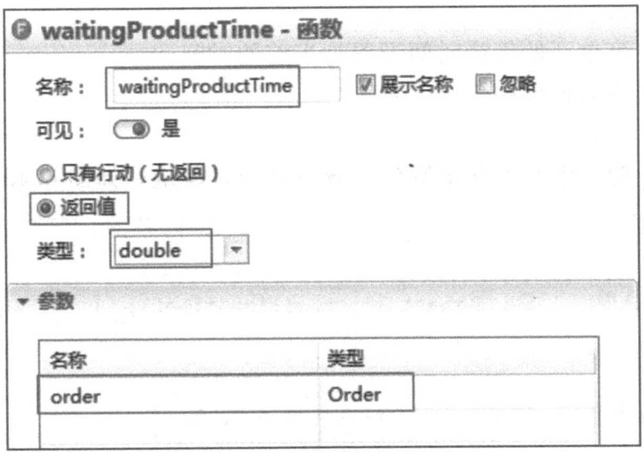

图 8.42　waitingProductTime-函数

③ 在“函数体”文本编辑框中输入相关代码，如图 8.43 所示，代码如下：

```
if (order.amount<=product)
  return 0;
else
  return (order.amount-product)/productRate;
```

iv. 打开延迟模块“waitForProduct”的属性视图，点击“延迟时间”右边动态值切换图标，切换至动态值输入文本编辑框，输入代码“waitingProductTime(agent)”，如图 8.44 所示，调用等待补货的时间函数，延迟订单在库存不足时的等待时间。

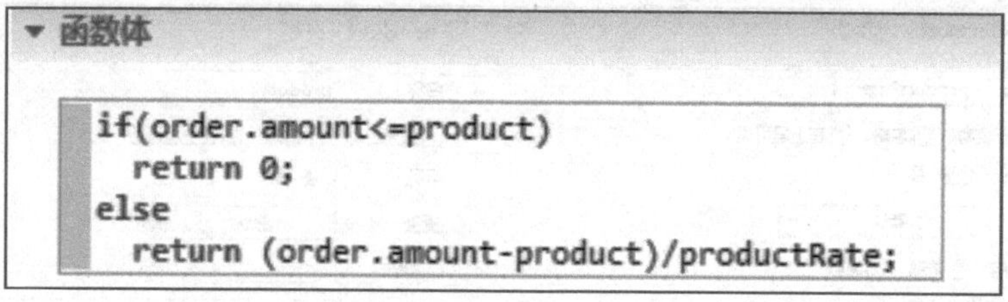

图 8.43　函数体代码

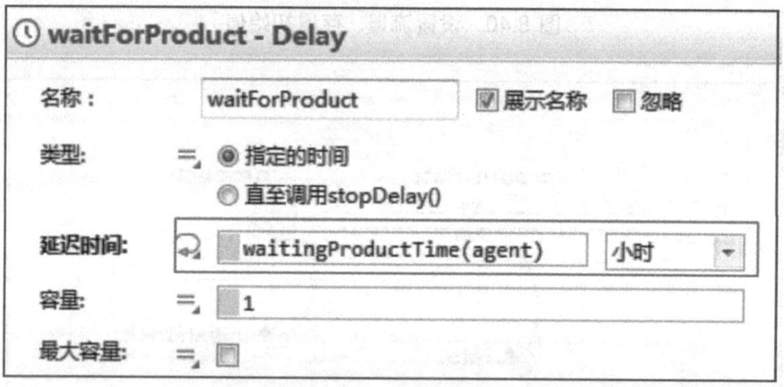

图 8.44　延迟时间

v. 在 waitForProduct 的属性视图中，点击打开“行动”栏，在“进入时”文本编辑框中输入代码：

```
agent.startWaiting=time( );
```

进入该模块时，订单开始等待时间设置为当前的时间。

在“离开时”文本编辑框中输入代码：

```
product-=agent.amount;
```

离开该模块时，配送中心库存量减少，减少值为订购量，如图 8.45 所示。

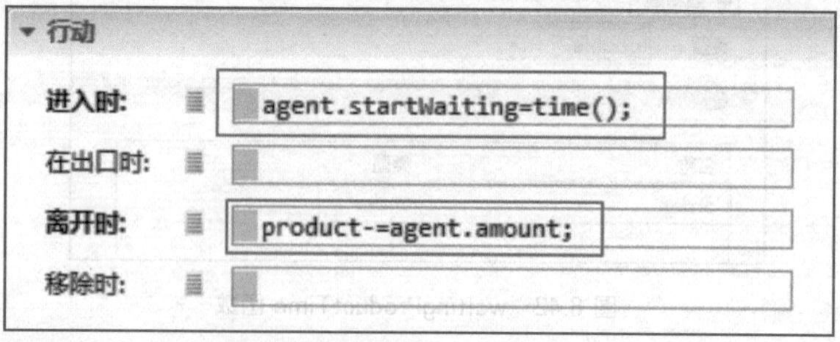

图 8.45　行动代码

步骤四：

① 在“流程建模库”面板中选中“Sink”放至“waitForProduct”模块右边，表示订单处理结束，等待车辆配送，对于已处理的、等待车辆配送的订单可以存于集合中。

② 在“智能体”面板中选中“集合”图标拖动至 Distributor 图形编辑器中，打开属性

视图，修改名称为“collectionOrder”，集合类为“ArrayList”，元素类为“Order”，如图 8.46 所示。

图 8.46 collectionOrder-集合

③ 在 Sink 属性视图的“进入时”文本编辑框中输入代码“collectionOrder. add (agent);”，表示添加至已处理的订单集合，如图 8.47 所示。

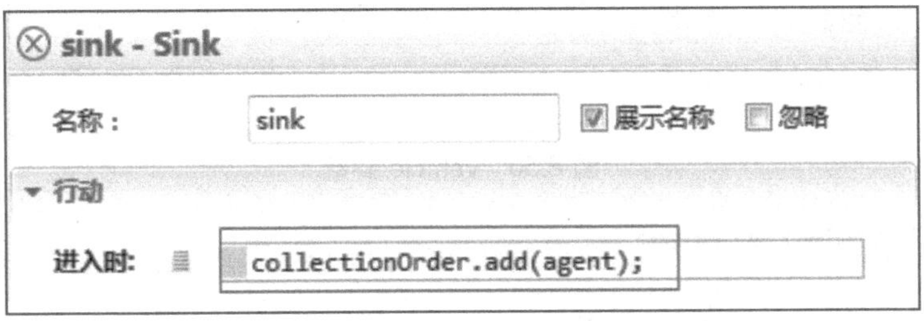

图 8.47 Sink 属性

④ 此时，创建的配送中心订单等待的流程图如 8.48 所示。

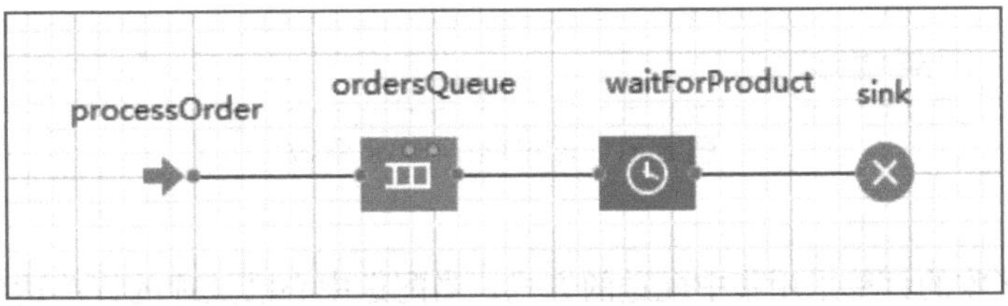

图 8.48 订单等待流程图

步骤五：

创建用于保存同一车辆配送的零售商信息的集合。

在“智能体”面板中选中“集合”图标拖动至 Distributor 中，打开属性视图，修改名称为“collectionRetailer”，集合类为“ArrayList”，元素类为“Retailer”，如图 8.49 所示。

步骤六：

在“智能体”面板中，选中“参数”图标拖动至 Distributor 图形编辑器中，修改名称为“vehicle”，类型选择“其他”，并在右边文本编辑框中输入“AgentList<Vehicle>”，表示该配送中心的车辆列表，如图 8.50 所示。

再添加一个参数，修改名称为“isInDistributor”，类型选择“boolean”，默认值为“true”，表示初始状态车辆在配送中心中，如图 8.51 所示。

图 8.49　collectionRetailer-集合

图 8.50　vehicle-参数

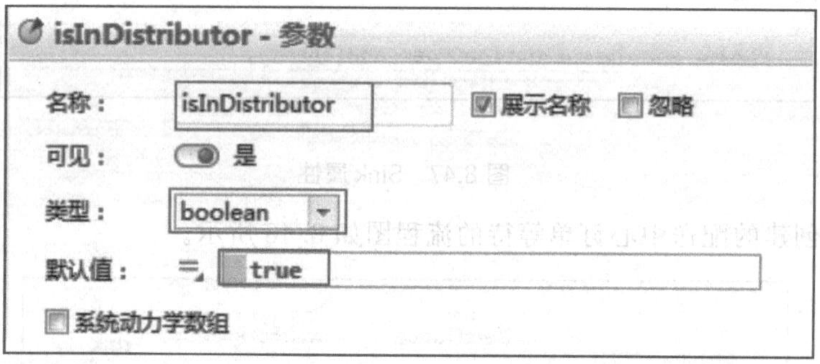

图 8.51　isInDistributor-参数

步骤七：

配送中心对接收的订单采用集中配送的方式，当配送中心已处理的订单达到配送条件时，如果配送车辆在配送中心，向车辆下达开始配送命令。定义一个函数，用于向车辆下达配送命令。

① 在“智能体”面板中选中入“函数”图标拖至 Distributor 图形编辑器中，并修改名称为“startDistribute”，选择“只有行动（无返回）”选项。

② 在“函数体”文本编辑框中，输入如图 8.52 所示代码，代码如下：

```
if (!collectionOrder.isEmpty( ))
{
  int i=0;
  for (i=0;i<collectionOrder.size( );i++)
  {
    collectionRetailer.add (collectionOrder.get(i).from);
  }
  collectionOrder.clear( );
  for (Vehicle v:vehicle)
  {
```

```
        if (isInDistributor)
        send ("distribute" ,v);
    }
}
```

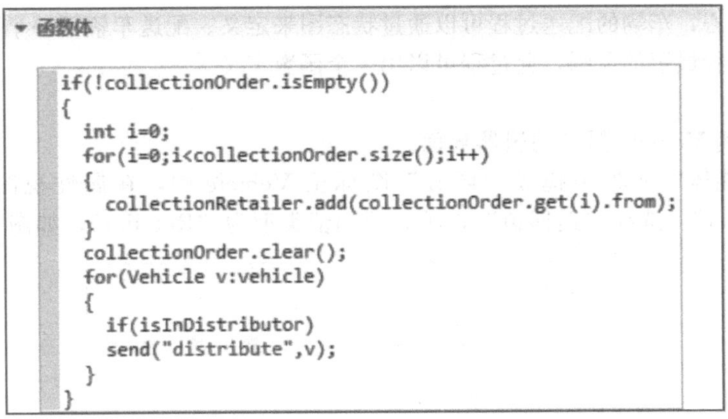
函数体
if(!collectionOrder.isEmpty())
{
int i=0;
for(i=0;i<collectionOrder.size();i++)
{
collectionRetailer.add(collectionOrder.get(i).from);
}
collectionOrder.clear();
for(Vehicle v:vehicle)
{
if(isInDistributor)
send("distribute",v);
}
}

图 8.52　开始配送函数体代码

在配送开始前，将备货齐全的订单零售商信息存储在 collectionRetailer 集合中，并清空订单集合中已开始配送订单的信息。车辆将根据 collectionRetailer 集合中的零售商的位置选择配送路径。

步骤八：

假设配送中心每半天对已备货齐全的订单进行集中配送一次。

① 从“智能体”面板中选中“事件”图标至 Distributor 图形编辑器中，在属性视图中，修改名称为“cheakDistribute”。

② 选择触发类型为“到时”，模式为“循环”，复发时间为“0.5”天。

③ 在行动栏文本编辑框中输入代码“startDistribute();”，每 0.5 天调用一次开始配送函数 startDistribute()，进行集中配送一次，如图 8.53 所示。

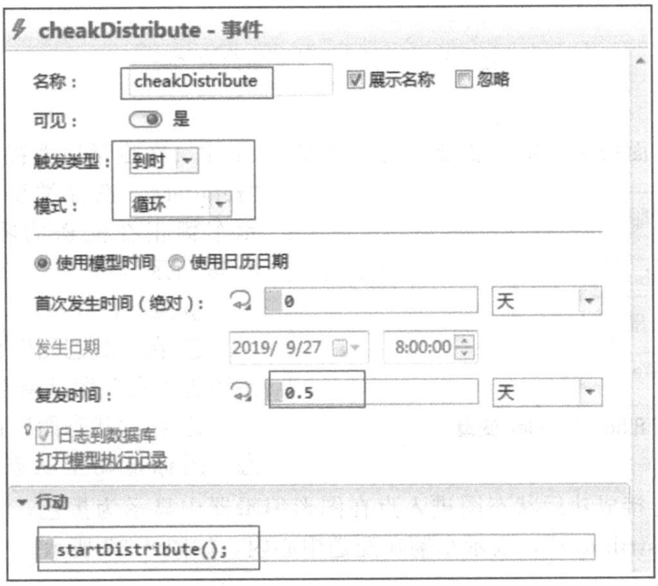
cheakDistribute - 事件
名称：
cheakDistribute
展示名称
忽略
可见：
是
触发类型：
到时
模式：
循环
使用模型时间
使用日历日期
首次发生时间（绝对）：
0
天
发生日期
2019/ 9/27
8:00:00
复发时间：
0.5
天
日志到数据库
打开模型执行记录
行动
startDistribute();

图 8.53　cheakDistribute 事件

8.2.10 车辆智能体配送过程

车辆接收到开始配送指令后，从配送中心出发，此时车辆离开配送中心，isInDistributor参数值为false，车辆按collectionRetailer集合中零售商信息把药品运输至各零售商处，配送完成后返回配送中心，车辆的配送过程可以通过状态图来定义。配送车辆下一个配送目标零售商的选择则根据路径最短的原则，此过程可以用一个函数定义。

步骤一：

① 打开车辆Vehicle图形编辑器界面。

② 在“智能体”面板中拖动“函数”图标至Vehicle中，在属性视图中修改名称为“findNextRetailer”，选择“返回值”选项，返回值类型为“Retailer”，如图8.54所示。

图8.54 findNextRetailer-函数

③ 在“函数体”文本编辑框中输入如图8.55所示代码，代码如下：

```
Retailer r=this.getNearestAgentByRoute(owner.collectionRetailer);
return r;
```

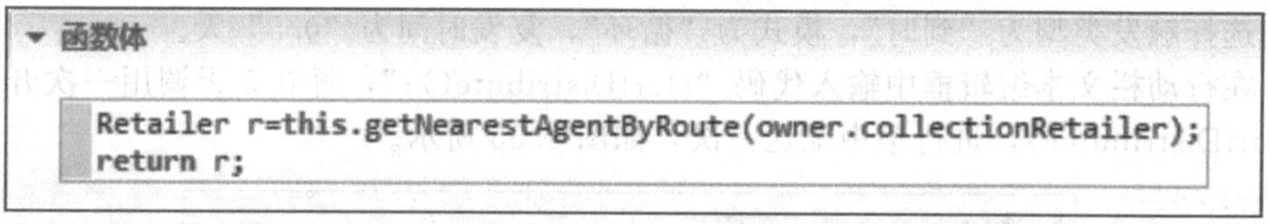

图8.55 选择下一个零售商的代码

步骤二：

在“智能体”面板中选中“变量”拖动至Vehicle中，在变量属性视图中，修改名称为“retailer”，选择类型为“Retailer”，表示车辆正在配送的零售商变量，如图8.56所示。

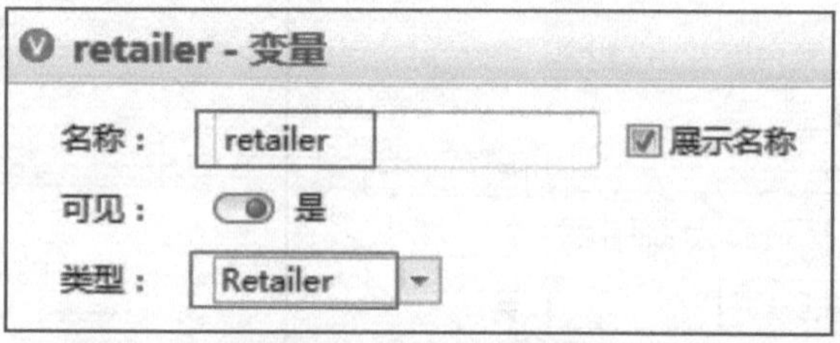

图8.56 retailer-变量

步骤三：

① 在“状态图”面板中，选中“状态图进入点”图标拖至Vehicle中。

② 在“状态图”面板中，选择“状态”图标拖动至状态图进入点“statechart”箭头处，连接成功后状态图进入点在图形编辑器中显示为黑色，在状态属性视图中修改名称为“atDistributor”，表示车辆在配送中心内，如图8.57所示。

步骤四：

① 在“atDistributor”状态下方继续添加一个状态，修改状态的名称为“moveToRetailer”，表示车辆正在配送的过程。

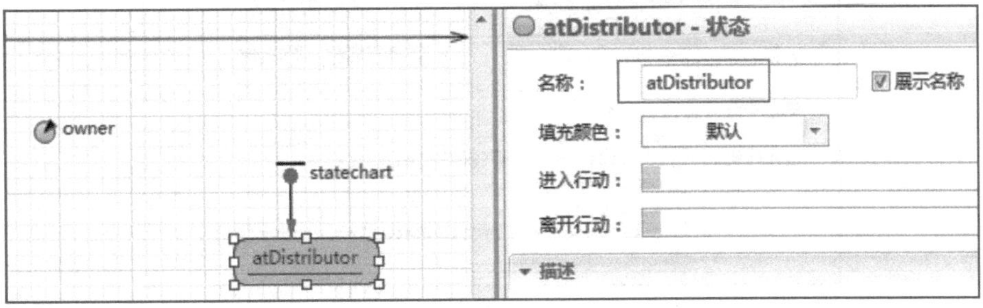

图 8.57　atDistributor-状态

② 从“状态图”面板中选中“变迁”图标，拖动至状态“atDistributor”与“moveToRetailer”之间。

③ 打开变迁属性视图，在“触发于”下拉列表中选择“消息”，“消息类型”为“Object”，“触发变迁”选择“特定消息时”，消息为“distribute”，表示当车辆收到消息“distribute”后，开始配送。此时，车辆离开配送中心，状态参数 isInDistributor 值为 false，在变迁属性视图的“行动”栏文本编辑框中输入代码“owner. isInDistributor＝false;”，如图 8.58 所示。

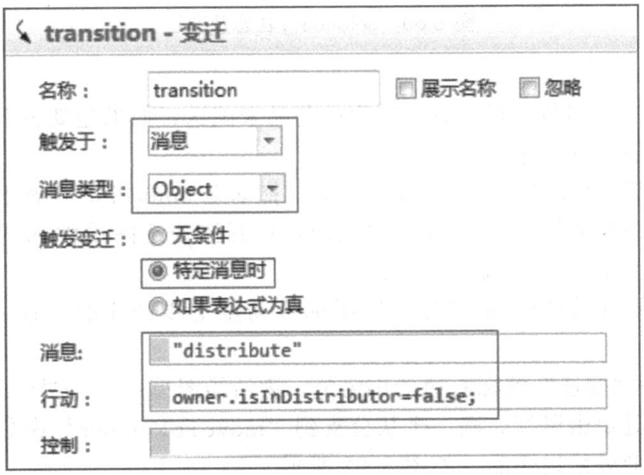

图 8.58　变迁属性 1

④ 打开状态“moveToRetailer”属性视图，在“进入行动”文本编辑框中输入以下代码：

```
Retailer r=findNextRetailer( );
retailer=r;
moveTo (r);
this.owner.collectionRetailer.remove(r);
```

表示配送车辆将药品配送至最近的零售商处，并将该零售商信息从 collectionRetailer 集合中移除，如图 8.59 所示。

步骤五：

① 在“moveToRetailer”状态下方继续添加一个状态，修改名称为“unloading”，表示车辆到达零售商处后卸货的状态。

图 8.59　moveToRetailer 属性

② 从“状态图”面板中选中“变迁”图标，拖动至状态“moveToRetailer”与“unloading”之间。

③ 打开该变迁属性视图，“触发于”选择“智能体到达”。如图 8.60 所示。

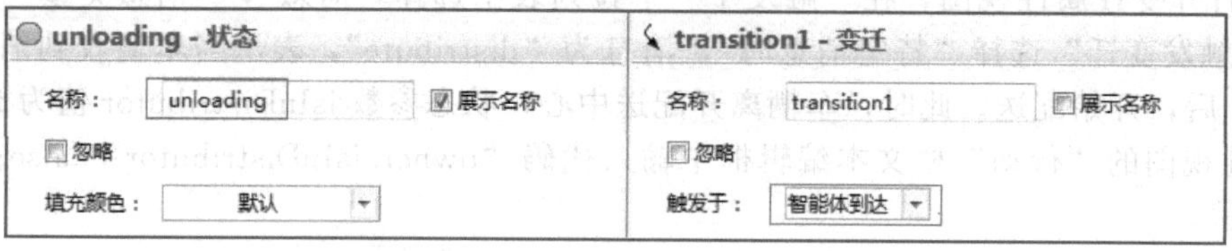

图 8.60　unloading 状态及变迁

步骤六：

车辆卸货完成后，判断是否还有零售商的药品未配送，如果是则去下一个配送点，若已完成配送，则直接返回配送中心。

① 在“状态图”面板中选中“变迁”图标，拖动至 unloading 状态下方，并与该状态连接，表示从卸货状态到判断下一步行动的变迁，打开该变迁的属性视图，“触发于”选择“到时”，“到时”为 0.5 小时，如图 8.61 所示。

② 从“状态图”面板中选中“分支”图标拖动至上步创建的变迁“transition2”的箭头处。

③ 点击面板中“变迁”图标右边的小铅笔，激活绘图模式，在图形编辑器中的“分支”图标处开始，折点处单击鼠标，画一个从分支到“moveToRetailer”状态的变迁，表示车辆继续向下一个零售商处配送药品，如图 8.62 所示。

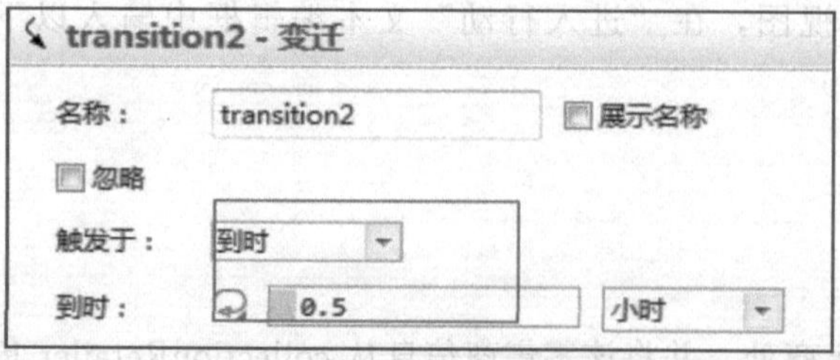

图 8.61　变迁属性 2

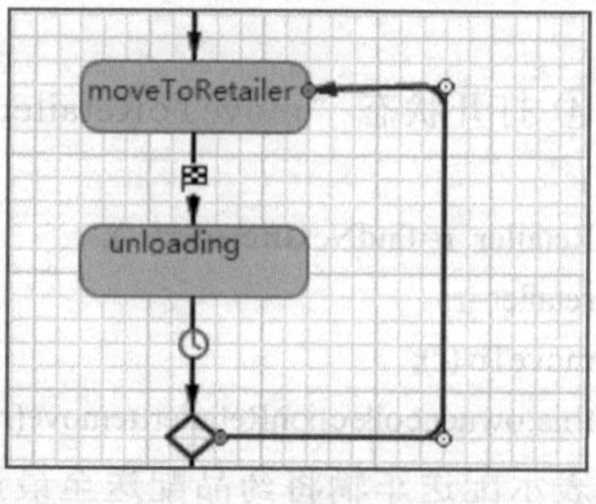

图 8.62　添加变迁

④ 打开该变迁的属性视图，选择“条件”，条件文本编辑框中输入代码“! owner. collectionRetailer. isEmpty()”，如果集合 collectionRetailer 中还有零售商信息，则车辆继续配送，如图 8.63 所示。

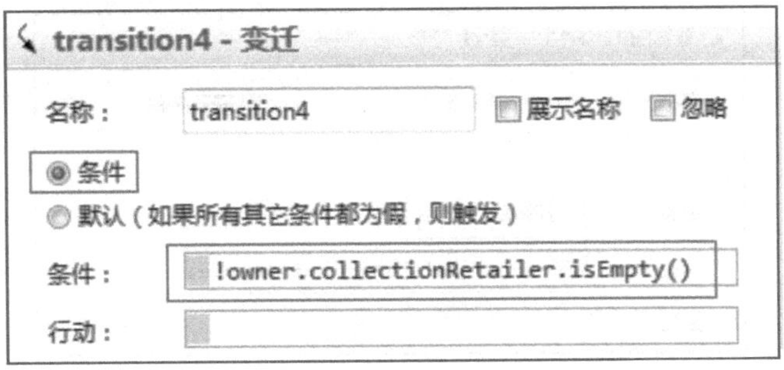

图 8.63　变迁属性 3

⑤ 在“分支”图标下方继续添加一个状态，修改名称为“back”。

⑥ 添加“分支”与“back”状态之间的变迁，设置变迁为“默认（如果所有其他条件都为假，则触发）”，如图 8.64 所示，该变迁表示配送结束，车辆返回配送中心。如图 8.65 所示。

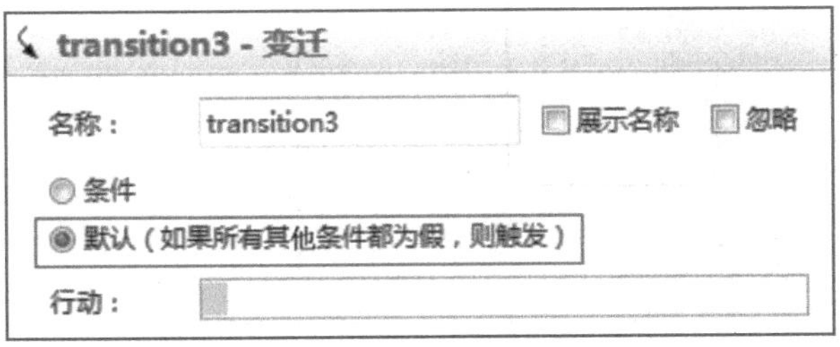

图 8.64　变迁属性 4

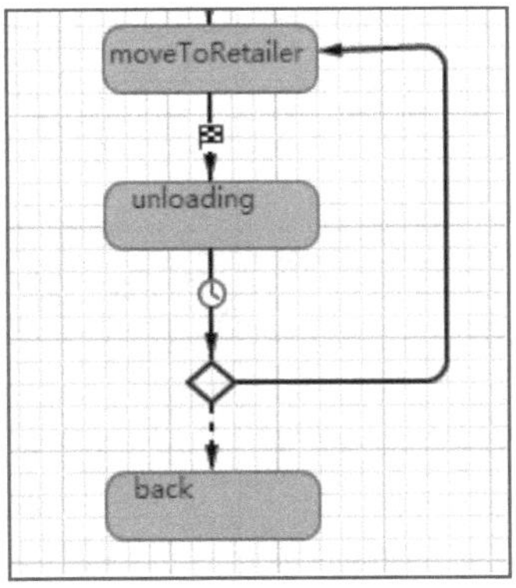

图 8.65　分支变迁

⑦ 打开 back 属性视图，在“进入行动”文本编辑器中输入代码“moveTo(owner);”，返回配送中心，如图 8.66 所示。

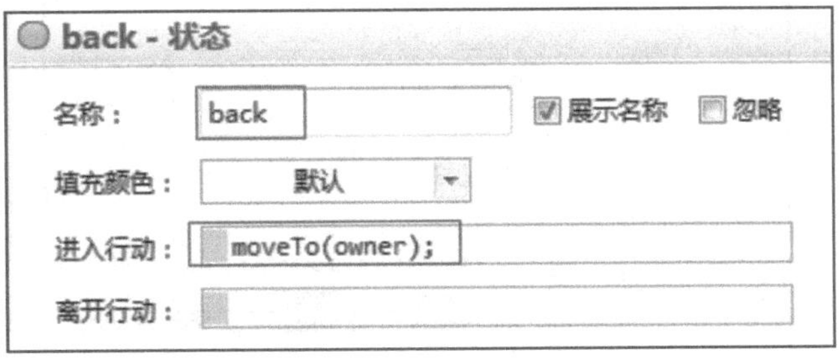

图 8.66　back 属性

步骤七：

① 添加一个变迁到“back”状态和“atDistributor”状态之间。

② 打开该变迁属性视图，“触发于”选择“智能体到达”，行动文本编辑框中输入代码“owner. isInDistributor=true;”，如图 8.67 所示。

③ 此时，车辆配送过程的状态图创建完成，如图 8.68 所示。

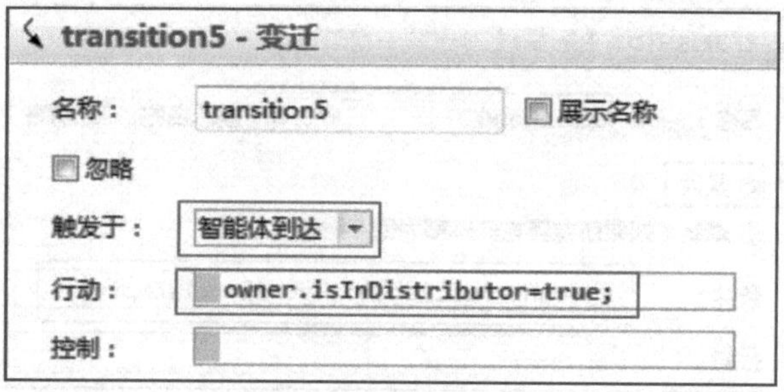

图 8.67　变迁属性 5

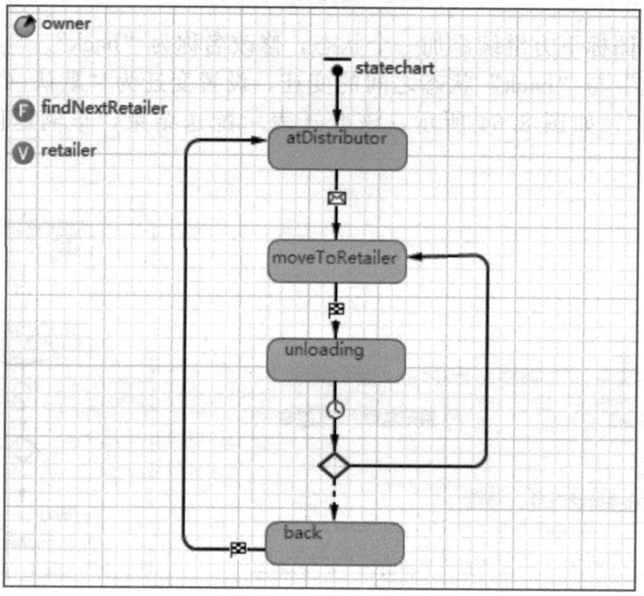

图 8.68　车辆配送过程状态图

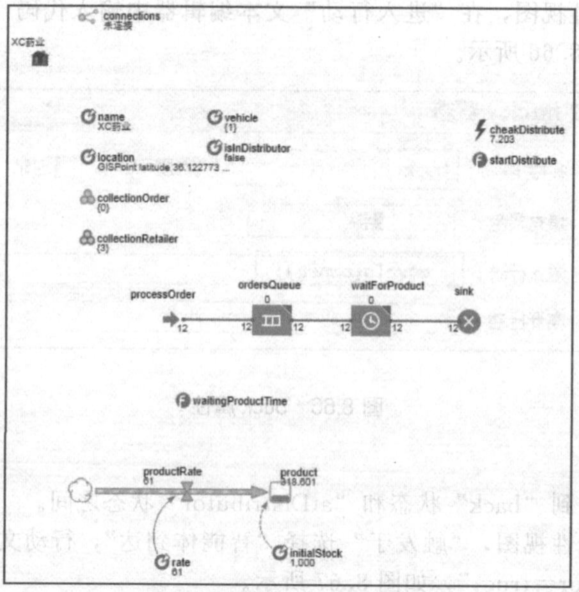

图 8.69　配送中心视图

8.2.11 查看产品配送状态

此时，产品配送基本模型已创建完成，运行模型，检查相关代码、变量、参数是否存在问题。配送中心的相关对象元素如图 8.69 所示。

运行时配送车辆的状态如图 8.70 所示。

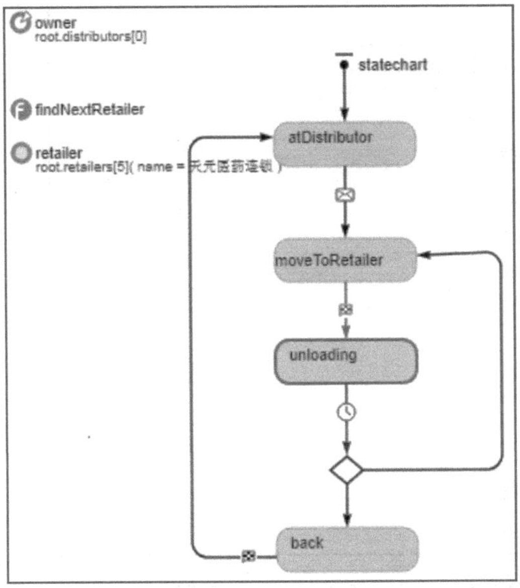

运行时车辆配送状态彩图扫描下面二维码显示

图 8.70 运行时车辆配送状态

8.3 数据统计分析

8.3.1 订单等待时间统计分析

订单在配送中心的等待时间分为等待补货时间和等待开始配送时间。

步骤一：

添加订单等待补货时间直方图数据。

① 在“分析”面板中选中“直方图数据”图标，拖动至 Main 中，在属性视图中修改名称为“waitingProductTime”，间隔数为 20，自动检测值范围，如图 8.71 所示。

② 添加直方图数据值。

打开 Distributor 图形编辑器，点击流程图“waitForProduct”模块，打开属性视图，该模块中已添加了统计订单开始等待的时间，在“行动”栏的“离开时”文本编辑框中输入代码：

```
main.waitingProductTime.add(time( )-agent.startWaiting);
```

自动统计直方图数据值，如图 8.72 所示。

步骤二：

添加等待开始配送时间的直方图数据。

i. 在 Main 中再添加一个直方图数据，修改名称为“waitingStartDistributeTime”，属性设置如步骤一。

ii. 添加直方图数据值。

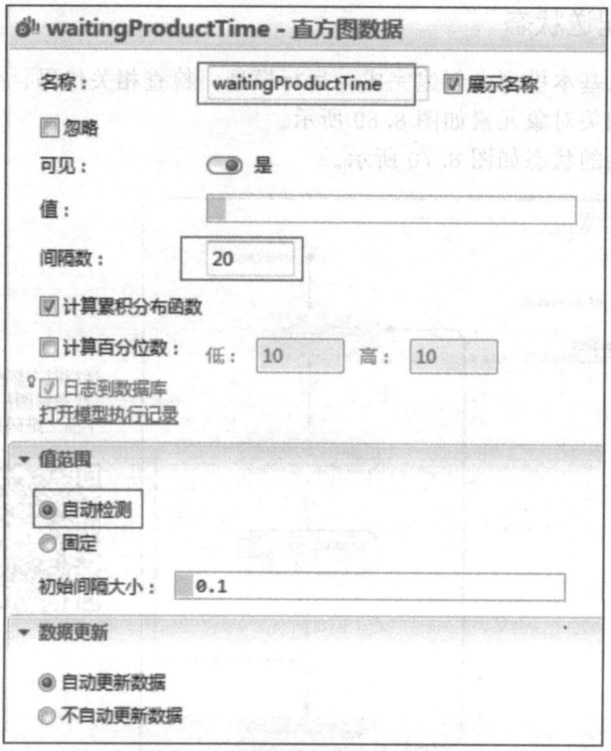

图 8.71 waitingProductTime 数据

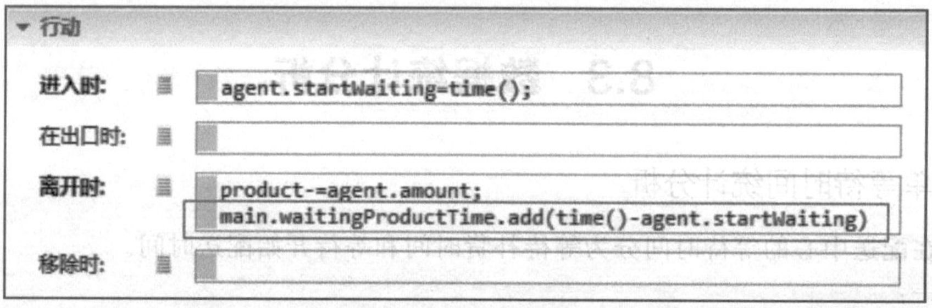

图 8.72 统计等待补货时间的直方图数据值

① 打开 Distributor 图形编辑器。

② 在“智能体”面板中选中“变量”图标，拖动至 Distributor 图形编辑器中，在属性视图中修改名称为“waitingStartDistribute”，表示订单开始等待配送的时间。

③ 打开模块“sink”属性视图，在“进入时”文本编辑框中输入代码：

```
waitingStartDistribute=time( );
```

如图 8.73 所示。

④ 打开函数 startDistribute 属性视图，在“函数体”文本编辑框中添加代码：

```
main.waitingStartDistributeTime.add(time( )-waitingStartDistribute);
```

自动统计直方图数据值，如图 8.74 所示。

步骤三：

① 在“分析”面板中选中“直方图”图标拖动至 Main 中。

② 打开直方图属性视图，在“数据”栏中，点击“添加直方图数据”，修改标题为“Waiting

Product Time”，“直方图”数据为“waitingProductTime”，选择概率密度函数颜色；以同样的方式再添加一个数据，标题为“Waiting StartDistribute Time”，“直方图”数据为“waitingStartDistributeTime”，为直方图分别添加订单等待补货和等待配送时间。如图 8.75 所示。

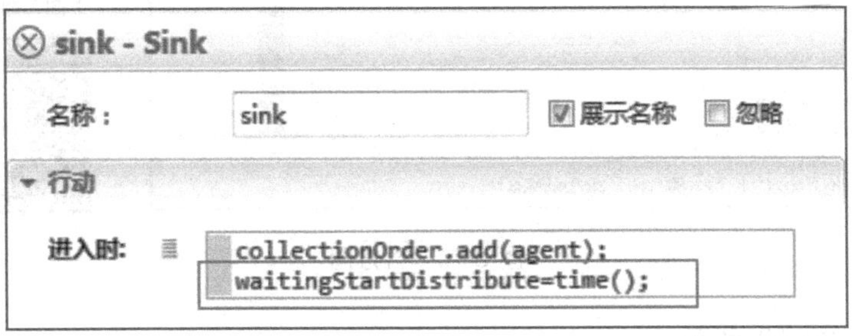

图 8.73　订单开始等待的时间代码

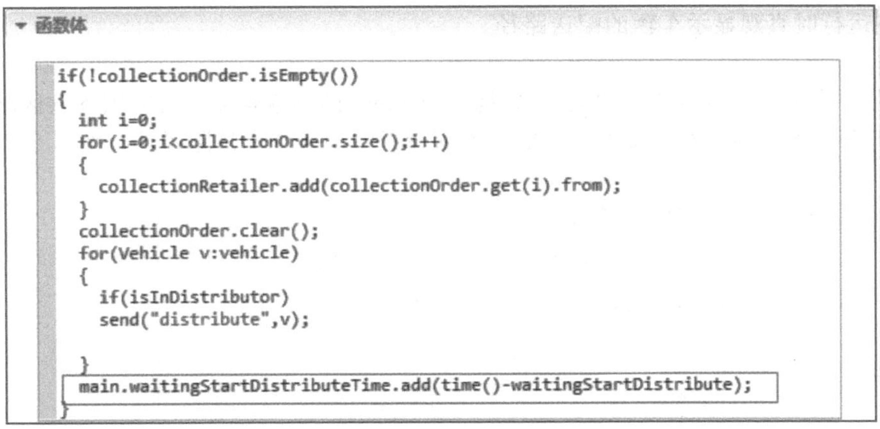

函数体
if(!collectionOrder.isEmpty())
{
int i=0;
for(i=0;i<collectionOrder.size();i++)
{
collectionRetailer.add(collectionOrder.get(i).from);
}
collectionOrder.clear();
for(Vehicle v:vehicle)
{
if(isInDistributor)
send("distribute",v);
}
main.waitingStartDistributeTime.add(time()-waitingStartDistribute);
}

图 8.74　统计等待配送时间的直方图数据值

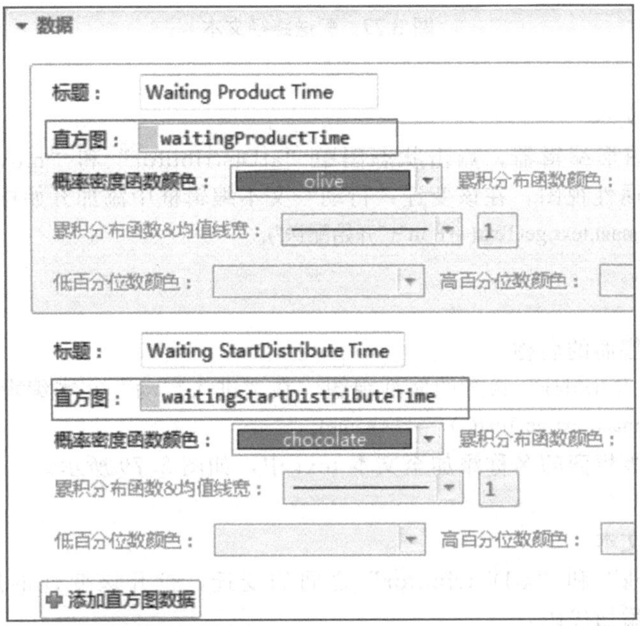

图 8.75　直方图数据

步骤四：

点击运行模型，查看直方图，如图 8.76 所示。

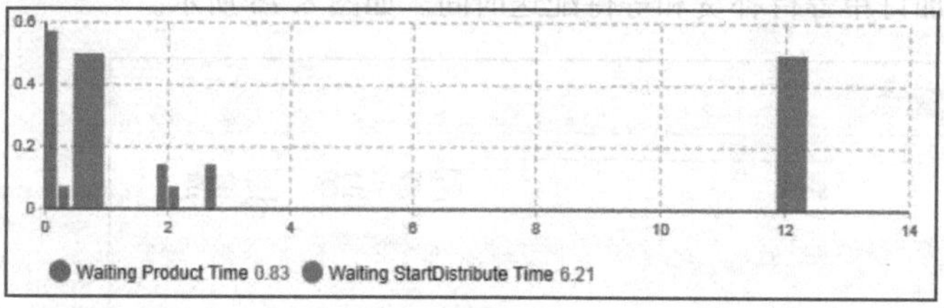

彩色直方图扫描
下面二维码显示

图 8.76 直方图

8.3.2 车辆配送路线显示

配送中心收到的订单来自不同零售商，所有车辆每次的配送路径不一样，用文本显示的方式，在运行时直观显示车辆的配送路径。

步骤一：

① 在“演示”面板中选中“文本”，拖动至 Main 图形编辑器中直方图下方区域中。

② 打开文本属性，在“文本”栏的文本编辑框中输入“配送路径:”，如图 8.77 所示。

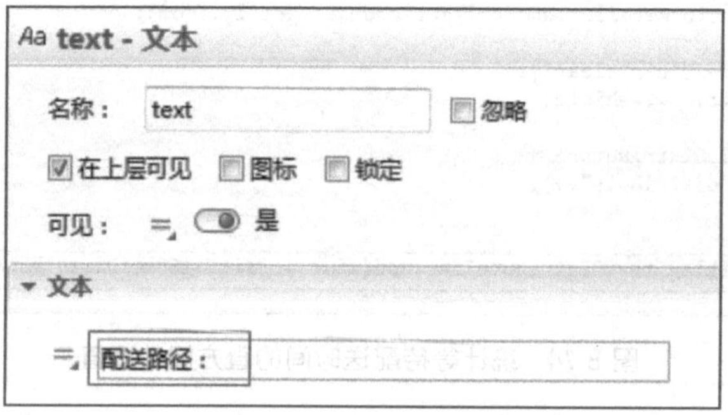

图 8.77 配送路径文本

步骤二：

添加开始配送文本。

打开 Vehicle 图形编辑器，点击状态图中“atDistributor”和“moveToRetailer”状态之间的变迁，打开属性视图，在该变迁“行动”文本编辑框中添加开始配送标记代码：

```
main.text.setText(main.text.getText( )+"\n"+"开始配送");
```

如图 8.78 所示。

步骤三：

添加配送各零售商的名称。

打开“moveToRetailer”状态的属性视图，在“进入行动”文本编辑框中添加代码：

```
main.text.setText(main.text.getText( )+"--"+r.name);
```

将配送的每个零售商的名称添加至文本 text 中，如图 8.79 所示。

步骤四：

添加结束配送文本。

点击状态“back”和“atDistributor”之间的变迁，打开该变迁的属性视图，在“行动”文本编辑框中添加代码：

```
main.text.setText(main.text.getText( )+"--结束配送  "+"\n");
```

将结束配送标记添加至 text 中，如图 8.80 所示。

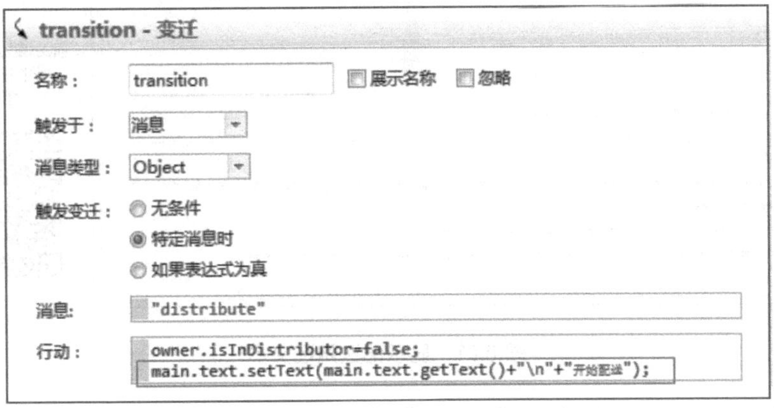

图 8.78 添加开始配送文本

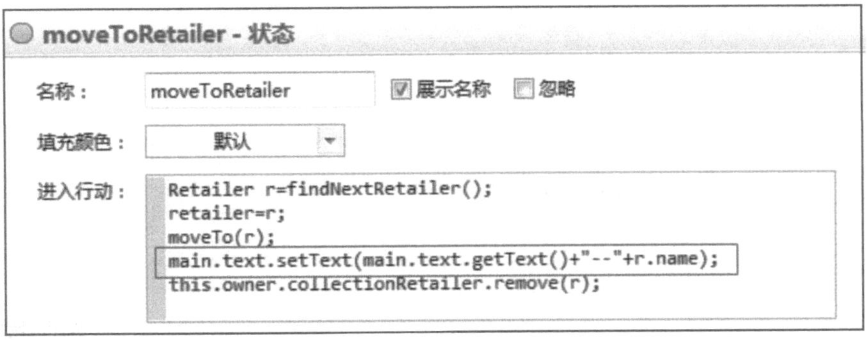

图 8.79 添加配送各零售商名称

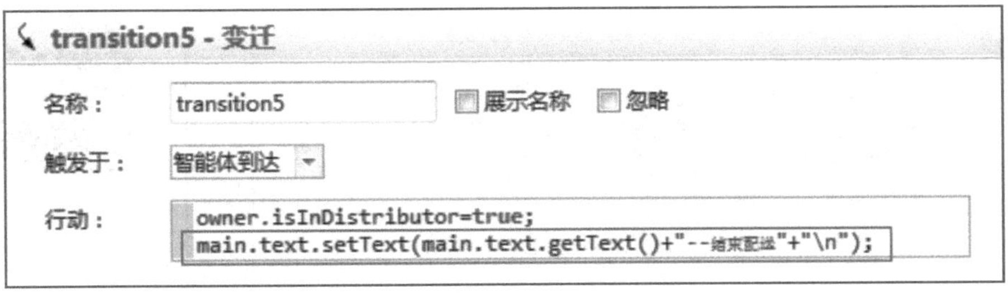

图 8.80 添加结束配送文本

步骤五：

运行模型，查看产品的配送路径显示，如图 8.81 所示。

8.3.3 设置视图区域

步骤一：

在“演示”面板中选中“视图区域”，拖动至 Main 中 GIS 地图区域上，并在属性视图中修改名称为“GIS 地图显示”，以同样的方式，再为直方图以及路径文本区域处添加一个视图区域，修改名称为“数据显示”，可根据实际需要改变视图区域大小，如图 8.82 所示。

步骤二：

再次运行模型，可在开发面板中选择需要查看的区域显示。如图 8.83 所示。

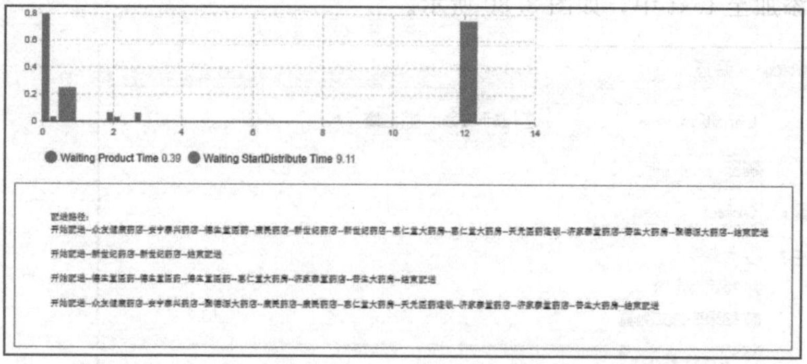

显示配送路线文本彩图扫描下面二维码显示

图 8.81　显示配送路径文本

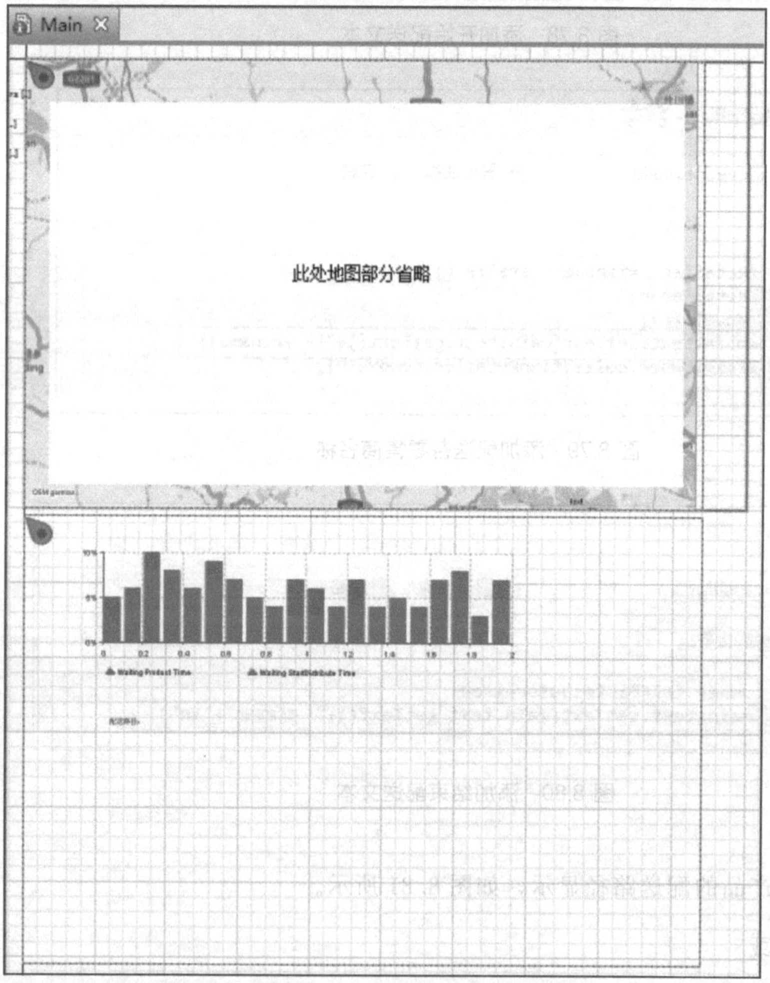

视图区域彩图扫描下面二维码显示

图 8.82　视图区域

8.3.4 模型运行结果分析

本模型的仿真结果是在仅有一个配送中心，且车辆配送路径已为 GIS 地图上最短路径的情况下得到的。运行模型 260 分钟时，配送的路径显示如图 8.84 所示。

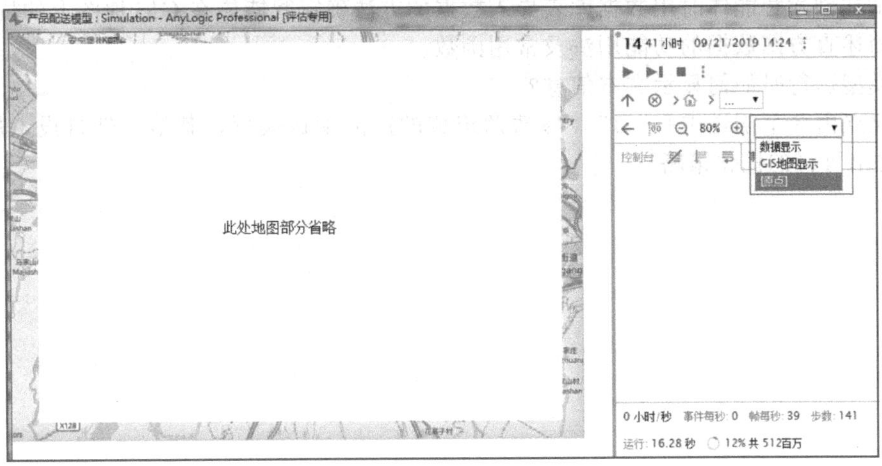

图 8.83 视图区域选择

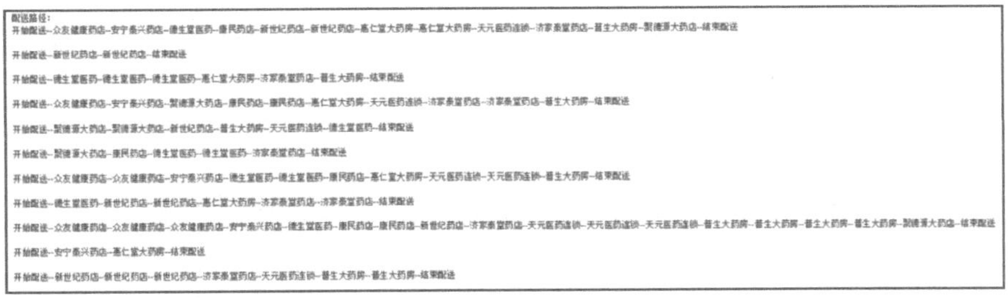
配送路径：
开始配送--众友健康药店--安宁泰兴药店--德生堂医药--康民药店--新世纪药店--新世纪药店--惠仁堂大药房--惠仁堂大药房--天元医药连锁--济家泰堂药店--普生大药房--聚德源大药店--结束配送
开始配送--新世纪药店--新世纪药店--结束配送
开始配送--德生堂医药--德生堂医药--德生堂医药--惠仁堂大药房--济家泰堂药店--普生大药房--结束配送
开始配送--众友健康药店--安宁泰兴药店--聚德源大药店--康民药店--康民药店--惠仁堂大药房--天元医药连锁--济家泰堂药店--济家泰堂药店--普生大药房--结束配送
开始配送--聚德源大药店--聚德源大药店--新世纪药店--普生大药房--天元医药连锁--德生堂医药--结束配送
开始配送--聚德源大药店--康民药店--德生堂医药--德生堂医药--济家泰堂药店--结束配送
开始配送--众友健康药店--众友健康药店--安宁泰兴药店--德生堂医药--德生堂医药--康民药店--惠仁堂大药房--天元医药连锁--天元医药连锁--普生大药房--结束配送
开始配送--德生堂医药--新世纪药店--新世纪药店--惠仁堂大药房--济家泰堂药店--济家泰堂药店--结束配送
开始配送--众友健康药店--众友健康药店--众友健康药店--安宁泰兴药店--德生堂医药--康民药店--康民药店--新世纪药店--济家泰堂药店--天元医药连锁--天元医药连锁--天元医药连锁--普生大药房--普生大药房--普生大药房--普生大药房--聚德源大药店--结束配送
开始配送--安宁泰兴药店--惠仁堂大药房--结束配送
开始配送--新世纪药店--新世纪药店--新世纪药店--济家泰堂药店--天元医药连锁--普生大药房--普生大药房--结束配送

图 8.84 配送路径显示

等待补货时间和等待配送时间直方图如图 8.85 所示。

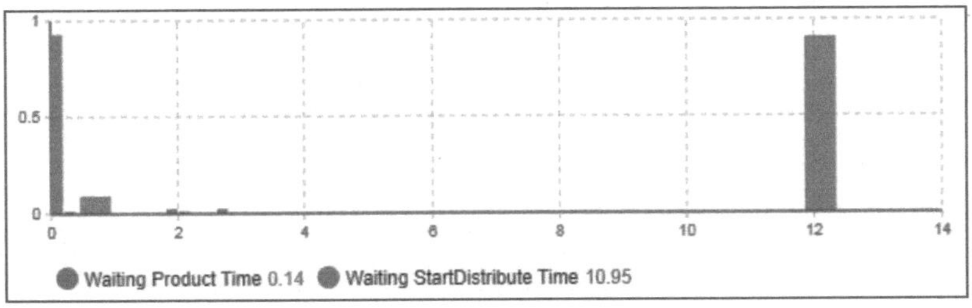

彩色时间直方图扫描
下面二维码显示

图 8.85 时间直方图

模型运行 260 分钟，路径结果显示配送中心共计配送 11 次，单次配送订单数最大为 17 个，最少为 2 个，单次配送零售商最多为 10 个，最少为 1 个。这是在不考虑车辆容积、利用率其他因素情况下得到的结果。直方图数据结果显示，订单等待补货的时间平均值为 0.14，等待开始配送的时间平均值为 10.95，等待配送的时间相对太长，影响产品的配送效率。

本书为研究产品配送模型的基础建模过程，应在本模型的基础上进一步深入研究，考虑车辆的容积利用率、车辆运输路径成本等其他因素，优化配送模式，优化订单等待时间，提高配送效率。

思 考 题

1. 使用 GIS 地图时，有哪些 GIS 标记？分别用于标记什么？

2. 试在创建智能体时用数据库表导入数据的方法确定智能体在GIS地图上的位置。

3. 简述直方图数据的功能用法及常用函数。

4. 模型运行时如何显示文本信息？

5. 建立由3个配送中心、15个零售商组成的产品配送模型，其他条件自设，加入成本分析，提出可行的优化策略。

第9章 配送中心运营模型

9.1 配送中心模型概述

9.1.1 配送中心概述

配送是物流管理的基本职能之一，配送中心则是进行配送作业的基本组织。在不同的文献资料中关于配送中心有多种定义，在《中华人民共和国国家标准物流术语》中被定义为：配送中心是从事配送业务具有完善信息网络的场所或组织，应基本符合下列要求：

① 主要为特定的用户服务。

② 配送功能健全。

③ 辐射范围小。

④ 多品种、小批量、多批次、短周期。

⑤ 主要为末端客户提供配送服务。

《物流手册》中对配送中心的定义为：配送中心是从供应者手中接收多种大量的货物，进行倒装、分类、保管、流通加工和情报处理等作业，然后按照众多需要者的订货要求备齐货物，以令人满意的服务水平进行配送的设施。

从相关物流的定义中可以看出，配送中心与传统的仓库、运输有很大的区别，传统意义上的仓库只重视商品的储存保管，传统的运输只提供商品运输配送，随着现代科技信息化的发展，配送中心更加重视商流、物流、信息流的有机结合，实现全方位的物流功能。

不论是何种类型的配送中心，其作业流程大致相同，主要包括以下几个方面的流程：

（1）进货作业

进货作业是指实体货物的接收，即从货车上把货物卸下，核对数量及质量状态，并将必要的信息书面化或电子化。

（2）搬运作业

配送中心的搬运作业是指将货物从运输设备装上或卸下，从卸货点搬运至配送中心、配送中心内的搬运和由配送中心取出货物等作业。

（3）存储作业

存储作业是指把将来要使用或要出货的货物分类存储在指定的区域，不仅要合理利用存储空间，而且要注意存货的管理及货物的盘点。

（4）订单处理作业

订单处理是指接收到顾客订单后到出货之间的作业阶段，包括订单确认、存货查询、库存分配等。

（5）拣货作业

拣货作业就是根据客户订单要求，将不同种类数量的货物由配送中心取出集中在一起。

（6）出库作业

出库作业就是将拣货完成的货物按订单或配送的路线进行分类，再进行出货检查，做好相应的包装、标识，将货物运至出货准备区，最后装车配送。

（7）配送作业

配送作业就是根据配送区域的划分和配送路经的安排，将货物装车进行配送，并对配送途中的货物进行跟踪、控制，制定配送途中意外状况及送货后文件的处理办法。

配送中心各作业流程之间环环相扣，紧密衔接，一般根据作业流程将配送中心划分为不同的区域，包括入库检查区、存储区、出库检查区、备货区、发货区、工作区、设备存放区等。

9.1.2 配送中心运营模型条件

配送中心的工作流程：工作人员利用叉车将货物从到达的货车上卸下，暂存在入库检查区的货架上，核对信息、验收货物。对符合要求的货物根据货物的种类，从入库检查区的货架上移动至存储区规定的货架上，在存储区根据货物的种类规定相应的存储货架。配送中心对已处理的订单，按订单组织拣货，将货物从存储区移动至备货区，最后安排车辆进行配送。

ⅰ. 假设已知条件如下：

① 假设模型涉及的货车容量都为 12。

② 需卸货的货车到达率为每小时 1.5 辆。

③ 到达的货车满载，即到达货车装运的托盘货物数量为货车的容量值。

④ 该配送中心现有的叉车数量为 10。

⑤ 该配送中心货物分为 6 类，分别用编号 1～6 表示不同类型的货物，货物分类储存在配送中心存储区的货架上。

⑥ 建模开始时，存储区货架上已经存放有一定数量的货物。

⑦ 配送中心接收到顾客订单的速率服从三角分布 triangular（1，4，2）。

⑧ 配送中心接收到订单后，先确认存货是否充足，然后按订单拣货，将货物移动至备货区。

⑨ 当备货齐全的货物达到车辆容积的一半，安排货车装车，尽量充分利用车辆容积。

ⅱ. 通过仿真建模，需要得到以下数据：

① 配送中心运营的动画模型显示。

② 各资源的利用率。

③ 各作业过程的平均时间。

④ 订单相关数据。

通过各作业过程的时间、资源的利用率等数据信息可综合评价一个配送中心运营效率的情况。

9.2 配送中心基本建模

9.2.1 创建新模型

创建配送中心运营模型，选择“文件”→“新建”→“模型”，在新建模型窗口中，输入模型名为“配送中心运营模型”，选择存储位置，选择模型时间单位为“小时”。

9.2.2 配送中心及货物到达相关布局绘制

步骤一：

绘制配送中心演示布局。

① 在“演示”面板中，选择“矩形”图标拖动至Main图形编辑器中，用不同大小和颜色的矩形演示图形绘制出配送中心的布局图。

② 在“演示”面板中，选择“文本”拖动至不同的矩形区域中，打开文本属性视图，在“文本”栏的文本编辑框中输入相应区域的名称。步骤①、②如图9.1所示。

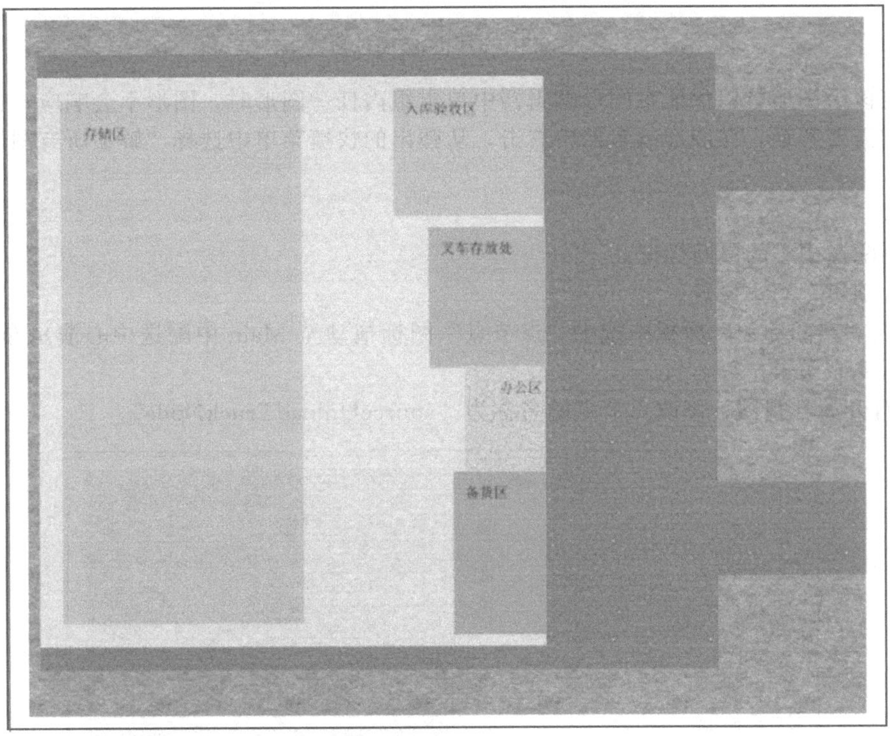

图9.1 配送中心布局图

③ 使用快捷键“Ctrl+A”全选配送中心布局图的各矩形演示图形，右击鼠标，选择“分组”，点击“创建组”，如图9.2所示。

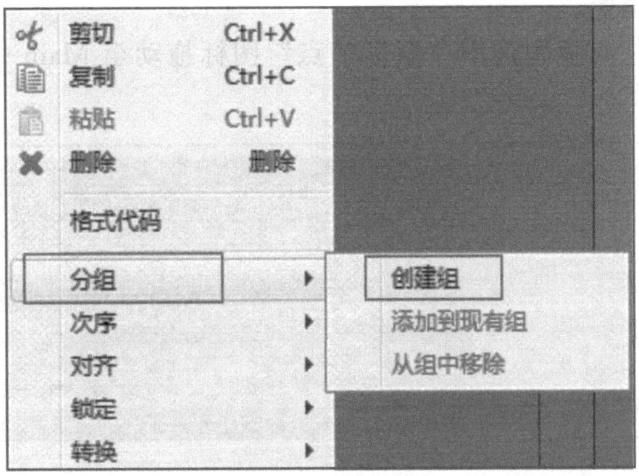

图9.2 布局分组

④ 打开组的属性视图，修改该组的名称为“布局图”，选择“锁定”复选框以锁定该组演示图形，如图 9.3 所示。

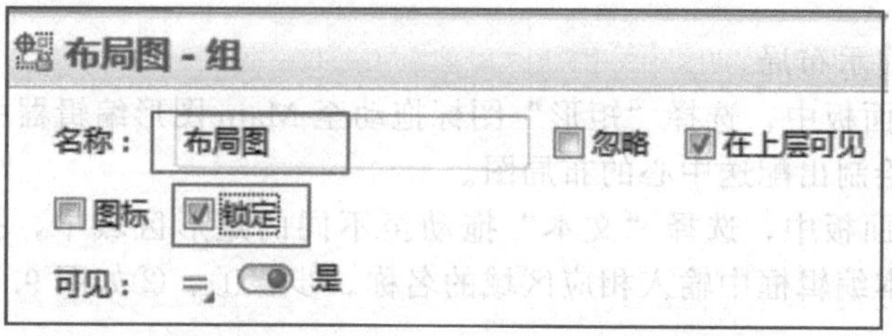

图 9.3 布局图-组属性设置

锁定该组图形可以保证在图形编辑器中单击组内任一图形时，图形不会响应，也不能被选中。如需要解锁，在图形编辑器中右击，从弹出的快捷菜单中选择“解锁所有图形”选项即可。

步骤二：

绘制配送中心的空间标记。

i. 绘制货车到达位置。

① 在“空间标记”面板中选中“点节点”图标拖动至 Main 中配送中心演示布局图上，位置如图 9.4 所示。

② 打开属性视图，修改点节点的名称为“sourceUnloadTruckNode”。

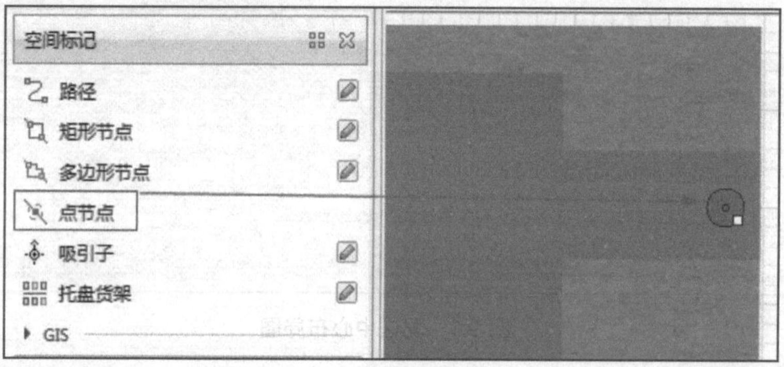

图 9.4 货车到达位置

ii. 绘制到达卸货位置。

① 在“空间标记”面板中选中“矩形节点”图标拖动至 Main 中配送中心演示布局图上，位置如图 9.5 所示。

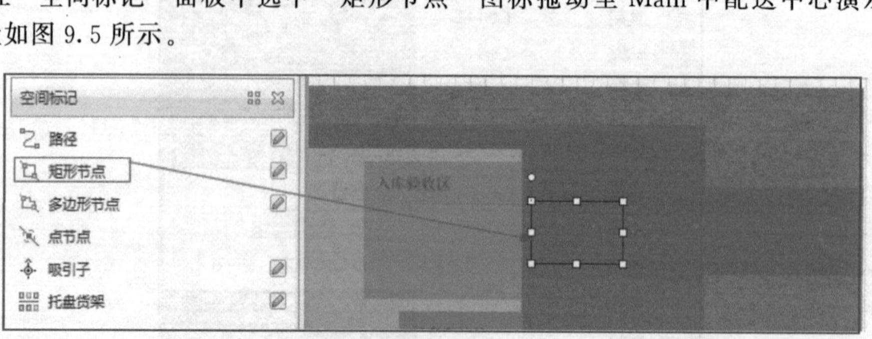

图 9.5 卸货位置

② 打开属性视图，修改矩形节点的名称为“unloadNode”，点击“吸引子……”，在弹出的对话框中“吸引子数”文本编辑框中输入 1，确定卸车的位置，如图 9.6 所示。

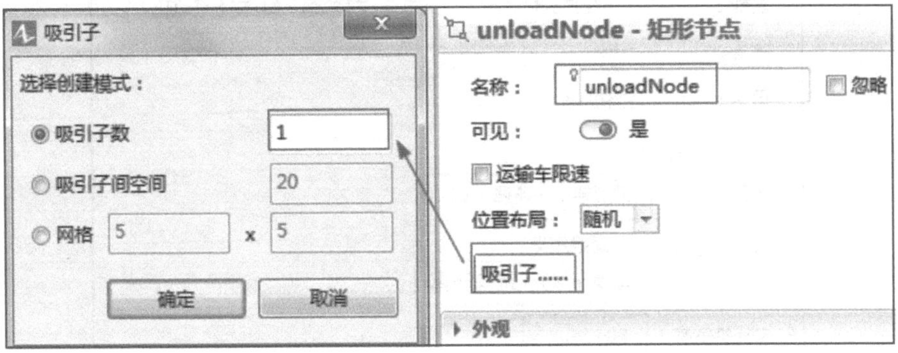

图 9.6 unloadNode 属性设置

iii. 绘制入库区货物存储货架。

① 在“空间标记”面板中选中“托盘货架”图标拖动至 Main 中配送中心演示布局图的“入库验收区”位置上，位置如图 9.7 所示。

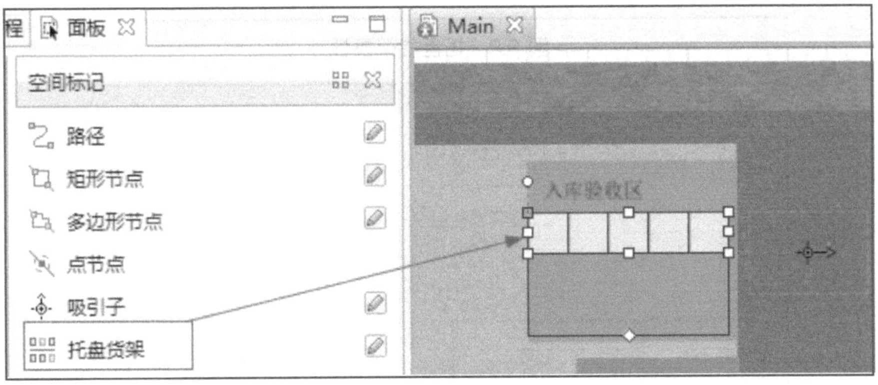

图 9.7 入库区货物存储货架

② 打开托盘货架属性视图，选择类型为“两货架，一通道”，单元格数选择“基于单元格宽度计算”选项，单元格宽度为 10，进深位置数为 1，层数为 3，层高为 14。如图 9.8 所示。

③ 在“位置和大小”栏中设置托盘货架的长度、左右侧托盘货架深度、通道宽度，如图 9.9 所示。

iv. 绘制从入库区到存储区之间的一个节点位置。

在“空间标记”面板中选中“点节点”图标拖动至演示布局图上，位置如图 9.10 所示，并修改点节点的名称为“dockNode”。

v. 绘制存储区货物存储货架。

① 在“空间标记”面板中选中“托盘货架”拖动至配送中心演示布局图的“存储区”。

② 打开属性视图，修改类型为“两货架，一通道”，单元格数选择“基于单元格宽度计算”选项，单元格宽度为 10，进深位置数为 1，层数为 5，层高为 14，如图 9.11 所示。

③ 在属性“位置和大小”栏中设置托盘货架的长度、左右侧托盘货架深度、通道宽度，如图 9.12 所示。

④ 绘制存储区的其他托盘货架，属性设置一样，位置如图 9.13 所示。

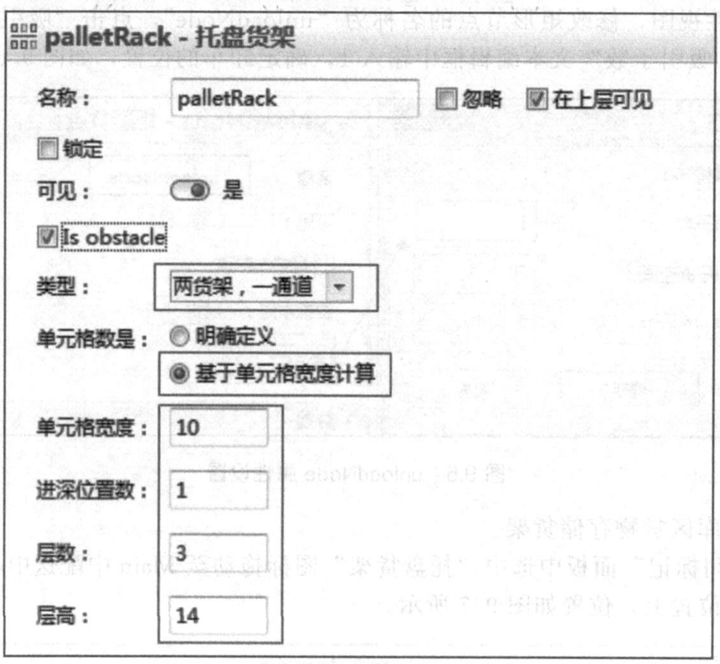

图 9.8　托盘货架属性

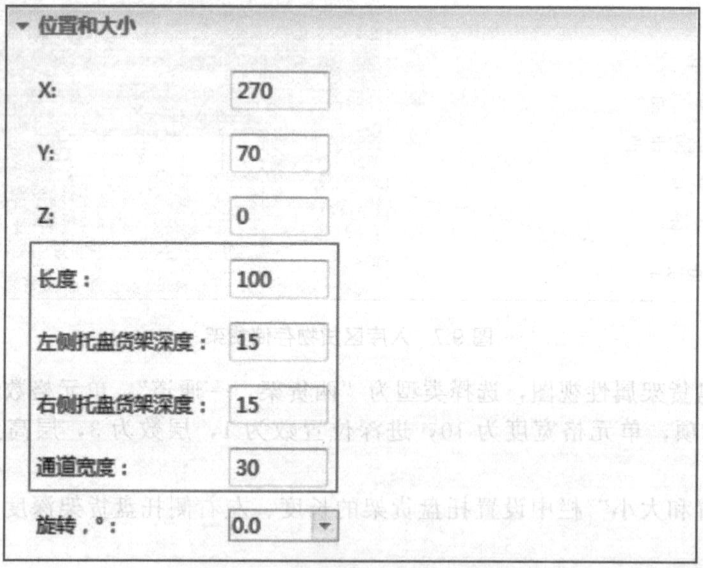

图 9.9　货架位置和大小设置

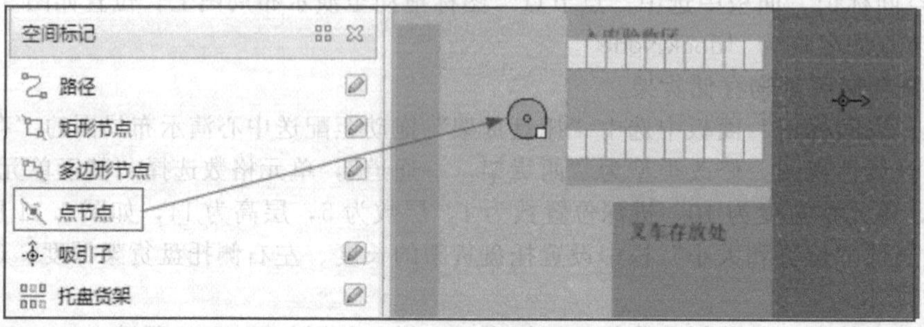

图 9.10　dockNode

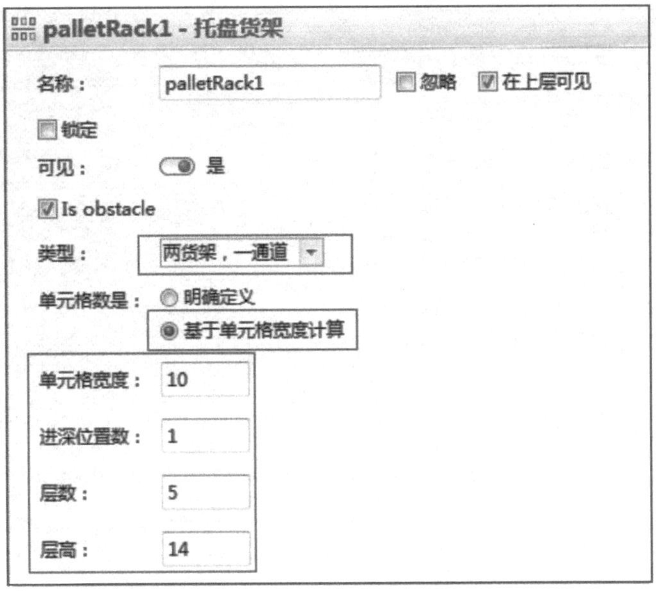

图 9.11 托盘货架属性设置

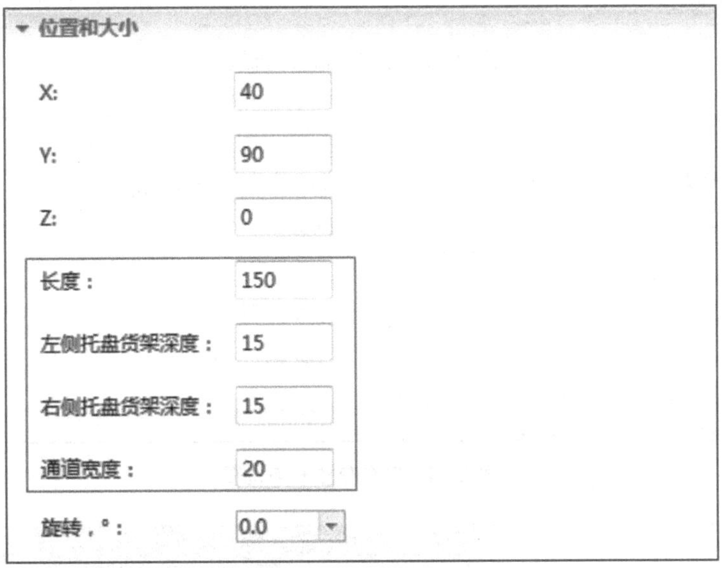

图 9.12 位置和大小设置

vi. 绘制叉车存放位置。

在“空间标记”面板中选中“矩形节点”图标拖至配送中心演示布局图的“叉车存放处”位置处，打开属性视图，修改名称为“forkliftsNode”，设置吸引子数为 10，如图 9.14 所示，表示该配送中心 10 台叉车的停放位置。

vii. 绘制运行路径。

① 绘制货车从到达位置到卸车位置的路径。

在“空间面板”中双击“路径”右边的小铅笔图标，激活绘图模式，绘制从“source-UnloadTruckNode”节点到“unloadNode”节点的路径，如图 9.15 所示。

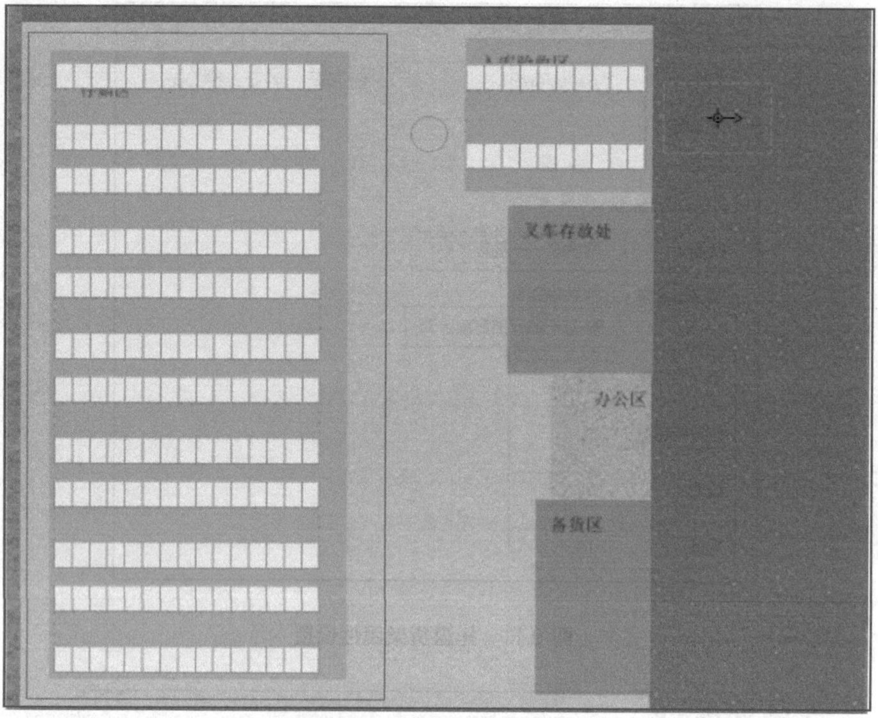

图 9.13　存储区货架绘制图

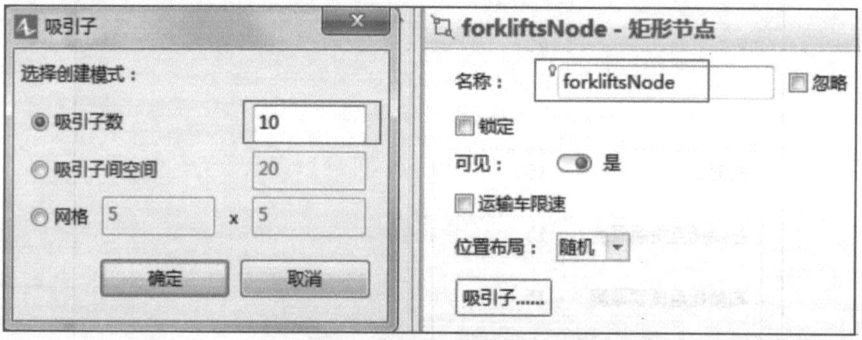

图 9.14　叉车存放节点位置

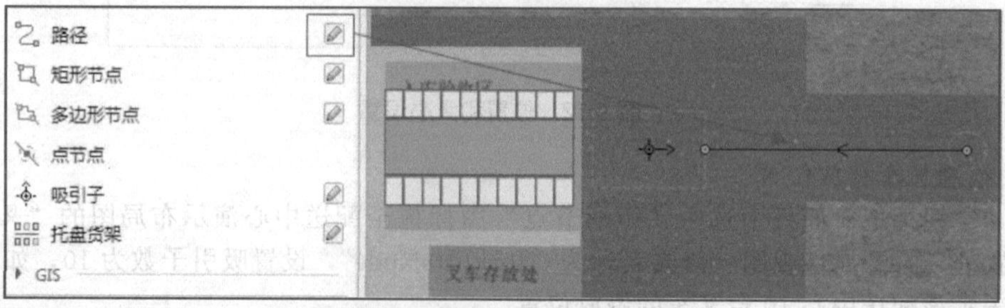

图 9.15　货车到达卸车位置路径

② 绘制叉车在配送中心内部的运行路径。

以同样的路径绘制方式，绘制叉车在配送中心中的运行路径，并确认所有的空间标记元素都已连接到网络。托盘货架通道显示为绿色时，表示此货架已连接到网络。绘制完成后配送中心的路径如图 9.16 所示。

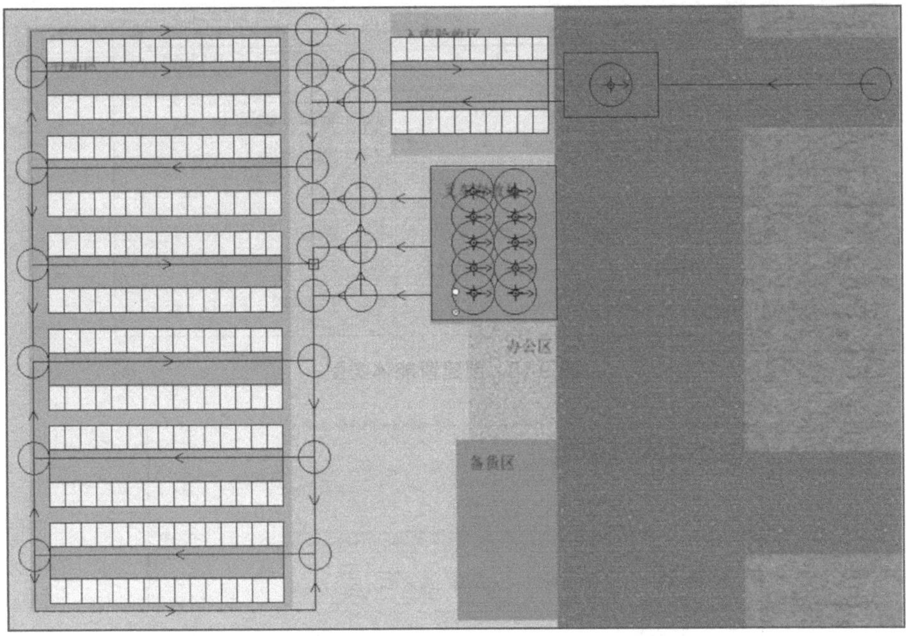

图 9.16 配送中心路径图

逐个设置配送中心内路径上各节点的半径大小，打开节点的属性视图，在“位置和大小”栏中，设置“半径”为 1，如图 9.17 所示。

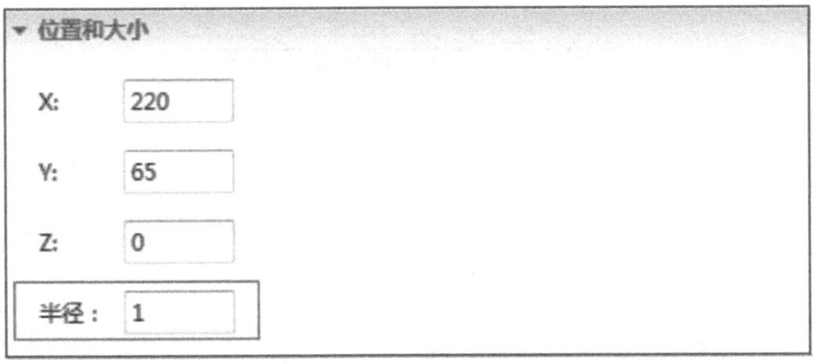

图 9.17 节点半径大小

步骤三：

运行模型，检查绘制的路径之间是否都已连接。

9.2.3 创建智能体类型

步骤一：

创建货车智能体类型。

① 打开“文件”菜单栏，选择“新建”→“智能体类型”，如图 9.18 所示。

② 在“第 1 步．创建新智能体类型”对话框中输入新类型名为“Truck”，点击“下一步”按钮。

③ 在“第 2 步．智能体动画”对话框中，在“道路运输”列表中选择“卡车”图形，如图 9.19 所示，点击“完成”。

④ 打开“Truck”智能体类型图形编辑器，打开三维物体属性视图，修改“附加比例”

为 50%，如图 9.20 所示。

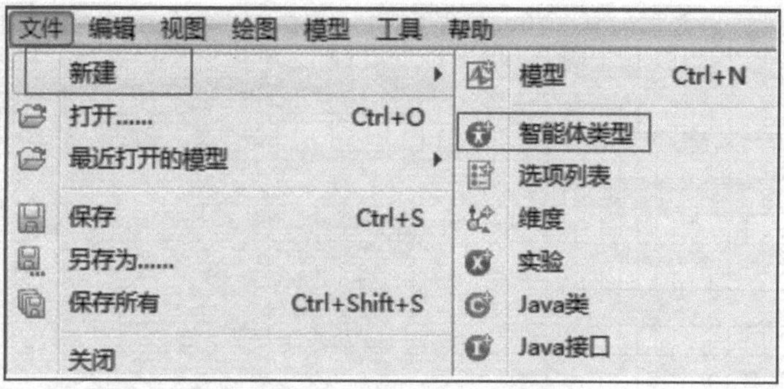

图 9.18　创建智能体类型

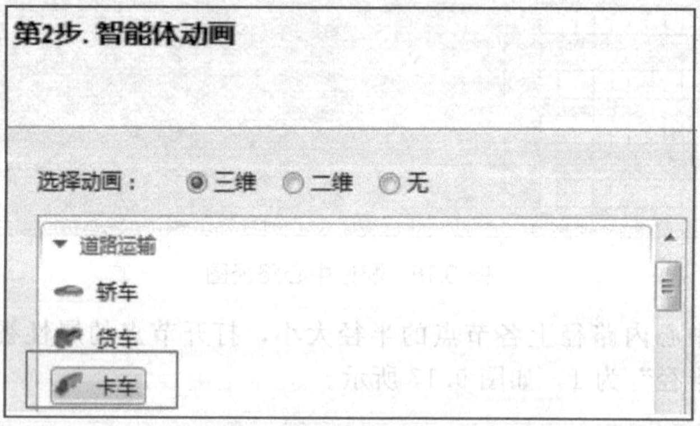

图 9.19　货车智能体动画图形

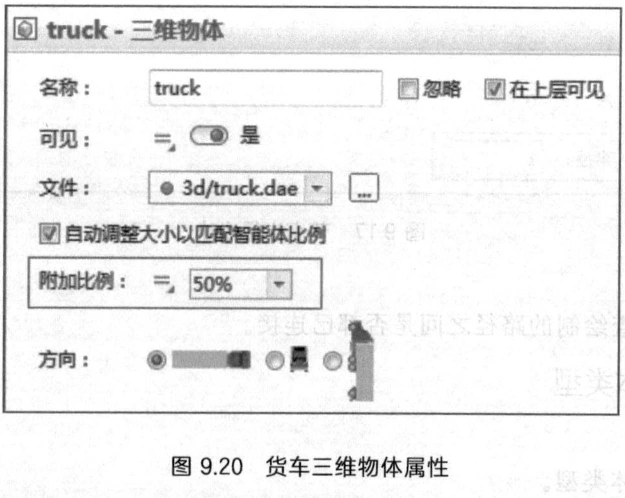

图 9.20　货车三维物体属性

⑤ 创建货车的容量参数。

打开“智能体”面板，选中“参数”图标，拖动至 Truck 智能体类型图形编辑器中，并修改名称为“capacity”，类型为“int”，如图 9.21 所示。

⑥ 创建货车上装载的表示不同种类托盘货物的变量。

打开“智能体”面板，选中“变量”图标，拖动至 Truck 智能体类型图形编辑器中，并修改名称为“palletType”，类型为“int”。

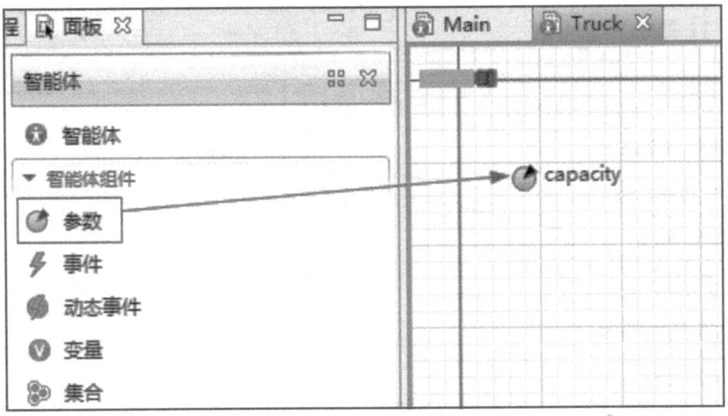

图 9.21 创建货车容量参数

⑦ 创建表示货车上托盘数量的变量。

以同样的方式创建变量，名称为“processedPallet”，类型为“int”，如图 9.22 所示。

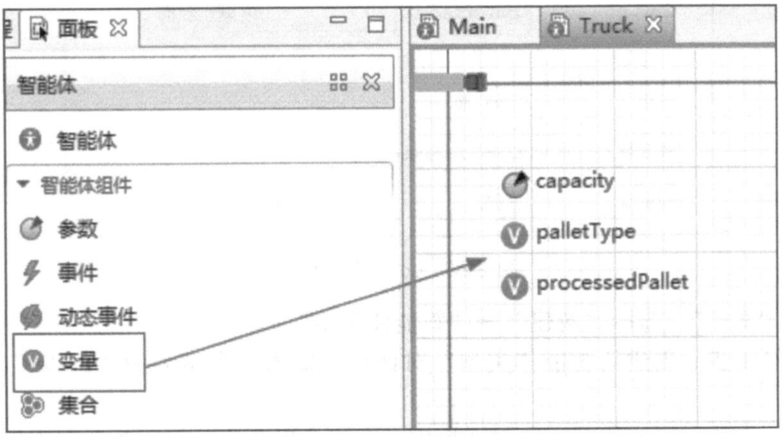

图 9.22 创建托盘数量的变量

步骤二：

创建表示货物种类的智能体类型。

① 打开“文件”，选择“新建”→“智能体类型”。

② 在“第 1 步．创建新智能体类型”对话框中输入新类型名为“Type”，点击“完成”按钮。

③ 创建表示货物种类的 id 参数。

打开“智能体”面板，选中“参数”图标，拖动至 Type 智能体类型图形编辑器中，并修改名称为“id”，类型为“int”，如图 9.23 所示。

④ 定义表示该类货物的存储货架集合。

打开“智能体”面板，选中“集合”图标，拖动至 Type 智能体类型图形编辑器中。

打开属性视图，修改名称为“palletRacks”，在“集合类”下拉列表中选择“LinkedHashSet”，“元素类”选择“其他”，并在右边文本编辑框中输入“PalletRack”，如图 9.24 所示。

步骤三：

创建表示托盘的智能体类型。

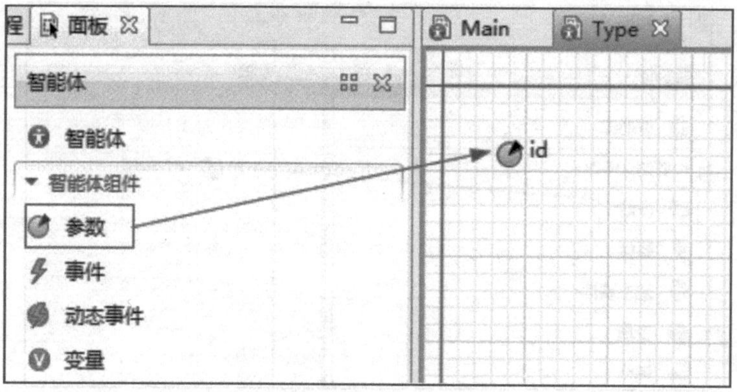

图 9.23　产品类型 id 参数

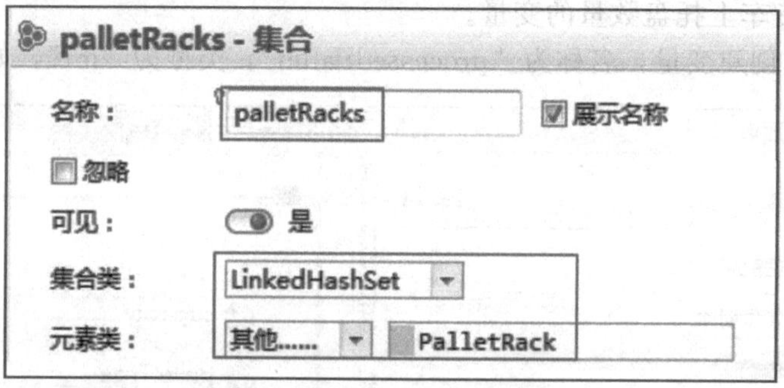

图 9.24　palletRacks 集合

① 打开“文件”，选择“新建”→“智能体类型”。

② 在“第 1 步．创建新智能体类型”对话框中输入新类型名为“Pallet”，点击“下一步”按钮。

③ 在“第 2 步．智能体动画”对话框中，在“仓库和集装箱码头”列表中选择“托盘”图形，如图 9.25 所示，点击“完成”。

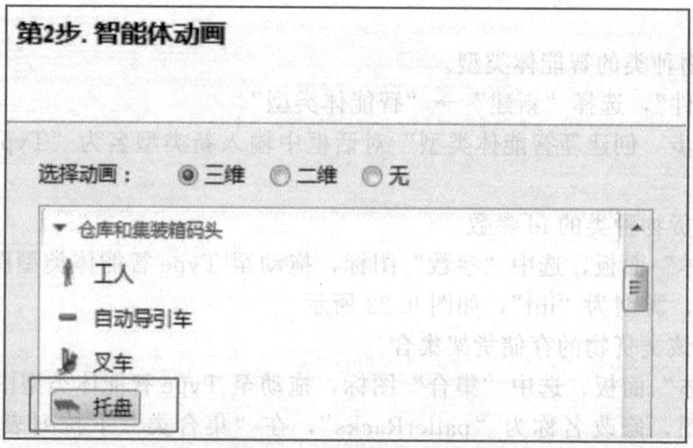

图 9.25　托盘智能体动画图形

④ 创建表示托盘类型 id 参数。

打开“智能体”面板，选中“参数”图标，拖动至 Pallet 智能体类型图形编辑器中，并修改名称为“typeID”，类型为“int”。

⑤ 创建表示托盘上货物类型的参数。

打开“智能体”面板，选中“参数”图标，拖动至 Pallet 智能体类型图形编辑器中，并修改名称为“type”，类型为“Type”，如图 9.26 所示。

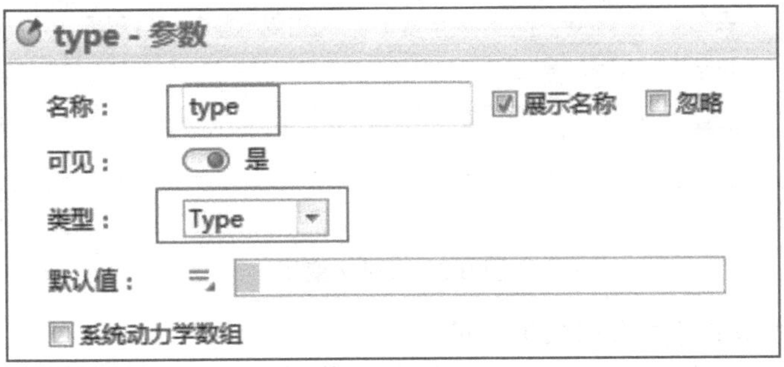

图 9.26　type 参数

⑥ 创建表示货车信息的变量。

打开“智能体”面板，选中“变量”图标，拖动至 Pallet 智能体类型图形编辑器中，并修改名称为“truck”，类型为“Truck”，如图 9.27 所示。

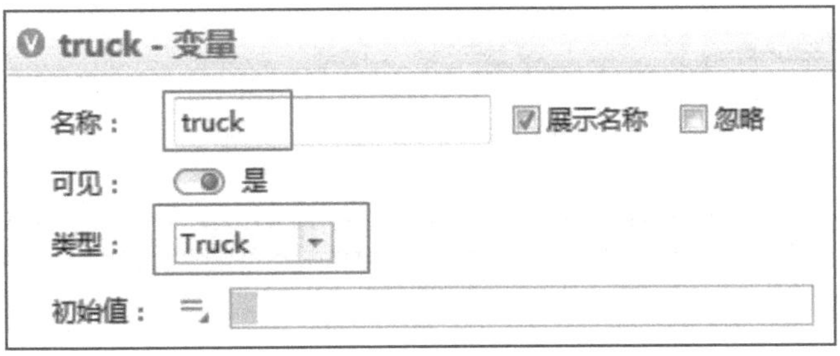

图 9.27　truck 变量

⑦ 在托盘三维物体图形上添加表示货物的图形。

在“演示”面板中选中“矩形”，拖动至 Pallet 智能体类型图形编辑器的原点位置处。

打开属性视图，在“位置和大小”栏中设置矩形的 X、Y 轴位置值为－6、－5，设置“宽度”为 11，“高度”为 10，“Z-高度”为 10。如图 9.28 所示。

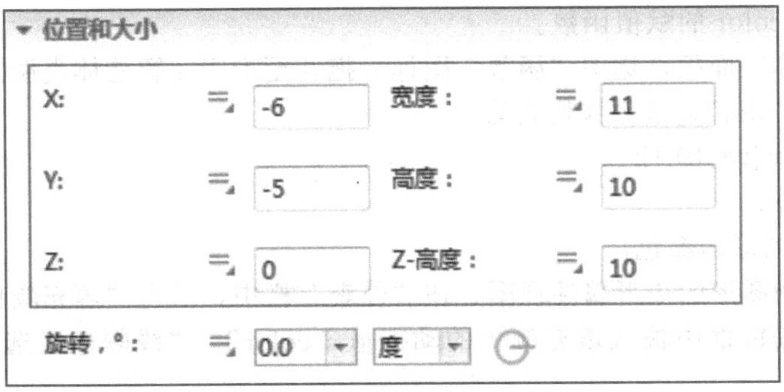

图 9.28　矩形的位置大小

⑧ 创建表示托盘上货物的颜色变量。

打开“智能体”面板，选中“变量”图标，拖动至Pallet智能体类型图形编辑器中，并修改名称为“color”，类型为“Color”，如图9.29所示。

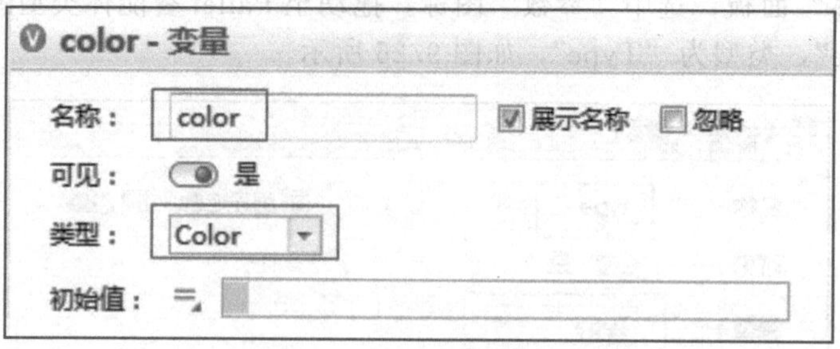

图9.29　color-变量

⑨ 创建表示货物颜色集合的数组变量。

打开“智能体”面板，选中“变量”图标，拖动至Pallet智能体类型图形编辑器中，修改名称为“colorsArray”，类型选择“其他”，并在右边文本编辑框中输入“Color[]”，“初始值”文本编辑框中输入颜色集合。在“高级”栏中选择“常数”复选框，如图9.30所示。

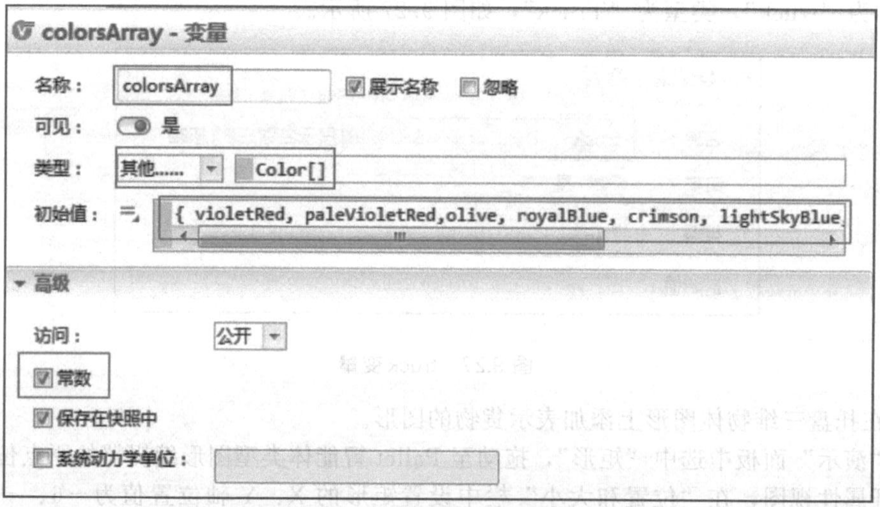

图9.30　colorsArray-变量

⑩ 设置变量color的赋值函数。

打开“智能体”面板，选中“函数”图标，拖动至Pallet智能体类型图形编辑器中，并修改名称为“setColor”，函数体代码为：

```
color=colorsArray[typeID-1];
```

如图9.31所示。

⑪ 设置货物图形的颜色。

打开表示货物图形的矩形属性视图，在“外观”栏中，点击“填充颜色”右边动态值切换图标，在文本编辑框中输入填充颜色的动态值“color”，“线颜色”选择“无色”，如图9.32所示。

⑫ 托盘智能体的行动代码。

打开Pallet智能体类型的属性视图，在“智能体行动”栏的“启动时”文本编辑框中输入代码：

setColor( );

在系统启动托盘智能体时，调用函数 setColor()，表示不同类的货物图形填充不同的颜色，如图 9.33 所示。

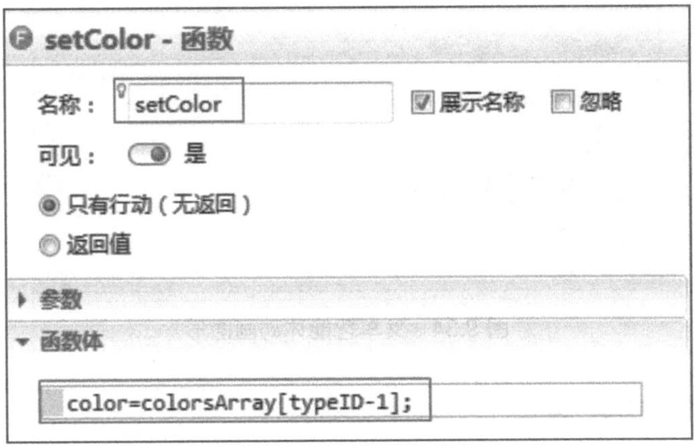

图 9.31　setColor-函数

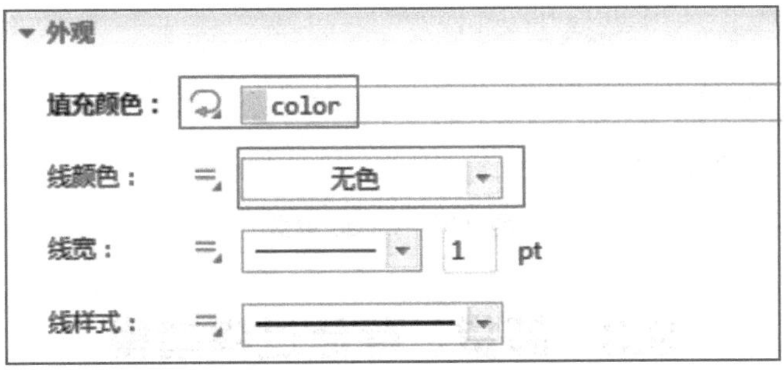

图 9.32　货物图形颜色设置

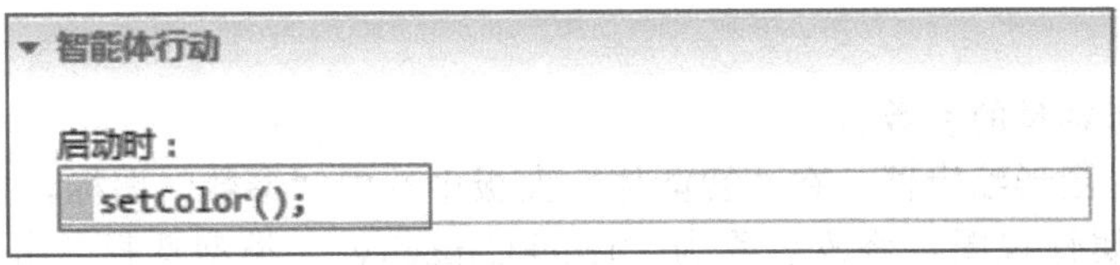

图 9.33　Pallet 行动代码

步骤四：

创建叉车智能体类型。

① 打开“文件”，选择“新建”→“智能体类型”。

② 在“第 1 步．创建新智能体类型”对话框中输入新类型名为“Forklift”，点击“下一步”按钮。

③ 在“第 2 步．智能体动画”对话框中，在“仓库和集装箱码头”列表中选择“叉车”图形，如图 9.34 所示，点击“完成”。

④ 创建标记叉车利用情况的参数。

打开“智能体”面板，选中“参数”图标，拖动至 Forklift 智能体类型图形编辑器中，修改名称为“inUse”，类型为“boolean”，如图 9.35 所示。

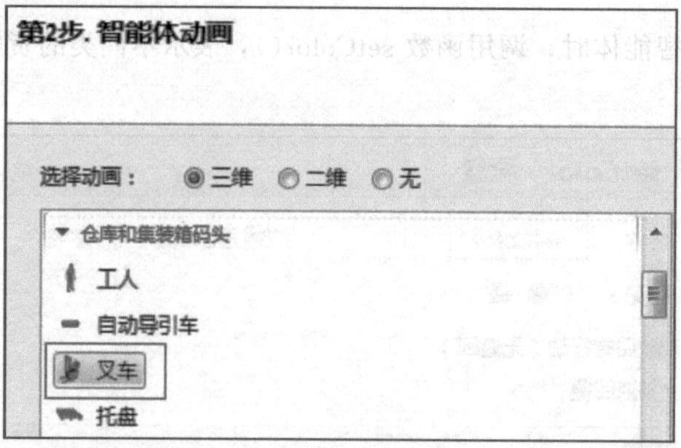

图 9.34　叉车智能体动画图形

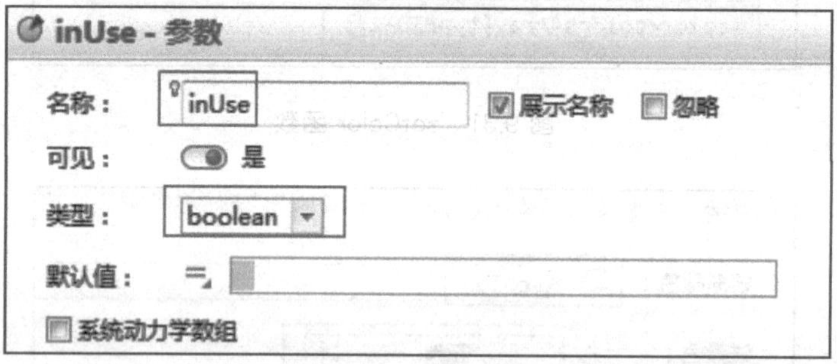

图 9.35　inUse-参数

9.3　卸货、存储过程建模

9.3.1　模型初始参数设置

步骤一：

创建表示货车容量的参数。

① 打开 Main 图形编辑器，在“智能体”面板中选中“参数”图标，拖动至 Main 中。

② 打开参数属性视图，修改名称为“truckCapacity”，类型选择“int”，默认值为 12，如图 9.36 所示。

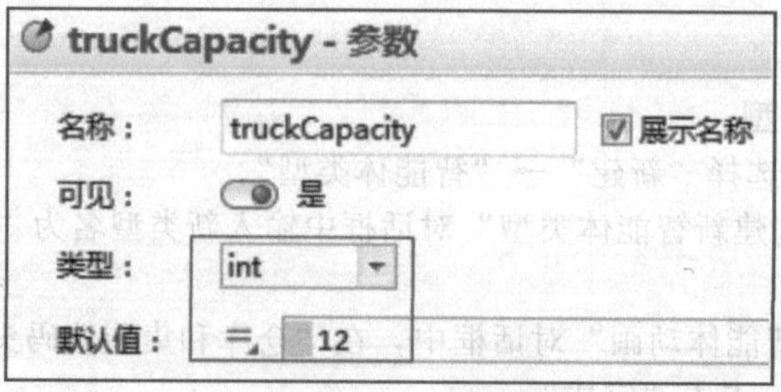

图 9.36　货车容量参数

步骤二：

创建表示货车到达率的参数。

以同样的方式创建参数“unloadingRate”，类型选择“速率”，单位为“每小时”，默认值为 1.5，如图 9.37 所示。

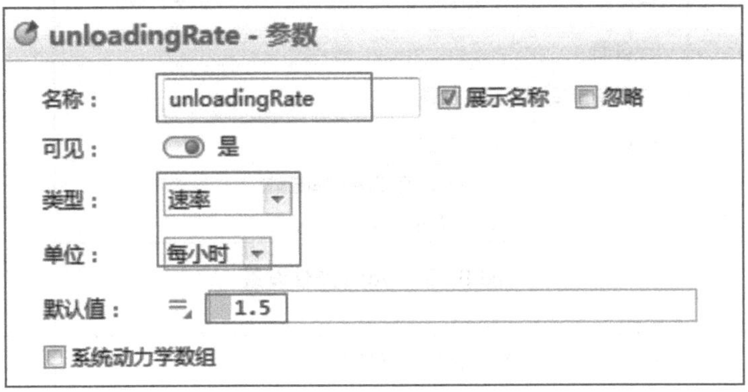

图 9.37 unloadingRate 参数

步骤三：

创建表示叉车数量的参数。参数名称为“forkliftsNum”，类型为“int”，默认值为 10。

步骤四：

创建表示货物种类数量的参数。参数名称为“palletTypeNum”，类型为“int”，默认值为 6。

步骤五：

定义表示货物种类的智能体群，并规定对应的储存货架。

i. 创建表示货物种类的智能体群。

① 在工程树图中选中“Type”智能体类型，拖动至 Main 图形编辑器中，如图 9.38 所示。

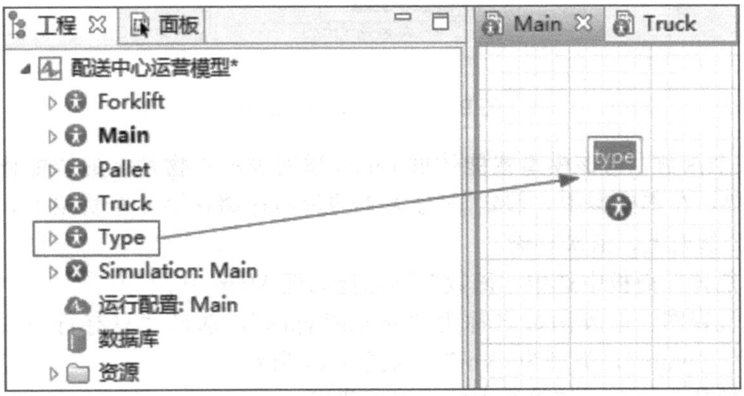

图 9.38 创建货物类型群

② 在属性视图中，修改名称为“types”，选择“智能体群”，选择“初始空”选项，如图 9.39 所示。

ii. 创建 RackSystem 货架系统，用于集中管理存储区所有货架。

① 在“流程建模库”中选择“RackSystem”图标拖动至 Main 中。

② 打开属性视图，在“托盘货架”文本编辑框下方点击添加按钮，在列表中逐个添加存储区货架名称，如图 9.40 所示。

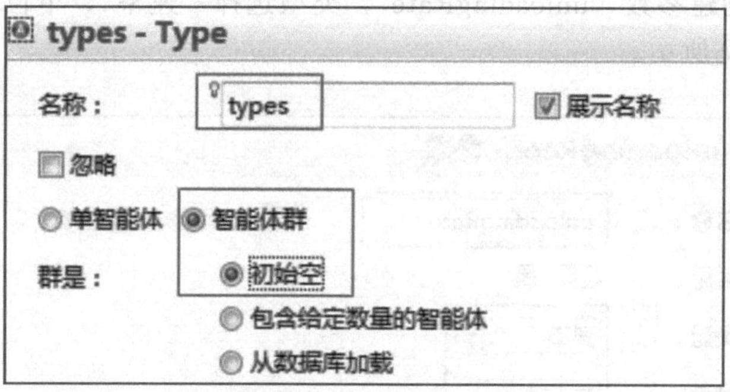

图 9.39　types 属性设置

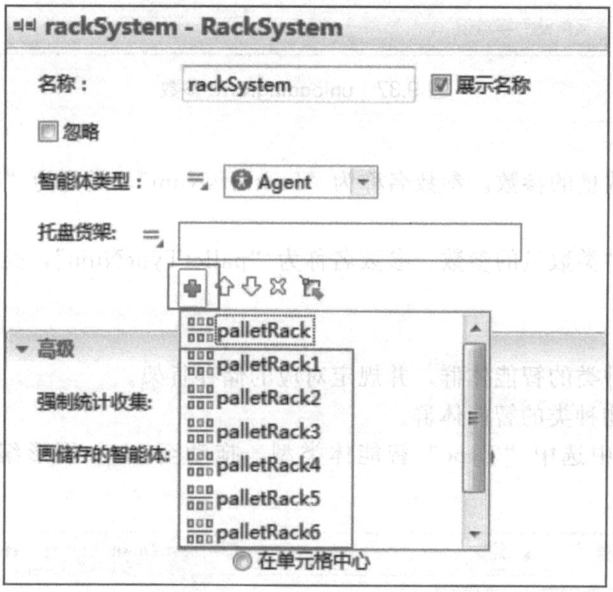

图 9.40　rackSystem 货架

iii. 定义一个函数，为该模型智能体群 types 添加表示货物种类的智能体，并为 6 类货物分配存储货架，在本模型中，假定 id 号为 1 的货物存储在第 6 个货架上，id 号为 2 的货物存储在第 5 个货架上，依次存储。

① 在“智能体”面板中选中“函数”图标拖动至 Main 中。

② 打开属性视图，修改函数名称为“createTypes”，选择“只有行动（无返回）”选项，参数名称为“Num”，类型为“int”，如图 9.41 所示。

③ 在“函数体”的文本编辑框中输入以下代码：

```
int idx = rackSystem.nRows( )/2-1;
for (int i = 0; i < Num; i++)
 {
    Type type = add_types(i+1);
    PalletRack pR= rackSystem.getPalletRack(2* (idx--));
    type.palletRacks.add(pR);
 }
```

如图 9.42 所示。

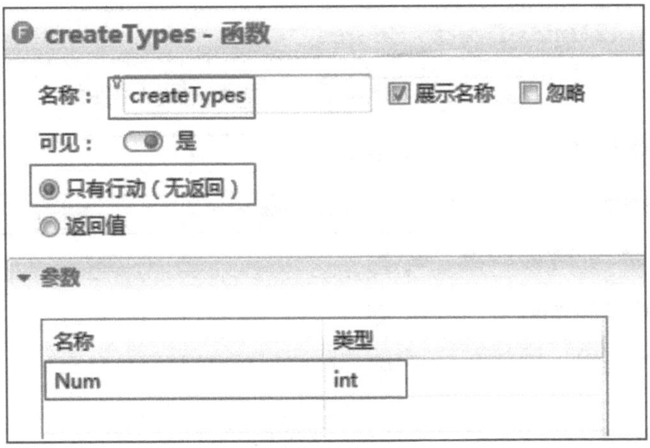

图 9.41 createTypes-函数

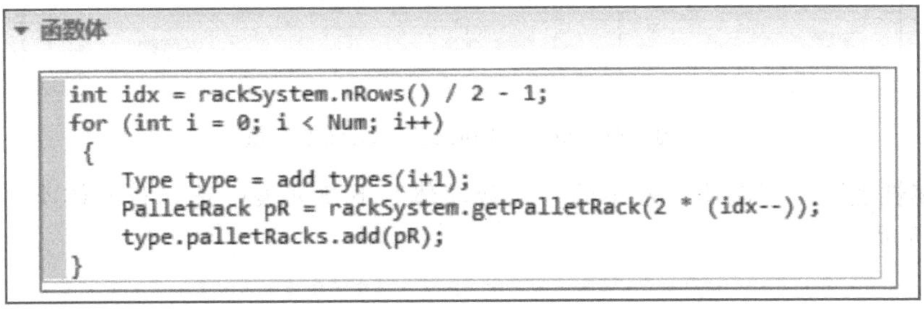

图 9.42 createTypes 函数体

iv. 打开 Main 属性视图，在“智能体行动”栏的“启动时”文本编辑框中输入代码：

createTypes(palletTypeNum);

在模型开始运行时，调用 createTypes()函数，创建表示货物种类的智能体群，并分配存储货架，如图 9.43 所示。

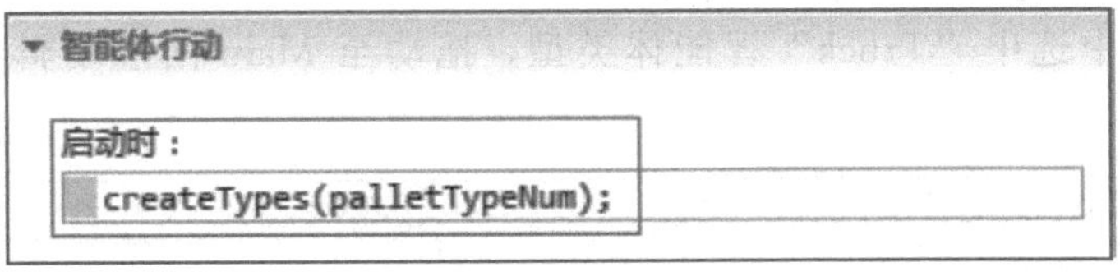

图 9.43 模型启动时行动代码

9.3.2 创建到达卸货、存储流程图

步骤一：

用 Source 模块定义货车的到达，并创建到达货车的智能体群，类型为 Truck。

① 在“流程建模库”面板中，选择“Source”模块，拖动至 Main 中。

② 在属性视图中修改名称为“sourceUnloadTruck”，“定义到达通过”下拉列表中选择“速率”，“到达速率”文本编辑框中输入货车到达率参数“unloadingRate”，单位为“每小时”。

③ 在“到达位置”的下拉列表中选择“网络/GIS 节点”，“节点”下拉列表中选择“sourceUnloadTruckNode”，“速度”为 0.075 米每秒。步骤②、③如图 9.44 所示。

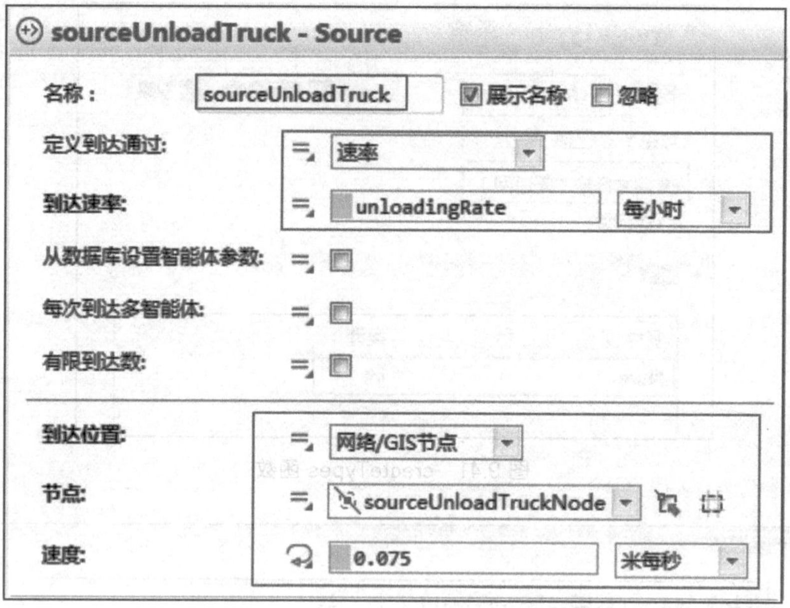

图 9.44　sourceUnloadTruck 属性设置

④ 在属性视图“智能体”栏中的“新智能体”下拉列表中选择智能体类型“Truck”，如图 9.45 所示。

图 9.45　智能体类型

⑤ 在 Main 中创建到达的货车智能体群。

在工程树图中选中“Truck”智能体类型，拖动至 Main 图形编辑器中，如图 9.46 所示。

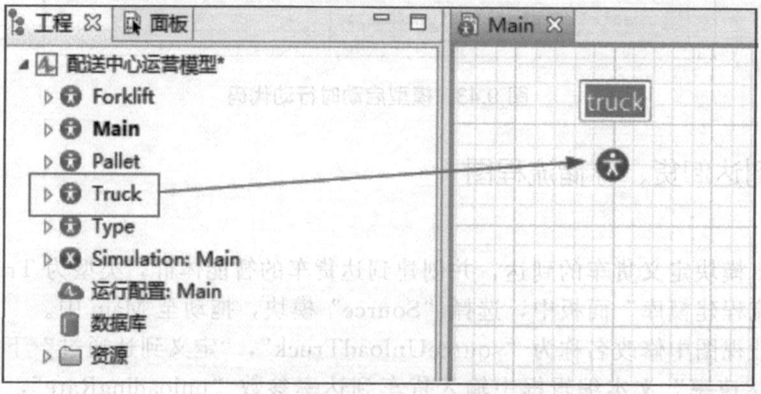

图 9.46　创建到达货车智能体群

打开属性视图，修改名称为“unloadTrucks”，选择“智能体群”，选择“初始空”，如图 9.47 所示。

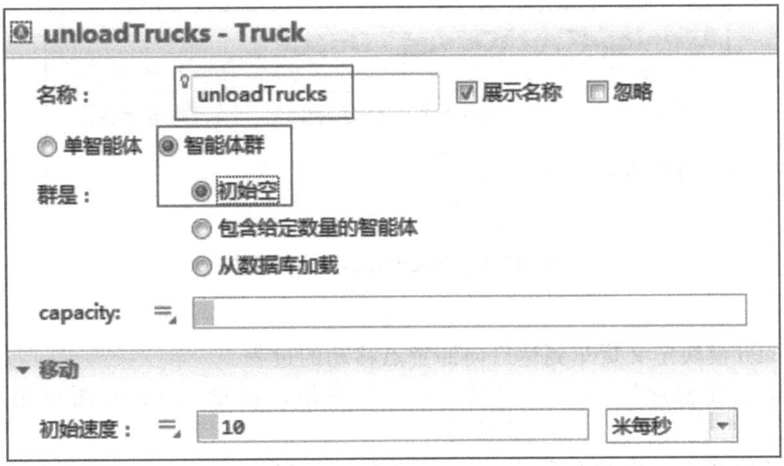

图 9.47 unloadTrucks 属性

⑥ 在“sourceUnloadTruck”模块属性视图的“高级”栏中，选择“添加智能体到”为“自定义群”，在“群”的下拉列表中选择“unloadTrucks”，如图 9.48 所示。

图 9.48 添加智能体到自定义群

⑦ 在“行动”栏中的“在出口时”文本编辑框中输入代码：

agent.set_capacity(truckCapacity)

设置到达货车的容量值为参数“truckCapacity”，如图 9.49 所示。

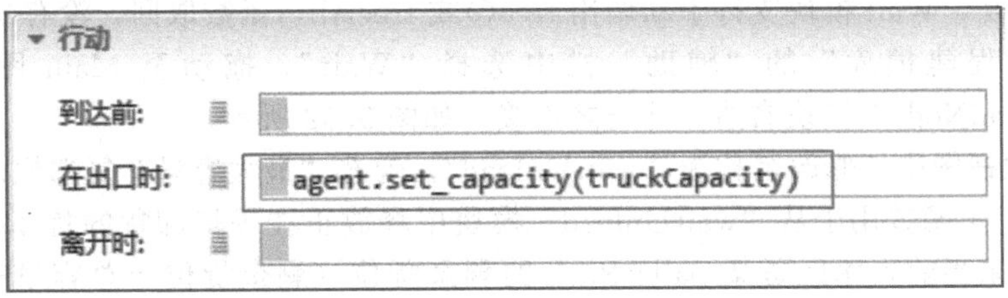

图 9.49 货车容量值

步骤二：

定义到达货车等待的队列。

在“流程建模库”中选中“Queue”，拖动至 Main 图形编辑器中“sourceUnloadTruck”模块右边，并与之连接。修改名称为“unloadTruckQueue”，勾选“最大容量”复选框。如图 9.50 所示。

图 9.50　unloadTruckQueue 模块

步骤三：

用 Move To 模块定义货车到达后向卸货点移动的过程。

① 在“流程建模库”中选中“Move To”模块，拖动至 Main 图形编辑器中“unloadTruckQueue”模块右边，并与之连接。

② 打开属性视图，修改名称为“moveToUnloadNode”，“目的地”下拉列表中选择“网络/GIS 节点”，“节点”列表中选择“unloadNode”，如图 9.51 所示。

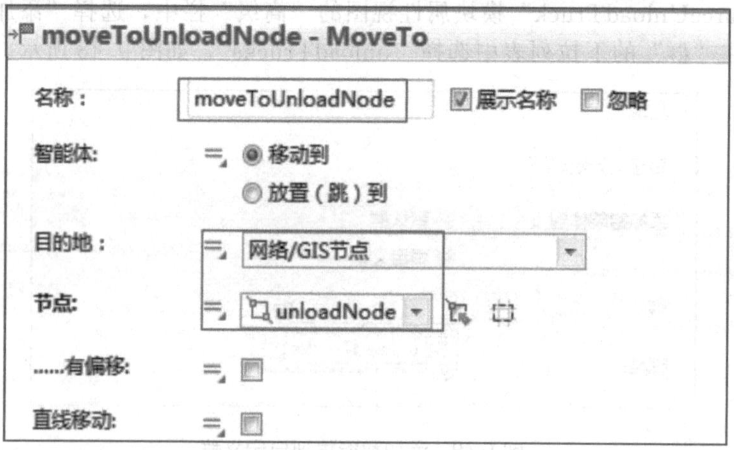

图 9.51　moveToUnloadNode 模块

步骤四：

用 Wait 模块定义到达卸货点的货车等待开始卸货的过程。Wait 模块与 Queue 模块类似，但不同的是，Wait 模块支持手动调用 free()或 freeAll()函数取回，没有先后次序。

i. 在“流程建模库”的“辅助”栏中选择“Wait”，拖动至 Main 图形编辑器中“moveToUnloadNode”模块右边，并与之连接，如图 9.52 所示。

ii. 在属性视图中，修改名称为“waitUnload”，勾选“最大容量”复选框。

iii. 定义一个函数用于从“waitUnload”模块中释放正在等待卸货的货车，开始下一步卸货作业。如果当前入库区货架 palletRack 的剩余货位（剩余货位＝总容量－已存放托盘数－正在卸货的托盘数），大于当前正在 waitUnload 模块中等待卸车的货车容量值时，调用 free()函数从 WaitUnload 模块中释放当前等待货车，开始卸货作业。若小于，即入库区货位不足时，货车继续等待。

① 创建一个变量，表示当前正在卸车的托盘数量。

在“智能体”面板中，选中“变量”，拖动至 Main 中，修改名称为“unloadingPallet”，类型选择“int”。

② 在“智能体”面板中，选中“函数”，拖动至 Main 中。

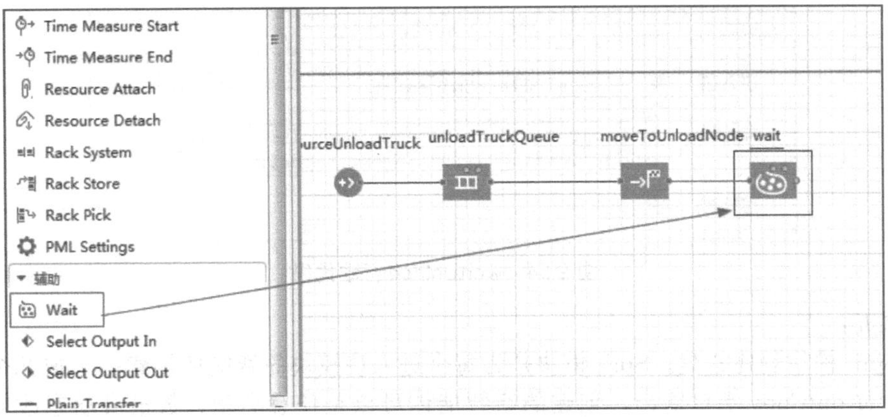

图 9.52 创建 Wait 模块

③ 打开属性视图，修改函数名称为“recalculateUnload”，选择“只有行动（无返回）”，在“函数体”文本编辑框中输入以下代码：

```
LinkedHashSet<Truck> truckToFree =new LinkedHashSet<Truck>( );
for (Truck t:waitUnload)
{
  if (t.capacity<=palletRack.capacity( )-palletRack.size( )-unloadingPallet)
  truckToFree.add(t);
 }
 for (Truck t:truckToFree)
 {
  waitUnload.free(t);
 }
```

如图 9.53 所示。

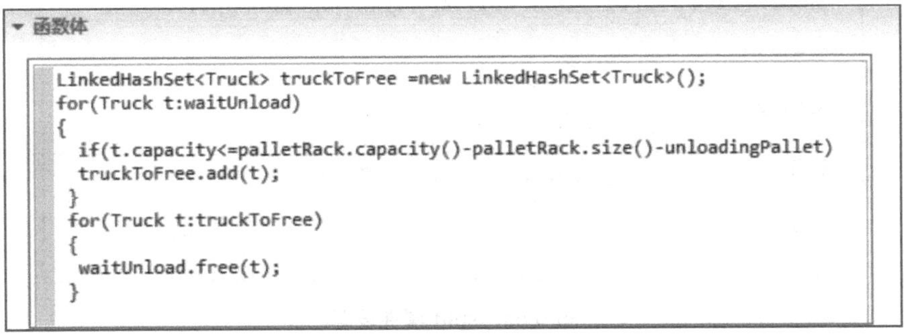
函数体

```
LinkedHashSet<Truck> truckToFree =new LinkedHashSet<Truck>();
for(Truck t:waitUnload)
{
  if(t.capacity<=palletRack.capacity()-palletRack.size()-unloadingPallet)
  truckToFree.add(t);
 }
 for(Truck t:truckToFree)
 {
  waitUnload.free(t);
 }
```

图 9.53 recalculateUnload 函数体

iv. 打开“waitUnload”模块属性视图，在“行动”栏的“进入时”右边文本编辑框中输入代码：

```
recalculateUnload( );
```

在“离开时”右边文本框中输入代码：

```
agent.palletType=uniform_discr(1,6);
unloadingPallet+=agent.capacity;
```

当前货车在离开该模块时，为参数 palletType 赋值 1 至 6 之间的随机数，表示随机产生该货车装运的托盘类型，正在卸车的托盘数量自加该货车所装运的托盘数。如图 9.54 所示。

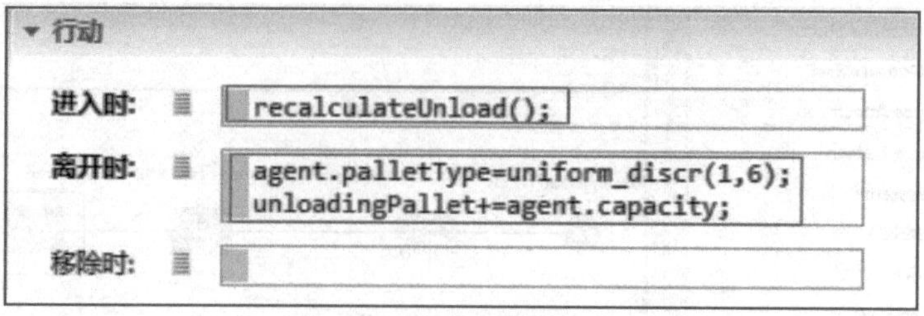

图 9.54　waitUnload 行动代码

步骤五：

用 Split 模块创建托盘。Split 模块是为每个进入该模块的智能体创建一个或几个其他智能体并通过 outCopy 端口输出，创建的新智能体可以是任意类型，数量可动态改变，该模块在流程图中不占用模型时间。

① 在“流程建模库”中选择“Split”，拖动至 Main 图形编辑器中“waitUnload”模块右边，并与之连接。

② 打开“split”属性视图，点击“副本数”的动态值切换图标，在文本编辑框中输入代码“agent. capacity”，表示产生的托盘数量为该货车的容量值。

点击“新智能体（副本）”的动态值切换图标，在文本编辑框中输入代码“new Pallet（original. palletType，null）”。

③ 选择“副本位置”为“网络/GIS 节点”，“节点”下拉列表中选择“unloadNode”，如图 9. 55 所示。

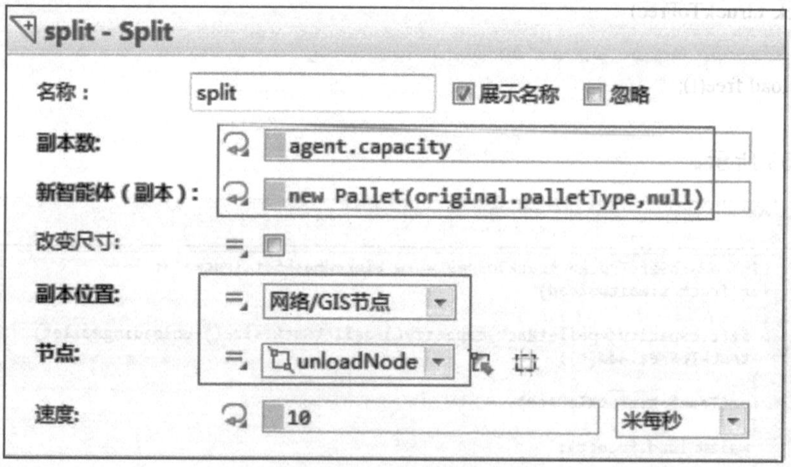

图 9.55　split 属性设置

④ 在 Main 中创建表示托盘的智能体群。

在工程树图中选中“Pallet”智能体类型，拖动至 Main 图形编辑器中。

打开属性视图，修改名称为“pallets”，选择“智能体群”，选择“初始空”选项，“type”文本编辑框中输入“null”，如图 9. 56 所示。

⑤ 在“split”属性视图的“高级”栏中，在“添加副本到”右边选择“自定义群”选项，在“群”下拉列表中选择“pallets”，如图 9. 57 所示。

⑥ 在“行动”栏中，“副本离开时”文本编辑框中输入以下代码：

```
agent.truck=original;
```

将当前货车赋值给托盘类型的 truck 变量，如图 9. 58 所示。

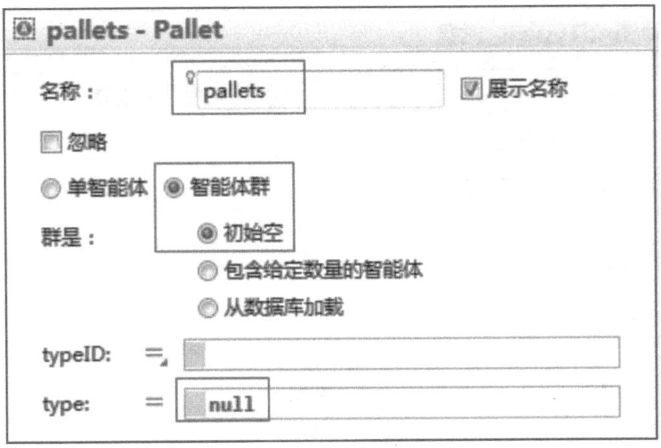

图 9.56　创建托盘智能体群

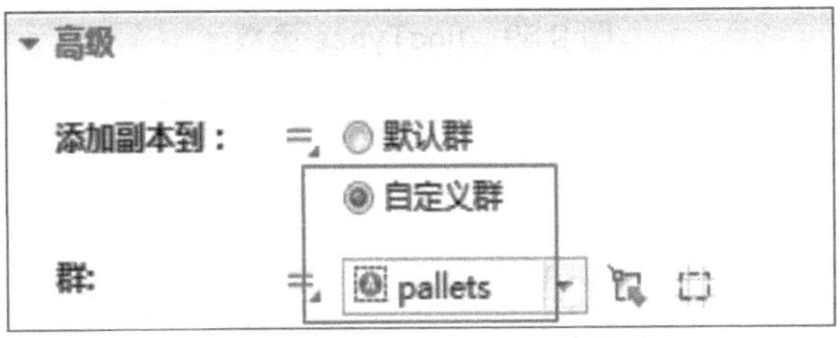

图 9.57　添加副本到自定义群

图 9.58　split 行动代码

⑦ 定义一个函数，用于确定当前货车装载的托盘上的货物种类。

在“智能体”面板中选中“函数”图标拖动至 Main 图形编辑器中。

打开属性视图，修改函数名为“findTypes”，选择“返回值”，返回类型为“Type”，定义一个参数名称为“typeId”，“int”类型，如图 9.59 所示。

在“函数体”文本编辑框中输入如下代码：

```
Type r=null;
for(Type t:types)
{
  if (t.id==typeId)
  {
    r=t;
    break;
  }
}
return  r;
```

如图 9.60 所示。

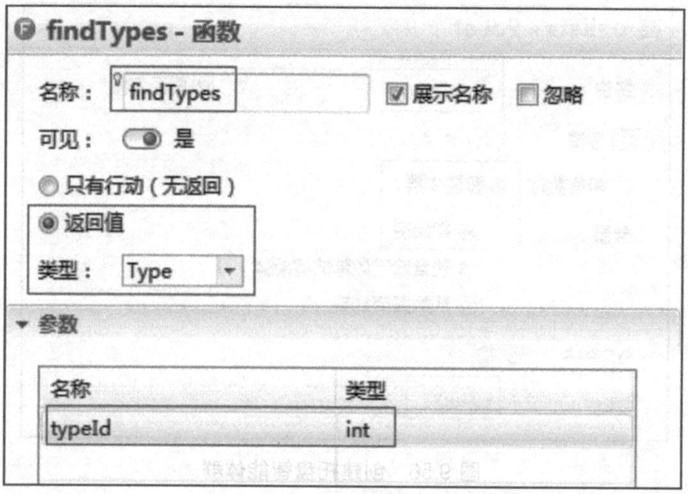

图 9.59　findTypes-函数

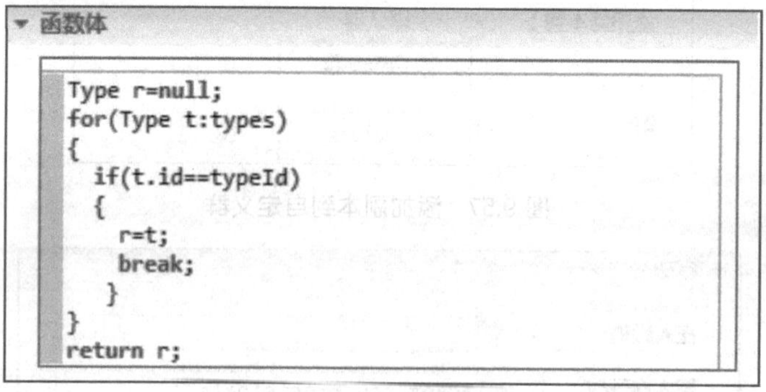

图 9.60　findTypes 函数体代码

⑧ 打开智能体类型 Pallet 图形编辑器，在 Pallet-智能体类型的属性视图中，在“智能体行动”栏“启动时”文本编辑框中添加以下代码：

type=main.findTypes(typeID);

Pallet 智能体类型启动时，为当前的托盘类型匹配对应的货物种类，如图 9.61 所示。

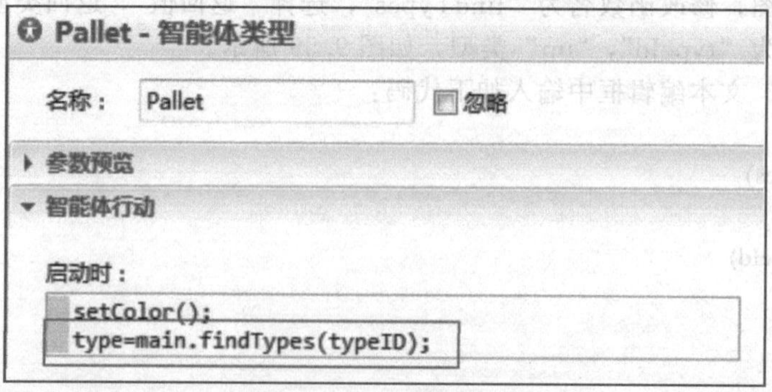

图 9.61　Pallet 启动代码

步骤六：

用 Wait 模块定义货车等待卸货的过程。

① 在“流程建模库”的“辅助”栏中选择“Wait”，拖动至Main图形编辑器中“split”模块右上方，并与上端出口连接，如图9.62所示。

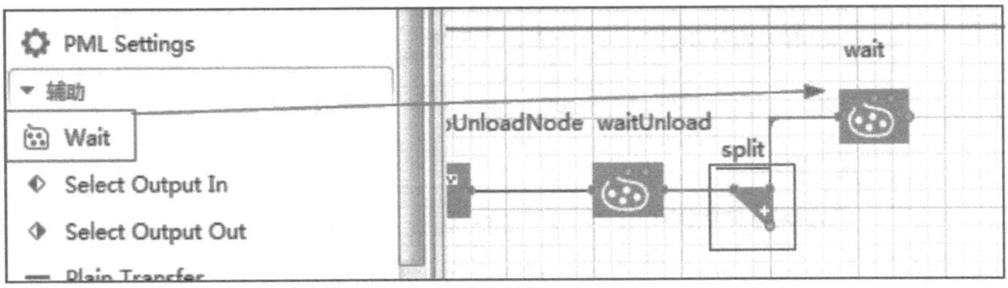

图9.62 添加Wait模块

② 打开“wait”属性视图，修改名称为“waitUnloading”，选择“最大容量”。

步骤七：

用Rack Store模块定义从货车上把托盘货物卸下并存放在入库检查区货架上的过程。

i. 在“流程建模库”中选中“Rack Store”图标拖动至Main图形编辑器中的“split”模块右下方，并与之下端出口连接，如图9.63所示。

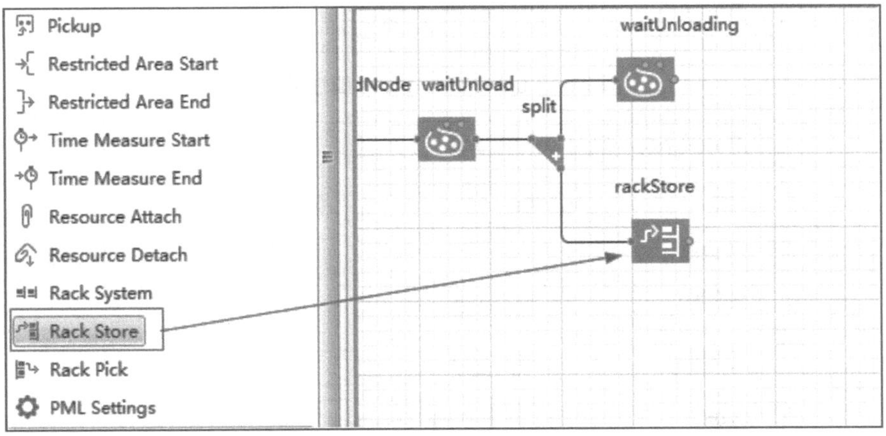

图9.63 添加rackStore模块

ii. 打开“rackStore”属性视图，修改名称为“unloadRackStore”，在“托盘货架/货架系统”右边选择“palletRack”货架，“移动智能体到”选择“单元格底层”，选择“使用延迟”，延迟时间为10秒，如图9.64所示。

iii. 定义用于移动托盘的叉车资源。

① 在“流程建模库”中选中“Resource Pool”图标拖动至Main图形编辑器中。

② 在属性视图中修改名称为“forklifts”，“资源类型”选择默认“移动”，“定义容量”选择默认“直接”，“容量”文本编辑框中输入“forkliftsNum”。

③ 在“新资源单元”下拉列表中选“Forklift”，“速度”设为0.05米每秒，“归属地位置（节点）”选择“forkliftsNode”。如图9.65所示。

④ 在“‘轮班结束’优先级”文本框中输入1，“‘轮班结束’抢占策略”选择“终止”，如图9.66所示。

iv. 定义从叉车资源池中选择一定数量的叉车用于卸货的函数。

① 定义一个集合，用于保存已确定为用于卸货的叉车信息。

在“智能体”面板中选中“集合”图标拖动至Main中，修改集合的名称为“unload-

UsedForklifs”，“集合类”选择为“LinkedHashSet”，“元素类”选择为“Forklift”，如图 9.67 所示。

图 9.64　unloadRackStore 属性设置

图 9.65　forklifts 资源

② 为 Pallet 智能体定义一个变量，用于标记该托盘当前所使用的叉车信息。

在“智能体”面板中选中“变量”图标拖动至 Pallet 图形编辑器中，修改名称为“seizedForklift”，类型为“Forklift”，初始值为“null”，如图 9.68 所示。

③ 定义函数。

在“智能体”面板中选中“函数”图标拖动至 Main 图形编辑器中，修改名称为“chooseUnloadForklifts”，选择“返回值”，返回类型为“boolean”，为该函数定义 4 个参

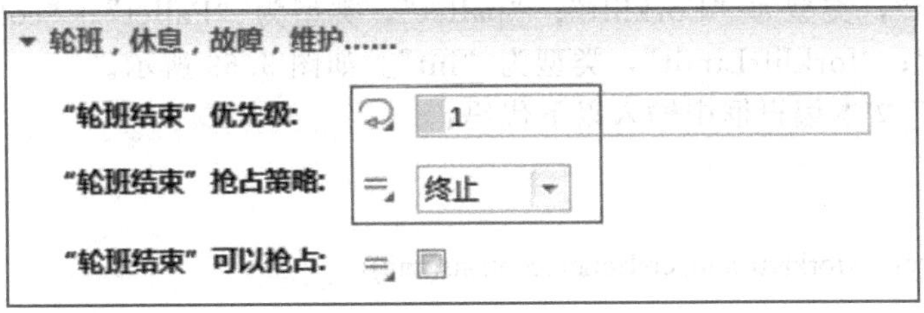

图 9.66　forklifts 轮班设置

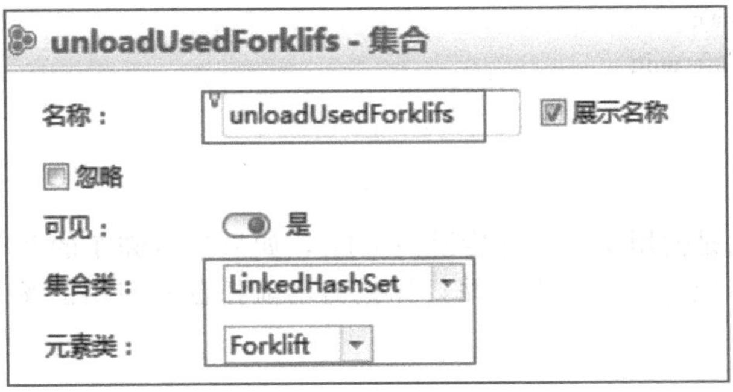

图 9.67　unloadUsedForklifs 集合

图 9.68　seizedForklift 变量

图 9.69　chooseUnloadForklifts 函数设置

数，分别为“unit”，类型为“Forklift”；“pallet”，类型为“Pallet”；“collection”，类型为“LinkedHashSet”；“forkliftLimit”，类型为“int”。如图 9.69 所示。

在“函数体”文本编辑框中输入以下代码：

```
if (unit.inUse)
  return  false;
if (collection.size( )<forkliftLimit||collection.contains(unit))
{
  unit.inUse= true;
  collection.add(unit);
  pallet.seizedForklift=unit;
  return  true;
 }
return  false;
```

如果当前叉车已是使用状态，直接返回 false，如果进行卸车的叉车数量小于限定的数量值时，将该叉车标记为使用状态，并且标记为当前托盘所使用的叉车，返回 true，如图 9.70 所示。

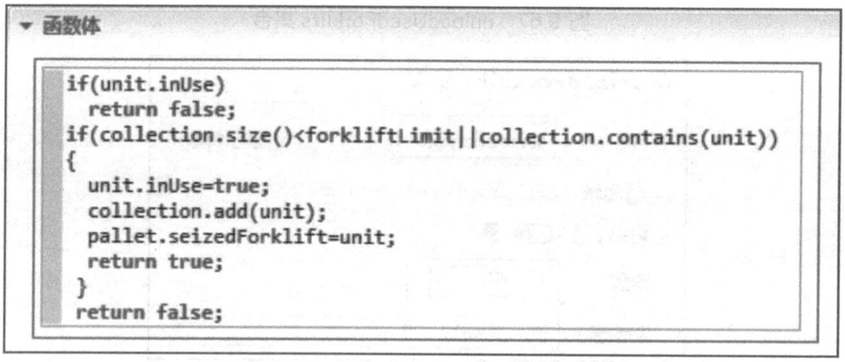

图 9.70　chooseUnloadForklifts 函数体

v. 定义一个函数，用于实现叉车移动托盘到指定位置后，在无其他任务的情况下，释放该叉车资源的过程。

以同样的方式在 Main 中创建函数“releaseForklift”，只有行动，无返回值，定义参数“pallet”，类型为“Pallet”；定义参数“collection”，类型为“LinkedHashSet”，如图 9.71 所示。

“函数体”文本编辑框中的代码如下：

```
pallet.seizedForklift.inUse= false;
collection.remove(pallet.seizedForklift);
pallet.seizedForklift= null;
```

在无其他任务时，托盘所使用的叉车使用状态变为 false，并且在存放卸货叉车的集合中删除该叉车信息。如图 9.72 所示。

vi. “unloadRackStore”模块的资源设置。

① 打开“unloadRackStore”属性视图，在“资源”栏中勾选“使用资源移动”选项。在“资源集（替代）”选择资源池“forklifts”，勾选“以资源速度移动”选项，“移动资源”选择“forklifts”，如图 9.73 所示。

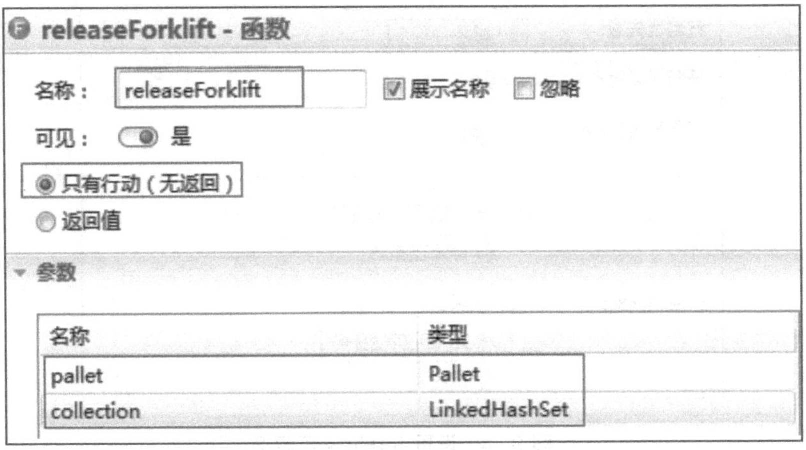

图 9.71 releaseForklift-函数

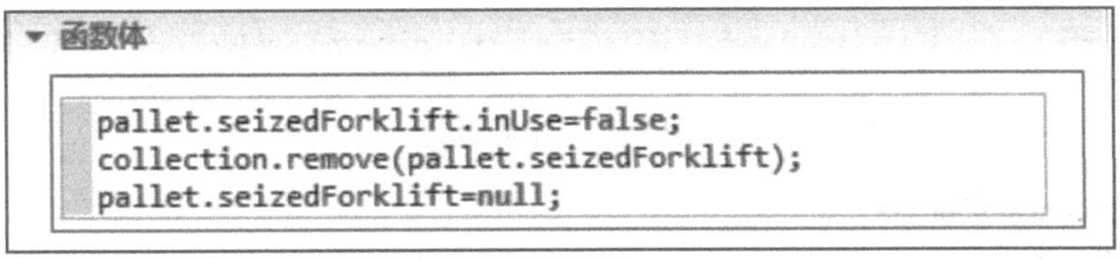

图 9.72 releaseForklift 函数体

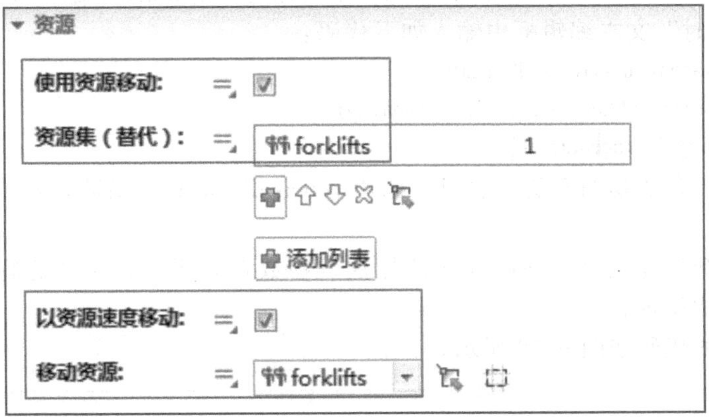

图 9.73 设置 forklifts 资源 1

② 设置“任务优先级”为 2，任务可以抢占，任务抢占策略为“无抢占”。

③“释放资源后”选择“返回到归属地位置”，“返回归属地”选择“如果无其他任务”，如图 9.74 所示。

④ 勾选“自定义资源选择”，并在“资源选择条件”文本编辑框中输入代码：

chooseUnloadForklifts((Forklift)unit,agent,unloadUsedForklifs,2)

调用 chooseUnloadForklifts()函数，选择确定用于卸货的叉车。如图 9.75 所示。

vii. 设置“unloadRackStore”模块的行动代码。

① 在“unloadRackStore”属性视图“行动”栏中，在“延迟结束时”文本编辑框中输入代码：

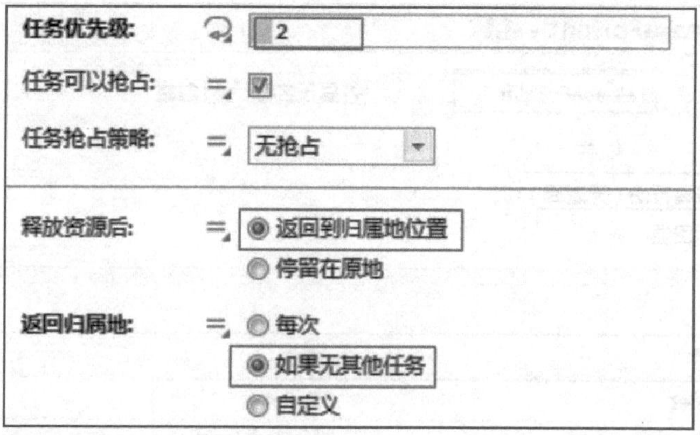

图 9.74　设置 forklifts 资源 2

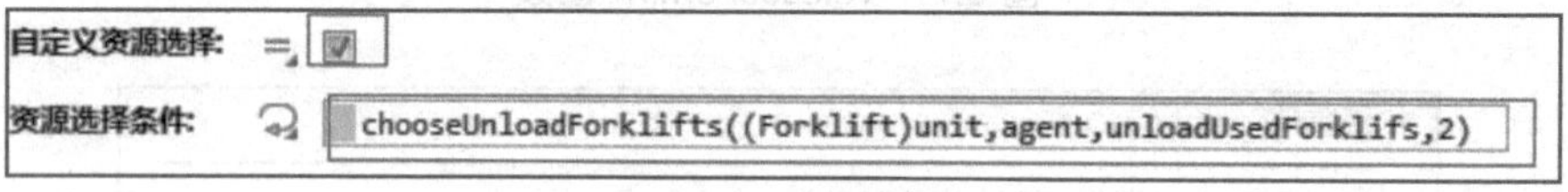

图 9.75　资源选择

```
agent.truck.processedPallet++;
unloadingPallet--;
```

托盘放置在入库区的货架上后表示该托盘货物的卸货作业结束，货车智能体类型中已卸车托盘货物 processedPallet 的数量自加 1，正在卸车的托盘数量 unloadingPallet 变量自减 1。

② 在“离开时”文本编辑框中输入如下代码：

```
releaseForklift(agent, unloadUsedForklifs);
if(agent.truck.processedPallet==agent.truck.capacity)
    waitUnloading.free(agent.truck);
```

当完成一个托盘货物的卸货作业时，调用 releaseForklift()函数，释放该托盘所占用的叉车资源。

当所有托盘卸货完成时，即已卸车的托盘货物数量等于该货车的总容量值时，卸车结束，货车离开卸货位置。

步骤①、②的代码如图 9.76 所示。

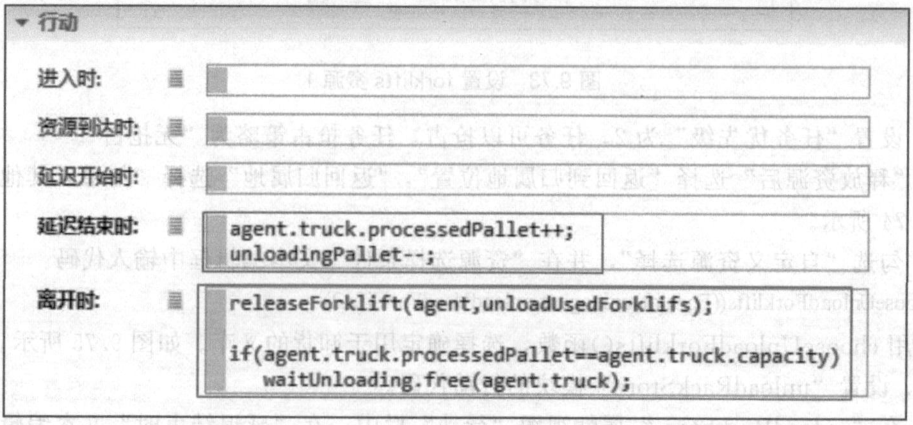

图 9.76　行动代码

步骤八：

用 Move To 模块定义货车离开卸货位置移动到离开系统位置的过程。

i. 在“流程建模库”中选中“Move To”图标拖动至 Main 中“waitUnloading”模块右边，并与之连接。

ii. 绘制货车离开系统的位置节点以及路径。

① 在“空间标记”面板中选中“点节点”图标拖动至 Main 中配送中心演示布局图上，打开属性视图，修改点节点的名称为“sinkNode”。

② 在“空间面板”中双击“路径”右边的小铅笔图标，激活绘图模式，绘制从“unloadNode”节点到“sinkNode”节点的路径。

步骤①、②如图 9.77 所示。

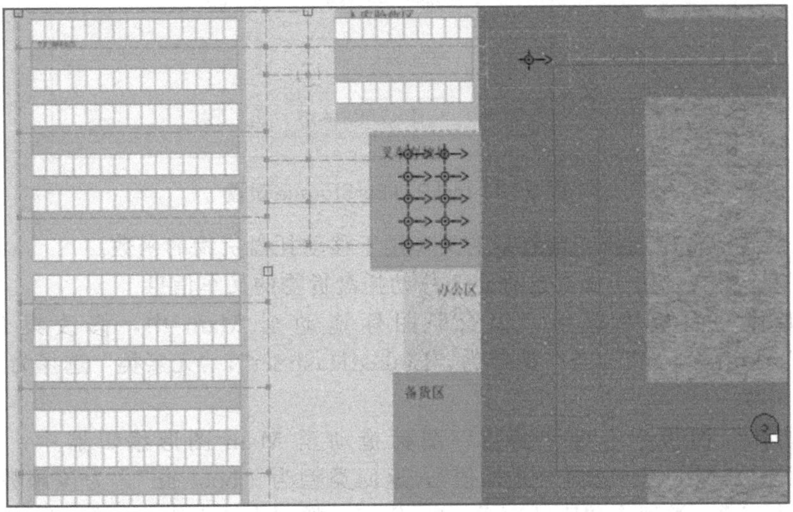

图 9.77 货车离开系统位置节点及路径

iii. 打开“moveTo”属性视图，修改名称为“moveToSink”，“目的地”选择“网络/GIS 节点”，“节点”为“sinkNode”，如图 9.78 所示。

图 9.78 moveToSink 属性设置

步骤九：

在“流程建模库”中选中“Sink”图标拖动至 Main 中“moveToSink”模块右边，并与之连接，货车从该系统中离开。

步骤十：

卸车、入库检查完成后，需存储到存储区的指定货架上，用 Rack Pick 模块定义从入库检查区的货架取下货物托盘移动到指定目标位置。

i. 在“流程建模库”中选中“Rack Pick”拖动至 Main 中“unloadRackStore”模块右边，并与之连接。

ii. 打开属性视图，修改名称为“rackPickForStorage”，“托盘货架/货架系统”选择存储托盘货物的入库区货架“palletRack”，目的地是“网络节点”，在“节点”下拉列表中选择“dockNode”，如图 9.79 所示。

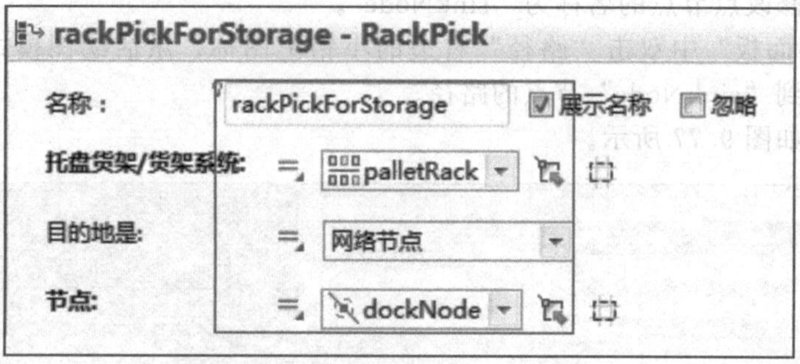

图 9.79　rackPickForStorage 设置

iii. 定义从资源池中选择一定数量的叉车用于移动托盘货物的函数。

① 定义一个集合，用于保存已确定为移动托盘货物的叉车信息。

在“智能体”面板中选中“集合”图标拖动至 Main 中，修改集合的名称为“moveUsedForklifts”，“集合类”选择为“LinkedHashSet”，“元素类”选择为“Forklift”。

② 定义函数。

在“智能体”面板中选中“函数”图标拖动至 Main 图形编辑器中，修改名称为“chooseForkliftForMove”，选择“返回值”，返回类型为“boolean”，为该函数定义 4 个参数，分别为“unit”，类型为“Forklift”；“pallet”，类型为“Pallet”；“collection”，类型为“LinkedHashSet”；“forkliftLimit”，类型为“int”。如图 9.80 所示。

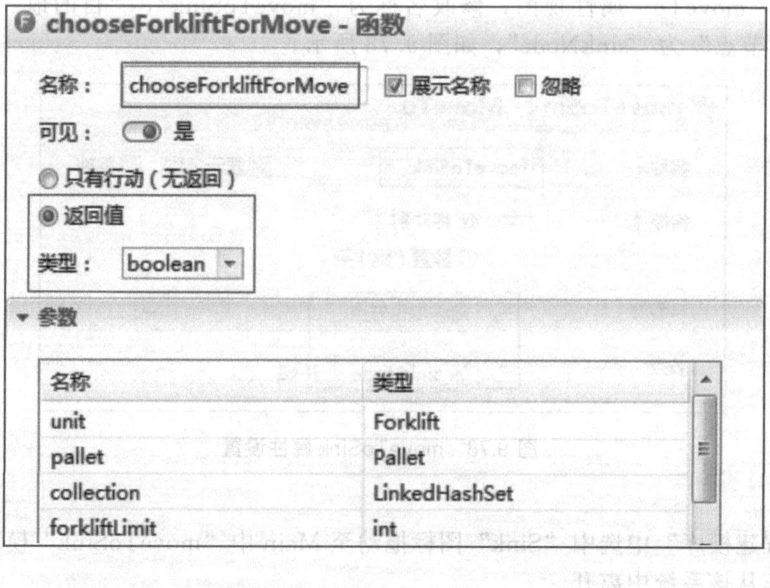

图 9.80　chooseForkliftForMove-函数

在“函数体”文本编辑框中输入如下代码：

```
if (unit.inUse||pallet.seizedForklift!=null)
  return  false;
if (collection.size( )<forkliftLimit||collection.contains(unit))
{
  unit.inUse= true ;
  collection.add(unit);
  pallet.seizedForklift=unit;
  return  true;
 }
return  false;
```

如图 9.81 所示。

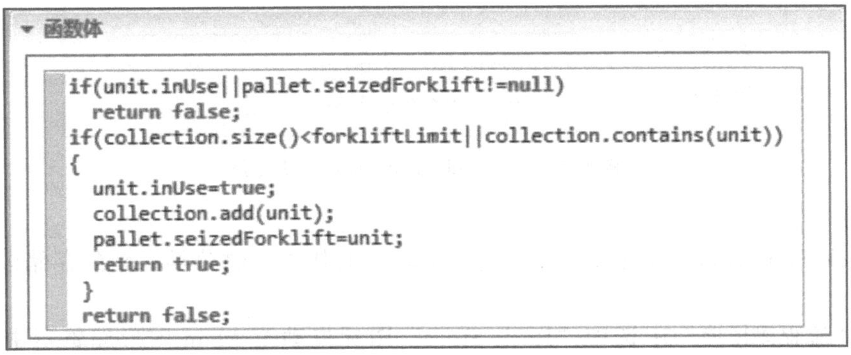


```
if(unit.inUse||pallet.seizedForklift!=null)
  return false;
if(collection.size()<forkliftLimit||collection.contains(unit))
{
  unit.inUse=true;
  collection.add(unit);
  pallet.seizedForklift=unit;
  return true;
 }
return false;
```

图 9.81 chooseUnloadForklifts 函数体

iv. “rackPickForStorage”模块的资源设置。

① 打开“rackPickForStorage”属性视图，在“资源”栏中勾选“使用资源移动”选项。在“资源集（替代）”选择资源池“forklifts”，勾选“以资源速度移动”选项，“移动资源”选择“forklifts”。

② 设置“任务优先级”为 1，勾选“任务可以抢占”，任务抢占策略为“无抢占”。

③“释放资源后”选择“停留在原地”，如图 9.82 所示。

图 9.82 设置 forklifts 资源

④ 勾选“自定义资源选择”，并在“资源选择条件”文本编辑框中输入代码：

chooseForkliftForMove((Forklift)unit,agent,moveUsedForklifts,5)

调用 chooseForkliftForMove()函数，选择确定移动托盘货物的叉车。如图 9.83 所示。

v. 设置“rackPickForStorage”模块的行动代码。

在“rackPickForStorage”属性视图的“行动”栏，在“离开时”文本编辑框中输入如下代码：

```
recalculateUnload( );
```

调用 recalculateUnload()函数，重新计算当前货架剩余货位，判断等待的车辆是否可以开始卸货。如图 9.84 所示。

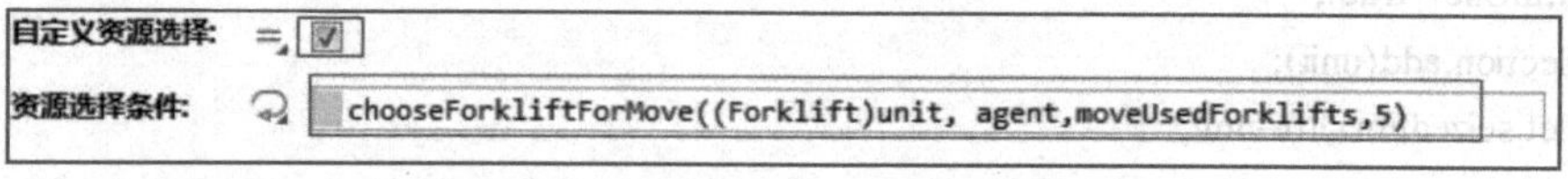

图 9.83　rackPickForStorage 资源选择

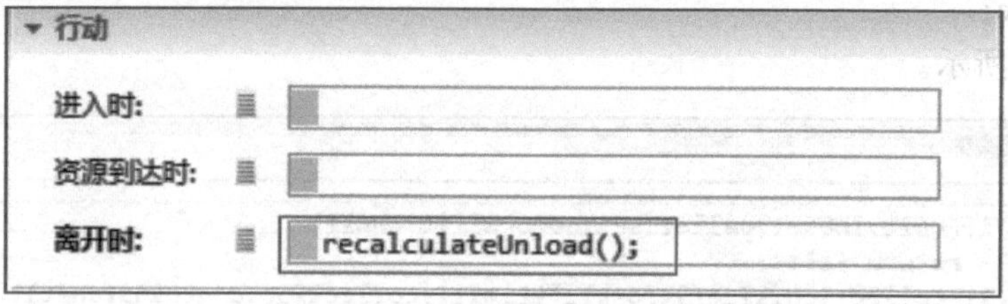

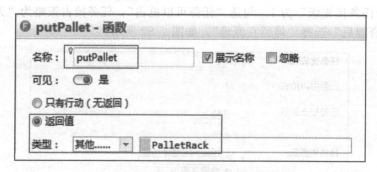

图 9.84　rackPickForStorage 行动代码

步骤十一：

用 Rack Store 模块定义把从入库区货架上取下的托盘货物分类存储到存储区货架上的过程。

i. 在“流程建模库”中选中“Rack Store”图标拖动至 Main 图形编辑器中的“rackPickForStorage”模块右边，并与之连接。

ii. 定义货物分类存储货架的函数。

① 打开“Type”智能体类型图形编辑器，在“智能体”面板中，选中“函数”图标拖动至 Type 中。

② 修改函数名称为“putPallet”，选择有“返回值”，返回类型“其他”，在文本编辑框中输入“PalletRack”，如图 9.85 所示。

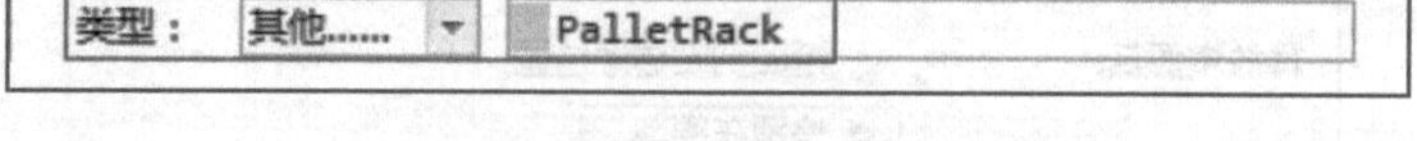

图 9.85　putPallet-函数

③ 在“函数体”文本编辑框中输入以下代码：

```
for (PalletRack PR:palletRacks)
{
  if (PR.capacity( )-PR.size( )-PR.reserved( )>1)
  return PR;
  }
return null;
```

当前种类的货物存储货架还有空余货位时，返回该种类货物的存储货架，如图 9.86 所示。

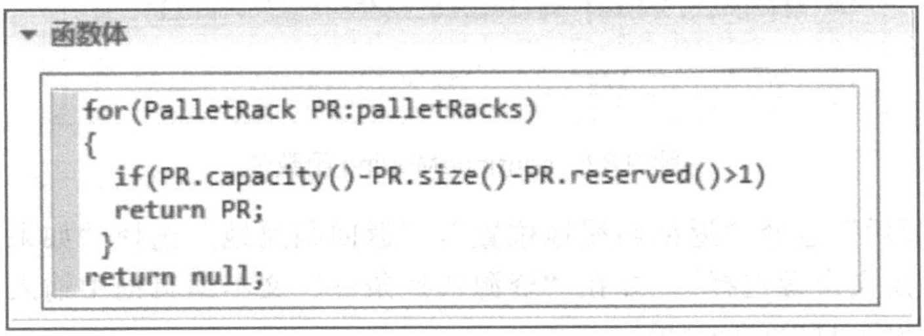

图 9.86 putPallet 函数体

iii. 打开“rackStore”属性视图，修改名称为“rackStoreToStorage”，点击“托盘货架/货架系统”动态值切换图标，在文本框中输入“agent. type. putPallet()”，“移动智能体到”选择“单元格底层”，选择“使用延迟”，延迟时间为 10 秒，如图 9.87 所示。

图 9.87 rackStoreToStorage 属性设置

iv. 定义从资源池中选择一定数量的叉车用于继续移动当前托盘货物到存储区的函数。

① 在“智能体”面板中选中“函数”图标拖动至 Main 图形编辑器中，修改名称为“continueMoving”，选择“返回值”，返回类型为“boolean”，为该函数定义 2 个参数，分别为“unit”，类型为“Forklift”；“pallet”，类型为“Pallet”。

② 在“函数体”文本编辑框中输入以下代码：

```
if (!unit.inUse||pallet.seizedForklift= =null)
    return  false;
else return  pallet.seizedForklift= =unit;
```

如图 9.88 所示。

v. “rackStoreToStorage”模块的资源设置。

① 打开“rackStoreToStorage”属性视图，在“资源”栏中勾选“使用资源移动”选项。在“资源集（替代）”选择资源池“forklifts”，勾选“以资源速度移动”选项，“移动资源”选择“forklifts”。

② 设置“任务优先级”为 0，勾选“任务可以抢占”，任务抢占策略为“无抢占”。

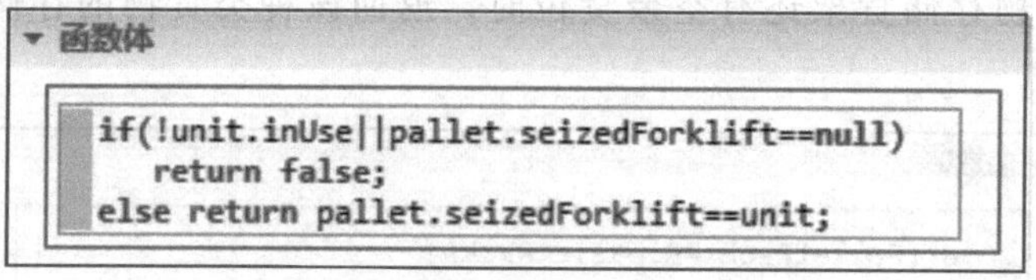

图 9.88 continueMoving 函数体

③“释放资源后”选择“返回归属地位置”，“返回归属地”选择“如果无其他任务”。

④ 勾选“自定义资源选择”，并在“资源选择条件”文本编辑框中输入代码：

continueMoving((Forklift)unit,agent)

调用 continueMoving()函数，确定继续移动托盘货物到存储区的叉车。如图 9.89 所示。

图 9.89 rackStoreToStorage 资源选择

vi. 设置“rackStoreToStorage”模块的行动代码。

在“rackStoreToStorage”属性视图的“行动”栏，在“离开时”文本编辑框中输入如下代码：

releaseForklift(agent, moveUsedForklifts);

当完成托盘货物的存储后，释放该托盘所占用的叉车资源，调用 releaseForklift()函数，并在 moveUsedForklifts 集合中移除该叉车信息，如图 9.90 所示。

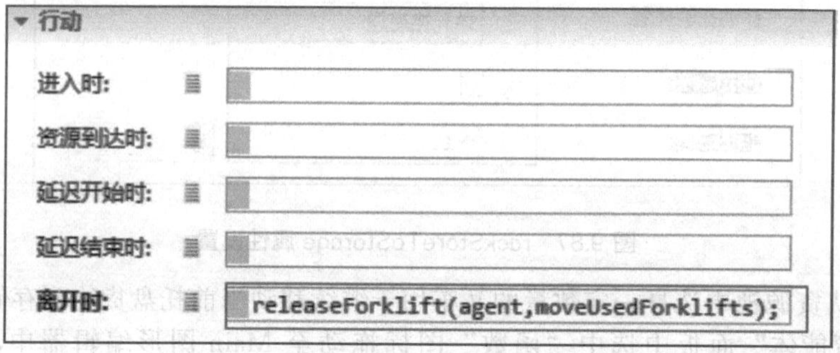

图 9.90 rackStoreToStorage 的行动代码

步骤十二：

用 Exit 模块定义从到达货物卸货、存储过程流中取出智能体，结束到达卸货、存储流程图的绘制。

在“流程建模库”面板中选中“Exit”图标，拖动至 Main 图形编辑器中“rackStore-ToStorage”模块右边，并与之连接。

此时，绘制的到达卸货、存储流程流图如图 9.91 所示。

9.3.3 运行查看货物到达过程模型

步骤一：

① 添加三维窗口。

在“演示”面板中选中“三维窗口”拖动至Main中合适位置，并通过拖动“三维窗口”四边的小方块调整至合适的大小。

② 添加摄像机。

在“演示”面板中选中“摄像机”拖动至Main中合适位置，打开属性视图，根据实际情况调整“X旋转”“Z旋转”以及位置的大小，直至适合的位置，如图9.92所示。

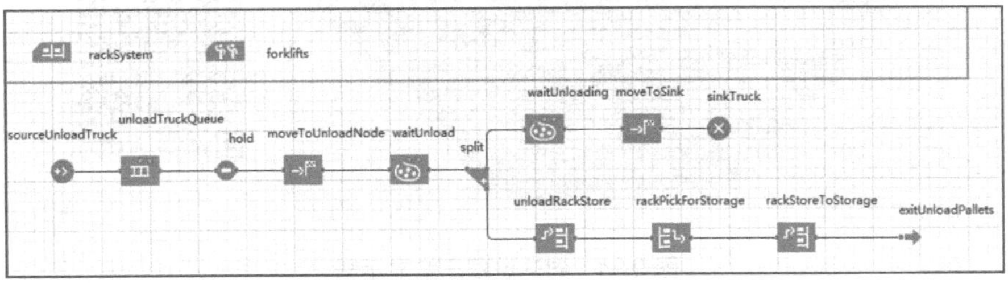

图9.91 到达卸货、存储流程流图

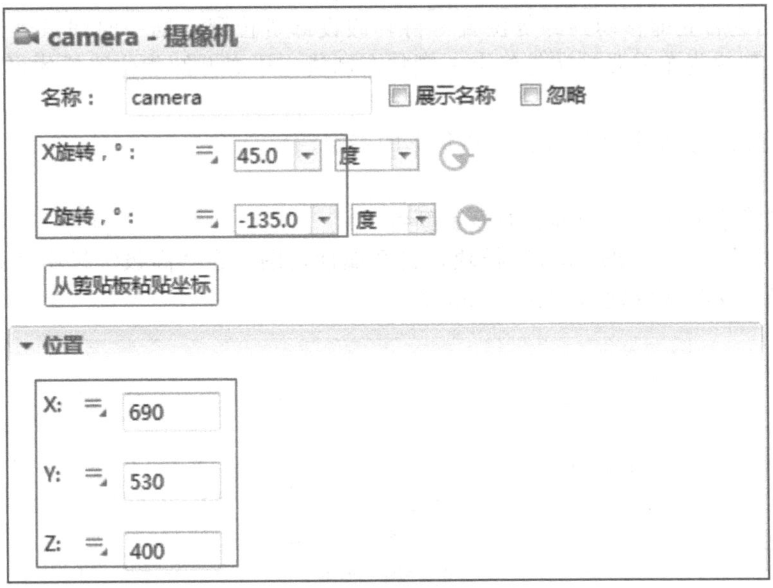

图9.92 摄像机设置

③ 为三维窗口选择摄像机。

打开“三维窗口”属性视图，在“摄像机”右边下拉列表中，选择已添加的摄像机。

步骤二：

运行模型，观察模型运行情况，货车到达后卸货、存储流程图运行情况如图9.93所示。

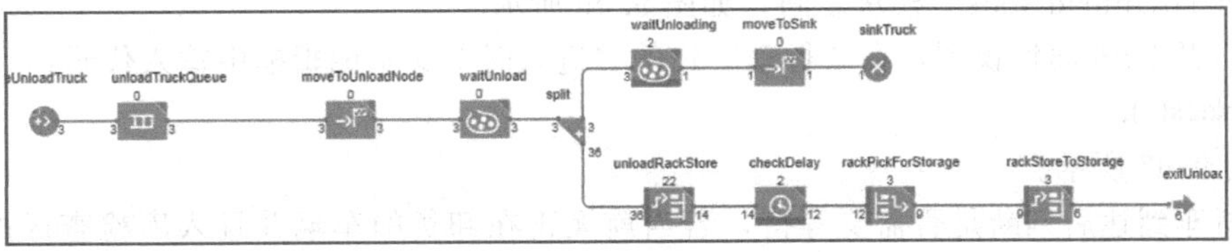

图9.93 卸货、存储流程图

到达过程三维显示图如图9.94所示。

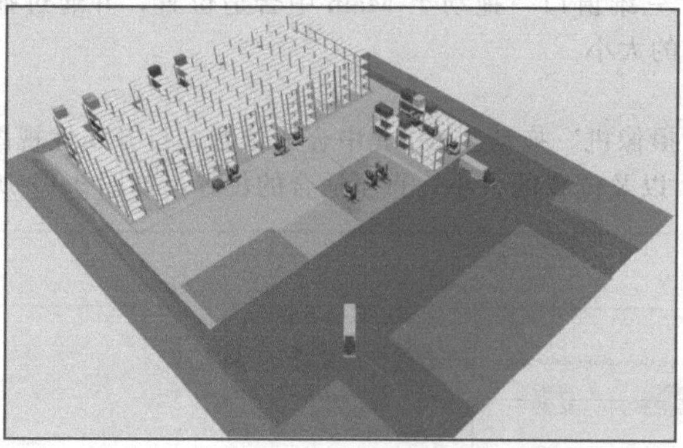

到达过程三维显示
彩图扫描下面
二维码显示

图 9.94 到达过程三维显示图

通过观察到达卸货、存储运行流程图以及三维动画图，发现以下三个问题：

① 存储货架上物品显示颜色不符合设定的颜色。

② 货车到达后立即移动到卸货位置等待，假设卸货位限定同一时间只容许一辆货车进行卸货，其他到达货车需要排队等候上一辆货车卸货完毕离开卸货位置后才可移动至卸货位置等待卸货。

③ 在入库区的货架货物存放在远离货车的一端。

步骤三：

设置存储货架上物品不同种类的显示颜色。

在 Main 中点击“rackSystem”模块，打开属性视图，在“高级”栏中“画储存的智能体”右边选择“在默认位置”，如图 9.95 所示。

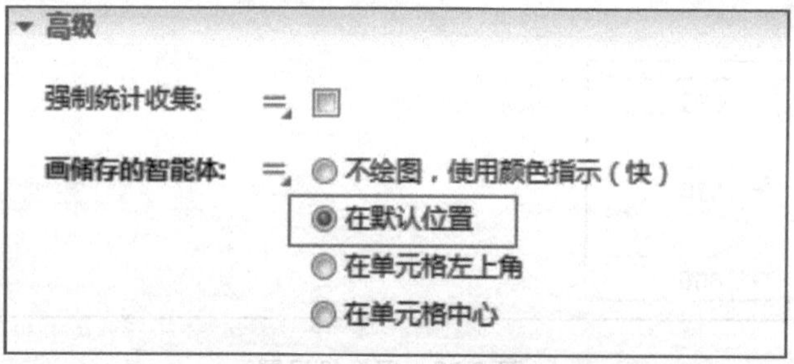

图 9.95 rackSystem 属性设置

步骤四：

用 Hold 模块实现阻止到达的货车在上一辆卸货未完成之前进入卸货位置。

① 在“流程建模库”选中“Hold”图标，拖动至流程图的“unloadTruckQueue”模块与“moveToUnloadNode”模块之间，如图 9.96 所示。

② 打开 hold 属性视图，在“行动”栏的“进入时”文本编辑框中输入代码：

```
self.block( );
```

如图 9.97 所示。

③ 货车到达后判断是否需要等待，若当前无正在卸货的车辆并且入库检查区的货位充足，则打开 hold 阻止，直接移动货车至卸货位置等待卸货。

打开流程图中“unloadTruckQueue”模块的属性视图，在“行动”栏的“进入时”文本编辑框中输入代码：

```
if (waitUnloading.size( )==0 &&
        ((palletRack.capacity( )-palletRack.size( )-unloadingPallet)>agent.capacity))
 hold.unblock( );
```

如图 9.98 所示。

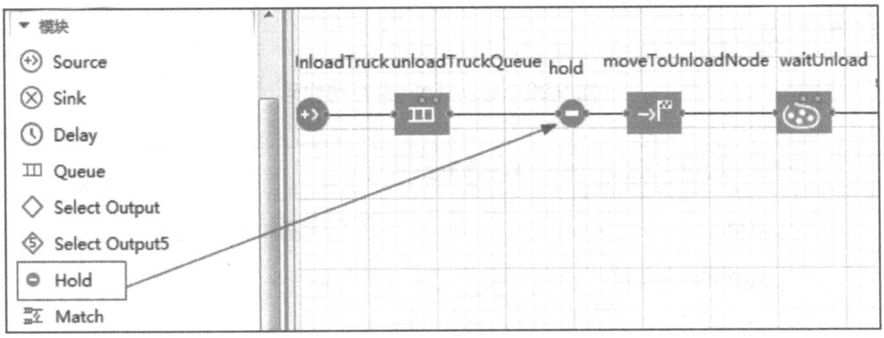

图 9.96　添加 hold 模块

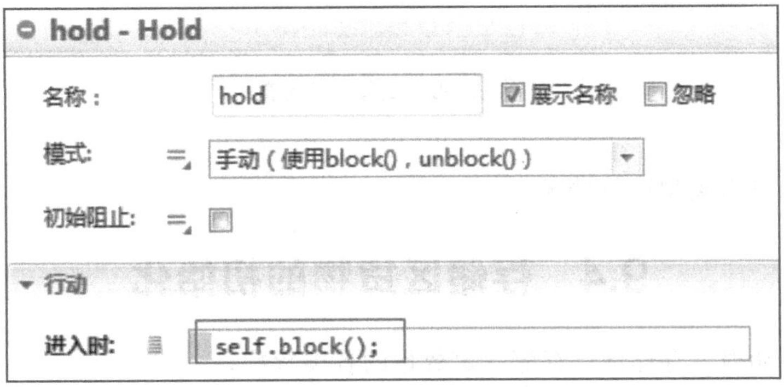

图 9.97　hold 行动

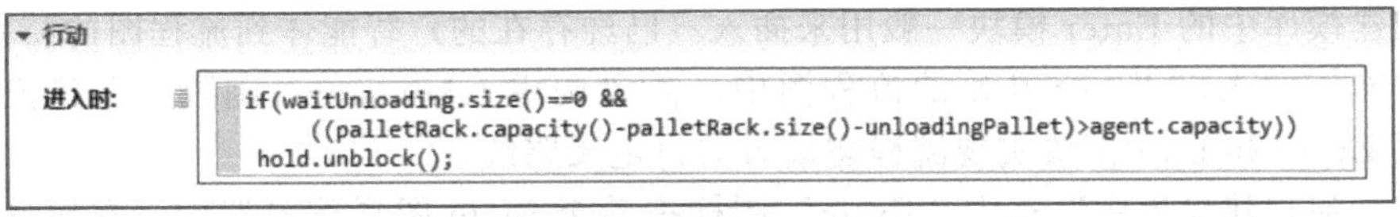

图 9.98　unloadTruckQueue 行动代码

④ 货车卸车完毕，离开卸货位置后再次判断是否可以解除 hold 阻止，使下一辆货车移动至卸货位置进行卸货。

打开流程图中“moveToSink”模块的属性视图，在“行动”栏的“离开时”文本编辑框中输入代码：

```
if (waitUnloading.size( )==0 &&
        ((palletRack.capacity( )-palletRack.size( )-unloadingPallet)>agent.capacity))
 hold.unblock( );
```

如图 9.99 所示。

步骤五：

设置入库区货架上货物的存储位置。

在流程图中点击“unloadRackStore”，打开属性视图，原设置的“选择单元格最接近”是“存储/区的前面”，在此处修改为“存储/区的后面”，如图 9.100 所示。

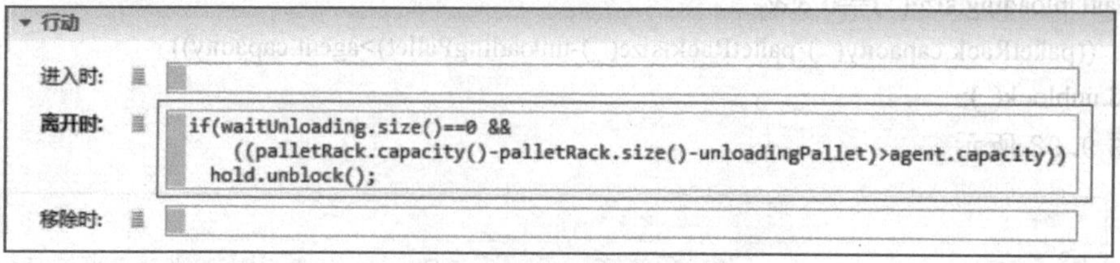

图 9.99　moveToSink 行动代码

图 9.100　设置存储位置

步骤六：

运行模型，查看模型运行情况。

9.4　存储区货物的初始化

设置模型开始时，存储区已存储一定数量的各类货物。

步骤一：

用 Enter 模块实现插入 Pallet 类型的智能体到初始化货物存储的流程图中。

流程建模库中的 Enter 模块一般用来插入（已经存在的）智能体到流程图的特定点。如果要将智能体插入以 Enter 开始的流程图中，需要调用 take(agent)函数，在建模过程中，可以使用 Enter 和 Exit 模块实现流程建模时的自定义路线。

i. 在“流程建模库中”选中“Enter”图标拖动至 Main 图形编辑器中，在属性视图中，“智能体类型”选择“Pallet”，“新位置”选择“网络/GIS 节点”，“节点”选择靠近存储区货架系统比较近的任意一节点，“速度”设置为最大值，如图 9.101 所示。

图 9.101　enter 设置

ii. 定义初始化托盘货物的函数。

① 在“智能体”面板中选中“函数”图标，拖动至 Main 中，在属性视图中修改名称为“initialPalletes”，选择“只有行动（无返回）”，定义参数“ratio”，类型为 double，该参数表示初始时各类货物已存储的量占总货位的比。如图 9.102 所示。

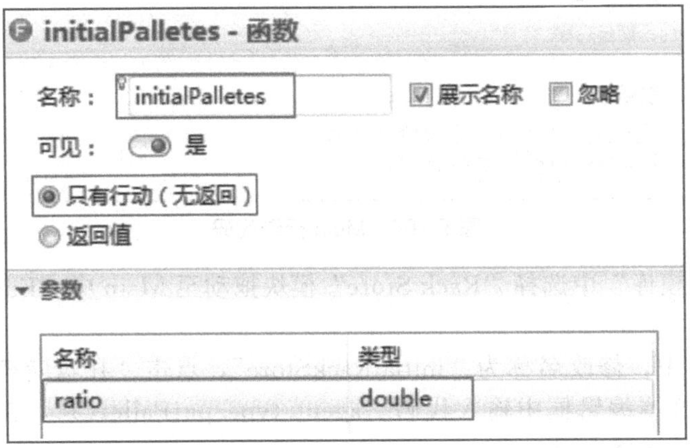
initialPalletes - 函数
名称：
initialPalletes
展示名称
忽略
可见：
是
只有行动（无返回）
返回值
参数
名称
类型
ratio
double

图 9.102　initialPalletes-函数

② 在“函数体”文本编辑框中输入以下代码：

```
for (Type t:types)
{
  int count=(int) (rackSystem.capacity( )*ratio);
  for (int i=0;i<count;i++)
  {
   enter.take( new Pallet(t.id,t));
   }
 }
```

在该函数中调用 take()函数，将一定数量的托盘货物插入以“Enter”模块开始的流程图中。如图 9.103 所示。

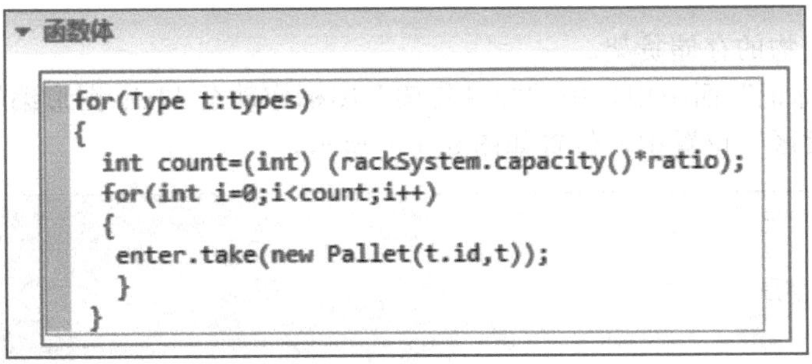
函数体
for(Type t:types)
{
int count=(int) (rackSystem.capacity()*ratio);
for(int i=0;i<count;i++)
{
enter.take(new Pallet(t.id,t));
}
}

图 9.103　initialPalletes 函数体

iii. 在模型开始时调用 initialPalletes()函数，将托盘货物插入流程图中。

打开 Main 属性视图，在“智能体行动”栏的“启动时”文本编辑框中输入函数调用代码“initialPalletes(0.01)”，如图 9.104 所示。

步骤二：

用 Rack Store 模块定义通过 Enter 插入的 Pallet 智能体存储。

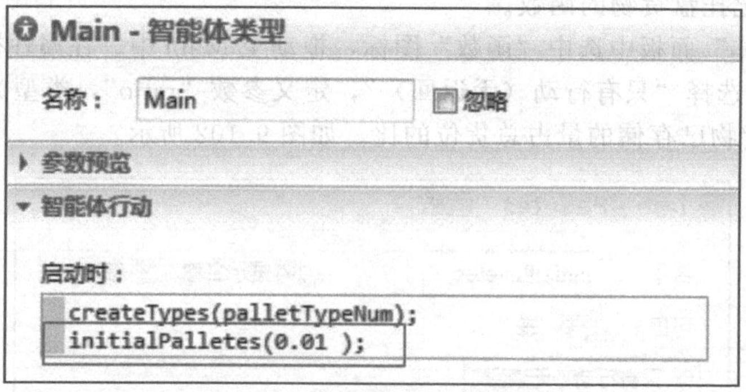

图 9.104　Main 行动代码

① 在“流程建模库”中选择“Rack Store”模块拖动至 Main 中“Enter”模块右边，并与之连接。

② 在属性视图中，修改名称为“initialRackStore”，点击“托盘货架/货架系统”的动态值切换图标，在文本编辑框中输入代码“agent. type. putPallet()”，在“移动智能体到”下拉列表中选择“单元格底层”。

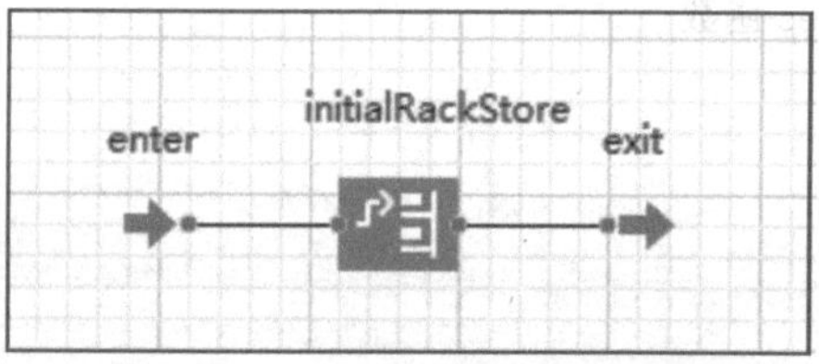

图 9.105　存储区货物初始化流程图

步骤三：

用 Exit 模块结束初始化货物存储流程图的绘制。

在“流程建模库”面板中选中“Exit”图标，拖动至 Main 图形编辑器中的“initialRackStore”模块右边，并与之连接。

存储区货物的初始化流程图如图 9. 105 所示。

9.5　拣货、发货过程建模

9.5.1　拣货、装车发货过程空间标记绘制

步骤一：

绘制备货区货物的存储货架。

① 在“空间标记”面板中选中“托盘货架”图标拖动至 Main 图形编辑器中配送中心演示布局图的“备货区”位置中，位置如图 9. 106 所示。

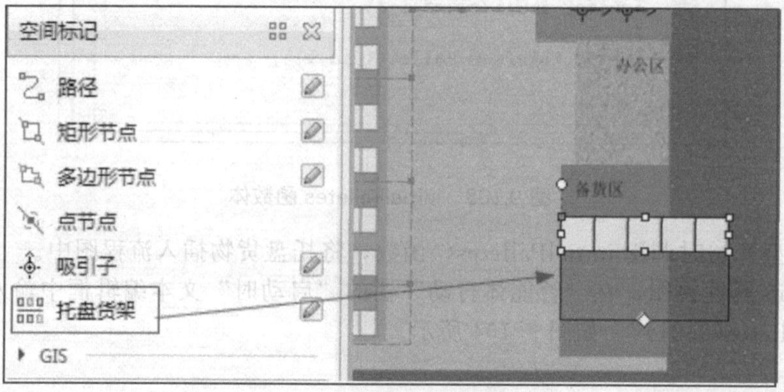

图 9.106　备货区存储货架

② 打开托盘货架属性视图，修改名称为“loadPalletRack”，选择类型为“两货架，一通道”，单元格数是“基于单元格宽度计算”，单元格宽度为 10，进深位置数为 1，层数为 3，层高为 14。

③ 在属性“位置和大小”栏中设置托盘货架的“长度”为 60、“左、右侧托盘货架深度”为 15、“通道宽度”为 30。

步骤二：

绘制货物装车位置。

① 在“空间标记”面板中选中“矩形节点”图标拖动至 Main 中配送中心演示布局图上，位置如图 9.107 所示。

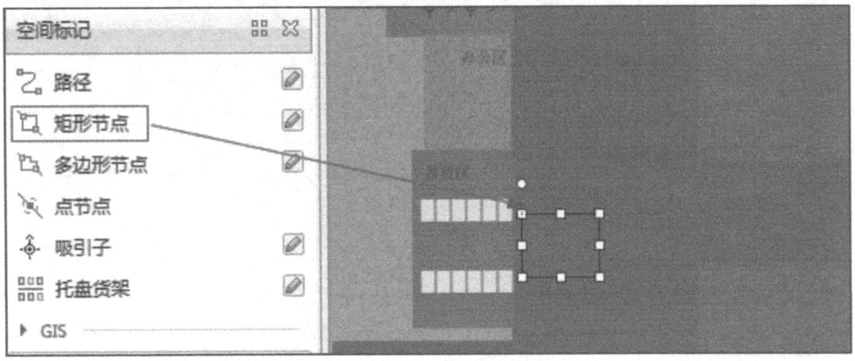

图 9.107 货物装车位置

② 打开属性视图，修改矩形节点的名称为“loadNode”，点击“吸引子……”，在弹出的对话框中“吸引子数”文本编辑框中输入 1，确定货物的装车位置。

步骤三：

绘制从存储区到备货区之间的一个节点位置。

在“空间标记”面板中选中“点节点”图标拖动至演示布局图中，位置如图 9.108 所示，并修改点节点的名称为“dockNode1”。

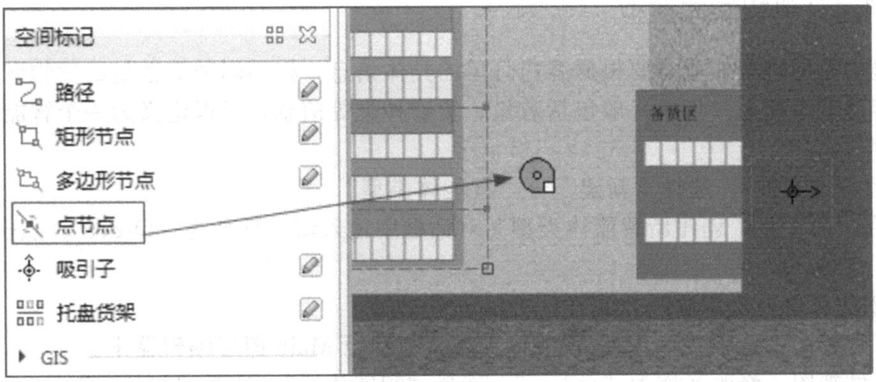

图 9.108 dockNode1

步骤四：

绘制拣货、发货过程中叉车及货车的运行路径。

① 绘制装车后的货车离开系统的路径。

在“空间面板”中双击“路径”右边的小铅笔图标，激活绘图模式，绘制从“loadNode”节点到“sinkNode”节点的路径。

② 绘制叉车在配送中心内部拣货路径。

增加叉车在配送中心存储区各货架之间的运行路径，绘制存储区与备货区、备货区与装车位置之间的叉车运行路径，并确认所有的空间标记都已连接到网络，如图 9.109 所示。

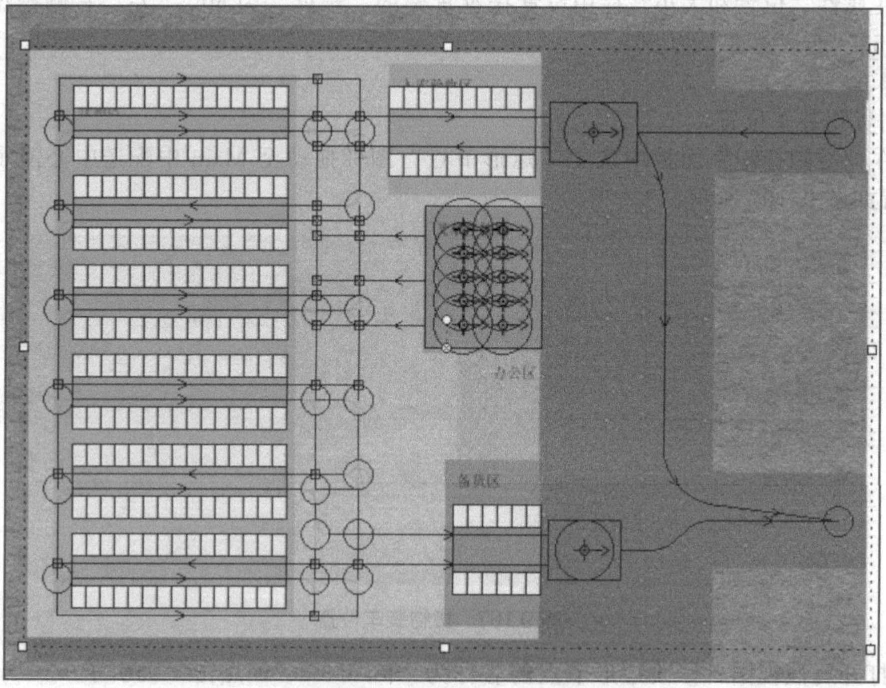

图 9.109　配送中心路径图

③ 依次设置配送中心内路径各节点的半径大小为 1。

步骤五：

运行模型，检查绘制的路径之间是否都已连接。

9.5.2 创建订单智能体类型

配送中心的拣货作业需要根据客户订单的具体信息，将不同种类数量的货物取出集中在一起，等待装车配送。订单一般包括数量、货物种类等信息，可以定义为一个智能体类型。

步骤一：

① 打开“文件”，选择“新建”→“智能体类型”。

② 在“第 1 步．创建新智能体类型”对话框中输入新类型名为“Order”，点击“完成”按钮。

③ 创建订单智能体群。

在工程树图中选中“Order”智能体类型，拖动至 Main 图形编辑器中。

在属性视图，修改名称为“orders”，选择“智能体群”，选择“初始空”。

步骤二：

① 创建表示订单大小的参数。

打开“智能体”面板，选中“参数”图标，拖动至 Order 智能体类型图形编辑器中，并修改名称为“size”，类型为“int”。

② 创建保存已拣取托盘的集合。

打开“智能体”面板，选中“集合”图标，拖动至 Order 智能体类型图形编辑器中，修改名称为“pallets”，“集合类”下拉列表中选择“LinkedHashSet”，“元素类”为“Pallet”，如图 9.110 所示。

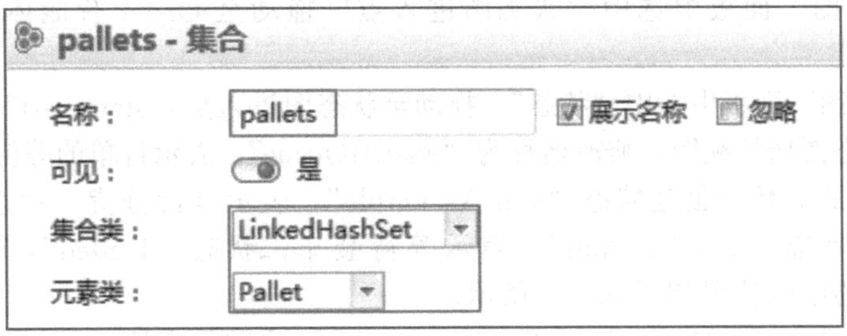

图 9.110 pallets 集合

③ 创建各类托盘货物数量对应的数组变量。

打开“智能体”面板，选中“变量”图标，拖动至 Order 智能体类型图形编辑器中，修改名称为“capacities”，“类型”选择“其他”，右边文本编辑框中输入“int[]”，如图 9.111 所示。

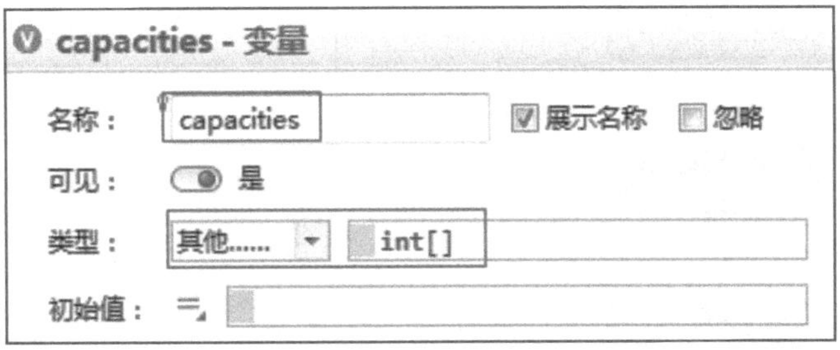

图 9.111 capacities 数组

步骤三：

配送中心接收客户订单后，订单在配送中心有等待处理、等待拣货、正在拣货、等待装车、已装车几个状态。

i. 定义保存不同状态订单信息的集合。

① 定义保存等待处理的订单集合。

打开“智能体”面板，选中“集合”图标，拖动至 Main 图形编辑器中，修改名称为“orderQueue”，“集合类”下拉列表中选择“ArrayList”，“元素类”为“Order”，如图 9.112 所示。

图 9.112 orderQueue 集合

② 以同样的方式依次创建同“集合类”和“元素类”的集合“orderWaitAssemble”，表示等待拣货状态的订单集合；集合“orderAssembling”，表示正在拣货状态的订单集合；

集合“orderWaitLoad”，表示等待装车状态的订单集合。

ii. 定义订单内部状态变化的状态图。

① 在“状态图”面板中选中“状态图进入点”拖动至 Order 智能体类型的图形编辑器中。

② 在“状态图”面板中选中“状态”，拖动至状态图进入点“statechart”箭头下方，并与之连接，打开状态图属性视图，修改名称为“waitAtQueue”，表示订单的等待处理状态。

③ 同样的方式，依次创建状态“waitAssemble”，表示等待拣货；状态“assembling”，表示正在拣货；状态“waitLoading”，表示等待装车；状态“loaded”，表示已装车。在 Order 图形编辑器中的位置如图 9.113 所示。

④ 创建状态“waitAtQueue”与“waitAssemble”之间的变迁。

在“状态图”面板中选中“变迁”，拖动至“waitAtQueue”与“waitAssemble”之间，如果连接成功，箭头两端显示绿色的小圆圈，如图 9.114 所示。

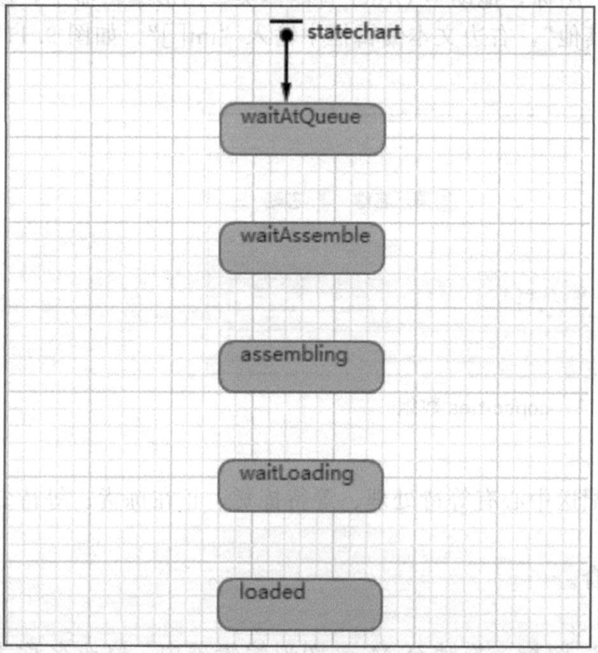

图 9.113　状态图位置

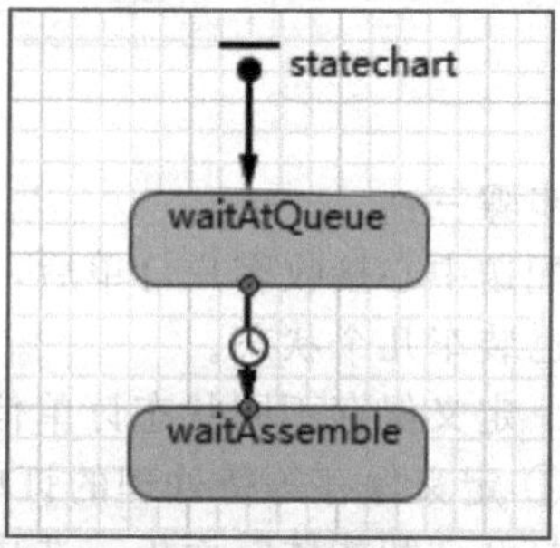

图 9.114　添加变迁

在变迁属性视图中，在“触发于”下拉列表中选择“消息”，在“消息类型”下拉列表中选择“String”，“触发变迁”选择“特定消息时”，在“消息”右边文本编辑框中输入“waitAssemble”，在“行动”右边文本编辑框中输入以下代码：

```
main.orderQueue.remove(this);
main.orderWaitAssemble.add( this);
```

当接收到“waitAssemble”文本消息后，订单的状态由等待处理变为等待拣货，同时在等待处理的订单集合中移除该订单，并将该订单信息添加至等待拣货状态的订单集合中，如图 9.115 所示。

⑤ 同样方式，创建“waitAssemble”与“assembling”状态之间的变迁，消息为“assembling”，“行动”文本编辑框中代码如下：

```
main.orderWaitAssemble.remove( this );
main.orderAssembling.add(this );
```

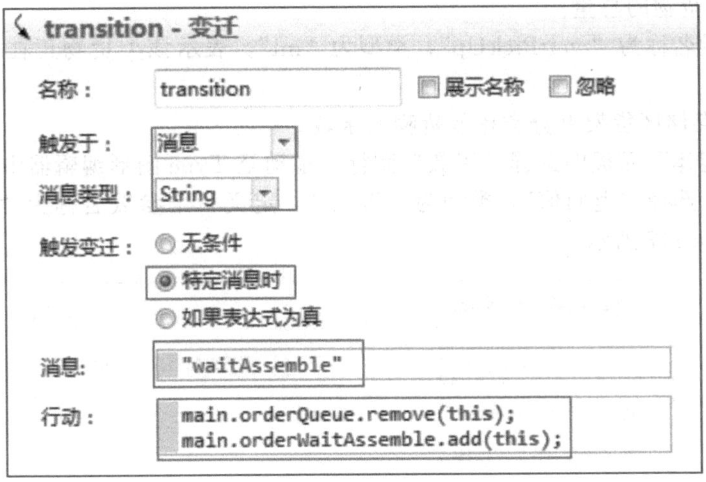

图 9.115 变迁设置

⑥ 创建“assembling”与“waitLoading”状态之间的变迁，消息为“assembled”，“行动”文本编辑框中代码如下：

```
main.orderAssembling.remove( this );
main.orderWaitLoad.add( this );
```

⑦ 创建“waitLoading”与“loaded”状态之间的变迁，消息为“loaded”，“行动”文本编辑框中代码如下：

```
main.orderWaitLoad.remove(this);
```

9.5.3 添加模型相关参数

步骤一：

为 Pallet 智能体类型添加有关订单处理、拣货、发货过程需要的参数变量。

① 打开“Pallet”图形编辑器，在“智能体”面板中选中“变量”图标拖动至 Pallet 中，修改变量名称为“order”，类型选择“Order”，表示拣货、装运过程中托盘所属的订单信息。

② 同样的方式添加变量名称为“isReserved”，类型为“boolean”，初始值设置为“false”，如图 9.116 所示。该变量表示当前托盘是否已标记为等待拣货的状态。

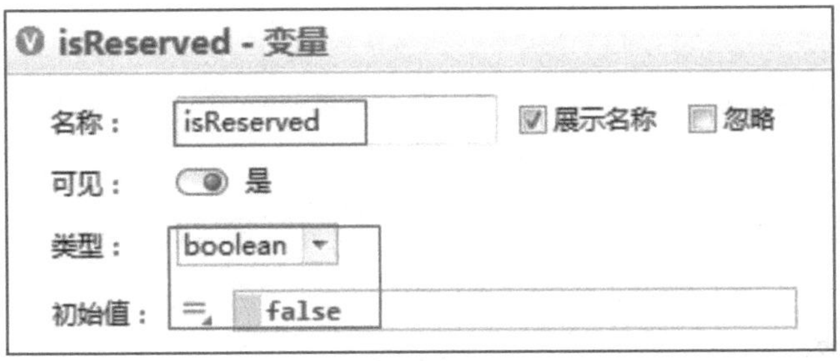

图 9.116 isReserved-变量

步骤二：

为 Type 智能体类型添加相关的变量、函数。

i. 打开“Type”图形编辑器，添加变量名称为“ordered”，类型为“int”，表示所有订单中所需要该类货物的总量。

ii. 添加变量名称为“waitPickUp”，类型为“int”，表示该类货物正在等待拣货的托盘数量。

iii. 创建从存储区货架上分类拣取货物的函数。

① 在“智能体”面板中选择“函数”图标，拖动至 Type 图形编辑器中，修改函数名称为“getPallet”，选择“返回值”，类型为“Pallet”，定义一个参数名称为“order”，类型为“Order”，如图 9.117 所示。

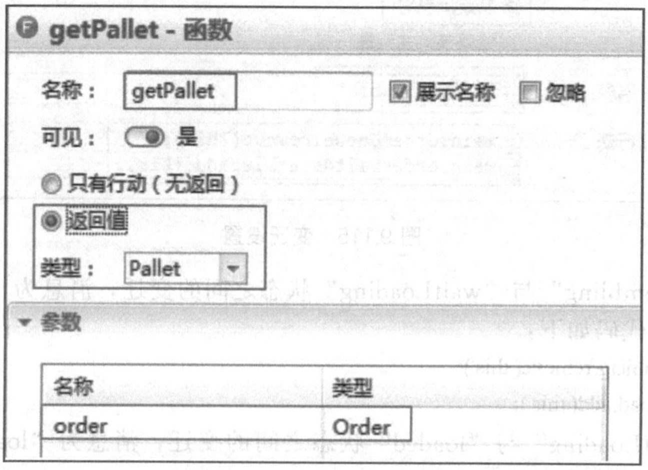

图 9.117　getPallet 函数

② 在“函数体”文本编辑框中输入以下代码：

```
Pallet p=null;
for (PalletRack pr:palletRacks)
{
  for (int i=0;i<pr.size( );i++)
  {
    Pallet cp=(Pallet)pr.getByIndex(i);
    if (!cp.isReserved)
    {
      p=cp;
      break;
    }
  }
  if (p!=null)
  break;
}
p.isReserved=true;
return p;
```

getByIndex(index)函数返回存储的 index 指定的智能体。

用 for 循环查找当前货架上存储的托盘货物，如果当前货物还未被标记为等待拣货的状态，则直接退出循环，返回该托盘货物，并将该托盘货物标记为等待拣货的状态。如图 9.118 所示。

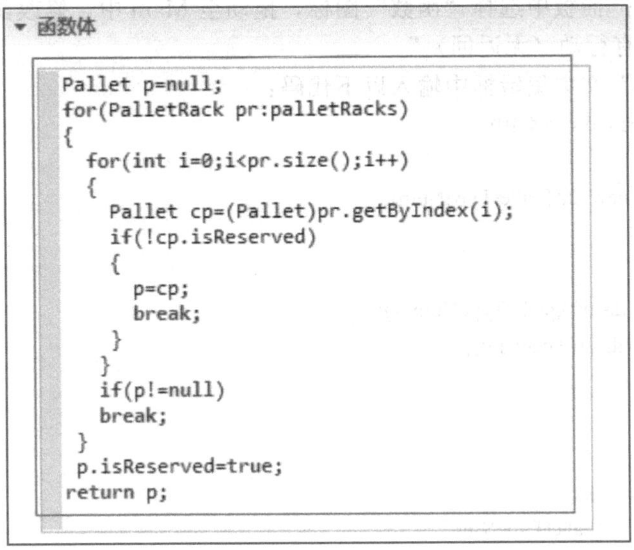


```
Pallet p=null;
for(PalletRack pr:palletRacks)
{
  for(int i=0;i<pr.size();i++)
  {
    Pallet cp=(Pallet)pr.getByIndex(i);
    if(!cp.isReserved)
    {
      p=cp;
      break;
    }
   }
   if(p!=null)
   break;
 }
 p.isReserved=true;
return p;
```

图 9.118 getPallet 函数体

iv. 创建分类统计存储区货物总数的函数。

① 在“智能体”面板中选择“函数”图标，拖动至 Type 图形编辑器中，修改函数名称为“getSize”，选择“返回值”，类型为“int”。

② 在“函数体”文本编辑框中输入以下代码：

```
int size=0;
for(PalletRack p:palletRacks)
 {
  size+=p.size( );
 }
return size;
```

如图 9.119 所示。

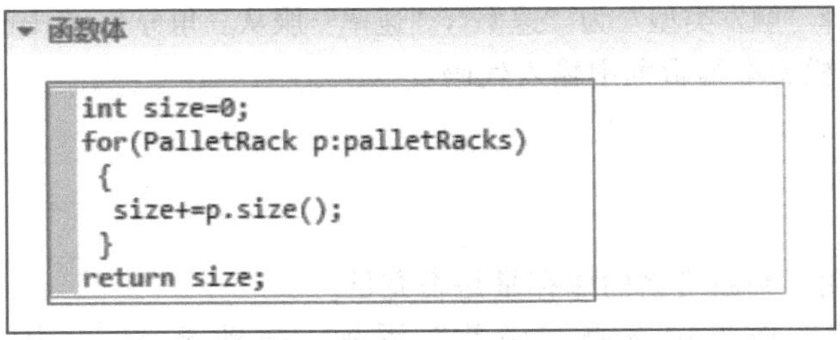


```
int size=0;
for(PalletRack p:palletRacks)
 {
  size+=p.size();
 }
return size;
```

图 9.119 getSize 函数体

9.5.4 确定拣货订单

每个配送中心将会接收到不同客户的订单，不同的订单其数量、货物的种类等不同。在本模型的建模过程中，定义一个函数，利用 uniform-discr()函数随机产生数量不同、产品种类组合不同的订单，来模拟配送中心接收到的不同订单。将产生的订单保存在 OrderQueue 集合中，然后根据订单需求，检查货物的库存量是否足够，确定需要拣货的订单，开始拣货。

步骤一：

定义为该模型创建随机订单的函数。

① 在“智能体”面板中选择“函数”图标，拖动至 Main 中，修改函数名称为“createOrder”，选择“只有行动（无返回）”。

② 在“函数体”文本编辑框中输入以下代码：

```
int capicity=uniform_discr(4,10);
int s=capicity;
int [ ] capacities= new int[palletTypeNum];
while (capicity>0)
 {
   int i=uniform_discr(0,palletTypeNum-1);
   int c=uniform_discr(0,capicity);
   capacities[i]+=c;
   capicity-=c;
 }
Order o=add_orders(s);
o.capacities= new int[palletTypeNum];
for (int i=0;i<palletTypeNum;i++)
  {
     o.capacities[i]=capacities[i];
  }
orderQueue.add(o);
for (int i=0;i<palletTypeNum;i++)
 {
   types.get(i).ordered+=o.capacities[i];
 }
```

随机产生大小为 4～10 的订单，并将该订单添加至 orderQueue 集合，如图 9.120 所示。

步骤二：

创建产生订单的事件。

① 在“智能体”面板中选中“事件”图标拖动至 Main 中，在属性视图中修改名称为“createOrderEvent”，选择“触发类型”为“速率”，“速率”服从三角分布“triangular(1，4，2)”。

② 在“行动”栏文本编辑框中输入代码：

```
createOrder( );
```

如图 9.121 所示。

步骤三：

定义一个函数用于判断货物的库存量是否充足。

① 在“智能体”面板中选择“函数”图标，拖动至 Main 中，修改函数名称为“enoughPalletsForOrder”，选择“返回值”，返回类型为“boolean”，定义一个参数名称为“order”，类型为“Order”。

② 在“函数体”文本编辑框中输入以下代码：

```
for (int i=0;i<palletTypeNum;i++)
{
  if (order.capacities[i]>types.get(i).getSize( )-types.get(i).waitPickUp)
  return  false;
 }
return  true;
```

▾ 函数体

```
int capicity=uniform_discr(4,10);
int s=capicity;
int [] capacities=new int[palletTypeNum];
while(capicity>0)
 {
   int i=uniform_discr(0,palletTypeNum-1);
   int c=uniform_discr(0,capicity);
   capacities[i]+=c;
   capicity-=c;
  }
Order o=add_orders(s);
o.capacities=new int[palletTypeNum];
for(int i=0;i<palletTypeNum;i++)
  {
     o.capacities[i]=capacities[i];
   }
orderQueue.add(o);
for(int i=0;i<palletTypeNum;i++)
 {
   types.get(i).ordered+=o.capacities[i];
 }
```

图 9.120　createOrder 函数体

图 9.121　createOrderEvent-事件

当前存储区同类货物总量减去已等待拣货的货物后，大于当前订单该类货物的需求量的，返回 true，否则返回 false，如图 9.122 所示。

▾ 函数体

```
for(int i=0;i<palletTypeNum;i++)
{
  if(order.capacities[i]>types.get(i).getSize()-types.get(i).waitPickUp)
  return false;
 }
return true;
```

图 9.122　enoughPalletsForOrder 函数体

步骤四：

定义一个函数，确定需要拣货的订单。

① 在“智能体”面板中选择“函数”图标，拖动至 Main 中，修改函数名称为“nextOrderAssembling”，选择“返回值”，返回类型为“Order”。

② 在“函数体”文本编辑框中输入以下代码：

```
for (Order order:orderQueue)
{
   if (!order.inState(order.waitAtQueue))
   continue;
   if (!enoughPalletsForOrder(order))
   continue;
   return order;
 }
return null;
```

如图 9.123 所示。

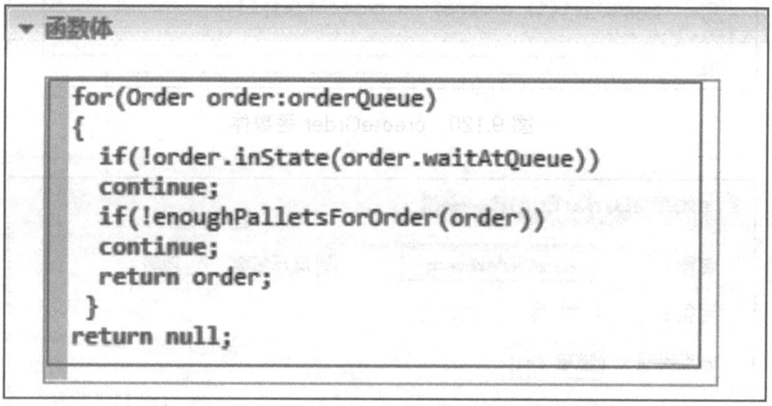

图 9.123　nextOrderAssembling 函数体

9.5.5 创建拣货流程图

步骤一：

用 Enter 模块实现插入 Pallet 类型的智能体到拣货流程图中。

① 在“流程建模库中”选中“Enter”图标拖动至 Main 图形编辑器中，在属性视图中，修改名称为“enterPallet”，“智能体类型”选择“Pallet”。

② 定义事件，用于判断是否需要开始拣货，若需要则利用 take() 函数将 Pallet 类型的智能体插入拣货流程图中。

在“智能体”面板中选中“事件”图标，拖动至 Main 中，在属性视图中修改名称为“startAssembling”，选择“触发类型”为“到时”，“模式”选择“循环”，“复发时间”为 2 分钟。

在“行动”栏文本编辑框中输入代码：

```
Order order=nextOrderAssembling( );
if (order!= null)
{
 send ("waitAssemble",order);
 for (int i=0;i<palletTypeNum;i++)
 {
```

```
    Type t=types.get(i);
    t.waitPickUp+=order.capacities[i];
    t.ordered-=order.capacities[i];
    for (int j=0;j<order.capacities[i];j++)
    {
      Pallet p=t.getPallet(order);
      p.order=order;
      enterPallet.take(p);
    }
  }
}
```

确定需要拣货的订单后，给该订单发送消息“waitAssemble”，该订单接收到消息后状态由排队等候处理“waitAtQueue”变为等待拣货“waitAssemble”，利用 getPallet()函数，从存储货架上拣取货物，并调用 enter 模块的 take()函数将其插入至拣货的流程图中。如图 9.124 所示。

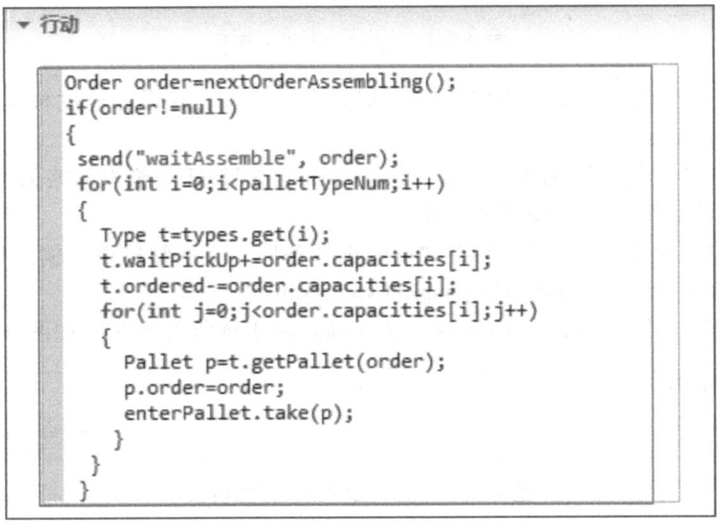

▾ 行动

```
Order order=nextOrderAssembling();
if(order!=null)
{
 send("waitAssemble", order);
 for(int i=0;i<palletTypeNum;i++)
 {
   Type t=types.get(i);
   t.waitPickUp+=order.capacities[i];
   t.ordered-=order.capacities[i];
   for(int j=0;j<order.capacities[i];j++)
   {
     Pallet p=t.getPallet(order);
     p.order=order;
     enterPallet.take(p);
   }
 }
}
```

图 9.124　startAssembling 事件行动代码

步骤二：

用 Rack Pick 模块定义从存储区的货架取下货物托盘移动到指定目标位置的过程。

i. 在“流程建模库”中选中“Rack Pick”图标拖动至 Main 图形编辑器中的“enterPallet”模块右边，并与之连接。

ii. 打开属性视图，修改名称为“rackPickPallet”，“托盘货架/货架系统”选择存储区托盘货架系统“rackSystem”，目的地是“网络节点”，在“节点”下拉列表中选择“dockNode1”。

iii. 勾选“使用延迟”复选框，“延迟时间”为 10 秒，“取智能体自”下拉列表中选择“单元格（含高度）”，“每层下降时间”为 30 秒。步骤 ii、iii 如图 9.125 所示。

iv. 定义一个集合，用于保存已确定用于拣货的叉车信息。

在“智能体”面板中选中“集合”图标拖动至 Main 中，修改集合的名称为“pickUsedForklifts”，“集合类”选择为“LinkedHashSet”，“元素类”选择为“Forklift”。

v. “rackPickPallet”模块的资源设置。

① 打开“rackPickForStorage”属性视图，在“资源”栏中勾选“使用资源移动”选

图 9.125　rackPickPallet 属性

项。在“资源集（替代）”选择资源池“forklifts”，勾选“以资源速度移动”选项，“移动资源”选择“forklifts”。

② 设置“任务优先级”为 1，勾选“任务可以抢占”，任务抢占策略为“无抢占”。

③“释放资源后”选择“停留在原地”。

④ 勾选“自定义资源选择”，并在“资源选择条件”文本编辑框中输入代码：

```
chooseForkliftForMove((Forklift)unit,agent,pickUsedForklifts,2)
```

调用 chooseForkliftForMove()函数，选择确定用于拣货的叉车，如图 9.126 所示。

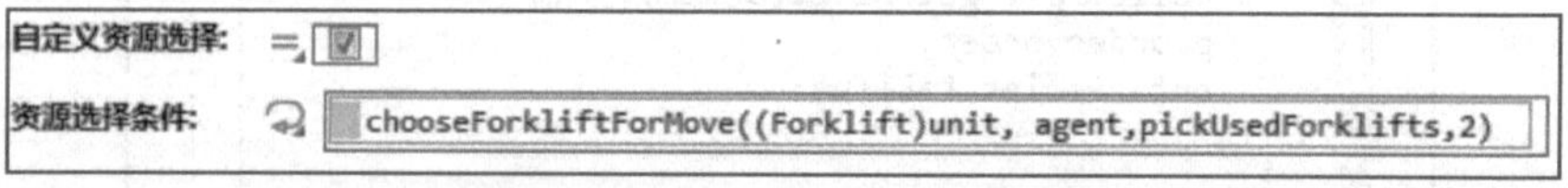

图 9.126　rackPickPallet 资源设置

vi. 设置“rackPickPallet”模块的行动代码。

在“rackPickPallet”的属性视图“行动”栏的“资源到达时”文本编辑框中输入代码：

```
Order orderAssemble=agent.order;
if (orderAssemble.pallets.size( )==0)
{
  send("assembling" ,orderAssemble);
}
```

当前订单已拣取托盘的集合大小为 0 时，给该订单发送消息“assembling”，接收消息后当前订单状态由等待拣货变为正在拣货。

在“离开时”文本编辑框中输入代码：

```
agent.type.waitPickUp--;
```

完成拣货后，等待拣货的托盘货物数量减一，如图 9.127 所示。

步骤三：

用 Rack Store 模块定义将已拣取的托盘货物从指定的位置移动至备货区货架上的过程。

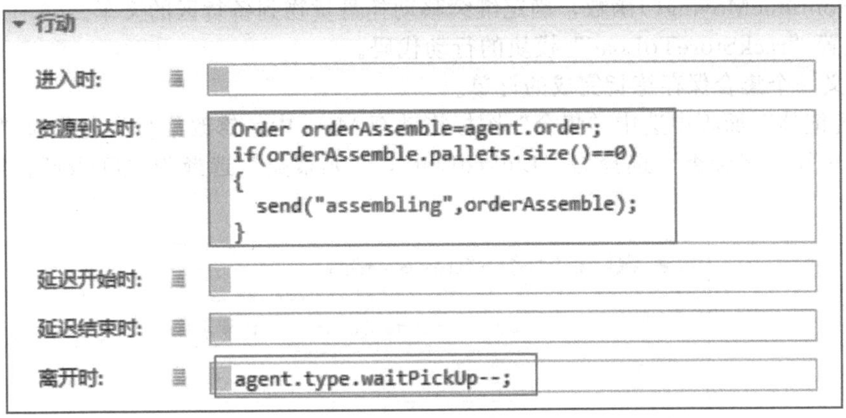

图 9.127 rackPickPallet 行动代码

i. 在“流程建模库”中选中“Rack Store”图标拖动至 Main 图形编辑器中“rackPickPallet”模块右边，并与之连接。

ii. 打开“rackStore”属性视图，修改名称为“rackStoreToLoad”，在“托盘货架/货架系统”右边选择“loadPalletRack”货架，“每层上升时间”为 30 秒，选择“使用延迟”，“延迟时间”为 10 秒，如图 9.128 所示。

图 9.128 rackStoreToLoad 属性设置

iii. “rackStoreToLoad”模块的资源设置。

① 打开“rackStoreToLoad”属性视图，在“资源”栏中勾选“使用资源移动”选项。在“资源集（替代）”选择资源池“forklifts”，勾选“以资源速度移动”选项，“移动资源”选择“forklifts”。

② 设置“任务优先级”为 1，勾选“任务可以抢占”，任务抢占策略为“无抢占”。

③“释放资源后”选择“返回归属地位置”，“返回归属地”选择“如果无其他任务”。

④ 勾选“自定义资源选择”，并在“资源选择条件”文本编辑框中输入代码：

```
continueMoving((Forklift)unit,agent)
```

调用 continueMoving()函数，确定继续移动托盘货物到备货区的叉车。

iv. 设置“rackStoreToLoad”模块的行动代码。

① 定义一个集合保存拣货完成的订单。

在“智能体”面板中选中“集合”图标拖动至 Main 中，修改集合的名称为“waitLoadOrderQueue”，“集合类”选择为“LinkedList”，“元素类”选择为“Order”。如图 9.129 所示。

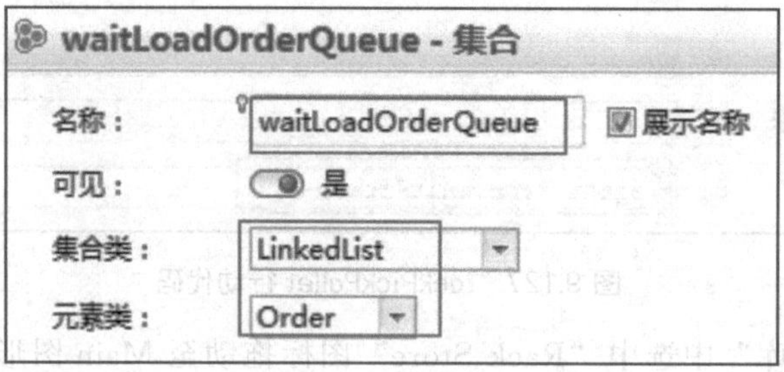

图 9.129 waitLoadOrderQueue 集合

② 在“rackStoreToLoad”属性视图的“行动”栏中，“资源到达时”文本编辑框中输入代码：

```
Order o=agent.order;
o.pallets.add(agent);
```

将当前托盘货物添加至该订单已拣取的托盘集合中。

在“离开时”文本编辑框中输入代码：

```
releaseForklift(agent,pickUsedForklifts);
Order o=agent.order;
if (o.sizc-o.pallcts.sizc( )—0)
{
  send("assembled" ,o);
  waitLoadOrderQueue.add(o);
}
```

拣货完成，将货物存放至备货区的货架上后，释放叉车资源。若已拣取的托盘集合大小与该订单大小相等时，订单拣货完成，向订单发送消息“assembled”，接收消息后当前订单状态由正在拣货变为等待装车。并将该订单添加至集合“waitLoadOrderQueue”中。如图 9.130 所示。

步骤四：

用 Exit 模块结束拣货过程的流程图绘制。

在“流程建模库”面板中选中“Exit”图标，拖动至 Main 图形编辑器中“rackStoreToLoad”模块右边，并与之连接，在属性视图中修改名称为“exitPickUp”。

货物拣货过程的流程图如图 9.131 所示。

9.5.6 创建装车发货流程图

备货区已完成拣货的订单，所有订单的货物数量达到货车容量一半时，准备装车发货。

步骤一：

定义一个函数，用于统计备货区当前已完成拣货的订单所有货物的数量。

① 在“智能体”面板中选择“函数”图标，拖动至 Main 中，修改函数名称为“wait-

LoadPallet”，选择“返回值”，返回类型为“int”。

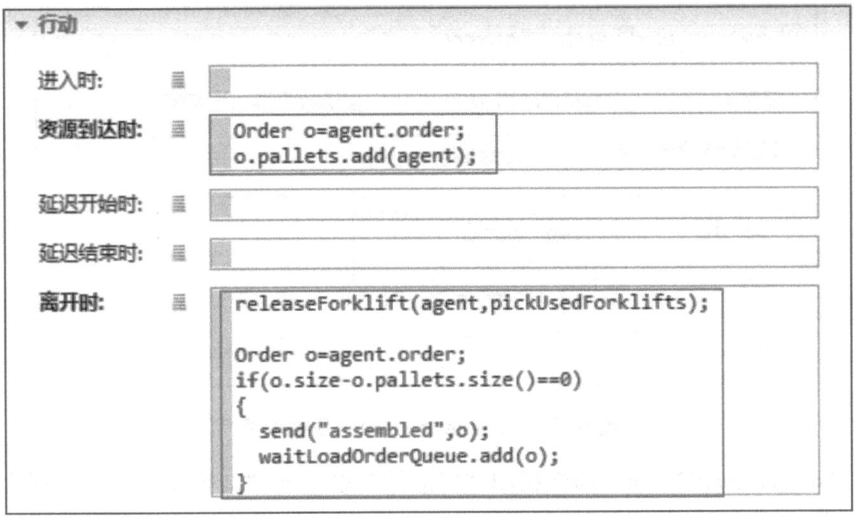

图 9.130　rackStoreToLoad 行动代码

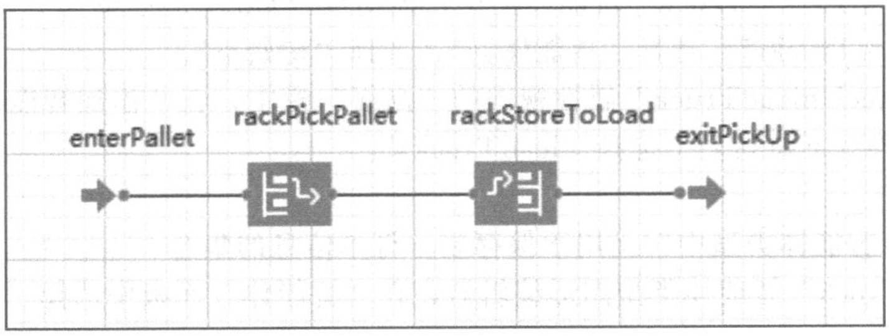

图 9.131　货物拣货过程的流程图

② 在“函数体”文本编辑框中输入以下代码：

```
int size=0;
for(Order o:waitLoadOrderQueue)
  size+=o.size;
return size;
```

返回当前保存完成拣货的订单集合 waitLoadOrderQueue 中所有订单的大小之和，如图 9.132 所示。

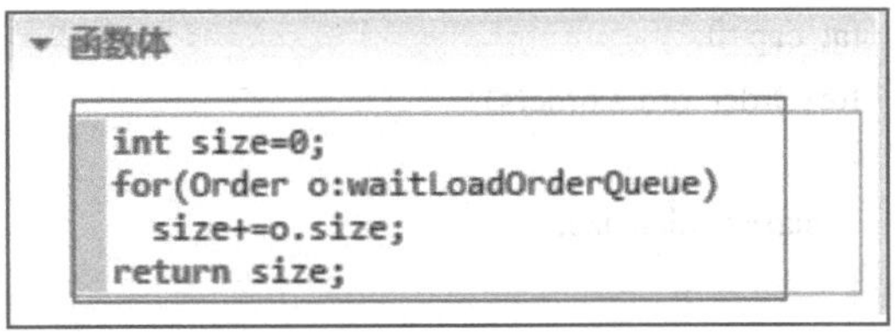

图 9.132　waitLoadOrderQueue 函数体

步骤二：

用 Enter 模块实现插入 Pallet 智能体到发货流程图中，用 Source 模块定义发送货物的货车，并创建用于发送货物的货车智能体群，类型为 Truck。

① 在“流程建模库中”选中“Enter”图标拖动至 Main 图形编辑器中，在属性视图中，修改名称为“enterLoadPallet”，“智能体类型”选择“Pallet”。

② 在“流程建模库中”选中“Source”图标拖动至 Main 图形编辑器中，在属性视图中，修改名称为“sourceLoadTruck”，“定义到达通过”下拉列表中选择“inject()函数调用”，“到达位置”选择“网络/GIS 节点”，“节点”列表中选择“loadNode”，“速度”为

0.075 米每秒，如图 9.133 所示。

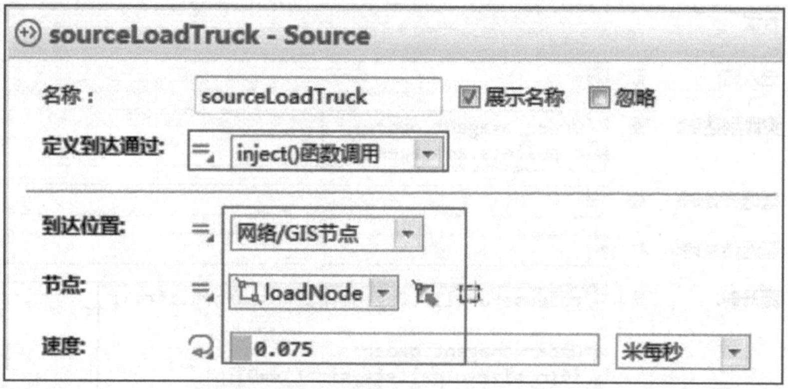

图 9.133　sourceLoadTruck 属性设置

③ 在“sourceLoadTruck”属性视图“智能体”栏中的“新智能体”下拉列表中选择智能体类型“Truck”。

④ 在 Main 中创建发送货物的货车智能体群。

在工程树图中选中“Truck”智能体类型，拖动至 Main 图形编辑器中，打开属性视图，修改名称为“loadTrucks”，选择“智能体群”，选择“初始空”。

⑤ 在“sourceUnloadTruck”属性视图的“高级”栏中，在“添加智能体到”右边选择“自定义群”，“群”下拉列表中选择“loadTrucks”。

步骤三：

i. 在 Truck 智能体类型中定义用于保存装车订单信息的集合。

① 打开“Truck”智能体类型图形编辑器，在“智能体”面板中选择“集合”图标拖动至 Truck 中。

② 在属性视图中修改名称为“orders”，“集合类”下拉列表中选择“LinkedList”，“元素类”为“Order”。

ii. 定义统计该车辆所有已装车订单大小的函数。

① 在“智能体”面板中选择“函数”图标，拖动至 Truck 图形编辑器中，修改函数名称为“getOrdersCapacity”，选择“返回值”，返回类型为“int”。

② 在“函数体”文本编辑框中输入以下代码：

```
int cap=0;
for(Order order:orders)
{
  cap+=order.size;
}
return cap;
```

返回订单集合中所有订单大小之和，如图 9.134 所示。

iii. 定义装车过程函数。

① 在“智能体”面板中选择“函数”图标，拖动至 Truck 图形编辑器中，修改函数名称为“loadPallet”，选择“返回值”，返回类型为“boolean”。

② 在“函数体”文本编辑框中输入代码：

```
processedPallet++;
return getOrdersCapacity( )==processedPallet;
```

装车完成返回 true，否则返回 false，如图 9.135 所示。

步骤四：

定义用于确定开始装车的函数，调用 take()函数将需要装车的托盘货物插入至货物发送流程图中，并调用 inject()函数产生发送货物的货车。

▼ 函数体

```
int cap=0;
for(Order order:orders)
{
cap+=order.size;
}
return cap;
```

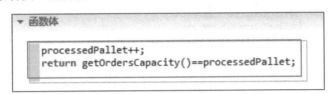

图 9.134　getOrdersCapacity 函数体

i. 定义一个集合保存正在装车的货物订单信息。

在“智能体”面板中选中“集合”图标拖动至 Main 中，修改集合的名称为“loadingOrderQueue”，“集合类”选择为“LinkedList”，“元素类”选择为“Order”。

▼ 函数体

```
processedPallet++;
return getOrdersCapacity()==processedPallet;
```

图 9.135　loadPallet 函数体

ii. 创建确定装车的函数。

① 在“智能体”面板中选择“函数”图标，拖动至 Main 中，修改函数名称为“startLoading”，选择“只有函数（无返回）”。

② 在“函数体”文本编辑框中输入以下代码：

```
if (!waitLoadOrderQueue.isEmpty( ) && waitLoadPallet( )>0.5*truckCapacity)
{
  int cap=0;
  while (cap<=truckCapacity)
  {
    if (!waitLoadOrderQueue.isEmpty( ))
    {
      Order o=waitLoadOrderQueue.getFirst( );
      cap+=o.size;
      if (cap<=truckCapacity)
      {
       for (Pallet p:o.pallets)
         enterLoadPallet.take(p);
       loadingOrderQueue.add(o);
       waitLoadOrderQueue.removeFirst( );
       }
    }
    else
      break;
  }
 sourceLoadTruck.inject( );
}
```

当前已完成拣货等待装车的所有订单货物量超过货车容量一半时，确定需要装车的订单

（订单货物总量不得超过货车的容量限制），利用take()函数将需要装车的托盘货物插入到货物发送流程图中，并把正在装车的订单信息保存至loadingOrderQueue集合中，然后调用inject()函数定义装车车辆，如图9.136所示。

▾ 函数体

```
if(!waitLoadOrderQueue.isEmpty() && waitLoadPallet()>0.5*truckCapacity)
{
  int cap=0;
  while(cap<=truckCapacity)
  {
    if(!waitLoadOrderQueue.isEmpty())
    {
      Order o=waitLoadOrderQueue.getFirst();
      cap+=o.size;
      if(cap<=truckCapacity)
      {
       for(Pallet p:o.pallets)
        enterLoadPallet.take(p);
       loadingOrderQueue.add(o);
       waitLoadOrderQueue.removeFirst();
       }
     }
     else
       break;
   }
 sourceLoadTruck.inject();
}
```

图9.136 startLoading函数体

步骤五：

创建用于判断是否可以装车的事件。

① 在“智能体”面板中选中“事件”图标拖动至Main中，在属性视图中修改名称为“startLoad”，选择“触发类型”为“到时”，“模式”选择“循环”，“复发”时间设置为30分钟。

② 在“行动”栏文本编辑框中输入代码：

```
startLoading( );
```

步骤六：

定义一个函数，确定该车辆需要装运的订单，并为托盘货物确定车辆信息。

① 在“智能体”面板中选择“函数”图标，拖动至Main图形编辑器中，修改函数名称为“findOrdersForLoading”，选择“只有行动（无返回）”，定义一个参数，名称为“truck”，类型为“Truck”。

② 在“函数体”文本编辑框中输入以下代码：

```
int cap=truck.capacity;
for (Order o:loadingOrderQueue)
{
  if (cap>=o.size)
   {
    truck.orders.add(o);
    cap-=o.size;
    for (Pallet p:o.pallets)
     {
      p.truck=truck;
     }
   }
}
```

如果货车剩余的容量大于当前准备装车的订单大小时，将订单信息保存至货车的 orders 集合中，并确定该订单上托盘的 truck 变量为当前货车信息，如图 9.137 所示。

▾ 函数体

```
int cap=truck.capacity;
for(Order o:loadingOrderQueue)
{
  if(cap>=o.size)
   {
    truck.orders.add(o);
    cap-=o.size;
    for(Pallet p:o.pallets)
    {
     p.truck=truck;
     }
    }
 }
```

图 9.137　findOrdersForLoading 函数体

步骤七：

定义 sourceLoadTruck 模块的行动代码。

打开“sourceLoadTruck”模块的属性视图，在“行动”栏的“在出口时”文本编辑框中输入代码：

agent.set_capacity(truckCapacity);

设定货车的容量值大小。

在“离开时”文本编辑框中输入代码：

findOrdersForLoading(agent);

调用“findOrdersForLoading()”函数，为该货车确实需要装运的订单信息。如图 9.138 所示。

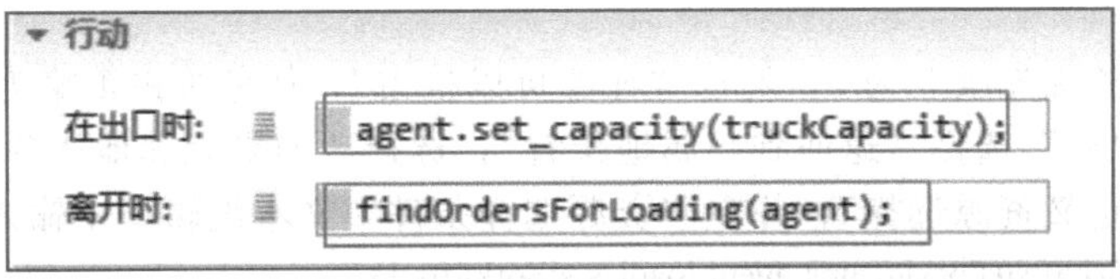
▾ 行动
在出口时:
agent.set_capacity(truckCapacity);
离开时:
findOrdersForLoading(agent);

图 9.138　sourceLoadTruck 行动代码

步骤八：

用 wait 模块定义货车等待装车的过程。

① 在“流程建模库”的“辅助”栏中选择“Wait”，拖动至 Main 图形编辑器中的“sourceLoadTruck”模块右边，并与之连接。

② 在属性视图中，修改名称为“waitForLoad”，勾选“最大容量”复选框。

步骤九：

用 Rack Pick 模块定义从备货区货架上取下托盘货物装至货车上的过程。

i. 在“流程建模库”中选中“RackPick”图标拖动至 Main 图形编辑器中“enterLoad-Pallet”模块右边，并与之连接。

ii. 打开“RackPick”属性视图，修改名称为“rackPickLoad”，在“托盘货架/货架系统”下拉列表中选择“loadPalletRack”，“目的地是”下拉列表中选择“网络节点”，节点为“loadNode”，勾选“使用延迟”复选框，“延迟时间”为 10 秒，“每层下降时间”为 30 秒，如图 9.139 所示。

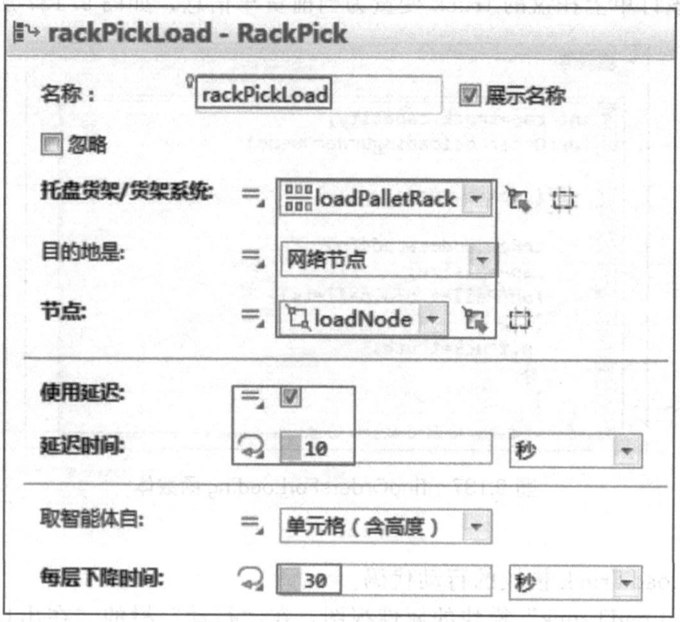

图 9.139　rackPickLoad 属性设置

iii. “rackPickLoad” 模块的资源设置。

① 定义一个集合，保存用于装车的叉车信息。

在“智能体”面板中选中“集合”图标拖动至Main中，修改集合的名称为“loadUsedForklifts”，“集合类”选择为“LinkedHashSet”，“元素类”选择为“Forklift”。

② 打开“rackPickLoad”属性视图，在“资源”栏中勾选“使用资源移动”选项。在“资源集（替代）”选择资源池“forklifts”，勾选“以资源速度移动”选项，“移动资源”选择“forklifts”。

③ 设置“任务优先级”为 0，勾选“任务可以抢占”，任务抢占策略为“无抢占”。

④“释放资源后”选择“返回到归属地位置”，选择“如果无其他任务”。

⑤ 勾选“自定义资源选择”，并在“资源选择条件”文本编辑框中输入代码：

```
chooseUnloadForklifts((Forklift)unit,agent,loadUsedForklifts,1)
```

调用 chooseUnloadForklifts() 函数，选择确定用于装车的叉车，如图 9.140 所示。

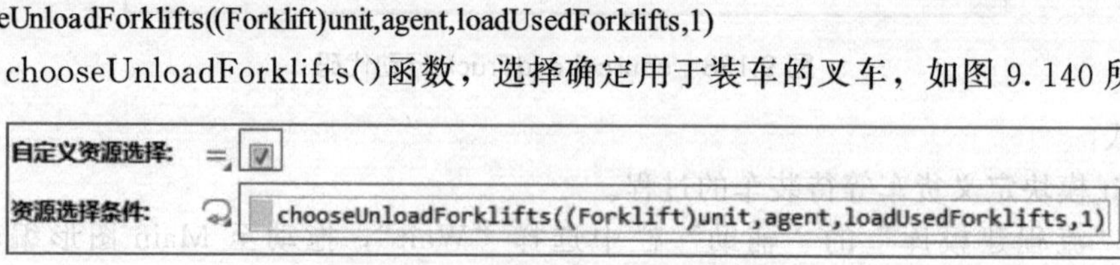

图 9.140　rackPickLoad 资源选择

iv. 设置“rackPickLoad”模块的行动代码。

在“rackPickLoad”的属性视图的“行动”栏，在“离开时”文本编辑框中输入如下代码：

```
releaseForklift(agent,loadUsedForklifts);
Truck unloadTrucks=(Truck)agent.truck;
if (unloadTrucks.loadPallet( ))
{
```

```
  waitForLoad.free(agent.truck);
  for (Order order:unloadTrucks.orders)
  send("loaded" ,order);
}
```

调用 releaseForklift()函数，完成装车后，释放使用的叉车资源。

订单所有的货物完成装车后，发送消息“loaded”，该订单在接收到消息后状态由等待装车变为已装车。如图 9.141 所示。

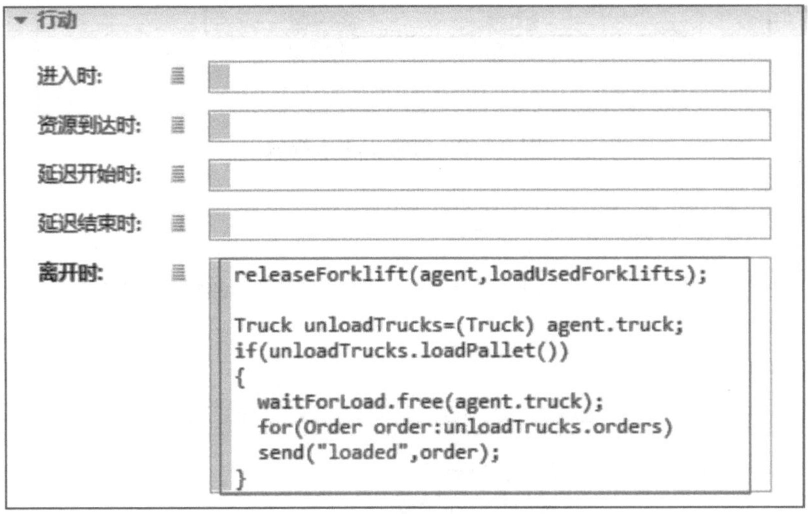

图 9.141　rackPickLoad 行动代码

步骤十：

用 Queue 模块定义货物装车队列。

在“流程建模库”中选中“Queue”图标拖动至 Main 中“rackPickLoad”模块右边，并与之连接，在属性视图中修改名称为“queueLoad”，勾选“最大容量”复选框。

步骤十一：

用 Pickup 模块定义将托盘货物装入货车。

Pickup 模块是从连接该模块入口的 Queue 模块移除智能体并添加它们到从 Pickup 进入的智能体（“容器”）的内部，Pickup 根据给定的模式选择 Queue 模块中的智能体，可以是所有的智能体、给定数量的智能体、给定条件为真的智能体。此模块所占用的时间为 0。

① 在“流程建模库”中选中 Pickup 图标拖动至 Main 中“waitForLoad”模块的右边，与“waitForLoad”模块连接，“pickup”下部端口与“queueLoad”模块连接，如图 9.142 所示。

② 打开“pickup”的属性视图，修改名称为“pickupOrders”，在“拾起”下拉列表中选择“当条件为真”，在条件文本框中输入代码：

```
container.orders.contains(agent.order)
```

条件为当前货物是否属于货车 orders 订单集合中的货物。如图 9.143 所示。

③ 在“行动”栏的“离开时”文本编辑框中输入代码：

```
for (Order o:container.orders)
  loadingOrderQueue.remove(o);
```

装车完成后，从 loadingOrderQueue 集合中移除已完成订单，如图 9.144 所示。

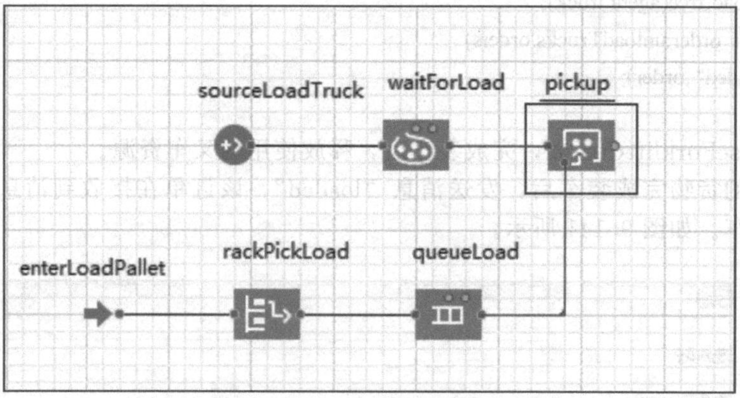

图 9.142　创建 pickup 模块

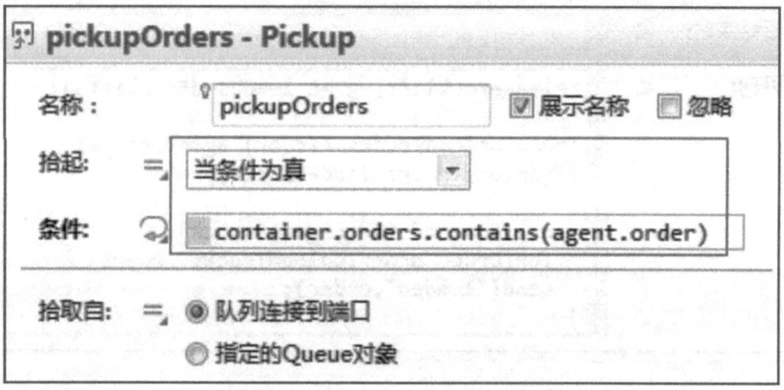

图 9.143　pickupOrders 属性

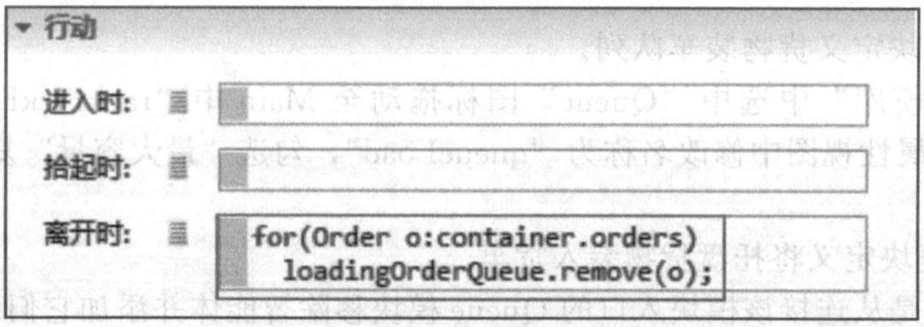

图 9.144　pickupOrders 行动代码

步骤十二：

用 Move To 模块定义货车离开装车位置移动到离开系统位置的过程。

在“流程建模库”中选中“Move To”图标拖动至 Main 中“pickupOrders”模块右边，并与之连接。修改名称为“moveToSink1”，“目的地”选择“网络/GIS 节点”，“节点”为“sinkNode”。

步骤十三：

在“流程建模库”中选中“Sink”图标拖动至 Main 中“moveToSink1”模块右边，并与之连接，装车后货车从该系统中离开。

货物装车发送流程如图 9.145 所示。

步骤十四：

运行模型，查看模型运行的三维动画图形及作业过程如图 9.146、图 9.147 所示。

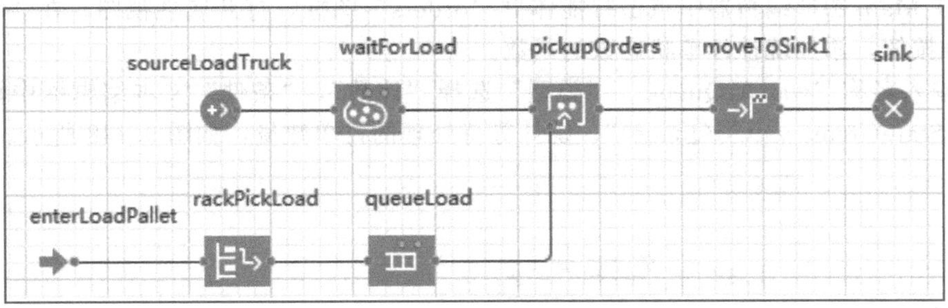

图 9.145 货物装车发送流程图

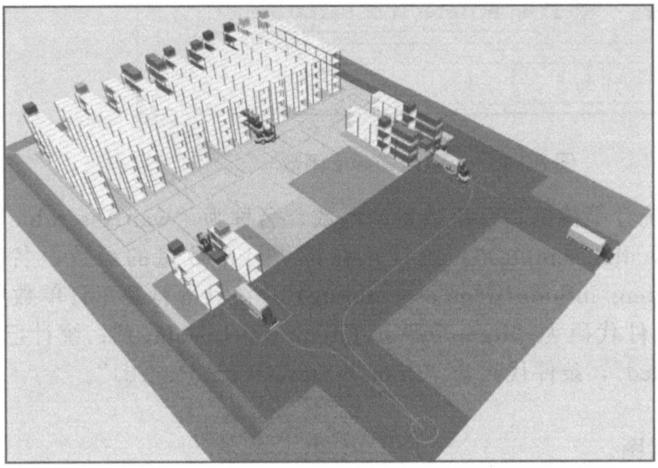

三维动画彩图扫描
下面二维码显示

图 9.146 三维动画图

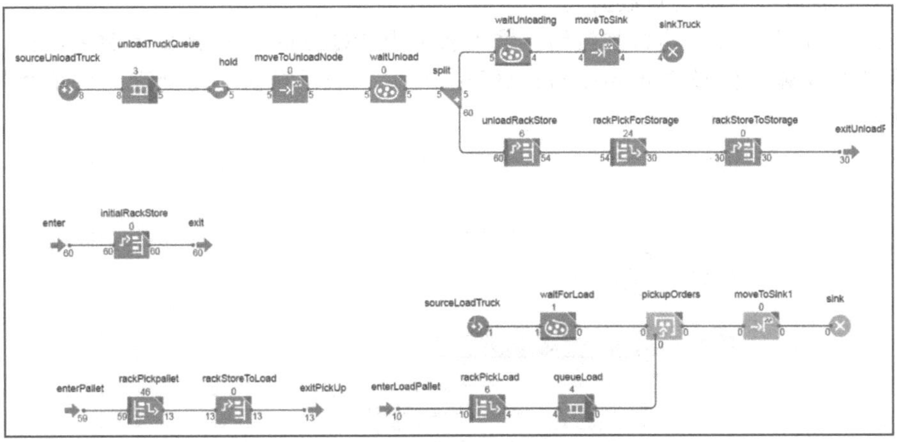

图 9.147 配送中心作业过程流程图

9.6 数据统计及结果分析

9.6.1 利用饼状图统计订单数据

步骤一：
添加统计订单数据的函数。

① 在 Main 图形编辑器中点击智能体群“orders”图标，打开属性视图，在“统计”栏点击添加按钮，添加统计订单状态数的函数。

② 输入名称“waitAtQueue”，“类型”选择“计数”，“条件”文本编辑框中输入代码“item. inState(item. waitAtQueue)”，统计等待处理的订单数量，如图 9. 148 所示。

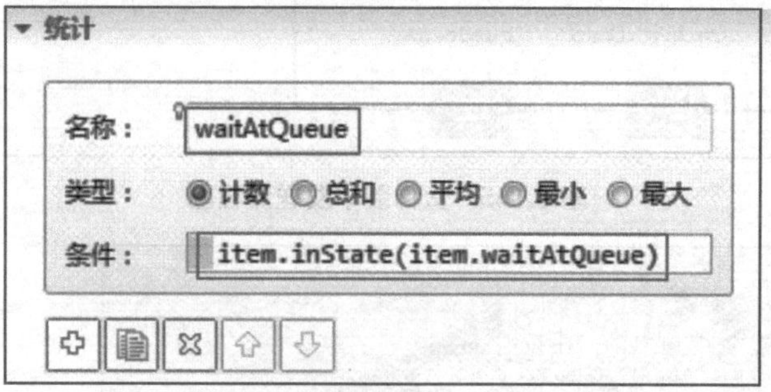

图 9.148　waitAtQueue 函数

③ 以同样的方式添加统计等待拣货订单数量的函数，名称为“waitAssemble”，条件代码为“item. inState(item. waitAssemble)”；统计正在拣货订单数量的函数，名称为“assembling”，条件代码为“item. inState(item. assembling)”；统计等待装车订单数量的函数，名称为“waitLoading”，条件代码为“item. inState(item. waitLoading)”；统计已装车订单数量的函数，名称为“loaded”，条件代码为“item. inState(item. loaded)”。

步骤二：

添加订单数量值的饼状图。

① 在“分析”面板中选中“饼状图”拖动至 Main 中，在属性视图中修改名称为“ordersChart”，选择“自动更新数据”。

② 在“数据”栏中点击添加按钮，输入名称为“Queue”，选择显示颜色，在“值”右边文本编辑框中输入代码“orders. waitAtQueue()”，表示排队等待处理的订单数量，如图 9. 149 所示。

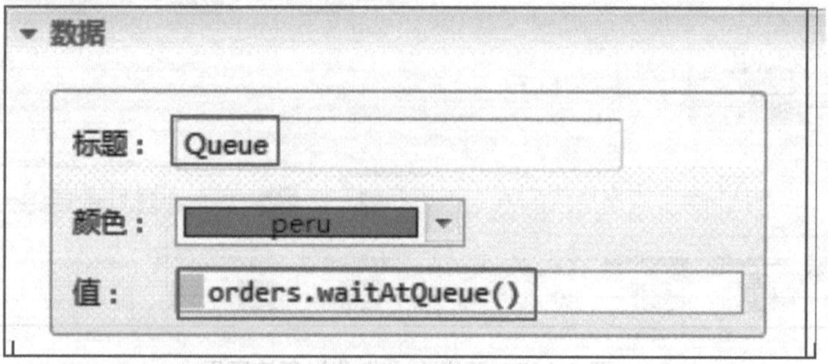

图 9.149　数据 Queue

③ 以同样的方式添加数据“Wait assemble”，值为“orders. waitAssemble()”；数据“Assembling”，值为“orders. assembling()”；数据“Wait loading”，值为“orders. waitLoading()”。

步骤三：

设置饼状图的外观、位置和大小、图例显示等。运行模型查看各状态订单数量情况。运行一段时间后饼状图的显示如图 9. 150 所示。

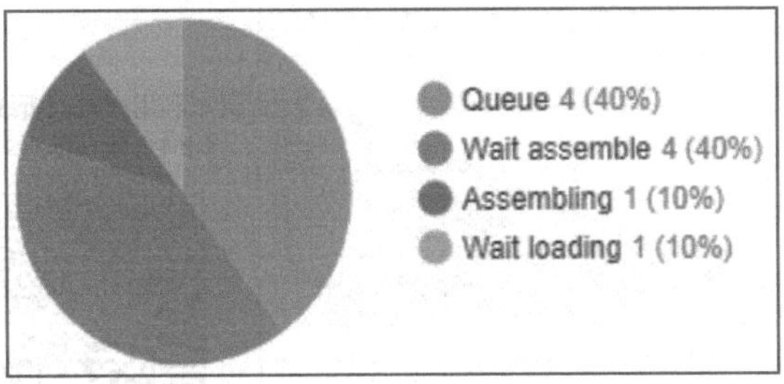

订单数量饼状彩图扫描下面二维码显示

图 9.150 订单数量饼状图

9.6.2 利用时间折线图统计叉车利用率

步骤一：

在“分析”面板中选中“时间折线图”拖动至 Main 中，在属性视图中修改名称为“utilizationPlot”。

步骤二：

① 在“数据”栏中点击数据添加按钮，选择“值”，并在“标题”右边文本编辑框中输入“Forklifts utilization”，“值”右边文本编辑框中输入“forklifts. utilization()”，如图 9.151 所示。

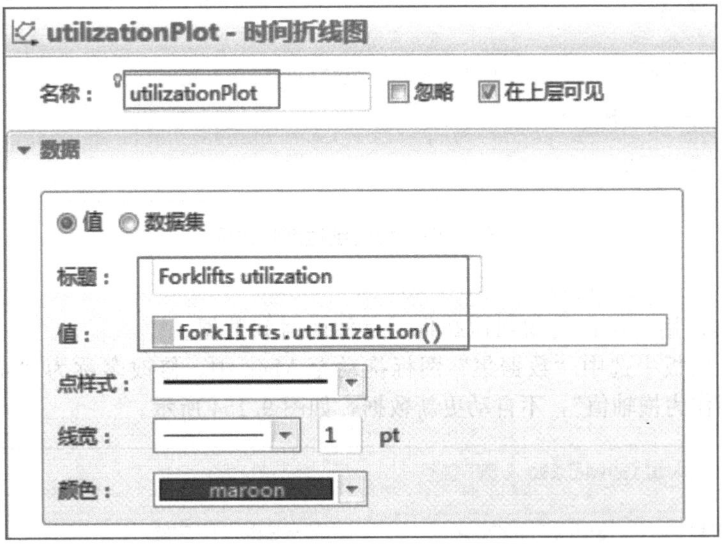

图 9.151 数据 Forklifts utilization

② 设置时间折线图的外观、位置和大小、图例显示等。

步骤三：

运行模型，叉车资源的利用情况在运行一段时间后的时间折线图显示如图 9. 152 所示。

9.6.3 利用时间折线图统计货物到达、存储平均时间

步骤一：

定义一个表示货物时间的变量。

打开“Pallet”智能体类型图形编辑器，在“智能体”面板中选中“变量”拖动至 Pallet 中，修改名称为“startTime”，类型为 double。

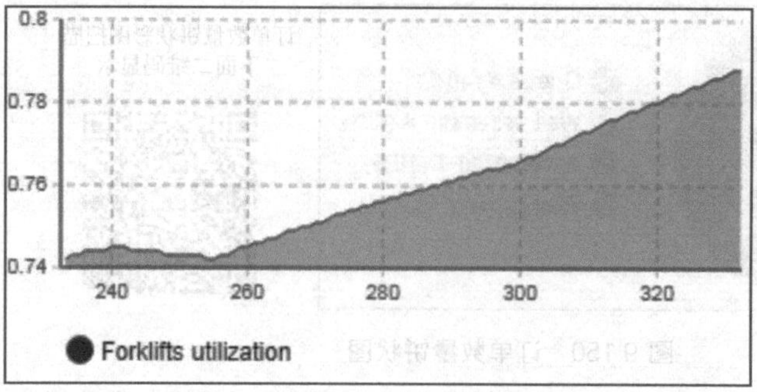

叉车利用率时间折线彩图
扫描下面二维码显示

图 9.152　叉车利用率时间折线图

步骤二：

设置货物到达开始卸货时间。

在卸货、存储流程图中设置货物到达开始卸货时间。

点击 Main 图形编辑器中到达卸货流程图的“unloadRackStore”模块，打开其属性视图，在“行动”栏的“进入时”文本编辑框中输入以下代码：

```
agent.startTime=time( );
```

到达货物开始卸货时统计为货物到达卸货时间，如图 9.153 所示。

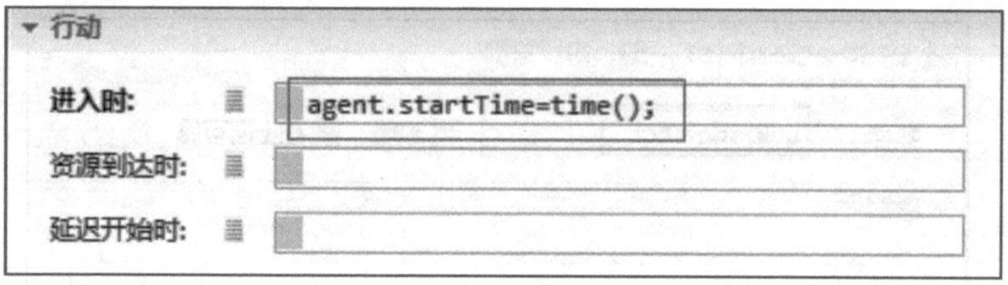

图 9.153　货物到达卸货时间

步骤三：

创建数据集，用于保存货物到达卸货、存储的时间数据。

在“分析”面板中选中“数据集”图标拖动至 Main 中，修改名称为“arrivalTimeData”，勾选“使用时间作为横轴值”，不自动更新数据，如图 9.154 所示。

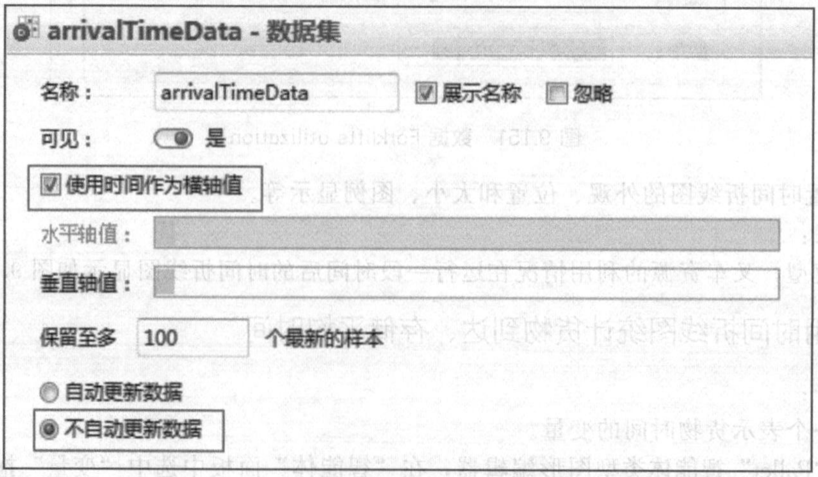

9. 154　arrivalTimeData 数据集

步骤四：

设定货物存储时间，并将该时间保存至数据集中。

在到达卸货流程图的“rackStoreToStorage”模块，打开其属性视图，在“行动”栏的“离开时”文本编辑框中添加以下代码：

```
arrivalTimeData.add(time( )-agent.startTime);
```

货物完成存储后的时间减去开始卸货的时间为货物到达卸货、存储过程的时间，如图9.155所示。

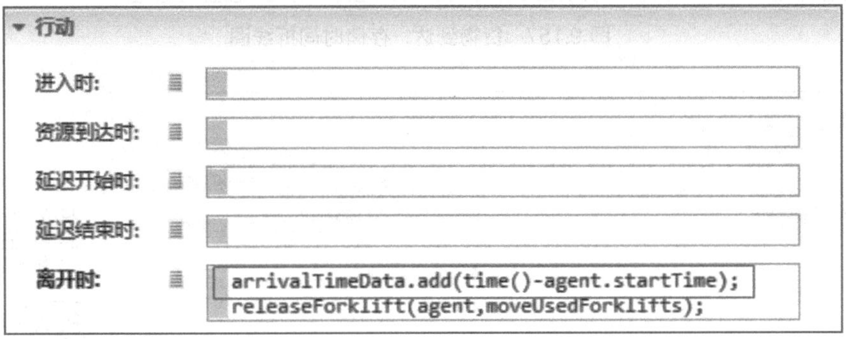

图 9.155 延迟结束时代码

步骤五：

① 再创建一个时间折线图，命名为“processingTimePlot”，选择“值”，并在“标题”右边文本编辑框中输入“arrival Time”，“值”右边文本编辑框中输入“arrivalTimeData.getYMean()”，如图9.156所示。

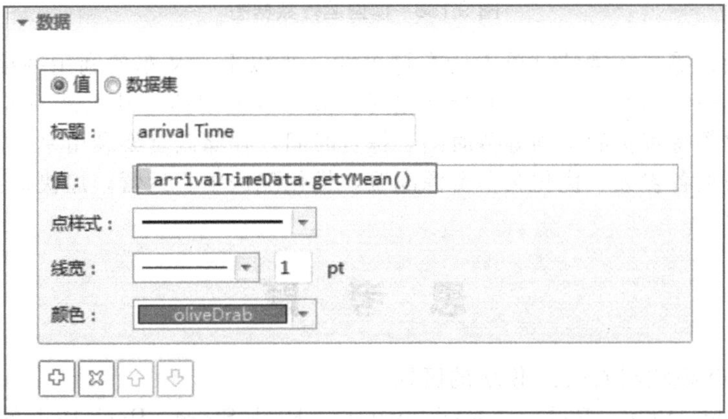

图 9.156 arrival Time 数据

② 设置时间折线图的外观、位置和大小、图例显示等。

步骤六：

运行模型，货物到达、存储平均时间在运行一段时间后的时间折线图显示如图9.157所示。

9.6.4 模型结果分析

本书为研究产品配送中心运营模型的基础建模过程，在此，只统计了订单数据、叉车的利用率及货物到达、存储的平均时间数据，模型运行一段时间后如图9.158所示。

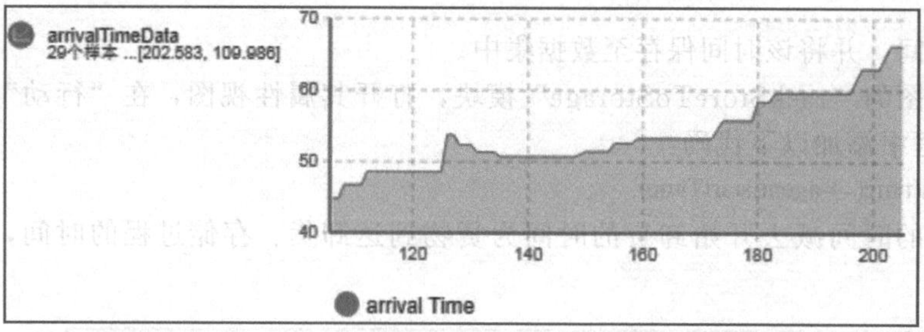

货物到达、存储时间折线彩图扫描下面二维码显示

图 9.157　货物到达、存储时间折线图

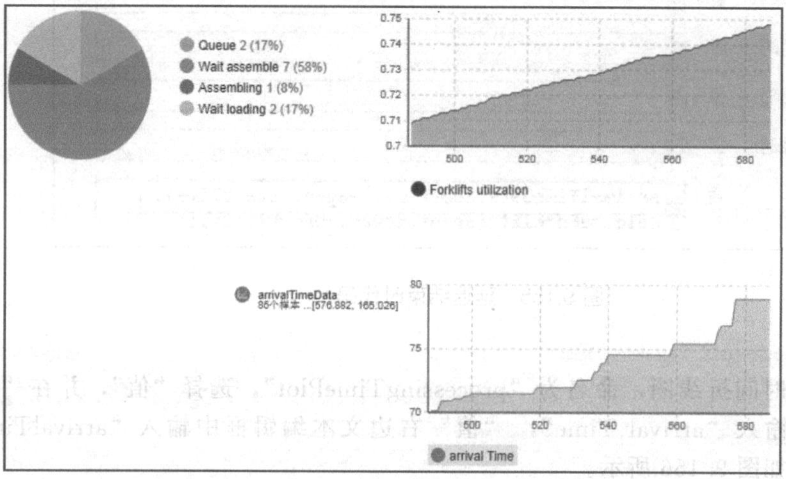

模型运行数据彩图扫描下面二维码显示

图 9.158　模型运行数据图

在当前时间，等待拣货的订单占所有订单的一半以上，叉车的利用率接近 0.75，到达货物卸货、存储平均时间在 70 到 80 分钟之间。应在本模型的基础上进一步统计货物拣货、装车时间，订单等待拣货的平均等待时间、拣货时间，存储区货架利用率等数据。根据统计数据不断优化模型各参数，优化叉车资源配置，优化配送中心运营，加快货物周转，提高配送中心运营效率。

思　考　题

1. 简述 Wait 模块与 Queue 模块的区别。
2. 简述 Hold、Split、Pickup、Rack System、Rack Store、Rack Pick 的功能用法。
3. 建立批发商仓库模型。部分条件如下：

（1）仓库分为卸货区、存储区、发货区等不同区域，并且配备不同类型的工作人员。
（2）到达的托盘，由工作人员从卡车上卸下并放至卸货区。
（3）入库人员将托盘标记后，使用叉车运往存储区。
（4）仓库收到订单后，拣货人员按订单拣货后使用叉车将其运往发货区。
（5）发货区人员核对订单无误后由卡车将货物运走。

其他条件自设，通过模型研究区域人员、叉车等资源的利用情况，提出优化策略。

参考文献

[1] Borshchev A. The Big Book of Simulation Modeling: Multimethod Modeling with AnyLogic 6 [M]. AnyLogic North America, 2013.

[2] Grigoryev I. AnyLogic 6 in three days: A Quick Course in Simulation Modeling [M]. AnyLogic North America, 2012.

[3] Grigoryev I. AnyLogic 7 in three days: A Quick Course in Simulation Modeling [M]. Createspace, 2015.

[4] Swanson, J. Business Dynamics—Systems Thinking and Modeling for a Complex World [J]. Journal of the Operational Research Society, 2002, 53 (4): 472-473.

[5] IIya Grigoryev. 系统建模与仿真——使用 AnyLogic7 [M]. 韩鹏，李岩，赵强，译. 北京：清华大学出版社，2017.

[6] 方旭. AnyLogic 建模与仿真 [M]. 芜湖：安徽师范法大学出版社，2018.

[7] 王其藩. 系统动力学 [M]. 北京：清华大学出版社，1994.

[8] 贺国先. 现代物流系统仿真 [M]. 北京：中国铁道出版社，2008.

[9] 明勇. 计算机仿真技术研究 [M]. 长春：吉林大学出版社，2017.

[10] 张晓萍，石伟，刘玉坤. 物流系统仿真 [M]. 北京：清华大学出版社，2008.

[11] 陈曦，李军，胡洪林，戴欧阳. AnyLogic8 系统建模仿真与分析 [M]. 北京：中国财富出版社，2019.

[12] 刘亮，陈永刚. 复杂系统仿真的 AnyLogic 实践 [M]. 北京：清华大学出版社，2019.

[13] 陈国君. Java 程序设计基础 [M]. 第 6 版. 北京：清华大学出版社，2019.

[14] 樊荣. Java 基础教程 [M]. 北京：机械工业出版社，2004.

[15] 韦鹏程，肖丽，邹晓兵. Java 程序设计 [M]. 成都：电子科技大学出版社，2017.

[16] 程细柱，戴经国. Java 面向对象程序设计 [M]. 成都：电子科技大学出版社，2016.

[17] 杨芳著. 果蔬冷链物流系统安全评估及优化研究 [M]. 北京：中国财富出版社，2015.

[18] 李文锋，袁兵，张煜. 物流系统建模与仿真 [M]. 北京：科学出版社，2010.

[19] 白世贞，王文利. 供应链复杂系统资源流建模与仿真 [M]. 北京：科学出版社，2008.

[20] 柳西玲，许斌. Java 语言程序设计基础 [M]. 北京：清华大学出版社，2005.

[21] 彭扬，吴承健. 物流系统建模与仿真 [M]. 杭州：浙江大学出版社，2015.

[22] 马向国，余佳敏，任宇佳. Flexsim 物流系统建模与仿真案例实训 [M]. 北京：化学工业出版社，2018.

[23] 李文锋，张煜. 物流系统建模与仿真 [M]. 北京：科学出版社，2017.

[24] 赵宁. 物流系统仿真案例 [M]. 北京：北京大学出版社，2012.

[25] 尹静，马常松. Flexsim 物流系统建模与仿真 [M]. 北京：冶金工业出版社，2014.

[26] 张云波. 面向敏捷制造的供应链柔性管理 [J]. 经济体制改革，2003，(3)：55-58.

[27] 高永. 基于 Fuzzy-Meta 图以制造型企业为中心的供应链柔性研究 [D]. 南京：南京航空航天大学，2010.

[28] 陈新平. 供应链柔性问题研究 [J]. 商场现代化，2008，(22)：104-104.

[29] 桂寿平，吴冬玲. 基于 AnyLogic 的五阶供应链仿真建模与分析 [J]. 改革与战略，2009，25 (1)：159-162.

[30] 陈铮荣，纪寿文. 基于 AnyLogic 的分拣中心作业流程仿真优化 [J]. 中国储运，2018，

(2)：107-108.

[31] 王毓彬，雷怀英. 基于AnyLogic的果蔬冷链系统配送中心物流仿真 [J]. 东南大学学报(哲学社会科学版)，2018，20 (S2)：21-35.

[32] 杨芳，邹毅峰，戴恩勇. 基于AnyLogic的果蔬冷链系统配送中心物流运作优化 [J]. 中南林业科技大学学报，2016，(7)：141-148.

[33] 陈虎，韩玉启，王斌. 基于系统动力学的库存管理研究 [J]. 管理工程学报，2005，19 (3)：132-140.